FORÊTS,
SAVOIRS ET MOTIVATIONS

Christine FARCY
Nicole HUYBENS (éd.)

FORÊTS,
SAVOIRS ET MOTIVATIONS

L'Harmattan

Ouvrages des mêmes auteurs

Dereix, C., Farcy, C., Lormant, F. (eds),
Forêt et Communication. Héritage, représentations et défis,
Paris, L'Harmattan, 2016.

Farcy, C., Peyron, JL., Poss, Y. (eds),
Forêts et foresterie : mutations et décloisonnements,
Paris, L'Harmattan, 2013.

Huybens, N.,
La forêt boréale, l'éco-conseil et la pensée complexe.
Comprendre les humains et leurs natures pour agir dans la complexité,
Ed. universitaires européennes, 2010.

Photo de couverture :
Racine tellurique
65x50 cm, technique mixte sur papier
Djahida HOUADEF, 2007

5-7, rue de l'Ecole-Polytechnique, 75005 Paris

http://www.harmattan.fr
diffusion.harmattan@wanadoo.fr

ISBN : 978-2-343-09986-6
EAN : 9782343099866

Remerciements

Les éditeurs scientifiques de cet ouvrage tiennent à remercier chaleureusement tous ceux qui ont contribué à sa réalisation.

Ils remercient bien entendu les auteurs pour la qualité de leur investissement dans ce travail collectif ainsi que le comité scientifique qui a suscité et sélectionné les communications qui ont constitué la matière première de cet ouvrage.

Ils remercient l'Association de Science Régionale De Langue Française (ASRDLF) et l'UCL Mons (implantation montoise de l'Université de Louvain) organisatrice de cette 50ème conférence de l'ASRDLF qui s'est tenue du 8 au 10 juillet 2013 autour du thème du rôle de la culture, du patrimoine et des savoirs dans le développement des territoires et qui a accueilli une session spéciale « ***Forêts et foresterie : savoirs et motivations*** ».

Ils remercient leur collègue et ami Yves Poss pour sa re-lecture attentive.

Les plus sincères remerciements sont également adressés aux partenaires institutionnels qui ont soutenu ce travail : le Ministère de l'Agriculture, de l'Agroalimentaire et de la Forêt (MAAF), sa Direction Générale de la Performance Economique et Environnementale des Entreprises et sa sous-direction filières forêt-bois, cheval et bioéconomie ; le ministre wallon ayant les forêts dans ses attributions, le Service Public de Wallonie (SPW) et en particulier, sa Direction Générale Opérationnelle Agriculture, Ressources naturelles et Environnement et son Département de la Nature et des Forêts (DNF).

Table des matières

Introduction

Les savoirs relatifs aux forêts et à la foresterie sont à la fois nombreux et encore à développer. Depuis les observations, descriptions et expérimentations des grands naturalistes du 18ème siècle et le développement d'une recherche forestière au 19ème siècle, les progrès scientifiques ont été considérables. Mais la complexité inhérente aux systèmes biologiques, aux systèmes sociaux et, *a fortiori*, à leur interface, renforcée par les changements globaux et l'incertitude qui les accompagne, fait que des efforts immenses restent à accomplir. Mais où et comment progresser pour contribuer au mieux à l'innovation ? Comment développer l'interdisciplinarité ? Quelle part lui donner par rapport aux approches disciplinaires ? Quelle place offrir aux sciences humaines et sociales par rapport aux sciences de la nature?

Les décisions forestières sont prises par les acteurs socio-professionnels dont le savoir technique est fondamental pour l'avenir des forêts et de la foresterie. Celui-ci résulte en partie des observations propres à ces acteurs, en partie des enseignements tirés des progrès de la science. Comment valoriser les innovations techniques imputables aux acteurs eux-mêmes ? Comment accélérer le transfert des connaissances de la science vers la pratique ? Comment co-construire les pistes de recherches futures de manière à mieux satisfaire les besoins des utilisateurs ? Quels verrous lever et quels leviers actionner pour cela ?

Les savoirs profanes sont de plus en plus considérés à leur juste valeur. L'accès aux ressources alimentaires, médicinales, cosmétiques et le partage des avantages qui en résultent en est une condition qui se met en place dans le cadre du protocole de Nagoya. Dans un autre domaine, la science participative permet également de démultiplier le suivi à long terme des écosystèmes en s'appuyant sur des connaissances répandues dans la société. Comment mieux reconnaître, préserver et stimuler les savoirs profanes ? Comment les intégrer avec les connaissances scientifiques et techniques ?

Les acteurs forestiers ont différents statuts et sont mus par des motivations diverses qui vont des grands enjeux politiques et économiques jusqu'aux perceptions, représentations et attentes de la société. Ils portent des regards différenciés sur les espaces boisés qu'ils voient tantôt comme un patrimoine, tantôt comme un outil de production de biens, tantôt comme un support de services écologiques, sociaux et culturels. Comment promouvoir dans ces conditions des approches au service d'une véritable gestion durable ? Et comment, pour ce faire, réconcilier intérêt public et intérêts privés des personnes physiques et morales ? Comment mobiliser les acteurs au travers de leurs différentes motivations ? Entre des populations rurales plus ou moins inféodées aux espaces boisés et des populations urbaines à la recherche de leurs racines ou d'une certaine naturalité, les motivations pour la forêt peuvent varier considérablement. Les usages locaux des premières peuvent s'effectuer en dehors des circuits économiques officiels tandis que les perceptions des secondes conduisent à des représentations nécessairement idéalisées. Ces caractères informel dans un cas et virtuel dans l'autre rendent délicate la prise en compte des motivations des populations dans les politiques publiques comme dans les stratégies de gestion.

Les grands enjeux relatifs aux forêts et à la foresterie relèvent de plus en plus de problématiques telles que la biodiversité, le climat, l'énergie, l'eau, le territoire… qui viennent se greffer avec plus ou moins de difficultés à la logique économique de la gestion forestière. Elles dépassent largement le cadre forestier, à tel point que se trouve posée la question de la nature, de la place et de la cohérence des politiques forestières dans un contexte environnemental multipolaire, et par conséquent aussi des liens entre politiques environnementales et économiques de la forêt.

Si l'étude des savoirs sur la forêt et des motivations pour la forêt est intéressante en elle-même, l'analyse croisée entre savoirs et motivations est fondamentale pour tracer un chemin d'avenir pour la foresterie et en établir les fondations. Tracer un chemin, c'est décider où l'on va à partir d'un état des lieux et d'éléments de situation : le savoir influence les motivations, son partage favorise le consensus. Mais il ne dicte pas la décision qui reste subordonnée aux lacunes de la connaissance, à l'impossibilité d'intégrer l'ensemble de ce qu'on connaît, à la complexité, aux incertitudes, à l'imaginaire, aux relations entre acteurs… Quelle relation établir entre décideur, expert, et société ? Comment maintenir chacun dans son rôle tout en mettant en place des repères communs ?

Organiser les approches stratégiques, c'est mettre en place une gouvernance adaptée, développer la participation, favoriser les consensus, laisser se développer les controverses dans un cadre constructif, prendre et mettre en pratique des décisions. Quelle gouvernance pour les forêts et la foresterie ?

Ce sont ces questions que ce livre en trois parties tente d'éclairer. La première partie traite des savoirs profanes et des représentations sociales. La deuxième se focalise sur l'animation et la participation à l'échelle du territoire. La troisième s'inscrit quant à elle dans le champ de la politique et de la gouvernance.

Partie 1.

Savoirs profanes et représentations

Comme écosystème social et symbolique, les forêts font l'objet de diverses représentations sociales, elles portent des enjeux humains parfois contradictoires et en conflit. Les ruraux et les urbains, les propriétaires privés et publics, les détenteurs de savoirs traditionnels et les experts des sociétés techno-scientifiques défendent et exploitent leurs forêts, ils en vivent et y vivent. Les représentations sociales liées à la forêt sont donc sans surprise diverses et nombreuses. La forêt change à la mesure du regard que nous portons sur elle. Les modes de gestion et les préférences que nous avons la transforment, la bouleversent parfois.

Chapitre 1. Une analyse genrée des savoirs locaux concernant les ressources forestières au Moyen Atlas (Maroc)

ZAHID Fatima
École Nationale d'Agriculture de Meknès, Maroc

« Une compréhension du rôle du genre et de la manière dont il affecte la valeur intrinsèque des systèmes des savoirs locaux est cruciale pour la compréhension, l'interprétation et la diffusion des savoirs locaux » (Banque Mondiale, 2003). Cet article s'inscrit dans cette idée et se veut une contribution à l'étude des savoirs forestiers locaux selon le genre au Maroc. L'objectif est d'analyser l'influence des rôles sociaux liés au genre sur l'accumulation, la mise en œuvre, la stratification interne basée sur la division sociale du travail et la transmission des savoirs traditionnels forestiers. L'étude a été menée dans le Moyen Atlas, à Tafraout N'Thouga. Nous montrons que les responsabilités et rôles des hommes et des femmes sont distincts mais complémentaires dans la gestion des ressources naturelles et différencient souvent leur savoir écologique local. De plus, les femmes excellent dans le maintien de la tradition orale sur les ressources naturelles. La plupart des contes, proverbes, chants et rites liés aux ressources naturelles ont été collectés auprès des vieilles femmes. Enfin, la modernisation des *douars* a introduit de nouvelles valeurs qui ont généré une forme de dysfonctionnement dans le système local de gestion des ressources naturelles. La disparition de ressources naturelles semble par ailleurs être à la base d'une déperdition de connaissances traditionnelles.

MOTS-CLÉS
Savoir local ; genre ; ressources ; forêt ; Moyen Atlas ; Maroc

INTRODUCTION

La montagne occupe une place importante dans les pays d'Afrique du Nord en général et au Maroc en particulier. Au Maroc, elle couvre 21% du territoire national soit plus de 15 millions d'hectares avec 4 grands massifs montagneux à savoir le Rif, le Moyen Atlas, le Haut Atlas, l'Anti Atlas. Selon le recensement national de 1994, dernier à offrir des données sur les populations des montagnes, elle compte 47 habitants par km^2 en moyenne avec au total près de 6 900 000 habitants, soit 26,4% de l'effectif national. Un ensemble de 7,8 millions d'habitants (soit 30% de la population du pays en 1994) habite dans la forêt marocaine, qui concerne 10 régions économiques sur les 16 que compte le pays. Ces habitants représentent, dans leur majorité, une population amazighe riche par sa culture, son héritage patrimonial, ses organisations socio-institutionnelles et ses pratiques de gestion des ressources naturelles et des affaires communes. À l'exception de la forêt de la Maâmora, presque toutes les forêts marocaines se trouvent dans la montagne qui représente le « château d'eau » du pays. Elles renferment une véritable richesse en mines (minéraux, argent, …), en biodiversité, en paysages et en ressources naturelles et sont de ce fait les productrices de la richesse nationale. Actuellement, et vu l'importance de la montagne dans la structuration de l'espace marocain et dans l'économie nationale, des programmes et projets tentent le développement de nouveaux systèmes de gestion participative des connaissances et des savoirs locaux pour soutenir une co-gestion intégrée des écosystèmes forestiers.

L'objet principal de la recherche est d'étudier les savoirs locaux liés aux ressources forestières selon le genre. Plusieurs questions ont guidé ce travail. Quelle est la place des ressources naturelles dans l'histoire orale amazighe ? Quels sont les savoirs locaux détenus par les femmes et les hommes en relation avec la forêt ? Quels sont les modes de transmission des savoirs locaux entre les générations ?

1. Méthodologie

Nous avons choisi le Moyen Atlas comme espace d'étude car il présente un capital forestier central au Maroc et sa population détient encore des savoirs locaux ancestraux qui ont pu être conservés. La province de Khénifra située au cœur du Moyen Atlas représente une superficie totale d'environ 1 341 000 ha dont une grande partie est constituée de forêts et de parcours (terrain non cultivé de faible production végétale et utilisé pour le pâturage du bétail) alors que les terrains irrigués ne représentent que 49 000 ha soit 3,65% de la superficie totale de la province. Elle a été choisie en raison de sa richesse en ressources naturelles et de la richesse historique et culturelle de sa population amazighe. L'étude a été menée à Tafraout N'Thouga (dénomination amazighe qui signifie « grande surface d'herbe ») qui est l'un des *douars* de Khénifra. Situé en pleine forêt, il relève de la commune rurale de Tizi N'ghchou dans la vallée de l'oued Elkiss à l'est de Kerrouchen.

Le nombre d'habitants est d'environ 300 répartis en 39 foyers. Nous avons réalisé auprès de cette population 76 enquêtes par questionnaire et 30 entretiens semi-structurés également répartis entre les hommes et les femmes. Sachant que les savoirs locaux sont liés à l'âge, la variable « âge » a été prise comme possible variable explicative. Hormis ce critère, l'échantillonnage est globalement aléatoire non probabiliste. Le questionnaire a été utilisé pour quantifier les savoirs locaux détenus par les femmes et les hommes et les entretiens ont été réalisés pour apporter des explications complémentaires aux items du questionnaire. Nous avons eu recours à l'analyse statistique descriptive pour les questionnaires et à l'analyse de contenu pour les entretiens.

Tafraout N'Thouga se caractérise sur le plan économique par un système d'exploitation de type agropastoral avec une dominance de l'élevage. L'agriculture constitue une activité principale pour la totalité des villageois. Elle est destinée à l'autoconsommation et ses produits ne sont commercialisés qu'en cas d'excès ou de besoin d'argent. Les cultures principales sont les céréales, la pomme de terre et la pomme. Ce sont des cultures de base qui répondent difficilement aux besoins des foyers à cause de l'exiguïté et du morcellement des parcelles agricoles. L'élevage intervient comme importante source de revenus et pour répondre aux besoins de la famille ; ces revenus sont dépensés au *souk* de Kerrouchen pour l'achat de l'alimentation générale. C'est aussi là que se fait la vente des moutons, des bovins et des produits laitiers. Le cheptel est à 70% alimenté sur les parcours en forêt et sur des terres incultes. L'accès au parcours n'est pas réglementé, sauf lorsqu'il y a une mise en défens[1]. Le droit d'usage appartient aux habitants du *douar* et des *douars* avoisinants sans distinction. Cette zone de montagne est caractérisée par des hivers très froids et neigeux qui enclavent la population et accentuent ses besoins en bois de chauffe. Pauvre, la majorité de cette population dépend étroitement des ressources de la forêt en tant que principale source d'énergie. Les ressources hydriques sont abondantes : on compte en effet 10 puits dans le *douar*. En plus des sources qui alimentent les champs irrigués, l'oued Lkiss est proche du *douar* et les femmes y lavent le linge, le blé et la laine.

---

[1] La mise en défens est pratiquée lorsqu'on veut faire régénérer un parcours ou une forêt. Cette mesure institutionnelle défend à la population l'accès à ces espaces et l'utilisation de leurs ressources, jusqu'à ce que les instances décident de les ouvrir à nouveau.

2. Les ressources naturelles dans l'histoire orale amazighe

La langue, la diversité culturelle et les modes de subsistance locaux constituent un corpus de connaissances qui s'est créé et a été expérimenté, sélectionné et accumulé au cours d'un long processus évolutif. La langue et la diversité culturelle sont aussi importantes pour l'humanité d'aujourd'hui et de demain que la biodiversité. Elles ne pourront être préservées que si elles demeurent en usage, comme ce devrait être le cas pour la biodiversité (Brush, 1996).

C'est dans cet esprit que nous avons commencé par l'analyse et l'identification des ressources naturelles dans la langue et l'histoire orale amazighe. L'analyse de la tradition orale des Amazigh de ce *douar* s'est faite à travers le recueil des poésies, des contes et des proverbes, pour voir comment et de quelles façons les ressources naturelles sont perçues par les hommes et par les femmes. L'analyse comparée de cette tradition orale selon le genre a montré que les femmes connaissent bien mieux cette tradition orale sur les ressources naturelles que les hommes. La plupart des contes, proverbes, chants et rites liés aux ressources naturelles ont été collectés auprès des vieilles femmes et non des vieux hommes.

L'analyse a montré que les ressources naturelles tant de la faune que de la flore sont très présentes dans la culture et la langue amazighes. En effet, *Lghabt* ou *Aari*, signifie la *montagne boisée*, une locution chargée de contenu expressif très dense qui décrit aussi bien la topographie que la végétation par opposition à *Tisshut*, *montagne nue*. Dans cette culture, la forêt est perçue comme un lieu de :

- Repos : grâce à son ombre bienfaitrice, *Amalu*
- Plaisir : c'est au pied d'un chêne ou *Tassaft* que se rencontrent les amoureux.

Dans un poème, le cèdre ou *Ithyel* est décrit comme étant le meilleur arbre dans la forêt. Cette caractérisation est souvent reprise dans la poésie et dans les proverbes pour symboliser les niveaux de richesse entre les humains. Quant au peuplier ou *S'fsaf*, il est le plus souvent synonyme de stérilité. Ceci apparaît quand le poète invite les enfants à y grimper mais sans qu'ils s'attendent à en manger une de ses graines.

Après l'époque coloniale, la forêt n'est plus représentée de la même manière. L'État central a décrété que tout arbre non planté de la main de l'homme serait sa propriété. La forêt est alors devenue le paradis perdu et un lieu d'affrontement entre les ramasseurs de bois et le forestier (*bou Aari* en amazigh). Un poème parle de la mise en défens du cèdre en soulignant que la prison est le sort de celui qui en coupe une feuille (Ouatab, 2005). Pour illustrer davantage l'exploitation de la forêt, certains poèmes évoquent l'état d'âme triste et abattu du chêne vert assailli par la hache du bûcheron. Cette hache dont le manche est en chêne comme le raconte un autre poème.

Concernant la faune, les animaux de la forêt sont très présents dans cette culture et font l'objet de nombreux poèmes, contes et proverbes. Les oiseaux sont utilisés le plus souvent comme symboles ; le corbeau (*Ahaqqar*) est associé à l'inutilité[2] dans un poème où l'on reproche au chasseur le fait de le tuer au lieu de le laisser vivre. Dans le conte *Zri zarbax* (Déplume-moi, je suis pressée) raconté de façon différente par les femmes et les hommes, la chauve-souris (*Ajdid N'yid*) incarne l'image de l'impatience et la chouette (*Thaoukt*) symbolise l'intelligence et la sagesse. Ce conte raconte l'histoire d'un homme riche qui, en voulant faire plaisir à sa femme, demande un lit et un coussin en plumes d'oiseaux. Il a donc convoqué ces derniers pour une réunion de déplumage l'après-midi. Mais avant l'heure fixée, la chauve-souris s'est présentée très pressée en demandant de la déplumer : « déplume-moi, je suis pressée ». Le conte raconte que c'est grâce à ce geste pressé de la chauve-souris que tous les autres oiseaux ont échappé au déplumage. La fin du conte contient une connotation dévalorisante de la femme car la chouette a terminé « ses pensées » en disant : « à force de vouloir faire plaisir à sa femme, on devient une femme », sens dépréciatif signifiant une faiblesse de personnalité et dans la prise de décision.

Dans les contes collectés, les animaux ont des voix et des vies sociales qui traduisent les vies réelles des femmes et des hommes dans ces espaces et dans cette culture. Ces contes s'inscrivent dans une lointaine époque où Homme et bêtes parlaient.Un autre exemple est celui de la chouette qui s'est mariée à l'aigle; celui-ci la gâte en lui apportant de la viande chaque jour. Un jour, elle voit un autre oiseau qui s'appelle *Hammou* ; séduite par sa beauté, elle quitte son mari pour aller vivre avec lui. Mais sa vie conjugale ne lui donne pas le bonheur car son nouveau mari ne lui apporte que les déchets des proies. Elle monte alors dans un arbre et crie avec toute la tristesse de ses émois : « ô premier mari chéri ».

Un autre héros des contes dans l'histoire orale de ce *douar* est le renard ou *Ouchen* qui évoque l'intelligence maléfique. Connu pour sa malice et ses ruses, il finit toujours par mal tomber. Dans les contes, il est connu comme *Aami Ali* (Oncle Ali). Une de ses histoires avec le hérisson a donné

---

[2] Inutile parce qu'on ne peut ni le manger, ni l'apprivoiser.

naissance au proverbe suivant qui veut dire que malgré son intelligence, le renard a été piégé à l'intérieur de son propre jardin par le hérisson.

« La yatachwou ouchen alig toumz jaj oubhir »

Le lion fait aussi l'objet de poèmes ; il symbolise la peur et le pouvoir. La dégradation de la forêt est souvent liée à son extinction. Sa présence dans la forêt la protège des exploitants. Selon Ouatab (2005), un poème raconte que le lion a demandé à la forêt de passer un accord avec lui pour se protéger mutuellement :

« Ainsi parla le lion à la forêt : accepte-moi, je veillerai sur toi !
Entre nous, régnera bonne entente, protège-moi,
À mon tour, je te protégerai ;
Jamais le bûcheron n'entrera chez toi ! »

L'eau en tant que ressource est très présente dans la poésie amazighe et souvent représentée comme source de vie, de verdure et de bien-être. Dans un poème, la cherté du prix du blé est expliquée par la rareté de l'eau. Les sources d'eau sont le plus souvent évoquées comme un capital économique et social important car la possession de riches sources dans un champ permet d'assurer de bonnes récoltes.

Les ressources naturelles sont fortement présentes dans la tradition orale des villageois. Cela illustre le lien avec la nature que l'homme ambitionne de maîtriser, de dominer pour sa sécurité et son équilibre. On retrouve des symboles sous forme de lignes et de points appliqués sur les objets usuels ou gravés sur le corps humain, sous forme de tatouage. Trois champs de création ont été repérés dans ce village (figure 1).

Figure 1 : Tatouage, artisanat et motifs décoratifs des plafonds illustrant symboliquement la relation de la population avec les ressources naturelles

Les couleurs sont inspirées de la nature ; les motifs sont représentés par des lignes en zigzag qui symbolisent les cours d'eau, la pluie et la fertilité des arbres et des fleurs, ou par des lignes de différentes formes illustrant les montagnes ou par des cercles qui renvoient symboliquement à la terre.

3. Savoirs locaux selon le genre

3.1. Savoirs liés à la flore et à la faune

Sollicités pour citer toutes les essences qu'ils connaissent, les villageois ont identifié 82 espèces forestières arborées, arbustives et herbacées ainsi que leur usage pour le chauffage, l'artisanat, le fourrage ou la médecine traditionnelle. Ils ont aussi listé 32 espèces d'animaux. Ces listes constituent un inventaire de la flore et de la faune.

Les figures 2 et 3 distinguent la contribution respective de différentes catégories à cet inventaire, selon l'âge et le genre.

Figure 2 : Proportion d'espèces de la flore identifiées selon le genre et l'âge (J : Jeune – A : Adulte - V : Vieux - F : Femme - H : Homme)

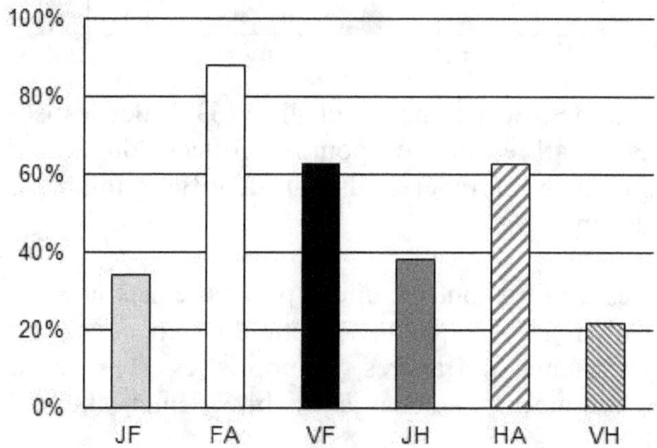

La connaissance des espèces des arbres et des plantes par les femmes adultes est très importante ; elles ont pu identifier 88% des espèces inventoriées par la population du village. Cette identification est liée principalement à la prédominance des plantes médicinales dans les activités de cueillette qui sont exclusivement féminines. Ce groupe de femmes adultes a reconnu également 70% des animaux et oiseaux listés par la totalité des villageois alors que la chasse est pratiquée uniquement par les hommes.

Ce qui a mené à nous poser la question suivante : dans quelle mesure l'activité pratiquée peut être ou non un facteur de détention du savoir ? Les femmes, en réponse à notre question, ont dévoilé que la connaissance des animaux et des oiseaux provient essentiellement de la culture et de l'environnement dont elles s'imprègnent quotidiennement et aussi de la communication orale des informations avec les hommes.

Les hommes connaissent plus le cycle de vie, la dynamique des populations, le comportement migratoire, ainsi que la distribution territoriale et temporelle de la faune.

Figure 3 : Proportion d'espèces de la faune identifiées, selon le genre et l'âge (J : Jeune – A ; Adulte - V : Vieux - F : Femme - H : Homme)

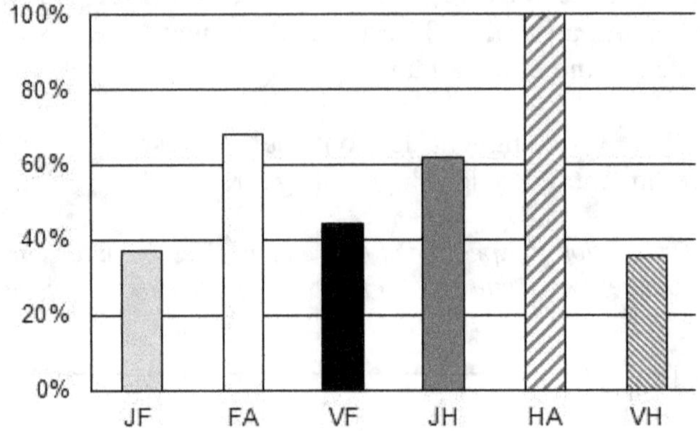

Les adultes, hommes et femmes, ont listé 63% des espèces végétales partagées entre les arbres utilisés pour la collecte du bois de feu et le fourrage, et les plantes fourragères. Ils ont identifié la totalité des animaux, des oiseaux et des insectes listés.

38% des essences d'arbres ont été citées par les jeunes hommes tandis que les jeunes filles n'en ont listé que 34% ; cette différence résulte du fait que la connaissance des plantes fourragères, y compris les arbres, est d'importance pour les jeunes hommes qui se chargent habituellement du gardiennage des troupeaux.

Parmi les 32 espèces végétales listées, les filles en ont identifié 20 tandis que les garçons en ont cité 12. Cette connaissance est liée à la pratique de la médecine traditionnelle et à la cueillette des plantes aromatiques et médicinales par les femmes.

Les hommes comme les femmes ont des connaissances spécifiques relatives à certains éléments de la flore et de la faune, selon les activités quotidiennes et saisonnières de chacun. La connaissance des espèces et des pratiques est souvent liée aux activités exercées.

Les responsabilités et les rôles distincts mais complémentaires des hommes et des femmes dans la gestion des ressources naturelles différencient souvent leur savoir local.

3.2. Savoirs liés aux espèces fourragères

Le chêne occupe une place prépondérante parmi les arbres fourragers qui forment l'aliment de prédilection des animaux. Le thuya et le caroubier mâle viennent après le chêne. Les déclarations des hommes concernant le chêne et le thuya s'accordent avec celles des femmes. Toutefois, les hommes ont affirmé qu'ils utilisaient le caroubier spécialement pour les bovins et le genévrier pour les ovins et les caprins en plus du lentisque mentionné comme source fourragère spécifique aux caprins.

L'alimentation basée sur les feuilles des arbres identifiés s'étend sur toute l'année car ces arbres se caractérisent par un feuillage persistant. La demande s'accentue pendant la saison froide ou pendant une disette alimentaire. Selon Alifriqui et Genin (2015), sous des climats montagnards caractérisés par des hivers assez rudes comme c'est le cas dans la région d'étude, la sédentarisation de la population est en grande partie assurée par les ressources fourragères foliaires fournies par les arbres, aussi bien conifères, surtout des Cupressacées (genévriers et Thuya de Berbérie) que feuillus, comme le Chêne vert et le Frêne dimorphe.

Le genévrier de la région est un arbre à aiguilles, moins adapté pour l'alimentation bovine et ovine, alors que le lentisque est une espèce rare dans la zone, c'est pourquoi il est recensé par un nombre restreint d'éleveurs. Les herbes vivaces qui se développent pendant le printemps et l'été dans les forêts et les zones avoisinantes du *douar*, constituent des ressources fourragères dont les atouts sont incontestables pour les différents types de bétail. Les hommes connaissent plusieurs espèces végétales telles que le thym ou le romarin qu'ils considèrent comme sources d'alimentation tant pour les ovins que les bovins et les caprins. Ne pratiquant pas le gardiennage, les femmes n'identifient que deux espèces de fourrage.

Les hommes détiennent plus de savoirs sur les ressources alimentaires sauvages et spontanées que les femmes. L'explication vient du fait que ce sont les hommes qui se chargent du pâturage en forêt. Du fait que les parcours sont parfois éloignés, le pâturage est généralement une activité des hommes (Mâani, 2010). Ce qui explique cette finesse dans les connaissances des espèces fourragères convenant au bétail. Les femmes détiennent aussi une part considérable des savoirs liés à l'élevage et à l'entretien des animaux. Elles s'occupent en effet du troupeau mis en stabulation pendant la période hivernale ou lorsque les hommes sont absents.

Ceci nous permet d'avancer que les connaissances en la matière sont généralisées et la population locale détient des savoirs qui ne sont pas forcément liés aux activités qu'elle assure et dont elle est responsable.

3.3. Savoirs liés aux espèces disparues

Les éleveurs regrettent la disparition de deux espèces fourragères sauvages, à savoir la luzerne naturelle et la germandrée ou *touf telba*. La première a été recensée par 47% des hommes et 18% des femmes, alors que la deuxième a été mentionnée par 18% des hommes et 5% des femmes. D'après eux, la sécheresse et le surpâturage sont les principales causes de la disparition de ces deux plantes depuis les années 80 (Mâani, 2010). Leur utilité résidait dans l'engraissement et la production du lait. Leur disparition oblige les éleveurs à acheter des suppléments et à cultiver de la luzerne. La population souhaite que les espèces disparues réapparaissent et que les herbes fourragères et les feuilles soient abondantes, notamment le chêne qui présente une source d'alimentation pour le bétail et de bois de chauffe. 52% des hommes et 55% des femmes pensent que des précipitations suffisantes et l'absence de gelées sont les conditions indispensables à la croissance des espèces sauvages destinées à l'alimentation du bétail et avouent l'importance de l'exploitation raisonnée et du contrôle des parcours forestiers dans la croissance et la régénération des plantes spontanées.

3.4. Savoirs liés au bois

Le domaine forestier représente une source de production de bois très diversifiée. Son rôle est incontestable à la fois pour le chauffage et la cuisson. Parmi les arbres présents dans la forêt située autour du *douar* étudié, plusieurs espèces ont été citées par les hommes et les femmes. Leur importance réside dans leur qualité de combustion, leur abondance et leur facilité d'acquisition (tableau 1).

Tableau 1 : Espèces préférées pour leur bois, selon le genre

Ordre d'importance	Hommes	Femmes
1	Chêne	Chêne
2	Thuya	Caroubier
3	Olivier	Thuya
4	Caroubier	Olivier - Genévrier
5	Genévrier	

Le chêne est classé par 97% des hommes et 81% des femmes comme la ressource combustible la plus répandue pour assurer la fonction de chauffage et la préparation des repas. Ce type de bois est préféré en raison de sa bonne inflammabilité et pour son feu qui chauffe et dure longtemps. Le caroubier mâle fait aussi l'objet de collecte et d'utilisation comme bois du feu. Ce produit est apprécié par 71% des hommes et 58% des femmes. Quant au thuya, il est évoqué par 84% des femmes et 47% des hommes. Ces deux espèces occupent la deuxième place en matière de préférence car leur allumage est facile mais leur feu ne dure pas longtemps. L'analyse des préférences entre les femmes et les hommes montre que les considérations des femmes sont raisonnées en fonction de la qualité et de la durée de persistance du feu produit par le bois. Quant aux hommes, le classement est essentiellement tributaire de l'abondance de l'espèce et de la facilité de son acquisition.

4. Transfert et perceptions des savoirs selon le genre

La transmission des savoirs locaux est un processus fondamental garant de leur préservation. On constate cependant que le résultat est aléatoire et incertain, car il est basé sur des pratiques sociales et un mode oral de communication. Il est donc intéressant de comprendre les mécanismes de transmission, ce qui peut également être utile si l'on cherche à intégrer les savoirs locaux dans les programmes de développement.

La langue locale amazighe joue un rôle essentiel pour maintenir et transmettre les savoirs et les représentations culturelles, comme illustré au tableau 2.

Tableau 2 : Noms amazighes des certaines plantes et leur signification

Noms	Signification
Abardoud N'Izm	Queue du lion : plante qui a la forme et la couleur de la queue du lion
Ils N'Founast	Langue de vache : plante qui a la même forme que la langue de la vache
Thamazoughte N' Thikhssi	Oreille de brebis
Azzar Ouhardan	Cheveux du noir
Adar Oujrou	Pied de grenouille

Élément constitutif de l'identité, la langue véhicule les perceptions de la nature et des ressources naturelles et représente le premier support des savoirs traditionnels. Dans la culture amazighe, la plupart des connaissances sont transmises sous forme de contes ou de légendes comportant des métaphores et une terminologie spécifique. Il y a par exemple à Tafraout N'Thouga des plantes qui portent des noms faciles à retenir du fait que leur dénomination est l'illustration de ce qu'elles représentent visuellement ou qu'elle renvoie à des images auxquelles elles ressemblent dans la nature.

Les savoirs et les pratiques relatifs à l'exploitation de la forêt et de ses produits reflètent des formes d'adaptation de la population avec le milieu physique, les conditions climatiques et la situation économique. Ils sont fondés essentiellement sur l'expérience et basés sur les ressources et les moyens disponibles. Ils émergent à travers l'expérimentation et se transmettent par les mythes et les légendes. Celui qui détient le plus ce savoir dans le *douar* a une importance reconnue au sein de la communauté locale.

Les savoirs locaux identifiés sont tous ancestraux et hérités des générations passées. L'enquête auprès de la population a montré que l'observation, la pratique et l'assistance aux différentes activités liées aux rôles attribués aux hommes et aux femmes sont les principaux modes de transfert des savoirs détenus par les parents. Les enfants sont impliqués dès leur jeune âge dans les différentes activités pratiquées par la famille.

L'apprentissage des activités de reproduction[3] telles que la préparation des repas, la tapisserie (à usage du foyer), la médecine traditionnelle, le ménage… est confié aux mères qui livrent ces savoirs aux filles pour les aider dans la réalisation des activités dont elles sont responsables et aussi pour les préparer au mariage et à leur vie future.

Après le mariage, d'autres responsabilités s'ajoutent à la liste des activités des filles qui continuent à apprendre pour assurer leurs nouvelles fonctions à travers l'observation des pratiques de leurs maris et de leurs belles mères. Le rôle de ces dernières dans le transfert des savoirs et savoir-faire est plus important lorsqu'il s'agit d'une belle fille qui n'est pas originaire du *douar ;* il s'agit en effet de lui inculquer aussi bien le savoir que la culture qu'elle sera elle-même responsable de transmettre par la suite. Dans cette région du Moyen Atlas, la considération envers la femme et sa reconnaissance sociale sont très étroitement liées à la réussite de la transmission des savoirs à ses filles et belles filles qu'elle a été en mesure d'effectuer.

En assistant aux travaux assurés au sein de l'exploitation familiale, les garçons apprennent les savoirs et les savoir-faire maîtrisés par leurs pères comme l'agriculture, l'élevage, la collecte du bois, ...

Les garçons sont dispensés des travaux féminins. Toutefois, l'observation et le mode de transfert oral permettent aux garçons de comprendre l'utilité et

[3] Les activités de reproduction sont toutes les activités vitales pour le fonctionnement du foyer mais qui ne produisent aucun revenu, telles que l'approvisionnement en eau potable, la collecte du bois ou les travaux domestiques.

les propriétés de certaines tâches féminines sans les pratiquer, et de même pour les femmes. La satisfaction des femmes et des hommes enquêtés concernant l'utilité de ces savoirs pour les jeunes d'aujourd'hui n'est pas identique. En effet, 79% des femmes et 58% des hommes pensent que les jeunes continuent à utiliser les savoirs locaux pour gérer leurs activités quotidiennes. Pour ces personnes, ces savoirs restent indispensables pour se maintenir et persister dans cet espace marqué par la fragilité, la vulnérabilité et de nombreuses difficultés. Les personnes qui pensent le contraire affirment que les jeunes ont développé un sentiment d'insatisfaction vis-à-vis de l'utilité des savoirs locaux qu'ils jugent peu utiles dans leurs vies.

Pour les personnes qui jugent que les savoirs restent utiles, les techniques adoptées et héritées des anciens en matière d'élevage, d'agriculture, de médecine sont compatibles avec la nature, les conditions climatiques et les ressources naturelles disponibles. Selon les personnes qui rejettent ces savoirs, ces derniers représentent un frein pour l'introduction de nouvelles technologies.

Les filles sont plus motivées que les garçons pour apprendre les savoirs et les pratiques quotidiennes de leurs mères. Pour elles, ce sont les compétences que chaque femme doit acquérir pour bâtir un foyer, le gérer, avoir une position dans la société et des chances de se marier, et réussir sa vie d'épouse et de mère : « si je ne maîtrise pas comment préparer le pain et les repas, approvisionner en eau, allumer le feu et assurer le ménage, personne ne va accepter de m'épouser », nous déclare une jeune fille de 16 ans. Les garçons se trouvent à leur tour obligés de poursuivre le modèle des ancêtres, car c'est le seul modèle qui peut assurer la subsistance en l'absence d'autres alternatives. Généralement, les garçons n'ont pas de motivation propre pour apprendre les techniques et les pratiques de leurs parents mais ils les apprennent par la force des choses et au fur et à mesure de leur participation aux différentes tâches. « On cherche le changement, mais nous n'avons pas de choix, nous sommes obligés de travailler avec les moyens disponibles pour assurer notre survie », nous déclare un jeune homme appartenant au groupe des « satisfaits ». Il juge que ces savoirs sont utiles/nécessaires, mais sa satisfaction supposée trahit clairement qu'il n'est guère satisfait !

Le groupe des personnes qui nie l'utilité des savoirs locaux explique sa prise de position par le faible revenu dégagé par les activités traditionnellement pratiquées et la pénibilité qui leur est associée. Les jeunes sont ambitieux, veulent changer, améliorer leur situation difficile et introduire d'autres activités plus rémunératrices. Mais « les jeunes sont paresseux, détestent les activités pénibles liées à notre mode traditionnel de vie, ils cherchent une vie facile et moderne », nous déclare une femme de 47 ans.

La participation des enfants aux activités quotidiennes offre des opportunités pour la discussion et l'échange entre les générations et représente la principale voie de transmission des savoirs et des techniques traditionnelles. L'apprentissage et la maîtrise des travaux socialement définis comme étant féminins deviennent des obligations sociales pour celles-ci. Quant aux hommes, le fait de continuer les mêmes activités que leurs pères constitue une solution provisoire en l'absence d'autres alternatives. Les nouvelles technologies (téléphone portable, téléviseur, ou parabole) et la modernisation de leur mode de vie peuvent mettre les savoirs locaux en péril, mais la pauvreté et le manque de moyens favorisent le maintien et la persistance de ce patrimoine. Presque toutes les femmes (95%) comptent transmettre leurs connaissances à leurs filles pour les aider aussi à se maintenir dans ces sociétés où la maîtrise des travaux ménagers est une obligation et une condition de réussite pour les filles. Trois quarts (76%) des hommes enquêtés reconnaissent la faisabilité des techniques traditionnellement pratiquées dans leur système d'activité (araire de labour, collecte du bois, ou pâturage). Ils veulent les inculquer à leurs fils pour qu'ils prennent la relève et développent à leur tour ce système. Toutefois, l'introduction de l'innovation, le changement de système de vie et l'orientation vers la scolarisation sont des désirs déclarés par un pourcentage considérable des hommes. Ils souhaitent à leurs enfants un mode de vie plus facile, avec des activités plus rentables et moins pénibles que celles qu'ils ont connues.

L'ouverture de ce système à l'économie de marché a introduit inévitablement de nouvelles valeurs telles que la recherche du profit ou l'individualisme qui ne coïncident pas toujours avec les valeurs traditionnelles telles que la recherche de la vertu, mais qui se juxtaposent à elles et créent une forme de dysfonctionnement dans le système local de gestion des ressources naturelles.

Ce nouveau système tendra davantage à exploiter les ressources et à dévaloriser tout ce qui ne s'inscrit pas dans le modèle de vie souhaité. Un grand nombre d'habitants interviewés à Tafraout N'Thouga hésitait même à expliquer leurs méthodes de gestion des ressources naturelles, par crainte d'être considérés comme « ignorants » ou « déconnectés » du monde moderne. On assiste ici et de façon claire à une forme d'auto-dévalorisation des savoirs traditionnels que les habitants eux-mêmes considèrent comme des sous-savoirs par rapport à un savoir perçu comme « moderne ».

Ceci corrobore largement les résultats d'Arunotai (2006) qui confirme que la transformation socio-économique entraînée par l'entrée dans l'économie de marché et la sédentarisation contribue à l'érosion des savoirs autochtones. Il a constaté que les Moken, tribus nomades de Thaïlande, observent et adoptent les modes de consommation des personnes venues de l'extérieur (le personnel du parc voisin et les touristes), ce qui ne fait qu'accentuer l'érosion de leur mode de vie traditionnel et des savoirs autochtones accumulés et pratiqués depuis des centaines d'années.

L'analyse de ce qui précède nous permet d'avancer que la transmission des savoirs locaux est assurée par la pratique, par l'observation et par le récit (chanson, mythe, leçons). Il existe en réalité un double niveau de transmission : dans le temps et dans l'espace. La transmission dans le temps est liée à la diffusion de toute une culture d'une génération à une autre et la transmission dans l'espace est liée à l'échange de savoirs entre des personnes de la même famille. L'échange des savoirs dépasse aussi le cercle familial pour devenir une affaire collective. En effet, chez les femmes, l'apprentissage le plus intensif semble se faire lors des sorties en forêt en groupes, pour la recherche du bois et pour la cueillette de plantes médicinales ou de champignons. Les femmes les plus âgées donnent au passage des explications qui retombent en cascade vers les plus jeunes. Quant aux hommes, c'est lors des sorties dans la forêt, les champs, le *souk* et lors des compétitions de chasse entre les tribus qu'ils apprennent aussi le plus. La conservation des savoirs forestiers locaux suppose donc une transmission et une réutilisation active permanente de ces deux niveaux (horizontal et vertical).

Ces résultats mériteraient d'être discutés et d'être comparés avec ceux d'autres études réalisées sur la même thématique au Maroc et ailleurs. Cependant, la rareté des études selon la dimension du genre, fort présente dans cette contribution, a limité, malheureusement, cette comparaison.

CONCLUSION

L'intégration des savoirs locaux dans les programmes de développement durable revêt un caractère déterminant car la disparition des ressources naturelles pourrait engendrer une érosion culturelle et une déperdition des connaissances traditionnelles. Et c'est en respectant la culture et les droits fonciers des peuples autochtones que la biodiversité de la planète pourrait être réellement protégée (Somsak, 2002).

La relation forte qui lie les femmes et les hommes aux ressources naturelles se manifeste clairement dans leur vie culturelle et prend une place importante dans leurs contes, leurs poèmes, leurs chants, leurs dessins et leurs tatouages. Il est clair que les savoirs sont importants dans la vie de ces populations malgré la vitesse accrue de la dégradation de ceux-ci. Les sauvegarder nécessite donc de leur donner une autre vie en les développant par l'introduction des savoirs techniques. À ce propos, les projets intégrés de développement durable visant la préservation des ressources naturelles, la biodiversité et la durabilité doivent prendre en compte non seulement les aspects de reboisement mais introduire aussi une revalorisation des savoirs locaux, les développer, leur apporter des éléments plus techniques. Il ne s'agit pas simplement de transmettre des savoirs figés, car ces savoirs sont dynamiques et se mélangent en permanence avec des savoirs venus de l'extérieur. Il s'agit plutôt de développer des activités génératrices de revenus basées sur les savoirs locaux et de trouver des mécanismes pour les inscrire dans les pratiques et les savoirs humains universels à l'instar du patrimoine mondial ou des produits de terroir.

Une institutionnalisation des savoirs locaux doit faire l'objet de programmes culturels ou d'éducation environnementale. Leur conservation et leur préservation supposent une transmission et une réutilisation active, permanente et fluide entre les générations, entre les femmes et les hommes et encore plus entre les savoirs techniques et scientifiques. Pour ce faire, des efforts institutionnels doivent s'inscrire dans cette logique et se traduire sous forme de programmes de consolidation, de formation, d'adaptation et de perfectionnement à travers la prise en compte des savoirs dans des programmes de développement, de conseil agricole et de sensibilisation surtout pour les jeunes afin de garantir une meilleure pérennisation de ces savoirs. La prise en compte des savoirs locaux sous l'angle du genre peut aussi offrir des avantages certains à travers le développement des connaissances et l'amélioration des possibilités de développement en agriculture et en environnement, selon les femmes et selon les hommes. Car elle fournit des informations de détail mais de taille comme les techniques culturales, les comportements agronomiques des sols, des plantes, des arbres, la dynamique des écosystèmes ou la conservation génétique des espèces locales. De telles informations sont extrêmement utiles pour la compréhension des risques de dégradation environnementale.

BIBLIOGRAPHIE

Alifriqui, M., Genin, D., 2015. Des arbres et des usages : savoirs locaux, terroirs et gestion des espaces forestiers. Le LMI MEDITER au Maroc. In : Aix-Marseille Université et la Méditerranée : défis et coopération scientifique, Colloque International, 12-13 février 2015, Marseille.

Arunotai, N., 2006. Les savoirs traditionnels des *Moken* : une forme non reconnue de gestion et de préservation des ressources naturelles. Revue internationale des sciences sociales, 187, 145-158.

Banque Mondiale, 2003. Femmes et savoirs locaux : une perspective Sud-Sud. Notes C.A., Banque mondiale, 63.

Brush, S.B., 1996. Whose knowledge, whose genes, whose rights? In : Brush, S.B., Stabinsky, D., (Eds.), Valuing local knowledge : indigenous peoples and intellectual property rights. Island Press, Covelo, California, 3-21.

Mâani, K., 2010. Savoirs locaux, genre et ressources forestières au Moyen Atlas (cas de *douar* Maâmar). Mémoire de troisième cycle en agronomie, ingénierie de développement, École Nationale d'Agriculture de Meknès, Meknès.

Ouatab, S., 2005. Étude des savoirs écologiques locaux selon le genre dans la forêt de Kerrouchen et la vallée de Draa. Mémoire de diplôme des études supérieures approfondies, femmes et développement, Université My Ismail, Faculté des lettres et sciences humaines de Meknès, Meknès.

Somsak, S., 2002. Gestion des ressources naturelles dans une perspective culturelle et spirituelle. In : Groupes ethniques en Thaïlande et gestion des ressources naturelles, Colloque transculturel, 18-19 décembre 2002, Bangkok.

Chapitre 2. Des savoirs locaux et une gestion communautaire à valoriser : le cas de la forêt d'arganier d'Essaouira au Maroc

AZIZ Larbi
École Nationale d'Agriculture de Meknès, Maroc

L'arganeraie est un écosystème particulier du Sud-Ouest marocain disposant d'une biodiversité animale et végétale spécifique dont l'élément central est l'arganier, arbre endémique multifonctionnel offrant de multiples services aux populations locales. Il constitue l'élément central du système agro-forestier local et a configuré et rythmé la vie des populations. Celles-ci, disposant de nombreux droits d'usage au niveau de la forêt d'arganier, ont mis au point une gestion communautaire régulant l'accès et le contrôle aux ressources. Cette gestion et le fonctionnement du système agro-forestier témoignent de la possession par ces populations de savoirs et savoir-faire locaux ayant perduré de génération en génération. Toutefois, ces savoirs n'ont pas été assez étudiés pour pouvoir les valoriser dans les projets de sauvegarde de l'arganeraie bien que, depuis des décennies, les savoirs locaux fassent l'objet d'un intérêt croissant à l'échelle internationale de la part de la communauté scientifique et des autres acteurs et institutions internationales.

MOTS-CLÉS
Savoir local ; arganier ; arganeraie ; Essaouira ; Maroc

INTRODUCTION

L'intérêt pour les savoirs locaux est croissant à l'échelle internationale, de la part de la communauté scientifique et des autres acteurs et institutions internationales. Cet intérêt procède, pour une part non négligeable, de ses liens précédemment démontrés avec le développement et avec la conservation de la nature (Agrawal, 2002). En fait, confrontées à des réalités écologiques, les populations locales ont développé des connaissances appréciables sur les modalités d'utilisation et de gestion des ressources naturelles à leur disposition. C'est le cas des populations vivant dans l'arganeraie[1] marocaine qui ont toujours utilisé les ressources que leur offre cet écosystème. Elles ont fait de l'arganier [*Argania spinosa skils L.*], arbre endémique du Sud-Ouest marocain, le pivot de leur système agraire (en plus de l'élevage et de la céréaliculture). On estime que près de 90% de l'économie rurale locale dépend du système agro-forestier de l'arganier (Lybbert et al., 2011). Ces populations sont donc largement dépendantes de cet écosystème dont elles utilisent traditionnellement tous les produits que ce soit comme aliments pour l'homme et pour le bétail, comme source d'énergie ou dans les recettes médicinales ou cosmétiques. Pour l'utilisation de ces ressources, elles ont mis en place une gestion coutumière particulière de l'écosystème. La gestion et le fonctionnement du système agraire sont le fruit de savoirs et savoir-faire locaux transmis de génération en génération. Ces savoirs incluent un système de classification, un jeu d'observations empiriques sur l'environnement local et un système d'autogestion de l'utilisation des ressources (Johnson, 1992). Ces savoirs n'ont cependant pas été assez étudiés et connaissent même une érosion (Aziz et al., 2013). Leur valorisation est pourtant importante pour tout projet de conservation de l'écosystème arganeraie de plus en plus menacé de dégradation. C'est pourquoi nous nous proposons d'identifier et d'analyser les savoirs relatifs aux trois éléments du système agro-forestier local (arganier, céréales et élevage) ainsi que ceux relatifs au mode de gestion de la forêt d'arganier.

1. Méthodologie

1.1. Présentation de la zone d'étude

Notre objectif est de relever des savoirs et des modes de vie originaux peu érodés et des formes d'adaptation socialement et historiquement liées à cet écosystème. C'est pourquoi nous avons choisi de mener notre recherche dans

---

[1] Écosystème à arganiers s'étendant au Sud-Ouest du Maroc (provinces d'Agadir, Chtouka Ait Baha, Essaouira, Taroudant et Tiznit).

la région d'Essaouira[2] où l'arganier constitue la première essence forestière et couvre une superficie d'environ 136 430 ha, soit près de 20% de la couverture nationale de l'arganeraie (Chriqi et al., 2003). Dans cette zone, la forêt d'arganier est caractérisée par une végétation dense, un bon état de développement de l'arbre et une vigueur de l'espèce, ce qui lui confère d'être classée parmi l'aire centrale de l'arganier (M'Hirit et al., 1998). La population locale est encore très dépendante de cette forêt et dispose en conséquence de savoirs que nous ne pouvons pas trouver ailleurs, là où l'arganeraie est plus dégradée.

C'est une zone montagneuse accidentée au sud et dominée au nord par des micro-plaines entrecoupées de collines. Elle est caractérisée par la rareté des précipitations qui la classe parmi les zones semi-arides du pays. Les surfaces pluviales sont prédominantes et représentent plus de 98% de la surface agricole utile. Compte tenu de ces conditions, les cultures pratiquées sont principalement les céréales, dominées par l'orge. Le système de production animale est caractérisé par une conduite d'élevage traditionnelle avec une dominance des caprins, suivis des ovins et des bovins. Les sources principales d'alimentation du bétail sont les parcours[3] et la forêt. Dans son ensemble, le système de production local reste vivrier.

Pour circonscrire davantage notre étude, nous avons choisi de travailler sur deux communes rurales, Aguerd et Tidzi. Au niveau de cette dernière, la superficie de la forêt est plus importante, soit 6 350 ha contre 3 928 ha à Aguerd. Les coopératives féminines d'extraction de l'huile d'argan et les dynamiques socio-économiques qu'elles ont engendrées sont plus développées à Tidzi qu'à Aguerd.

1.2. Les outils d'investigation et les méthodes d'analyse

Pour la collecte des données, nous avons utilisé les outils de l'ethnologue : il s'agit d'observations, de déambulations, de participations à la vie d'un espace au quotidien, d'entretiens informels ou formels sous une forme semi-directive. Au total, nous avons enquêté auprès de 110 personnes (49 femmes et 61 hommes) relevant des deux communes. Comme les savoirs ne sont pas séparés du *faire* et se manifestent dans des actes (Dupré, 1991), nous avons eu recours à l'observation participante. Ainsi, en plus de l'observation des actes relatifs aux savoirs actionnables (Mormont, 2007) détenus par les

---

[2] Selon le recensement général de la population et de l'habitat de 2004, sa population était de 452 979 habitants, soit un peu plus d'1% de la population nationale ; les ruraux représentaient 79% du total de la population de la province.

[3] Terrain non cultivé de faible production végétale et utilisé pour le pâturage du bétail.

populations, nous avons observé les différences entre les arbres se trouvant dans la forêt et ceux poussant sur les terres privées, la différence entre ceux d'Aguerd et ceux de Tidzi. Nous avons également observé le comportement du troupeau à l'égard des arganiers.

Pour l'analyse des données collectées, nous avons utilisé trois méthodes complémentaires : l'analyse descriptive, l'analyse de contenu et l'analyse comparative. Nous ne nous sommes pas limités à la description des savoirs locaux, mais les avons analysés et les avons comparés aux savoirs scientifiques. Nous avons également comparé les résultats entre les deux communes et, au sein de chaque commune, nous avons identifié et caractérisé les détenteurs de ces savoirs.

2. Les multiples usages et fonctions de l'arganier et de ses produits

L'arganier est un arbre qui offre aux populations locales un grand nombre de services et permet diverses utilisations. Pour nos enquêtés, ses feuilles servent comme fourrage pour le troupeau alors que la pulpe de ses fruits (*aligue*[4]) est offerte comme aliment complémentaire au bétail. Le tourteau (*zagmouna*) issu de l'extraction de l'huile d'argan est utilisé pour l'engraissement du bouc, du mouton et des bovins. Le bois mort, ainsi que la coque des fruits sont utilisés pour la cuisson. Dans le passé, le bois était employé pour la construction des toits ou pour la fabrication de l'araire. Ses rameaux épineux (*ifrig*) sont utilisés pour clôturer les parcelles privées. A partir des amandes de ses fruits, on extrait l'huile d'argan qui fait actuellement la renommée de cet arbre et qui est convoitée sur le marché national et international. Depuis longtemps, elle est consommée par la population sous différentes formes : soit brute comme élément indispensable au petit déjeuner, soit comme ingrédient de base pour préparer des plats locaux. Cependant, pour diverses raisons (notamment la marchandisation des produits de l'arganier et ses conséquences sur la vie socio-économique locale, les transformations de la société locale, la scolarisation des enfants) plusieurs de ces utilisations ont disparu ou sont en voie de disparition : le bois de l'arbre n'est plus utilisé ni dans la construction de toits ni dans la confection d'outils de travail agricole, l'huile d'argan n'est que rarement consommée par les locaux qui préfèrent la vendre vu son prix attrayant ; les recettes et pratiques de la cosmétique et la pharmacopée traditionnelles sont délaissées au profit des produits pharmaceutiques.

---

[4] En amazighe, langue berbère locale.

En plus de ces multiples usages, l'arganier a de multiples fonctions. D'un point de vue écologique, il s'est parfaitement adapté aux sols peu fertiles et au climat de la région ; il est ainsi considéré comme un arbre idéal pour lutter contre l'érosion et la désertification qui menacent le Sud-Ouest marocain. Sa capacité à puiser l'eau en profondeur lui permet de résister aux périodes de sécheresse prolongées et aux effets desséchants du vent. Sur le plan social, l'histoire de l'homme et celle de l'arganier sont intimement liées : l'arbre a toujours façonné non seulement le pays et les paysages, mais également la vie quotidienne des populations locales. Il a ainsi permis la sédentarisation de l'homme, devenu éleveur et agriculteur, assurant sa nourriture et sa protection (Nouaim, 2005). Plus qu'un végétal, c'est un être sacré, purificateur et il fait partie des rites et croyances des populations (Maghnia, 1995 ; Nouaim, 2005 ; Simenel et al., 2009 ; El Harousse et al., 2012). En fait, la relation de la population locale à l'arganier dépasse le simple niveau d'un produit de consommation courante puisqu'il est là pour guérir, pour purifier, pour son statut sacré ou comme élément des festivités locales (Nouaim, 2005). Pour la population enquêtée, l'huile d'argan présente des vertus et intérêts nombreux pour la santé humaine et animale. Elle a renseigné un certain nombre de cas auxquels les produits de l'arganier (en l'occurrence l'huile) portaient remède. Des recettes et pratiques de la pharmacopée traditionnelle sont utilisées pour guérir divers maux et maladies : pour lutter contre le rhume chez l'enfant, contre le froid, contre la fièvre, pour augmenter l'immunité chez l'enfant, pour guérir des boutons apparaissant sur le corps ou sur le visage, ou pour remédier aux problèmes de chevelure. D'autres recettes sont aussi utilisées pour lutter contre certains maux chez le bétail : guérir les problèmes locaux de la peau chez la vache (repousse de la toison), éliminer des boutons sur la langue de la vache, traiter les mammites chez la vache ou lutter contre les parasites chez la vache et la brebis.

D'autre part, la relation de la population à l'arganier se décline sur le registre d'un code essentiellement rituel et symbolique (Maghnia, 1995). En effet, dans les deux communes étudiées, il existe des arganiers sacralisés par la population et sous lesquels les femmes préparent à manger, chantent, font des offrandes ou demandent remède. Personne ne touche aux branches et aux fruits de ces arbres. C'est le cas d'*Argan' Sidi Jaafar*, *Lala Tagouramt* et *Sidi Mohamed Dhou* respectivement aux *douars* Lkasse, Ait Ali Ouatmane et Ait lkaseh à Aguerd. Et à Tidzi se trouvent d'autres arbres comme *Argan Lala Abouch* ou *Argan Tkhouba* situé près du *douar* d'Ait Ahmed Ouhmed. L'arganier semble jouir de certaines qualités surnaturelles lorsqu'il remplit la fonction symbolique d'un pouvoir surnaturel de fécondité et de protection contre le mal menaçant la santé des populations ou du troupeau et menaçant les récoltes. Il est aussi présent dans les rites institutionnels au sens de Goffman (1968), lors des activités festives. C'est particulièrement le cas lors des festivités du mariage durant lesquelles il est médiateur pour la consolidation des relations sociales entre les familles et en même temps symbole de l'appartenance de la mariée[5] à la zone de l'arganeraie.

Actuellement, ces pratiques ne perdurent que par endroits parce qu'elles sont de plus en plus délaissées par les nouvelles générations qui n'adhèrent plus à ces croyances. Nous assistons alors à une désacralisation de l'arbre encouragée par les nouvelles mutations socio-économiques que connaît la zone.

3. Savoirs relatifs à la conduite de l'arganier

3.1. Les exigences pédoclimatiques

Pour la population, l'eau est un facteur important pour une bonne production chez l'arganier. Tous s'accordent à affirmer que la production de l'arbre est fonction des précipitations : si l'arbre en reçoit de bonnes quantités, il donnera de très bons rendements. Pour les locaux, les pluies les plus favorables sont celles d'octobre et de façon générale celles d'avant floraison. Mais ils n'irriguent jamais l'arganier car, pour eux, les arbres sont nombreux et l'eau est une ressource rare dans la région (les précipitations moyennes annuelles sont comprises entre 150 et 300 mm).

Par rapport à la température, la plupart des enquêtés affirme que l'arganier craint le froid et préfère des températures plus clémentes. C'est ce qui a été démontré par les études fréquentielles du climat local qui ont montré que la température moyenne du mois le plus froid est comprise entre 3 et 7°C (Nouaim, 2005). Pour les locaux, c'est un arbre qui résiste à la sécheresse et aux conditions climatiques difficiles. Il perd totalement son feuillage pendant les périodes de sécheresse, mais il peut rester vivant jusqu'à dix ans dans de pareilles conditions, disent-ils.

Sur le plan pédologique, plus des ¾ des enquêtés affirment que l'arganier n'a aucune exigence par rapport au type du sol, bien qu'il craigne, notent certains, les sols sablonneux. C'est ce qu'ont montré aussi Boudy (1952) et Thierry (1987). Pour d'autres enquêtés, l'arganier n'a aucune exigence et ils disent proverbialement que tout est de Dieu ; il a seulement besoin d'être protégé durant trois mois de l'année correspondant à la période de la mise en défens coutumière de la forêt.

---

[5] Elle ramène avec elle de l'huile d'argan pour signifier qu'elle appartient à la zone de l'arganier.

3.2. La conduite technique

Pour nos interviewés, l'arganier est un arbre qui pousse seul et entre en production seul, ne nécessitant aucune intervention jusqu'à ce que le fruit tombe au sol et qu'il soit récolté.

C'est un « arbre de Dieu » ou un « don de Dieu ». Ils ne le considèrent pas comme relevant de l'arboriculture et estiment donc qu'il ne nécessite aucune technique culturale (ni irrigation, ni fumure, ni taille, ...). Ainsi, ils affirment tous n'avoir jamais irrigué l'arganier. Pour eux, il suffit qu'il pleuve abondamment une fois par an pour que cet arbre produise. C'est un arbre qui résiste au stress hydrique étant donné que ses racines peuvent chercher l'eau en profondeur.

Sur les parcelles privées (*melk*), sous les arganiers, la population s'adonne à un ensemble de pratiques culturales au profit des céréales (particulièrement l'orge) et des légumineuses ; ces pratiques profitent indirectement aux arbres. En fait, lorsque la population laboure ces parcelles, elle sait que ce travail du sol profite à l'arganier puisque l'eau s'infiltre plus facilement là où le sol a été travaillé.

Par contre, aucun travail de sol n'est pratiqué au niveau de la forêt. Le sol y est donc plus compact et l'eau ne s'y infiltre que difficilement provoquant une production plus faible de l'arganier. En outre, les parcelles labourées bénéficient de l'apport de fumier. Les arganiers plantés sur ces parcelles produisent des fruits de plus gros calibre. En plus, d'après les femmes, les fruits provenant de ces parcelles « travaillées » sont plus faciles à concasser.

Par rapport aux maladies de l'arbre, nos enquêtés déclarent que l'arganier n'en connaît pas et n'est attaqué par aucun ravageur. C'est ce qui est confirmé par M'Hirit et al. (1998) qui affirment que l'arganier n'est attaqué par aucune maladie cryptogamique et que seule la mouche des fruits, *Ceratitis capitata*, peut affecter ses fruits. C'est plutôt le vent que connaît souvent la région qui provoque des dégâts importants à l'arbre.

Le dépressage, qui consiste à éliminer les rejets (*ayawn*) qui apparaissent autour du tronc principal de l'arbre, n'est appliqué qu'aux arbres se trouvant sur les terrains privés. Son intérêt, selon la population, est de favoriser la croissance de l'arbre en hauteur, d'améliorer son rendement en facilitant l'infiltration de l'eau vers les racines et la collecte des fruits qui tombent sous l'arbre. Par conséquent, les arbres se trouvant sur les parcelles privées sont mieux entretenus que ceux situés en forêt. Ceci s'observe plus à Aguerd qu'à Tidzi où les espaces forestiers sont plus importants.

3.3. La régénération

Parmi les personnes enquêtées rares sont celles qui ont essayé de planter des arganiers bien qu'elles disposent de connaissances en matière de régénération de l'arbre. En effet, la majorité estime que les fruits qui ne sont pas collectés dans la forêt finissent par pousser seuls. Certaines personnes affirment cependant qu'il est possible de planter l'arganier puisque sa régénération a réussi ailleurs dans d'autres zones de l'arganeraie. En fait, sur le plan technique, il a été démontré que l'arganier peut se régénérer par semis (Nouaim et Chaussod, 1992 ; Nouaim, 1994).

Par ailleurs, les enquêtés affirment que l'arganier nécessite plusieurs années pour entrer en production. La moitié des personnes interrogées a situé la durée de cette entrée en production à 10 ans alors que pour un tiers d'entre elles, cette durée peut atteindre 25 ans ou plus. Benismail (2007) va dans ce sens lorsqu'il indique que l'arganier, à l'état non cultivé, accuse une entrée en production très tardive. Ce savoir est détenu principalement par les hommes (les plus âgés en général) puisque ce sont eux qui fréquentent le plus la forêt pour le pâturage. De même, ce sont eux qui s'occupent des activités agricoles et observent ainsi l'état de développement des arbres.

La régénération par semis reste le mode le plus cité par nos enquêtés bien qu'ils ne la pratiquent pas : il suffit pour obtenir des plants de semer la noix d'argan, de la couvrir de fumier et de l'irriguer. Certains ajoutent qu'afin de faciliter et d'accélérer la germination de la graine, il faut pratiquer une cicatrice au niveau de la noix (la scarification chez les agronomes) car la coque du fruit est très dure et nécessite une longue durée pour s'imbiber, s'adoucir puis germer. Certains précisent qu'il faut tremper les graines dans de l'eau jusqu'à leur germination puis les semer. Sur le plan scientifique, le trempage de la graine dans l'eau est aussi utilisé en pépinière forestière (Nouaim, 2005). Afin de réussir le semis, la grande majorité des interviewés, formée d'adultes et de vieux, insiste sur le choix des graines à semer. Le sens de la graine est également à prendre en compte lors du semis : sa partie mince doit être orientée vers le haut.

Pour certains, la régénération peut se faire par bouturage. Ce mode de multiplication est possible selon M'Hirit et al. (1998) si des conditions spécifiques sont réunies : un matériel végétal juvénile et des conditions de propreté rigoureuses pour préserver les boutures des attaques de champignons. D'autres informateurs ont observé que l'arganier se régénère naturellement par la néoformation de pousses à partir des racines d'un autre arbre à condition que l'eau soit disponible (pour les techniciens, c'est la régénération par drageonnage). Ceci témoigne de l'ouverture des savoirs locaux sur des savoirs « exogènes ».

3.4. Les rendements de l'arbre

Selon la population, le rendement de l'arbre est soumis à des fluctuations en fonction des conditions climatiques et de la nature de l'arbre (son type, son âge, ...). Le rendement par an et par ménage diffère d'une commune à l'autre et, au sein de la même commune, d'une famille à l'autre. D'autre part, selon les enquêtés, la morphologie de l'arbre ainsi que sa production diffèrent si l'arbre est sur une propriété privée (*melk*) ou s'il se trouve en forêt. D'un point de vue morphologique, l'arganier-melk a l'allure d'un grand arbre ; en général, sa couronne est bien développée et son tronc est vigoureux. Alors que les arganiers-forêts ne sont pas entretenus. Ainsi, pour plus des ¾ des interrogés, les arganiers-melk produisent mieux que ceux de la forêt car ils se trouvent sur un sol labouré et bénéficient du fumier apporté aux cultures pratiquées sous les arbres. Leurs fruits sont plus gros avec une pulpe plus épaisse et les amandes ont un calibre supérieur.

3.5. La gestion communautaire

Depuis fort longtemps, les populations locales ont mis au point une gestion coutumière régulant l'accès et le contrôle des ressources de la forêt d'arganier. Et c'est principalement cette gestion, selon nos enquêtés, qui est à la base de la préservation de la forêt d'arganier. La principale forme de cette gestion reste l'*agdal* (qui signifie en amazigh l'interdiction). Dans son sens général, l'*agdal* désigne un mode d'appropriation et de gestion de la terre en bien commun mis en œuvre par une institution locale réglementant l'accès à un territoire et aux ressources qu'il renferme. C'est un concept socio-spatial englobant à la fois un territoire, des ressources, des règles et des institutions permettant d'en réguler l'accès et l'usage (Cordier et Genin, 2008). Il consiste en l'instauration de mises en défens temporaires définissant l'alternance de périodes d'ouverture et de fermeture du territoire pour des ayants-droit bien identifiés, associée à diverses règles d'usage. Il concerne, dans la majorité des forêts marocaines, la gestion de l'herbe et du pâturage ; mais dans certains cas, il s'applique à l'arbre et réglemente l'accès et l'usage des forêts (Auclair, 2005). C'est le cas de l'*agdal* dans l'arganeraie qui correspond à la période de mise en défens coutumière et saisonnière de la forêt, période pendant laquelle le pâturage et la collecte à la fois de bois et de fruits d'arganiers sont interdits. Son principe consiste à fermer la forêt aux activités pastorales avant la collecte des fruits. Cette pratique coutumière vient compléter et raffiner la loi forestière : elle permet d'articuler, dans le temps et dans l'espace, les principaux usages des forêts d'arganier selon le cycle de fructification de l'arbre en conciliant l'intérêt des ayants-droit au pâturage (fraction, tribu) et celui des ayants-droit à la récolte des fruits (famille et lignage) (Simenel et al., 2009).

D'après nos enquêtés, l'organisation de l'*agdal* est mise sur pied de la même façon depuis toujours. Au niveau de chaque village (*douar*), chacun possède une parcelle dans la forêt avoisinante sur laquelle il pratique son droit de collecte de fruits et dans laquelle il fait paître son cheptel hors période d'*agdal*. Cette « propriété » est bien reconnue à travers des limites qui tracent des frontières entres les différentes parcelles. Le concept de propriété commune s'applique bien ici parce que les ressources sont ouvertes à un groupe défini d'usagers interdépendants qui fixent des règles d'utilisation et limitent l'accès des usagers non-membres (Sebi, 2008). Dans la forêt, les frontières entre les parcelles sont formées par des amas de pierres dont personne ne peut changer la position car ils ont une valeur symbolique[6] importante. Ceci montre que les règles de gestion des ressources naturelles ont ici un soubassement religieux bien qu'il ne soit pas le seul. En fait, la vision du monde conditionne les significations données aux observations de l'environnement (Berkes, 1999). Précisons enfin que légalement personne n'a le droit de clôturer sa parcelle (ce qui est différent de sa limitation comme indiqué ci-dessus) parce que cette « propriété » se limite au droit de collecte ; elle ne porte pas sur le foncier ou sur l'arbre qui restent domaniaux. Chaque constat de coupe ou de clôture est sanctionné par un procès-verbal établi par le forestier.

Le début de la période de l'*agdal* est officiellement déclaré au *souk*[7] vers la mi-mai par un crieur (*berah*) sur instruction du caïd[8]. La fermeture de la forêt est alors décrétée pour une période de trois à quatre mois. Toutefois, si le début de la période d'*agdal* est déclaré officiellement, sa fin n'est pas décrétée de la même manière. L'information passe seulement de bouche à oreille une fois que tous les ayants-droit ont collecté leurs fruits. La mise en défens de la forêt prend alors fin implicitement et les activités de pâturage reprennent.

Parallèlement au territoire couvert par l'*agdal*, on trouve le *mouchâa* qui est un espace ouvert à tout le monde et où les gens sont libres de pâturer et de collecter les fruits (s'il y en a) tout au long de l'année. Il représente des zones de parcours collectifs sacrifiées par la population dans l'objectif d'en préserver d'autres, surtout pendant l'*agdal* (Bejbouji et al., 2013). Par conséquent les arganiers qui s'y trouvent sont plus chétifs et plus dégradés (que ceux de l'*agdal*) car les caprins y grimpent pour en consommer les feuilles.

---

[6] Celui qui essaie de changer la position de ces pierres pour changer les limites entre les parcelles recevra une malédiction.

[7] Marché local.

[8] Représentant des autorités au niveau local.

L'*agdal* joue donc un rôle important dans la conservation de l'arganier puisque pendant cette période, il y a diminution de la pression pastorale sur la forêt et réduction de la coupe du bois. Ainsi, au-delà de la simple organisation de la collecte, nous constatons qu'il s'agit ici d'un système de gestion des ressources qui suppose une compréhension des processus écologiques et des relations fonctionnelles entre l'arganier, le troupeau (à qui on interdit l'accès pendant l'*agdal* pour éviter la consommation de la production et celle des fleurs en formation qui seront à la base de la prochaine fructification) et l'écosystème dans son ensemble. Dans ce sens un villageois précise que « l'*agdal* est une période de maturation du fruit de l'année en cours et de formation du fruit de l'année prochaine. C'est donc une période pendant laquelle deux productions réussissent ».

4. Savoirs relatifs à la conduite de la céréaliculture

Si l'arganier est le pivot du système agraire local et la principale source de revenu des populations locales, les céréales constituent le second maillon de ce système. Les céréales les plus cultivées dans la zone d'étude sont l'orge, le blé et le maïs. L'orge demeure en superficie la culture la plus importante avec en moyenne 50 à 70% de la superficie cultivée. Culture de base pour les locaux, elle s'adapte selon eux le mieux aux conditions pédoclimatiques locales. Elle est utilisée pour l'alimentation humaine ou comme supplémentation pour le troupeau. Nos enquêtés apprécient plus la paille de l'orge que celle du blé car la digestion de la première est plus facile pour l'animal que celle de la deuxième. Toutefois, le rendement reste faible et varie en fonction des conditions climatiques et du précédent cultural. Selon la population locale, si l'orge se succède à lui-même sur une même parcelle, le rendement sera faible, c'est pourquoi on évite la monoculture. Alors qu'on obtient de « bons » rendements si l'orge entre en rotation avec le maïs qui bénéficie d'un soin particulier et profite aussi à l'orge. C'est d'ailleurs la rotation la plus pratiquée par la majorité des agriculteurs des deux communes. Un premier travail du sol se fait au mois de février. Quinze jours après, on fait un deuxième labour, on couvre le sol avec du fumier et on sème le maïs en lignes. Certains n'apportent pas de fumier et sèment directement. Selon nos interviewés, l'installation de cette culture ne peut avoir lieu qu'au début du mois de janvier agricole[9], du fait qu'elle ne réussit qu'après la fin de la période du grand froid. Étant donné qu'il craint aussi les sols calcaires (*bayada*), le semis sur ces sols peut être parfois reporté jusqu'au février agricole. Le semis se fait soigneusement, graine par graine en ligne et non pas à la volée comme c'est le cas pour l'orge ; l'espacement

[9] Au niveau de la campagne marocaine, on suit un calendrier particulier appelé calendrier agricole qui est en retard de 14 jours par rapport au calendrier grégorien.

entre graines doit être de 60 cm. Un mois à un mois et demi après le semis, on réalise un travail du sol entre les lignes pour éliminer les mauvaises herbes ; c'est le sarclage (*tahrit*) qui se fait à l'aide de l'araire tractée par un âne pour éviter d'endommager la culture. Après la germination et quand la tige atteint une hauteur de 15 cm, il faut retourner et butter le sol autour des plantules du maïs.

Quant au blé, il est cultivé après les premières pluies, c'est-à-dire au début du mois de décembre agricole après que la période de grand froid (*lyali*) soit passée. Pour les locaux, le blé est plus sensible à la sécheresse que l'orge et exige un sol bien travaillé, plat et vaste. C'est pourquoi la superficie qui lui est consacrée demeure faible étant donné la topographie montagneuse de la zone ; la production reste faible et destinée à l'autoconsommation.

5. Savoirs relatifs à la conduite du troupeau

Dans l'arganeraie, et particulièrement sur notre terrain d'étude, l'élevage a toujours constitué un élément important du système agraire local au point que l'effectif du troupeau a toujours forgé le statut social d'une personne (Faouzi, 2003). Au niveau des deux communes étudiées, l'élevage est mixte (ovins, caprins et bovins) mais à dominante de caprins à Tidzi, alors qu'à Aguerd il est à dominante d'ovins. Cette différence est surtout due au fait que Tidzi possède une densité et une superficie de forêt d'arganier plus importantes que celles d'Aguerd : elle offre un bon pâturage pour les caprins qui arrivent à grimper sur l'arganier. En outre, le relief de la première commune est plus accidenté et les caprins peuvent s'y adapter mieux que les ovins. L'effectif des bovins est très réduit, ne dépassant pas une moyenne de deux vaches (de race locale) par foyer. Au niveau des deux communes, le troupeau est la propriété des éleveurs locaux ; on n'y observe pas la présence de grands troupeaux pouvant appartenir à des gens aisés vivant en ville comme c'est le cas au sud de l'arganeraie[10].

La conduite du troupeau est assurée par tous les membres de la famille. Les femmes font pâturer le bétail dans les endroits les plus proches comme les champs ou le *mouchaâ*. Les enfants sont traditionnellement également en charge du pâturage, mais actuellement la majorité d'entre eux refuse cette activité du fait de sa pénibilité et en raison de leur scolarisation qui devient de plus en plus fréquente.

---

[10] C'est particulièrement le cas vers Ait Baha et Taroudant où la problématique des troupeaux appartenant à de riches propriétaires installés en ville et aussi à des nomades venant du sud se pose avec acuité et génère des conflits autour des ressources naturelles notamment l'arganier (voir à ce propos le travail de Chamich, 2008).

Par ailleurs, les modes locaux de pâturage sont multiples, fonction de l'espace où paître et de la période de l'année. La forêt d'arganier reste le lieu de pâturage le plus fréquenté. En été, l'accès à la forêt devient interdit (période de *l'agdal* qui coïncide avec la période des moissons) et le troupeau est alors orienté vers les chaumes de l'orge ou vers les *mouchâa*, ce qui témoigne d'une gestion communautaire raisonnée des ressources et de l'espace. Le printemps, lorsque la strate herbacée est abondante, les ovins et les bovins pâturent dans la forêt ou le *mouchaâ*. De juin à août, ils sont orientés vers les chaumes alors que pendant le reste de l'année, les éleveurs ont recours à la paille, à la pulpe d'arganier (*aligue*) et au tourteau d'arganier (*zagmouna*) découlant de l'extraction de l'huile d'argan. Ils peuvent également ajouter du son et du maïs comme suppléments alimentaires en cas d'engraissement. Pour nos enquêtés, ces éléments doivent être introduits progressivement dans la ration alimentaire pour éviter de causer des troubles gastriques chez l'animal. Selon eux, la *zagmouna* est utile pour les animaux puisqu'elle leur procure viande et sang. En fait, selon Fellat-Zarrouk et al. (1987) la pulpe des fruits d'arganier constitue une source de nourriture équilibrée pour les animaux : elle contient 20% de sucres, 13% de cellulose, 6% de protéines et 2% de matières grasses ; séchée, elle constitue un excellent fourrage pour le bétail. L'estimation de la valeur fourragère de cette pulpe a montré que 100 kg de pulpe séchée correspond à 85 kg d'orge (Sandret, 1957). En raison de sa valeur nutritive, les commerçants de bétail savent si une bête l'a consommée ou pas (juste en observant l'arrière de l'oreille de l'animal).

Les caprins quant à eux sont généralement capables de grimper sur l'arganier et basent l'essentiel de leur alimentation sur ce fourrage suspendu, et ce, spécialement en l'absence de strate herbacée. Toutefois, toutes les chèvres ne sont pas grimpeuses et douées de cette capacité très recherchée par les éleveurs locaux. Les gens expérimentés ou les grands éleveurs arrivent à les reconnaître facilement : elles ont une robe brillante, ne sont pas attaquées par les parasites puisqu'elles s'alimentent de l'arganier[11], leurs sabots sont petits et leurs membres sont minces avec des poils courts.

S'agissant de la santé des animaux, nos enquêtés affirment que les produits pharmaceutiques sont rarement utilisés. Si l'animal perd ses poils à cause d'une blessure, on lui masse la partie blessée avec de l'huile d'argan et la peau repousse. D'autre part, la population enquêtée a mentionné un certain nombre de cas pour lesquels les produits de l'arganier (en l'occurrence l'huile) étaient des remèdes.

---

[11] Pour eux, les parasites n'attaquent que les chèvres maigres ; celles s'alimentant d'arganier sont en général plus grosses.

6. L'extraction de l'huile d'argan, un savoir au féminin

Les amandons des fruits de l'arganier sont à la base de la préparation de l'huile d'argan qui est devenue très convoitée sur les marchés national et international. Depuis longtemps, elle est consommée par la population sous différentes formes : soit brute comme élément indispensable au petit déjeuner, soit comme ingrédient de base pour préparer des plats locaux. Cette extraction de l'huile est une « affaire de femmes », disent les locaux. Ce sont elles qui détiennent ce savoir qui se transmet de mère en fille par l'observation, l'imitation et l'apprentissage progressif et qui forge l'identité et l'appartenance de la femme au terroir. Le processus traditionnel d'extraction de l'huile s'appuie sur les étapes suivantes : la collecte de fruits, le dépulpage, le concassage, la mouture, la torréfaction et le malaxage. Nos enquêtées ont affirmé que ces étapes d'extraction sont laborieuses et éprouvantes physiquement. Leur degré de pénibilité diffère d'une femme à l'autre bien que la plupart de nos interviewées trouve que, de manière générale, les étapes d'extraction sont toutes difficiles, passant de la collecte des fruits jusqu'à l'obtention du produit final.

Récemment, et parallèlement au procédé traditionnel d'extraction de l'huile d'argan, de nombreuses coopératives féminines d'extraction de l'huile, créées à partir de la fin des années 1990, ont opté pour la mécanisation du procédé de production de cette huile. La machine a alors remplacé la femme dans toutes les étapes d'extraction sauf celle du concassage. Cette mécanisation a des conséquences positives et négatives. Elle a en effet permis des gains notables (produire plus et dans un moindre temps, allonger la durée de conservation de l'huile et améliorer sa qualité). Mais elle risque aussi d'être à l'origine de l'érosion du savoir féminin se rapportant aux étapes ayant été mécanisées. D'un autre côté, les adhérentes à ces coopératives ont acquis de nouveaux savoirs relatifs à l'utilisation et l'entretien des machines et à la gestion de la coopérative. Ces savoirs ont été acquis lors des sessions de formation et lors des séances de démonstration qui leur ont été prodiguées par certains chercheurs ou organismes de développement.

CONCLUSION

L'ensemble des savoirs écologiques identifiés renvoie à une richesse des ressources intellectuelles et pratiques de la population malgré la disparition des formes institutionnelles traditionnelles (la *Jemâa*) qui encadraient ces savoirs. La gestion de l'espace reflète aussi une connaissance fine de l'écosystème et des relations entre ses différentes composantes. Le système de gestion des ressources naturelles au niveau de l'arganeraie étudiée montre que la population dispose d'une compréhension des processus écologiques et des relations fonctionnelles (Berkes, 1999) au sein de cet écosystème. L'institution de l'*agdal* traduit, au-delà de la recherche des fruits, la garantie de la fructification de l'année suivante et le renouvellement de la strate herbacée à travers l'interdiction du pâturage. Cette gestion communautaire traduit aussi la mise en place d'un jeu de règles d'usage et de codes de relations sociales qui règlent l'accès et le contrôle des ressources. Ces règles instaurées auparavant par des institutions sociales traditionnelles continuent encore à encadrer les droits et devoirs des populations et à régir les interactions entre les membres de celles-ci. L'utilisation, le contrôle (gardiennage et surveillance par les ayants-droit pendant la période de l'*agdal*), l'arbitrage (par des membres de la population ou par les autorités administratives compétentes en cas de conflit grave) et les sanctions (par la sanction sociale ou par les autorités administratives compétentes) restent les principes de base, bien qu'implicites, de ces règles d'accès et d'utilisation de cette ressource commune qu'est la forêt d'arganier.

Par ailleurs, les savoirs locaux identifiés sont distribués entre les membres de la société en fonction de l'âge, de la fonction (éleveur ou agriculteur) et du sexe (les hommes pour les savoirs techniques et les femmes pour le savoir d'extraction de l'huile). Ils sont transmis entre générations, de parents à enfants, mais aussi entre pairs au *souk* ou sur les champs. En outre, ces savoirs ne sont pas figés mais ils sont évolutifs et se reconstruisent, comme ils sont ouverts au savoir « exogène » (cas des femmes des coopératives quant à l'utilisation des machines). En fait, les membres de la société locale, de par leur multi-appartenance, importent et incorporent des informations d'origine extérieure dans le système de pensée et de réflexion des réseaux locaux (Darré, 1999). Ce qui fait que cette activité de connaissance est une activité sociale et collective. Cependant, nombre de ces savoirs sont en train de disparaître suite aux changements socio-économiques que connaît la zone et qui sont en rapport avec la marchandisation des produits de l'arganier et avec l'ouverture de la population aux produits « modernes » de consommation, de cosmétique, pharmaceutiques et autres (Aziz et al., 2013). En effet, suite à la flambée des prix de l'huile d'argan, les coopératives féminines d'extraction de l'huile ont opté pour la mécanisation du processus d'extraction ce qui a entraîné la disparition des savoirs locaux relatifs aux étapes d'extraction traditionnelles. Or il est actuellement reconnu que la protection des savoirs locaux fait partie des stratégies pour le développement durable et la conservation de la biodiversité (Roué et Nakashima, 2005) conformément à l'article 8(j) de la Convention pour la Diversité Biologique. Mais pour le moment, ces savoirs ne bénéficient pas encore de l'intérêt qui doit leur être accordé. Et les coopératives d'argan ne cherchent qu'à produire plus pour pouvoir répondre aux demandes en huile de plus en plus importantes. Par conséquent, la machine qui soulage le travail des femmes et permet de produire plus en moins de temps, gagne davantage de terrain entraînant l'érosion du savoir relatif à l'extraction manuelle de l'huile. En outre, on assiste à un accroissement de la distance physique et symbolique entre les femmes des coopératives et l'arganier puisqu'elles sont à longueur de journée en train de concasser les noix au sein des coopératives et ne sont plus en contact avec l'arbre (autrefois elles partaient chercher les noix et s'adonner à des pratiques rituelles). La logique marchande l'emporte alors sur la logique socioculturelle et écologique.

Les autres savoirs relatifs au système agraire local connaissent aussi une érosion. En fait, la reconversion du caprin vers l'ovin à Aguerd risque de faire perdre le savoir relatif à la conduite de la première espèce ; le délaissement des céréales puisqu'elles ne sont plus rentables et l'exode rural des jeunes de la région contribuent à la perte des savoirs locaux traditionnels.

Par ailleurs, ces savoirs traditionnels ont été investis d'un rôle décisif dans la protection de la biodiversité de l'arganeraie et ont participé à la patrimonialisation de cet écosystème à partir du moment où il a été retenu par l'UNESCO comme patrimoine mondial de l'humanité. La mise en patrimoine de la nature est partout encouragée car elle apparaît non seulement comme un outil privilégié de conservation de la diversité biologique, mais également comme une manière de reconnaître la singularité des « cultures autres » et d'aider à ce que les savoir-faire locaux sur la nature se maintiennent et soient valorisés (Cormier-Salem et Roussel, 2002 ; Rodary et al., 2003). En outre, il est actuellement admis qu'au-delà des objets naturels, ce sont les savoirs, les représentations culturelles et toutes les pratiques dont ils font l'objet qui sont patrimonialisés. Les savoirs, dans l'arganeraie étudiée, méritent donc d'être requalifiés comme patrimoine culturel à respecter et comme informations à conserver en les consignant sous une forme écrite. Il serait intéressant de les classer dans des bases de données qui bénéficieraient du soutien de la communauté internationale (Agrawal, 2002). L'objectif serait de rassembler et d'analyser, parmi ces savoirs, les connaissances et pratiques pouvant être appliquées et généralisées sur une plus grande échelle au service du développement et de la préservation des éléments constitutifs de l'écosystème arganeraie. Mais pour que les populations locales ne se sentent pas dépossédées des savoirs ainsi classés, elles doivent être impliquées à part entière dans toute stratégie visant la conservation de ces savoirs et de l'arganeraie dans son ensemble.

BIBLIOGRAPHIE

Agrawal, A., 2002. Classification des savoirs autochtones : la dimension politique. Revue internationale des sciences sociales, 173, 325-336

Auclair, L., 2005. De nouveaux enjeux pour de vieilles pratiques de gestion. Les agdals forestiers du Haut Atlas central (Maroc). In : Actes du Séminaire de l'Institut Français de la Biodiversité, 7-9 septembre, Fréjus, 74-79.

Aziz, L., Mormont, M., Allali, K., 2013. Effets de la marchandisation de l'arganier sur la vie socioéconomique des populations de l'arganeraie marocaine. Vertigo, 13, 1, [En ligne].

Bejbouji, J., Mougenot, C., Mormont, M., Qarro, M., Aziz, L., 2013. Appropriation progressive de l'arganeraie : exploration de l'histoire depuis la genèse des droits jusqu'à leur refonte. In : Farcy, C., Peyron, J.L., Poss, Y., (Éds.), Forêts et foresterie. Mutations et décloisonnements. L'Harmattan, Paris, 97-120.

Benismail, M.C., 2007. Croissance et développement de l'arganier : principes de base pour une conduite raisonnée de l'arbre. In : Kenny, L., (Dir.), Atlas de l'Arganier et de l'Arganeraie. Éditions Institut Agronomique et Vétérinaire Hassan II, Rabat.

Berkes, F., 1999. Sacred ecology : traditional ecological knowledge and resource management. Taylor and Francis, Philadelphia.

Boudy, P., 1952. Guide du forestier en Afrique du Nord. Maison rustique, Paris.

Chamich, M., 2008. Gestion des conflits liés aux ressources naturelles dans l'arganeraie du Souss (Maroc). Thèse de doctorat en études rurales, Université de Toulouse 2, Le Mirail.

Chriqi, A., Ballouk, A., Houjjajib, A., Adnan, A., Bacha, L., Addebbous, R., 2003. Huile d'argan, un produit du terroir : quelle stratégie pour sa valorisation ? Terre et Vie, 70, 9-10.

Cordier, J.-B., Genin, D., 2008. Pratiques paysannes d'exploitation des arbres et paysages forestiers dans le Haut Atlas marocain. Revue Forestière Française, 60, 571-588.

Cormier-Salem, M-C., Roussel, B., 2002. Patrimoines et savoirs naturalistes locaux. In : Martin, J.I., (Éd.), Développement durable ? Doctrines, pratiques, évaluations. IRD, Paris, 125-142.

Darré, J.-P., 1999. La production de connaissance dans les groupes locaux d'agriculteurs. L'innovation en agriculture : questions de méthodes et terrains d'observation. IRD, Paris, 93-112.

Dupré, G., 1991. Savoirs paysans et développement. Karthala et ORSTOM, Paris.

El Harousse, L., Aziz, L., Bellefontaine, R., El Amrani, M., 2012. Le savoir écologique de deux populations habitant l'arganeraie (Essaouira). Sécheresse, 23, 2, 67-77.

Faouzi, H., 2003. L'arganeraie des Haha : étude d'un système agraire en mutation (Haut Atlas occidental, Maroc). Thèse de doctorat en géographie, Université de Nancy II, Nancy.

Fellat-Zarrouk, K., Smoughen, S., Maurin, R., 1987. Étude de la pulpe du fruit de l'arganier (*Argania spinosa*) du Maroc. Matière grasse et latex. Actes de l'Institut Agronomique et Vétérinaire Hassan II, Rabat, 7, 17-22.

Goffman, E., 1968. Asiles : études sur la condition sociale des malades mentaux et autres reclus. Minuit, Paris.

Johnson, M., 1992. LORE : capturing traditional environmental knowledge. The Dene Cultural Institute and the International Development Research Centre, Ottawa, [En ligne], http://www.mtnforum.org/sites/default/files/publication /files/1418.pdf

Lybbert, T.J., Aboudrare, A., Chaloud, D., Magnand, N., Nashc, M., 2011. Booming markets for Moroccan argan oil appear to benefit some rural households while threatening the endemic argan forest. Proceedings of the National Academy of Sciences of the United States of America, 108, 34, 13963-13968.

Maghnia, A., 1995. Targant' U-Sunfu, éléments préliminaires d'une monographie de quelques pratiques rituelles en rapport avec l'écosystème de l'arganier chez les Ait Yassine (Haha). In : Actes des journées d'études sur l'arganier, 29-30 septembre, Essaouira.

M'Hirit, O., Benzyane, M., Benchekroun, F., El Yousfi, S.M., Bendaanoun, M., 1998. L'arganier. Une espèce fruitière-forestière à usages multiples. Sprimont, Mardaga, Bruxelles.

Mormont, M., 2007. Des savoirs actionnables. In : Amoukou, I., Wautelet, J.-M., (Éds.), Croisement des savoirs villageois et universitaires, enjeux pour le développement. Presses universitaires de Louvain, Louvain-La-Neuve, 169-186.

Nouaim, R., Chaussod, R., 1992. L'arganier. Le Flamboyant, Bull. Réseau des arbres tropicaux, 21, 3-8.

Nouaim, R., 1994. Écologie microbienne des sols d'arganeraie (S-O marocain) : activités microbiologiques des sols et rôle des endomycorhizes dans la croissance et la nutrition de l'arganier. Thèse de doctorat ès sciences, Faculté des sciences, Agadir.

Nouaim, R., 2005. L'arganier au Maroc : entre mythes et réalités, une civilisation née d'un arbre. L'Harmattan, Paris.

Rodary, E., Castellanet, C., Rossi, G., 2003. Conservation de la nature et développement : l'intégration impossible ? Karthala, Économie et développement, Paris.

Roué, R., Nakashima, D., 2005. Diversité biologique, diversité culturelle : enjeux autour des savoirs locaux. In : Biodiversité : science et gouvernance, Conférence internationale, 24-28 Janvier, Paris.

Sandret, F.G., 1957. Étude préliminaire des glucides et du latex de la pulpe du fruit d'argan (Argania spinosa (L.) Skeels), variation au cours de la maturation. Bull. Soc. Chim. Biol., 39, 5-6, 619-631.

Sebi, C., 2008. Réglementation acceptable d'une ressource commune. Thèse de doctorat ès sciences économiques, Université Pierre Mendès France, Grenoble.

Simenel, R., Michon, G., Auclair, L., Romagny, B., Thomas, Y., Guyon, M., 2009. L'argan : l'huile qui cache la forêt domestique : de la valorisation du produit à la naturalisation de l'écosystème. Autrepart, 50, 51-74.

Thierry, L., 1987. L'arganier au Maroc : sa description, ses méthodes de multiplication et son application en reforestation. Thèse d'ingénieur technique, Institut provençal d'enseignement supérieur agronomique et technique, Agadir.

Chapitre 3. Les propriétaires forestiers non sylviculteurs

CORVOL Andrée
Groupe d'Histoire des Forêts Françaises, France

Les propriétaires sylviculteurs subissent le marasme général de l'économie nationale et supportent aussi les modifications climatiques contemporaines lourdes d'interrogations. Il leur faut donc comprendre la situation, exploiter les peuplements et les renouveler – donc investir. Mais les propriétaires sont pénalisés par la structure de leurs propriétés, exiguës et morcelées. Certaines vinrent de lointains parents qui privilégiaient l'approvisionnement autonome et l'épargne familiale. D'autres figuraient dans un ensemble industriel où la houille finit par supplanter le bois de feu et le charbon de bois. D'autres, enfin, remontaient à l'après-guerre, où le Fonds Forestier National permit à des paysans âgés de laisser leurs exploitations agricoles à des plus jeunes, tout en constituant un capital retraite sur les parcelles excentrées qu'ils ne reprenaient pas. À ces boisements volontaires s'ajoute l'afforestation sauvage, l'arbre colonisant les terres que l'homme n'utilisait plus. Aujourd'hui, bon nombre de domaines sont laissés à l'abandon : ceux qui les détiennent n'en connaissent ni la situation, ni les limites, ni les essences ; ils résident en ville, dans d'autres départements, et le revenu forestier ne compte guère dans leurs ressources. Rares sont ceux qui raisonnent en termes d'entreprise sylvicole : la plupart d'entre eux manifestent un attachement sentimental et patrimonial envers leur bien, ce qui freine sa cession. Au reste, très souvent, les frais d'arpentage et d'enregistrement consécutifs à une rupture d'indivis excèderaient la valeur du fonds. D'où la stabilité relative du marché foncier, hormis pour les propriétés de qualité, mesurant 200 hectares et plus, et disposant d'un beau potentiel sylvicole ou/et cynégétiques. Pour l'heure, la valeur du fonds intéresse davantage que la valeur du bois. Cependant, l'âge élevé de ceux qui détiennent le patrimoine sylvicole privé entraînera inéluctablement des mutations considérables dans les années 2020-2030.

MOTS-CLÉS
Propriété privée ; rentabilité ; investissement ; histoire ; morcellement, ruralité ; représentation sociale ; France

INTRODUCTION

La France comptait 2,2 millions d'exploitations agricoles en 1955, 540 000 en 2005 ; elle passait dans cette période de 6,1 millions d'actifs agricoles (30% des actifs) à 1,1 (4%). Ces chiffres disent tout. En cinquante ans, la Superficie Agricole Utile (SAU) diminua fortement (de 72% à 59% du territoire métropolitain) au profit des espaces forestiers (20% en 1950, 28% en 2004) et des espaces annexés par la ville, ses banlieues, sa voirie et ses parkings (SCEES, 2005). Évidemment, ces mouvements n'étaient ni univoques ni définitifs. Mais ils changèrent le regard sur la forêt, celui des possesseurs, des riverains, des usagers et des promeneurs - du citoyen en général. Cette génération différait des précédentes. Entre 1946 et 1999, la population nationale augmenta de 0,8% par an et la population citadine, de 2% par an (21,6 M hab. ; 44,2 M hab.) (INSEE, 1999). Majoritaire, l'opinion urbaine influençait les pouvoirs publics. Désormais, la carte agricole et forestière correspondait aux départements désertifiés (SCEES, 2009) : leurs habitants étaient âgés, appauvris et marginalisés. Demeurés au pays, les anciens observaient son déclin : délaissement des terres, effacement des chemins, omniprésence des arbres, uniformité des paysages, abolition des repères, d'où leur sentiment d'étouffement et d'isolement - trop de végétal le rendait menaçant (Labrue, 2009). Pourquoi cette ressource abondante, pléthorique même, était-elle négligée ? La situation étonne, d'autant que le déficit commercial en produits ligneux fut souvent allégué à l'appui des politiques interventionnistes. C'était déjà le cas à la fin du 19ème siècle ! Les conflits mondiaux du suivant l'ont accentué, eu égard à la consommation de bois pendant et après-guerre, avec la reconstruction des zones meurtries. La passivité des petits propriétaires tient à des conduites ancestrales et à une position économique. Comme ils résident et travaillent loin de leurs bois, leur revenu n'en dépend pas ; ils les possèdent, oui, mais c'est tout, ce qui dissocie possession et raisonnement pécuniaire.

1. La tradition : l'autosuffisance énergétique

La propriété forestière particulière existait bien avant que la *Statistique* de 1912, dite de Lucien Daubrée (nom du directeur des Forêts d'alors), l'abordât ; bien avant aussi que le Code napoléonien aggravât son morcellement ; bien avant, enfin, que la Révolution française augmentât sa superficie en aliénant les domaines confisqués au clergé, aux émigrés et aux suspects. Tous, petits paysans ou fermiers aisés, bourgeois étriqués ou notables cossus, souhaitaient l'autarcie ligneuse ; ils acquirent donc les bois proposés ; ils l'auraient fait même sans vouloir troquer des assignats dépréciés contre des biens dont la valeur irait croissant. C'était la possibilité de se prémunir contre une flambée de tarifs, contre une pénurie de chauffage et de matériaux aussi. C'était également la possibilité de se constituer une épargne au lieu d'acheter du bois pour le jardin, le verger, la vigne ou le potager, l'exploitation agricole surtout. L'idée resta : aujourd'hui encore, les ruraux aiment couvrir leurs besoins par eux-mêmes. Lorsque le petit propriétaire restreint sa motivation à cela, comment le qualifier de « sylviculteur » ? En effet, même dans la conjoncture favorable des années soixante, l'arrivée des rapatriés d'Algérie boostant le Bâtiment Travaux Publics (BTP), il n'accrut pas la récolte ; il maintint la tradition, routine adversaire de l'innovation ou de l'adaptation. Avec lui, le présent se conjugue au passé.

Par conséquent, les détenteurs de parcelles exiguës, fragmentées et dispersées préfèrent le taillis à tout autre mode car ce traitement procure du bois de feu, des piquets et des perches. Et quand ils effectuent un marquage en réserve, les baliveaux sont abattus en fonction non du marché ou de leur état, mais des circonstances familiales : établir le fils ou financer la dot, acheter un engin ou réparer une maison (Corvol, 2009). La vente fournit une recette extraordinaire pour une dépense exceptionnelle, calcul qui fut celui des communautés villageoises quand elles déposaient une requête afin d'abattre les réserves (« futaies ») ou la réserve (« quart en futaie ») : leur vente fournissait l'argent nécessaire à la construction ou à la réfection d'un pont, d'une route, d'une église, etc. (Corvol, 1984). Ainsi, des siècles durant, la nature du peuplement et l'usage de la récolte furent puissamment imbriqués : l'essentiel était consommé, le surplus pouvant être cédé moyennant certaines conditions. Les documents médiévaux les précisaient en conférant un statut spécial aux arbres préservés, statut inhérent à leur essence, à leur calibre et à leur âge. Au fond, « futaie » et « forêt » (*forestae* = réserve) étaient presque synonymes. Le taillis n'était pas classé « forêt » : sa récolte obéissant à l'annuité (Beaujeu-Garnier, 1947), il s'agissait d'une culture semblable aux autres, sauf que la pousse durait un an et non des mois. Les arbres qui le surmontaient étaient classés « futaies », forêt qui vivrait encore quand les hommes ne seraient plus.

Cette perception demeura tenace. En témoignent les réponses des petits propriétaires, interrogés sur la valeur de leurs lopins. L'étude concerne l'Oise (Pigeon, 2000), mais ses conclusions, on les retrouve pour d'autres départements. La valeur donnée se fonde sur l'étendue de la parcelle et la quantité de baliveaux, jamais sur la beauté du taillis. Comme le dit François MP, un propriétaire picard : « on laisse tant de pieds à l'hectare pour ne pas raser à blanc la parcelle. Non, c'est des arbres qui ont de l'avenir, un petit chêne comme ça ! (Les mains traduisent sa grosseur). C'est malheureux de le couper ». Contrairement à ces tiges, le taillis n'a pas un avenir, mais un usage, ce qui l'inscrit dans le présent, dans le vécu. Ainsi, l'appréciation varie avec l'utilisation : la fourniture énergétique. C'est assez logique : ces propriétaires n'invoquent-ils pas constamment le passé, les aïeux, pour justifier leur décision ? « Ma grand-mère avait de quoi venir au niveau combustible », déclare l'un d'eux. L'obsession de l'autarcie révèle leur envie de ne rien dépenser, ni pour le chauffage ni pour les parcelles, puisque la régénération est naturelle. Certes, il en est qui l'assistent en comblant les places vides à l'aide de plants ou de semis ; mais ils ne les payent pas : ils les prennent dans une parcelle voisine et les mettent dans celles où le recrû vient mal. C'est une besogne de jardinier. « Moi, je plante de temps en temps, quand il y a de petits châtaigniers, tiens si ! J'vais en prendre une dizaine pour planter dans mon petit bois » (Pigeon, 2000).

De fait, planter est un geste qu'ils réservent aux haies, parcs, jardins et vergers, pas au taillis, ce qui empêche d'en modifier la composante, la destination et la révolution : cela ne les incite pas à compléter leur formation en participant aux stages organisés par les Centres régionaux de la propriété forestière (CRPF). Par contre, les futaies, étagées ou jardinées, offrent la possibilité d'une sylviculture moins conventionnelle. Il y a donc, au-delà de la surface du domaine, une différence d'attitude entre ceux qui suivent cet enseignement et ceux qui le boudent : ces derniers se disent « sans arbres », c'est-à-dire sans baliveaux. Cependant, le complexe de « la petite surface » rapproche les uns et les autres (Marty, 1998). Par exemple, la première réaction des personnes contactées quand elles possèdent moins de quatre hectares est, d'après un technicien forestier de l'Oise : « de toute façon, nous, on ne vous intéresse pas », on est « trop petits » (Pigeon, 2000). L'expression reflète un sentiment : les CRPF cibleraient la propriété moyenne et non la petite. Quant à la grande, elle est gérée par des professionnels, ceux du Comité des Forêts notamment : créé en 1913, ce syndicat de propriétaires évolua en cabinet d'expertise (Corvol, 2013a). Au total, les « petits » renoncent à enrichir leurs peuplements : le résultat ne couvrirait pas la dépense. À leurs yeux, comme la forêt constitue un espace de nature, il suffit de la laisser faire (Terrasson, 1988).

En fait, améliorer la forêt traditionnelle aurait été concevable s'il y avait eu des relations sinon fréquentes, du moins confiantes, entre ces « petits » et les marchands, mais souvent, c'est tout le contraire (Normandin, 1996). Naguère, les bois forts qui ne servaient pas à l'activité agricole avaient une utilisation artisanale (charpenterie, charronnerie, tonnellerie, menuiserie, etc.). Maintenant, les exploitants n'en ont plus l'emploi et les artisans ont déserté les campagnes. Résultat, les bois forts qui ne s'entassent pas au bûcher sont à écouler, solution moins commode qu'il y paraît. Parce que le négoce ne désire pas acheter des arbres sur pied quand l'accès est difficile et le lot insignifiant. Parce que leurs détenteurs, habitués à l'autarcie, ignorent leur estimation monétaire (Cinotti et Normandin, 2002), faute d'évaluer correctement la durée de travail nécessaire à la confection et au dressage d'un stère. Les réponses demeurent confuses. Les interviewés savent qu'un taillis ou qu'un gaulis n'exige pas les mêmes efforts, mais c'est tout. Quid du montant des salaires ? Quid de l'état des demandes ? Quid de la valeur des essences ? Et ils en savent encore moins sur les grumes que sur les taillis (Pigeon, 2000). La plupart craignent d'être grugés et, quand ils concluent la vente, ils avouent être déçus par l'offre reçue. Surestimation affective ? Assurément. Car les baliveaux « sacrifiés » leur rappellent le père, le grand-père qui les admirait tant : ils ont l'impression que le prix aurait dû être plus élevé. C'est pourquoi il en est peu qui admettent que sa faiblesse incombe non à la malhonnêteté du commerçant, mais à la médiocrité du peuplement. Ce serait mettre en cause la gestion antérieure qui a omis dépressage et élagage (Derioz, 1994).

2. La nouveauté : le désengagement agricole

Désappointés par la commercialisation, les petits propriétaires visent plutôt à l'autosuffisance énergétique. La production des taillis et des têtards, des baliveaux aussi, lui est affectée, orientation qu'expliquent les réticences du négoce et l'héritage de l'histoire : « faire son bois ». Cette conception perdure pour trois raisons : un, le volume entassé correspond à l'effort fourni ; deux, son emploi couvre l'année ; trois, le rythme de cet emploi varie avec la saison. Le paysan contemplait de même le volume engrangé : celui-ci indiquait la durée du labeur, le nombre de bêtes et la crainte de les perdre si le foin venait à manquer. Dans les sociétés rurales anciennes, personne ne savait ce que demain serait, d'où les stocks de bois ou de tout autre produit vital (foin, blé, vin) : leur existence rassurait, même si la conservation était problématique. Aujourd'hui encore, ces réflexes empêchent d'évaluer un peuplement en termes monétaires ; il l'est en termes volumétriques. Les produits comme les rondins ou les bûches se mesurent en stères (unité pour les volumes empilés). Les grumes donnant des poutres ou des billots se mesurent en mètres cubes (unité pour les volumes pleins). Mais comme la tige connaît le même destin que le houppier, c'est-à-dire une transformation en bois de feu, les petits propriétaires parlent en stères et non en mètres cubes (Corvol, 1989), ce qui complique grandement les relations entre producteurs et acquéreurs : les premiers raisonnent « quantité » – ils livrent du bois – et les seconds, « qualité » – ils prennent le bois fort.

Considérée sous l'angle non des propriétaires, mais des statisticiens, la forêt est « gérée » quand il y a prélèvement et commercialisation (Husson, 1995). Gérer en bon père de famille, c'est ponctionner moins que la possibilité, c'est-à-dire moins que la croissance annuelle du peuplement ; ce n'est pas ponctionner beaucoup moins, voire rien du tout. La nouveauté, c'est la fréquence de cette situation, notamment en Ardèche (Dodane, 2009). Dans la décennie 2000-2009, la récolte n'a enlevé que la moitié de la croissance (54%) et le commerce n'a écoulé que le cinquième de cette récolte (18%) !

Autrement dit, sans l'autoconsommation, considérable dans ce département de moyenne montagne, la forêt serait laissée à elle-même, « gaspillage » inconcevable hier (Pignard, 1994). À l'époque, les paysans haïssaient toute forme de friche, agricole ou forestière. Par contre, la société actuelle, urbaine et tertiaire, libérée des disettes, apprécie davantage la nature « en liberté » (Luginbühl, 1999) que sous contrôle, où l'on distingue forêts et pâtures, landes et cultures. Les paysages sauvages séduisent jusqu'aux résidents. Ainsi, ce retraité de la moyenne montagne ardéchoise redécouvre le territoire où il travailla durement : « c'est vrai que c'est beau, j'avais jamais vu ça comme ça avant » (Dodane, 2009), sous-entendu avant la désertification du territoire. La valeur d'usage est bel et bien oubliée.

Ces forêts en déshérence apparente (elle serait véritable sans prélèvement domestique) montrent une structure cadastrale calquée sur le parcellaire agraire. Exemple : le Sud-Ouest du Massif Central. Jusqu'aux Trente Glorieuses (1945-1974), période de prospérité économique, les agriculteurs y possédaient entre le tiers et la moitié des terrains boisés. Mais certains en perdirent l'usage ; d'autres l'eurent moins. Ils les cédèrent, les successions précipitant la braderie. La forêt « traditionnelle », fondement du système agro-pastoral régressa de 60% en vingt-cinq ans, passant de 3,1 millions d'hectares en 1975 à 1,3 en 1999, c'est-à-dire du tiers (34%) au sixième (12%) de la forêt privée (Koerner et al., 2000). Cela profita à plusieurs groupes sociaux, aux retraités surtout : ils détiendraient 44% de la forêt privée d'après les résultats de l'enquête 1976-1985 (SCEES, 1987) ; 53% au début du deuxième millénaire (Cinotti et Normandin, 2002). C'était déjà plus du double de ce que représentaient les plus de 60 ans (21%) dans le recensement de 1999 ! Parmi ceux qui n'avaient plus aucune contrainte familiale ou professionnelle, beaucoup emménageaient dans leur contrée originelle : ils recherchaient les parcelles disponibles moins pour accroître leur revenu que leur capital, raisonnement que favorisait la fiscalité (Corvol, 2013b).

Le désengagement des agriculteurs impressionne par sa précocité (Cornu, 2003) et par son accélération (Agreste, 2008) : ils étaient 43% entre 1970 et 1988 à détenir des terrains boisés, 32% entre 1988 et 2000. Plusieurs facteurs jouèrent, les uns nationaux, les autres européens. Au lendemain du second conflit mondial, les exploitations devinrent des entreprises, évolution consécutive à l'intensification de l'agriculture dans le Nord-Ouest de l'Europe. Tributaire du prix des entrants et du cours des produits, l'entrepreneur réduisit ses dépenses de personnel en mécanisant les opérations, ce qui revenait à substituer des techniciens rares et spécialisés, donc mieux payés, à une main-d'œuvre abondante et peu formée, donc bon marché. Il n'était plus question d'employer les salariés hors de leur champ de compétence, par exemple à « faire le bois », c'est-à-dire à l'abattre et à le débarder. L'entrepreneur réalisa qu'il valait mieux céder ses terrains boisés, l'argent de la vente l'aidant à moderniser l'équipement et à agrandir la superficie. Cette tendance progressa quand la Politique Agricole Commune (PAC) consacra une partie du budget à maîtriser les excédents de production, quitte à subventionner les mises en jachère. Aussi, à partir de 1992, le calcul des aides européennes ne tint-il plus compte des terrains boisés (IDF, 2001) : le transfert fut accru.

Le recul de la forêt privée paysanne fut particulièrement marqué en Limousin, Poitou-Charentes, Aquitaine et Midi pyrénéen, régions de faire-valoir direct mariant polyculture et élevage. Comme ailleurs, les agriculteurs de plus de 55 ans bénéficiaient des dispositifs de préretraite, ceci pour rajeunir le métier et étendre les terres. Les jeunes les reprenaient. Comme les terrains boisés ne les attiraient guère – la législation interdisait la dénaturation -, ils furent soustraits du lot et vendus à part. L'ensemble de ces mesures eut un résultat : la forêt privée française est une des moins paysannes de l'Union Européenne (12%), la moyenne étant à 49% et le maximum italien et autrichien à 95% (EUROFOR, 1994) ! Ainsi, à la différence des États où perdure la symbiose entre Agriculture et Sylviculture, situation du sud et de l'est de l'Europe, la France montre une classe agricole déconnectée des problèmes forestiers : les terrains boisés ne contribuent pas à ses revenus, directement (commercialisation des produits) ou indirectement (réalisation de chantiers). Cette séparation entre l'agriculture et la sylviculture est regrettable, même si les terrains boisés retiennent l'attention des seniors en quête de racines rurales ou de paysages sauvages : bien souvent, ils découvrent la sylviculture après l'appropriation.

Malheureusement, tous ne font pas cet effort d'information. Leur ambition ressemble alors à celle des petits propriétaires et, de manière globale, à celle de nombreux propriétaires : « faire son bois » pour alléger sa facture énergétique (Normandin, 1996). C'est modeste. C'est à mille lieues de l'exploitation sylvicole intégrée aux circuits mondiaux. En France, ce productivisme caractérise peu de départements et peu de propriétaires. Ainsi, la forêt demeure un bien facilitant l'autarcie énergétique et la succession familiale : sa possession est faiblement imposée et déductible de l'impôt sur la solidarité (IS) ; sa revente complète les liquidités nécessaires pour dédommager les cohéritiers qui renoncent à l'exploitation agricole. Mais, dans cette fin du 20ème siècle, une autre donnée intervient : l'allongement de l'espérance de vie. De ce fait, suite au décès des parents, le légataire reçoit les terrains boisés tardivement, quand il n'a plus l'âge, le désir ou la force de mener des projets à long terme. Cela contribue aussi à l'inertie des méthodes pratiquées. Et pourtant, quand le Fonds Forestier National (FFN) avait été instauré (1946), c'était précisément pour favoriser l'innovation, en modifiant les peuplements existants ou en multipliant les peuplements résineux.

3. La conversion : la reconquête forestière

Le conflit de 1939-1945 avait entraîné la surexploitation, dans tous les départements, des futaies et des taillis, et l'anéantissement, dans certains comme le Var ou les Landes, de peuplements sous l'effet des tirs et du feu. Il fallait reconstituer et réorienter le patrimoine sylvicole, d'autant qu'avec le retour au calme, les importations énergétiques reprendraient, ce qui réduirait les débouchés du bois de feu (10 à 15 M de stères). Vers 1946, d'après les statistiques ministérielles, la France comptait 11,4 millions d'hectares, dont 1,3 en futaies caducifoliées et 3,5 en futaies sempervirentes contre 6,4 millions d'hectares en taillis et 104 000 hectares en peupleraies (MAP, 1996). Or, le BTP manquait de bois d'œuvre, du résineux surtout ; les papetiers en manquaient aussi, la technologie industrielle utilisant principalement du résineux blanc. En un demi-siècle, 1945-2000, les subventions du FFN permirent de reboiser 1,2 million d'hectares, d'après les surfaces mentionnées dans les admissions de programmes. En fait, les chiffres sont moindres, eu égard aux nombreux échecs. Les bilans, qui citent toujours les surfaces inscrites et non les surfaces réelles (Cottin, 1995), font état de 38 000 hectares reboisés par an entre 1947 et 1959, 34 000 entre 1960 et 1969, 18 000 entre 1970 et 1979, 11 000 entre 1980 et 1989, 6 000 entre 1990 et 1999 (MA, 1972 ; MAP, 1996 ; MAAF, 2010), date où le FFN est supprimé : la reconquête forestière, liée à la déprise rurale, rendrait le système superflu. Notons que le générique « FFN » englobe des financements européens, nationaux et régionaux (Giraut, 1972).

On pourrait croire la forêt métamorphosée grâce à cette politique de l'après-guerre. On l'imagine facilement car la progression des résineux remonte au 19ème siècle avec les pins maritimes du Second Empire et les pins noirs de la Restauration des Terrains de Montagne (RTM). Dans la sélection des essences de boisement, le succès des uns guidait le choix des autres, mais les techniciens du FFN conseillaient fortement l'épicéa, le sapin et un peu le douglas. Certes, les essences feuillues demeuraient plus appréciées que l'essence « forcée », à l'instar des « sapins de l'administration » introduits dans les périmètres de reboisement obligatoire (Moriniaux, 1999). Mais la méfiance qu'ils inspiraient, les animaux boudant leurs aiguilles, disparut avec la régression des pâtures de montagne. Entre 1946 et 1996, la proportion des résineux augmenta continûment, passant de 28 à 36% : ils concernent 87% des surfaces programmées entre 1955 et 1979 ; 75% entre 1980 et 1989 ; 64% entre 1990 et 1999 (MAP, 1996 ; MAAPAR, 2002). Outre ces boisements volontaires, il existait des boisements anarchiques : le pin, essence de lumière, colonisa les friches en bordure de massifs, pin d'Alep en région méditerranéenne, pin maritime en région aquitaine ou pin sylvestre en Sologne et dans le Centre (Derioz, 1994).

Comment expliquer la passion verte qui gagna peu ou prou tous les propriétaires, y compris ceux qui disposaient de petites surfaces ?

Planter est gratifiant, ce qu'enseigne l'ouvrage de Jean Giono *L'Homme qui plantait des arbres* : la patience transforme le désert de nulle part, qu'il baptise « le pays de Chanaan » pour sa dimension biblique.

Planter des arbres génère un capital pour soi, quand leur coupe intervient du vivant, et un capital pour les siens, quand elle intervient après décès. Les bénéficiaires du FFN installèrent des milliers d'arbres et reverdirent des milliers d'hectares, dispersés en multiples parcelles, dont certaines à peine plus grandes que leurs potagers : l'expression « timbres-poste » les décrivait parfaitement. Parmi eux, très peu songeaient que boiser ne constituait pas une fin en soi, mais engendrait un boisement à conduire selon les débouchés : fallait-il produire du bois de sciage ou du bois d'industrie (pâtes, panneaux), moins exigeant en qualité ? Répondre à cela supposait un minimum de connaissances (sur les potentialités de la station) et d'interventions (sur les stades de développement). Mais la plupart des reboiseurs regardaient leurs boisements comme une peupleraie : installée au lendemain du… premier conflit mondial, la caisserie assurant le débouché, elle ne réclamait aucun soin.

Planter des arbres ramenait une production dans un inculte : installés en rangs serrés, les ligneux finissent par étouffer le genêt, la ronce et la fougère. Enfin, le terrain était « propre », idéal commun aux villageois et aux citadins, quoique leur motif différât. Aux yeux des résidents, l'arbre « installé » imposait l'ordre dans le désordre de la friche ; l'arbre « sauvage » ne participait pas, lui, à cette clarification, puisqu'il conquérait le terrain et franchissait les bornes des propriétés. En revanche, aux yeux des citadins, tout arbre était bon (Dobré, 2005), « installé » ou « sauvage » : la verdure n'agrémentait-elle pas la minéralité du monde urbain. La nuance est de taille car les propriétaires qui effectuèrent le verdissement assimilaient les boisements sauvages à la « friche », terme qu'ils jugeaient péjoratif : la friche désigne une terre laissée à l'abandon. Il est vrai que les peuplements invasifs présentent une structure complexe, résultant de l'histoire des parcelles : ici, des fruitiers résistent encore ; là, des chênes et des hêtres évincent des bois blancs (Rameau, 1999). Comment savoir ce qui naîtra de ce fouillis végétal que d'aucuns nomment « la peste verte » ?

Les non spécialistes, et c'était le cas des nouveaux planteurs, préfèrent l'esthétique des parcelles reboisées avec des arbres de même espèce et de même dimension, dont l'alignement est impeccable et l'écartement homogène. En découlent la lisibilité de la structure, l'aisance du déplacement, la facilité du comptage et la circulation des machines. Le goût de l'organisation géométrique d'une nature maîtrisée remonte à la construction sociale de la friche (fin XVIIIème), perçue comme le « paysage de l'horreur sociale » (Luginbühl, 1999) : les autorités souhaitaient accroître la production agricole en encourageant fiscalement les défrichements. Cette politique, qui confondait « friche » (abandon définitif de la culture) et « jachère » (suspension temporaire de la culture), les imputait à une paysannerie routinière, allergique à toute innovation, notamment aux cultures azotées. Elle réussit car la proportion des landes et des vacants diminua. Au 20ème siècle, il n'était plus question de les cultiver, mais de les reboiser (Mayaud, 2007). Comment les descendants de cette paysannerie n'auraient-ils pas détesté toute forme de friche, agricole ou forestière ?

Ainsi, tout processus confondu, 4,5 millions d'hectares rejoignirent la superficie forestière métropolitaine (15,2 M ha en 2005). L'avancée fut de 3,8 millions d'hectares entre 1945 et 1980, soit 86 000 par an, et de 1,4 entre 1980 et 2000, soit 70 000 par an (IF, 2006). La dynamique naturelle l'emporta donc sur la dynamique artificielle. Comme le démontre le géographe Clément Dodane, la « symbolique (négative) de la friche a surtout été un moteur au boisement… au cours des décennies 1950 et 1960 », des suivantes aussi, mais nettement moins (Dodane, 2009). Pour beaucoup, la friche resta la marque du « mauvais » propriétaire, celui qui est incapable d'entretenir un espace aménagé au fil des générations. La question est double : conserver le patrimoine reçu en bon état et le remettre à celui qui poursuivra le travail. Conserver, oui, mais pour qui ? Remettre, oui, mais à qui ? En effet, après le baby boom que suscita la Libération, grâce à l'euphorie des retrouvailles et l'espérance du mieux-vivre, les familles adoptèrent un comportement fondé sur le contrôle des naissances : elles consacraient plus de temps et de soin à l'éducation des enfants, un ou deux, promis à une condition meilleure que leurs parents. Cela compliqua la transmission des terres et des savoirs, la progéniture fuyant la contrée et le métier des aïeux.

4. Le ratage : le désintérêt sylvicole

Tous les descendants n'allèrent pas jusqu'à cette rupture totale. La plupart choisirent une rupture partielle : quitter le pays et rentrer pour les fêtes ou les congés. Dodane cite l'un d'eux. L'homme partit de Borée, dans la montagne ardéchoise, mais boisa les terres de la ferme comme son père et ses oncles avant lui. Aujourd'hui, ce serait une exception, les attaches locales ne jouant plus. Ainsi, parcourant les alentours en sa compagnie, il signale des peuplements encombrés de chablis : le propriétaire « en a hérité », sauf que « la forêt ne l'intéresse pas » ; il épingle un autre pour l'absence de présence et d'entretien : « c'est un gars qui s'en fout ; il faudrait qu'il fasse une éclaircie au moins » (Dodane, 2009). Ils sont légion à agir de la sorte. Car avec les reboisements du 19ème siècle et l'afforestation du 20ème siècle, tendances qui perdurent, l'effectif des propriétaires particuliers a fortement augmenté : plus 160% entre la *Statistique* de 1912 (1,4 M) et l'estimation de 2004 (3,7 M).

Les petites surfaces – moins de 10 hectares – sont nombreuses (35% de la forêt privée) : elles couvraient 2,4 millions d'hectares en 1912 ; 4,1 quelque cent ans après (MAAPTR, 2010), ce que résume la moyenne des surfaces : 3,3 hectares ! Cette petite propriété, calée sur le parcellaire agricole, demanderait des opérations de nettoyage et de désenclavement, surtout après les tempêtes de 1999 et de 2009. Las ! Eu égard à la faiblesse des débouchés et aux difficultés de l'exploitation, la dépense excèderait le revenu. Certes, l'investissement pourrait intéresser, mais ces petites surfaces ne séduisent guère, à moins de vouloir agrandir un domaine contigu. Souvent, même, la possession est douteuse. Pas de légataire précisé, d'où les querelles devant notaire. Pas de légataire retrouvé, d'où le placement sous séquestre jusqu'à vente du vacant : la lenteur des délais nuit à la qualité d'un peuplement déjà en mauvais état.

Quand il y a adjudication judiciaire (pas de prix de réserve), le renseignement quant à la vente et la connaissance quant à la forêt sont essentiels : les gens du pays, ceux qui y reviennent et ceux qui y conservent des relations, obtiennent aisément ces informations. Elles peuvent concerner une propriété. Elles peuvent concerner une de ses parcelles. Pour l'heure, 1,1 million de propriétaires (34%) possède un hectare forestier et plus, composé de parcelles éparses, parfois situées sur plusieurs communes ou deux départements (Agreste, 2001). Autrement dit, 66% des propriétaires possèdent moins d'un hectare ! La pulvérisation atteint un tel degré qu'elle rend utopique toute tentative de remembrement sylvicole, à la différence du remembrement agricole réalisé à partir des années soixante. Le bruit court qu'il n'est pas de famille française d'origine campagnarde sans lopin boisé, famille qui en ignore quelquefois l'existence ou l'emplacement.

De nos jours, la moitié des parcelles reboisées depuis moins de cinquante ans sont donc aux mains de retraités (SCEES, 2002), proportion appelée à progresser. C'est à la seconde ou à la troisième génération que la transmission est menacée, faute d'héritier ou faute de repreneur : au mieux, l'acquéreur gérera la parcelle ; au pire, elle sera délaissée. En ce cas, la parcelle reboisée évolue en friche boisée, en « désert vert » (Léonard, 2003). Comment croire que l'exonération trentenaire sur les plantations (1934), que l'amendement Sérot qui diminue de 75% les droits de mutation et de donation (1930), que l'amendement Monichon qui diminue de même les droits de succession (1959) puissent freiner, a fortiori stopper le partage des propriétés, la division des parcelles et, pour finir, l'extension de l'abandon ?

Pour mémoire, rappelons que les propriétaires d'un hectare forestier et plus détiennent 83% de la forêt privée (9,8 M ha sur 11,7) ; et que ces 11,7 millions d'hectares forestiers (75% de la superficie forestière nationale) comportent 3,48 millions d'unités de production et 5,5 millions d'ensembles cadastraux (SCEES, 1999) !

En 1999, 33% des forêts privées (6,5 M ha) dépendaient de personnes physiques ayant 40 à 59 ans ; 28%, ayant 60 à 69 ans ; 33%, ayant 70 ans et plus (SCEES, 2002). Très peu incombaient donc à des personnes physiques ayant moins de 40 ans, adultes dans la force de l'âge, celui des initiatives et des investissements. Les enquêtes sociologiques, commandées par les syndicats de propriétaires ou par leur fédération nationale (FNSPFS), distinguent sept à dix catégories comportementales selon les auteurs. Les trois premières regroupent la majorité des individus (55 à 70% selon les calculs). Le type « symbolique et patrimonial » comprend tous ceux qui ont boisé grâce aux aides fournies : leur possession indique le respect de la terre et du travail des anciens. Ce caractère emblématique d'un monde rural soucieux d'épargne et de retraite cohabite avec deux autres, résolument antagonistes. Le type « économique et patrimonial » comprend tous ceux qui ont des bois grâce aux occasions repérées : leur possession indique la recherche de placements, au grand dam des locaux en quête de terrains. Le type des « malgré eux » comprend tous ceux qui ont des bois par héritage ou par reconquête : leur possession est le fait du hasard.

Cela renvoie à l'acte gestionnaire : la « gestion active » d'un patrimoine sylvicole, que ce soit pour soi, pour les siens ou pour autrui, exclut le laisser-faire de la nature ; elle est donc à l'opposé de la « gestion passive ». Celle-ci progresse assurément, bien qu'on en connaisse pas précisément l'ampleur, les motifs et les effets, encore qu'elle préoccupe les spécialistes (Léonard, 2003). Il est donc vain d'écrire : la « ressource est là, dans nos forêts » (Puech, 2009). Comme « on ne fait pas boire l'âne qui n'a pas soif », on ne fait pas exploiter un peuplement forestier à un possédant qui n'en a cure ! Le constat est dressé depuis longtemps. Ce fut même l'objet du décret du 30 décembre 1954, complété et modifié par les règlements d'administration publique du 4 août 1955 et du 11 mars 1957, et par la loi du 6 août 1963 : remédier à l'absence de gestion liée à l'indivis en constituant un groupement forestier, société civile bénéficiant d'un droit fixe d'enregistrement et exonérée de l'impôt sur les sociétés. Mais cette solution, adaptée aux contextes familiaux, ne convient guère aux propriétés composées de parcelles petites et dispersées. Car leurs détenteurs répugnent à échanger du concret (le terrain boisé) contre du papier (leur part dans le groupement). Parce que l'estimation serait délicate. Parce que l'attachement est sentimental. L'efficacité de cette procédure est tellement dérisoire que d'autres solutions sont à l'étude.

5. Le résultat : la transformation paysagère

Le Massif Central, le septième du territoire métropolitain, est un cas d'école : reboisé à la faveur de la déprise agraire, il comporte des petites propriétés à l'est, où le phylloxéra a détruit la viticulture ou presque, et des propriétés moyennes à l'ouest, où la nature du maillage correspond à d'anciennes pâtures (Beaujeu-Garnier, 1947 ; Bonnamour, 1996). Hier cultivé et pâturé, il est devenu chevelu, conséquence de l'émigration définitive. A l'est comme à l'ouest, la fragmentation est tellement puissante qu'elle ne légitime plus l'établissement d'un Plan Simple de Gestion (PSG), applicable aux domaines de 25 hectares et plus, et d'un seul tenant. Ici la petite propriété est majoritaire (Marty, 1998 ; Labrue, 2009). La réforme Pisani, qui institua le PSG en 1963, ne le concerna donc pas. Dommage. Car ce fut le premier outil de gestion durable : sa confection contribuait à éclairer le propriétaire quant à l'état de ses peuplements ; elle l'obligeait à établir le calendrier de leurs éclaircies et de leurs récoltes en fonction du potentiel forestier ; une fois le PSG vérifié et déposé, elle permettait d'obtenir les subventions publiques et les dispenses fiscales, ainsi que la certification nécessaire pour écouler la production ligneuse.

Certes, l'exemple est extrême. Mais dans l'Aisne ou dans les Landes, départements où l'âge moyen des propriétaires est moins élevé que dans les autres (62 ans contre 65), la résidence départementale ou communale plus fréquente, les domaines plus vastes et l'hectare plus prisé, les comportements sont identiques, mis à part une moindre passivité. Aussi la Loi d'Orientation Forestière (LOF) de 1971 proposa-t-elle une procédure, le périmètre d'action forestière, et une incitation, la prime d'apport, aux fondateurs du groupement. Les outils sont donc nombreux : le Défi-Forêt, qui défiscalise le rachat d'une parcelle contiguë pour créer un bloc de cinq hectares ; l'ECIF (Échange et Cession d'Immeubles Forestiers), qui autorise une réorganisation volontaire dans la perspective d'un aménagement ; le soutien des conseils généraux pour l'échange amiable et informel de parcelles ; la suppression de la taxe d'enregistrement pour l'acquisition de petites parcelles, etc. Il serait bon d'évaluer ces mesures et de supprimer toutes celles dont les résultats sont décevants. Jusqu'à présent, leur efficacité semble tout aussi marginale que les groupements forestiers.

La récolte non commercialisée caractérise les départements à la périphérie du bassin parisien et l'arc méditerranéen, ceux des Alpes, des Pyrénées et du Massif Central (Pignard, 1994). Ainsi, le pourcentage des prélèvements est d'autant plus faible que l'importance des boisements volontaires ou des reboisements spontanés est plus considérable. Ces nouvelles forêts forment un continuum forestier qui ne dérange que les nostalgiques. Pour les autres, ces étendues de verdure sont plaisantes, espaces à vocation récréative et touristique, à condition que les chemins demeurent visibles (Fourault-Cauët, 2005). Est-ce le retour d'une « naturalité forestière », perception éminemment citadine (Kalaora et Savoye, 1986) ? Par exemple, dans la région Rhône-Alpes, 80% des propriétaires logent à moins de 50 kilomètres de leur forêt, distance à l'échelle d'un département ; 60% à moins de 10 kilomètres, distance à l'échelle d'une proximité. Comme l'étalement des agglomérations annexe l'espace « naturel » et que l'existence des sites et des loisirs « verts » régit les flux migratoires, résidentiels ou professionnels, le comportement de ces propriétaires est inséparable de l'opinion publique : la modification des paysages et l'inconvénient des nuisances, liées à l'abattage et au débardage, ne les incitent guère à exploiter leurs peuplements. Il en est même, d'ailleurs, qui les ont achetés pour embellir leur cadre ou, tout simplement, pour le préserver.

En 1991, préfaçant leur ouvrage *La Forêt française*, Pierre Bazire et Jean Gadant remarquaient déjà : « si vous interrogez un propriétaire, il vous dira plus souvent : je possède une forêt que j'exploite une forêt » (Bazire et Gadant, 1991). Le verbe « posséder » exprime la détention d'un capital à transmettre à sa descendance ou à l'humanité : approche désintéressée, donc généreuse. Le verbe « exploiter » exprime la recherche d'un revenu : approche personnelle, donc hédoniste. Cette dernière engendra toujours un malaise, la forêt étant perçue comme le symbole de la nature. Nos ancêtres, qui cultivaient la terre, mais prélevaient en forêt, ne la regardaient-ils pas comme offerte à tous ? Les divinités la donnèrent aux hommes pour qu'ils puissent l'exploiter ou la défricher (Corvol, 2009). Les religions monothéistes reprirent l'approche polythéiste : chassé du Paradis céleste, le premier couple humain découvrit que la forêt permettait de se chauffer et de se nourrir. L'idée est restée : on ne saurait monnayer la nature, à moins de l'enrichir en lui consacrant du temps et des soins.

CONCLUSION

Ainsi, le profit est légitimé par le travail - la création et l'entretien d'un boisement par exemple ; il l'est moins lorsqu'il est associé à un rôle comme l'accueil du public, ou à une fonction comme le maintien des sources. Rémunérer les « aménités environnementales » ou les « services environnementaux » ne sera donc pas facile à proposer. Et la rentabilité des petites surfaces n'en sera pas véritablement améliorée : leur dérive hors des circuits marchands continuera, à moins que les énergies fossiles, trop rares et trop chères, ne rendent les renouvelables particulièrement avantageuses. Il faut donc avoir conscience que les peuplements existants s'ils reflètent la période de leur naissance, révèlent également les conditions actuelles, économiques et socioprofessionnelle (Husson, 1995). Mais les nouveaux usagers de l'espace forestier ignorent la première comme les secondes. Ils refusent l'espace « usine à bois » et souhaitent l'espace « condition de vie » (Corvol, 2008), enclave de liberté, de ressourcement et de biodiversité. En négligeant leurs parcelles, les non sylviculteurs répondent sans le vouloir aux demandes des citadins : la préoccupation écologique l'emporte sur l'économique.

BIBLIOGRAPHIE

Agreste, 2001. La forêt privée morcelée : 1,1 million de propriétaires possèdent au moins un hectare de forêt. Agreste primeur, 90.

Agreste, 2008. Enquête sur la structure des exploitations agricoles en 2007. Agreste Primeur, 215.

Bazire, P., Gadant, J., 1991. La Forêt française. La Documentation française, coll. Études économiques, Paris.

Beaujeu-Garnier, J., 1947. Le Morvan et sa bordure. Thèse de doctorat ès lettres et sciences humaines, Université de Paris Sorbonne, Paris.

Bonnamour, J., 1996. Le Morvan : la terre et les hommes. Presses universitaires de France, Paris.

Cinotti, B., Normandin, D., 2002. Exploitants agricoles et propriété forestière : où est passée la forêt paysanne ? Revue Forestière Française, 54, 311-328.

Cornu, P., 2003. Déprise agraire et reboisement : le cas des Cévennes (1860-1970). Histoire et sociétés rurales, 20, 2, 173-201.

Corvol, A., 1984. L'Homme et l'arbre sous l'Ancien Régime. Economica, Paris.

Corvol, A., 1989. La Métrologie forestière. In : Garnier, B., Hocquet, J.-P., (Dir.), Introduction à la Métrologie historique. Economica, Paris, 289-330.

Corvol, A., 2008. Le droit au bonheur : aller et vivre en forêt, 19ème-20ème siècle. In : Monnier-Lesage, V., Lormant, V., (Dir.), Droit, Histoire et Société. Presses universitaires de Nancy, Nancy, 381-398.

Corvol, A., 2009. L'Arbre en Occident, Les Héritages. Fayard, Paris.

Corvol, A., 2013a. Le Comité des Forêts fête ses cent ans. La Forêt Privée, 330, 15-19 & 331, 71-75.

Corvol, A., 2013b. Les origines de la fiscalité forestière. In : Actes des premières journées nationales de la fiscalité forestière, 20-21 juin, Bordeaux, SSSO & Éditions Quaé, Bordeaux.

Cottin, C., 1995. Bilan quantitatif et impacts de l'action du Fonds Forestier National (FFN) : réflexions sur l'évaluation du FFN. Rapport de stage ENGREF, Direction de l'Espace Rural et de la Forêt (DERF), bureau de la production forestière, Paris.

Derioz, D., 1994. Friches et terres marginales en basse et moyenne montagne : revers sud-est du Massif Central. Thèse de géographie, Faculté de lettres et sciences humaines d'Avignon et ENS de Saint-Cloud, Avignon.

Dobré, M., 2005. Les Français et la Forêt, enquête conduite en 2004 sur un échantillon de 1000 personnes représentatives de la population nationale âgée de 15 ans et plus. ONF, Paris.

Dodane, C., 2009. Les nouvelles forêts du Massif Central : enjeux sociétaux et territoriaux. Thèse de géographie, Université de Lyon et ENS lettres et sciences humaines, Lyon.

EUROFOR, 1994. L'Europe et la Forêt. Office des publications officielles des Communautés européennes, Luxembourg.

Fourault-Cauët, V., 2005. Le paysage, outil d'une nouvelle gouvernance des territoires forestiers. Cahiers d'économie et de sociologie rurales, 75.

Giraut, P., 1972. Les propriétaires privés. Revue Forestière Française, 24, 630-632.

Husson, J.-P., 1995. Les Forêts françaises. Presses universitaires de Nancy, Nancy.

IDF (Institut pour le Développement forestier), 2001. Évaluation du système d'aide communautaire pour les mesures forestières en agriculture du règlement 2080/92. Rapport final, IDF, Paris.

IF (Inventaire Forestier), 2006. La forêt française en 2005 : résultats de la première campagne nationale annuelle. L'Inventaire forestier, numéro spécial, [En ligne].

INSEE (Institut National de la Statistique et des Études Économiques), 1999. Territoire : population urbaine et rurale en France, [En ligne].

Kalaora, B., Savoye, A., 1986. La Forêt pacifiée. L'Harmattan, Paris.

Koerner, W., Cinotti, B., Jussy, J.-H., Benoît, M., 2000. Évolution des surfaces boisées en France depuis le début du 19ème siècle : identification et localisation des boisements des territoires agricoles abandonnés. Revue Forestière Française, 52, 249-269.

Labrue, C., 2009. L'enfermement des habitations par la forêt : un enjeu de cadre de vie et de société. Thèse de géographie, Université de Limoges, Limoges.

Léonard, J.-P., 2003. Forêt vivante ou Désert boisé ? L'Harmattan, Paris.

Luginbühl, Y., 1999. Perceptions paysagères des espaces en déprise et des boisements spontanés des terres agricoles. Ingénieries, EAT, numéro spécial Boisements naturels des espaces en déprise, 25-29.

MA (Ministère de l'Agriculture), 1972. Le Fonds Forestier national : 25 ans de travaux. La Documentation française, numéro spécial, Paris.

MAP (Ministère de l'Agriculture et de la Pêche), 1996. Un demi-siècle d'expérience au service de la forêt et du bois : 50e anniversaire du Fonds Forestier National. MAP, Paris.

MAAPAR (Ministère de l'Agriculture, de l'Agroalimentaire, de la Pêche et des Affaires Rurales), 2002. Rapport d'activité ministérielle. Gestion durable des forêts. La Documentation française, Paris

MAAF (Ministère de l'Agriculture, de l'Agroalimentaire et de la Forêt), 2010. L'agriculture en montagne : évolution 1988-2010 d'après les recensements agricoles, Agreste, Les Dossiers, 26, Paris.

Marty, P., 1998. Forêts et Sociétés : appropriation et production de l'espace forestier. Les logiques d'action des propriétaires privés : l'exemple de la moyenne montagne rouergate. Thèse de géographie, Université de Paris Sorbonne, Paris.

Mayaud, J-P., 2007. Petites exploitations rurales dans la France du 19ème siècle. Pour, 2, 194, 35-42

Moriniaux, V., 1999. Les Français face à l'enrésinement, 16ème-20ème siècles. Annales de Géographie, 108, 609-610, 660-663.

Normandin, D., 1996. La forêt paysanne en France : état des lieux et perspective d'évolution. Études et recherches sur les systèmes agraires et le développement, INRA, 195-211.

Pigeon, L., 2000. Le Temps et le patrimoine chez les propriétaires forestiers privés. Thèse de sociologie, Université de Picardie Jules Verne, Amiens.

Pignard, G., 1994. Estimation des prélèvements de bois dans la forêt française : approche forestière de l'autoconsommation. Maurin Lattès, IFN et ADEME, Angers.

Puech, J., 2009. Mise en valeur de la forêt française et développement de la filière bois. Rapport au président de la République française, [En ligne].

Rameau, J.-C., 1999. Accrus, successions végétales et modèles de dynamique linéaire forestière. Ingénieries, EAT, numéro spécial Boisements naturels des espaces en déprise, 33-48.

SCEES (Service Central des Enquêtes et Études Statistiques), 1987. « 1976-1985 ». Collections de Statistiques agricoles, Étude, 268.

SCEES (Service Central des Enquêtes et Études Statistiques), 1999. La forêt privée morcelée. Agreste, la statistique agricole, Agreste primeur, 90.

SCEES (Service Central des Enquêtes et Études Statistiques), 2002. Enquête sur la structure de la propriété forestière privée en 1999. Agreste, Chiffres et Données Agriculture, 144.

SCEES (Service Central des Enquêtes et Études Statistiques), 2005. L'occupation physique du territoire de 1992 à 2004. Enquête TERUTI, 2005.

SCEES (Service Central des Enquêtes et Études Statistiques), 2009. Population rurale et Population active, Agreste, GraphAgri, [En ligne].

Terrasson, T., 1988. Vive la friche ! La nature ne disparaîtra pas si les paysans s'en vont. Courrier de la Cellule Environnement, 5, 5, 12-13.

Chapitre 4. Les ruraux sont-ils des urbains comme les autres? Analyse des pratiques et représentations de la forêt dans les territoires ruraux

AMAND Rudy[1] **& GRANET Anne-Marie**[2]
[1] *Université de Caen Basse-Normandie, France*
[2] *ONF, Direction de l'environnement et des risques naturels, France*

Dans le contexte actuel d'urbanisation des modes de vie, les pratiques et représentations de la forêt dans la population rurale française ont-elles évolué ? Conservent-elles encore une spécificité ? Cet article propose des éléments de réponse à partir de deux enquêtes menées, selon des méthodologies différentes, en 2010 et 2012 par l'Office National des Forêts (ONF) et l'Université de Caen Basse-Normandie. Celles-ci laissent apparaître une première tension entre l'attachement à la force symbolique de la forêt, valorisée par les personnes participantes, et l'exploitation « raisonnée », à l'image d'un simple champ agricole, dont elle devrait faire l'objet. Si certains résultats tendent à montrer une convergence des usages de la forêt entre les populations des centres urbains et du monde rural, d'autres révèlent que le régime de propriété foncière des bois a des conséquences non négligeables sur la préservation de la connaissance et l'appropriation de cet espace par les habitants. Ainsi, la forêt « communale » apparaît comme un support pertinent pour renouer le dialogue entre l'ONF, confronté à de nouvelles interrogations autour de l'exploitation et la gestion des forêts, et les habitants.

MOTS-CLÉS
Politique forestière ; sociologie ; ruralité ; perception du public; gestion multifonctionnelle; accueil du public; forêt communale; France

INTRODUCTION

Malgré le nombre et la qualité des recherches sociologiques consacrées à la forêt, aucune ne s'était exclusivement intéressée aux pratiques et représentations entretenues par les habitants des aires rurales avec cet espace alors même que la majorité des forêts s'y trouve. Récemment, outre les enquêtes quantitatives de 2004 et 2010 portant sur des échantillons représentant l'ensemble des Français, les travaux de Lewis et Deuffic (2008) ou bien encore de Granet et Dobré (2009), s'appuyant sur une série de focus-group dans des secteurs urbains aux caractéristiques diverses (Bordeaux ; Orléans ; Nancy ; Alençon et Paris), avaient seulement effleuré cette question. Une explication historique à cette lacune : l'intérêt pour la forêt périurbaine a été à l'origine des premiers travaux contemporains de sciences sociales sur les usages de la forêt. Par la suite, ce qui ne semblait pas susceptible de subir d'aussi grands changements que la forêt périurbaine fut perdu de vue : la forêt rurale était dans ce cas.

Néanmoins, les résultats de l'enquête nationale *Les Français et la forêt* réalisée par l'Office National des Forêts (ONF) en 2010, en partenariat avec l'Université de Caen Basse-Normandie, ont conduit à s'intéresser à ces territoires situés dans l'angle-mort de la recherche. En effet, si les ruraux demeuraient par exemple la population se rendant le plus régulièrement en forêt, ils n'échappaient pas à la diminution globale de la fréquentation depuis la consultation de 2004 (Dobré et Cordellier, 2011).

Ce double constat interpelle : la fréquentation supérieure de la part des ruraux est-elle la preuve du maintien de spécificités quant aux pratiques et aux représentations de la forêt chez cette population ? Ou bien la diminution de la fréquentation constitue-t-elle une tendance symptomatique d'une rupture entre les ruraux et la forêt ? En adoptant des modes de vie plus urbains, les ruraux ne seraient-ils pas devenus des urbains comme les autres ?

Loin d'être anecdotiques, les réponses à ces questions peuvent orienter les réflexions menées par les forestiers et les acteurs locaux : souvent, en effet, tenant compte de l'expérience accumulée en zone urbaine, ces derniers appréhendent la fréquentation de la forêt en termes de loisirs et de tourisme et favorisent la création d'aménagements et d'équipements pour l'accueil du public. Même si ces actions correspondent à des besoins véritables (à cibler néanmoins) et à des enjeux de développement local, elles ne répondent que de façon très partielle aux attentes ou aux inquiétudes du public et des riverains : les réactions provoquées lors d'interventions de gestion incomprises et, parfois même, perçues comme une atteinte à l'intégrité de la forêt tendent d'ailleurs à le montrer.

1. Méthodes et contexte

Avant de pousser plus avant l'exploration de ces questionnements, il paraît utile de faire le point sur les deux enquêtes mobilisées dans le cadre de cet article, ainsi que sur le contexte de leur déroulement.

1.1. Techniques d'enquête

En premier lieu, cet article repose sur l'enquête nationale de 2010 pour laquelle 1 000 interviews en face-à-face ont été menées (Dobré et Cordellier, 2011). Cet échantillon fut établi selon la méthode des quotas afin d'être représentatif de la population française métropolitaine âgée de 15 ans et plus.

Si l'enquête par questionnaire permet de photographier à un instant « t » (Juan, 1999) les représentations que les Français associent à ces espaces particuliers, cette technique ne permet pas une compréhension fine des éléments qu'elle a contribué pourtant à mettre à jour. C'est pourquoi l'entretien semi-directif se révèle être un complément nécessaire dans la mesure où il permet de saisir : « [...] la signification [que la personne] donne à ses pratiques, sa perception d'un événement ou d'une situation, son interprétation d'une expérience, ou encore la représentation qu'elle se fait du monde environnant » (Nils et Rimé, 2003).

Afin de saisir l'éventuelle spécificité de la relation avec la forêt entretenue par les personnes vivant et travaillant dans « un bassin de vie rural », le recours à cette technique semblait être le plus pertinent. Ce versant « qualitatif » datant de 2012 constitue le second support méthodologique de cet article. Si l'essence même d'une enquête qualitative menée auprès de 22 personnes empêche une représentativité idéale des caractéristiques sociodémographiques de la population globale, limitant, par-là même, l'intérêt d'une caractérisation approfondie de l'échantillon, il n'est toutefois pas vain de rappeler qu'une attention particulière a été portée aux agriculteurs ou retraités de l'agriculture, mais aussi aux personnes exerçant des mandats d'élus locaux.

1.2. Présentation des terrains de l'enquête de 2012

Le choix des terrains d'investigation pour cette enquête qualitative s'est porté sur deux régions :

- L'Est de la France, bien pourvu en forêts, région dans laquelle 81,6% des personnes interrogées dans le cadre de l'enquête quantitative de 2010 ont déclaré se rendre en forêt au moins une fois par an (taux le plus élevé)

- L'Ouest, où le taux de fréquentation constaté (58,1%) demeure très proche de la moyenne française (55%).

Afin de permettre des comparaisons pertinentes, cette étude s'est concentrée sur les habitants de deux communes de moins de 2 000 habitants, possédant une forêt domaniale de taille équivalente (1 788 ha dans l'Est contre 1 555 ha dans l'Ouest). Une différence les oppose néanmoins : un fort réseau de bois communaux structure l'espace forestier à l'est, alors que cette forme juridique se révèle totalement absente à l'ouest où seuls quelques bois privés complètent le massif. Selon l'Inventaire Forestier National, les deux forêts étudiées sont situées dans des départements où les taux de boisement sont fortement disparates puisqu'il plafonnerait à moins de 15% à l'ouest, et s'élèverait à plus de 35% à l'est[1].

D'un point de vue sociodémographique, il faut noter que la structure par âge des habitants des deux communes est relativement équivalente puisque les moins de 20 ans représentent respectivement 23,7% et 26,5% de la population, les personnes âgées de 20 à 64 ans 53,7% et 52,5% et les plus de 64 ans 21% et 22,5% d'ouest en est. La densité moyenne de 9,2 habitants au km², à l'est, et 37,4 habitants au km² à l'ouest, étant certainement la statistique la plus marquante au moment de dissocier les deux territoires[2].

2. La forêt est-elle un espace naturel particulier ?

Si l'objectif de cet article est bien d'analyser les pratiques et représentations de la forêt pour les habitants de l'espace rural, il apparaît utile d'effectuer un détour via la narration du bon souvenir effectuée par les ruraux lors des entretiens de 2012.

Il ne faut pourtant pas se fourvoyer puisque cette digression n'en est pas une : les propos des personnes interrogées révèlent une forme d'irréductibilité des sentiments inspirés par la forêt. Certains, dont François Terrasson, qui insiste sur « les peurs diffuses, sans objet, qui vous remuent le fond des tripes » chez les individus ayant passé une nuit dans les bois (1988), et Benoît Boutefeu, pour qui « le rapport à la nature et en particulier à la forêt relève de l'intime et de la sensibilité individuelle plutôt que de déterminismes sociaux » (2007), avaient déjà mis en exergue ce phénomène. La forêt aurait, pour ces auteurs, un caractère insondable, indéterminable qui en ferait un espace singulier : les récits des bons souvenirs passés en forêt par les ruraux s'accordent-ils avec ce point de vue ?

---

[1] http://www.fonciereforestiere.com/offre-fonciere-forestiere/projet-fonciere-forestiere.html, site consulté le 11 juillet 2014.

[2] Les références mobilisées ici proviennent du site insee.fr consulté le 11 juillet 2014.

2.1. Les bons souvenirs

Ceux-ci peuvent concerner des parties de pêche où le jeu consistait à échapper au garde-pêche, l'organisation d'un raid, les sorties en famille ou des travaux collectifs. Il s'agit alors de moments collectifs et conviviaux dont le support est l'espace forestier. Il est vraisemblable que ces moments agréables auraient pu prendre pour cadre d'autres lieux, mais la proximité directe des bois les a fait converger en leur sein : le jeu consistant pour des adolescents à se soustraire à l'autorité pourrait se dérouler dans le cadre urbain ; une sortie à la mer se transformer en moment agréable passé en famille ; des travaux collectifs pourraient se dérouler à l'intérieur d'une maison à réhabiliter. Dans cette optique, la forêt ne serait qu'une opportunité géographique, un lieu neutre choisi par commodité.

Toutefois, l'analyse des narrations du bon souvenir associé à la forêt révèle souvent une structure commune dont il semble nécessaire d'interroger les ressorts.

« Eh bah une fois, c'est très vieux, je m'en allais dans la commune voisine, avec ma femme et ma fille et puis, je me rappelle, il y avait de la neige. J'avais mis ma pelle dans la voiture au cas où j'aurais trouvé de la neige sur la route, qui m'aurait empêché de rouler, je me serais garé. Et puis j'arrivais, je me rappellerai toujours de cela, j'avais ma fille avec moi, et j'ai vu un sanglier qui était en train de faire une bauge dans la neige. Une mère qui allait mettre ses petits dans la neige. Alors là c'est un moment où j'ai été pendant longtemps, que j'ai toujours gardé dans là [montrant sa tête]... J'avais jamais vu ça. Même dans le froid comme ça... Et puis, presqu'à découvert... Ça c'est... » (Alain, ouvrier, 55 ans, Ouest).

L'intensité du moment vécu conduit Alain à ne plus trouver les mots pour exprimer les sentiments ressentis lors de cette rencontre impromptue avec la vie sauvage. Néanmoins, et malgré le caractère exceptionnel qu'il accorde à cet épisode, celui-ci suit un chemin narratif analogue à ceux que d'autres interlocuteurs ont également rapportés. Alain part donc en famille et fait face à une situation climatique « extrême », une nature devenue hostile, qui nécessite un équipement, une « pelle », un outil, pour assurer la protection et amener sa famille (sa femme et sa fille) à bon port. C'est alors qu'il aperçoit une laie mettre bas « à découvert », fragilisée donc : le miracle de la maternité trouve un écho encore plus important chez celui qui endossait le rôle paternel et protecteur au début du récit. Il faut d'ailleurs noter que la figure maternelle « humaine » disparaît rapidement du récit en même temps qu'apparaît la laie (comme la fille sortira de scène avec l'arrivée des marcassins) : comme si elle avait été substituée par la figure maternelle « animale » qui revêt désormais les atours de la vulnérabilité qui n'est alors plus seulement humaine, sans être totalement animale.

La forêt est ce lieu où se réduit la ligne de démarcation entre l'homme et l'animal, l'homme et le sauvage, ou, du moins, il s'agit du lieu où les ruraux interrogés trouvent positif que cette ligne de démarcation puisse se réduire. Les anecdotes qui en résultent sont autant de « moments agréables ».

« Mais un bon souvenir, que je pourrais vous raconter aussi, qui m'a beaucoup frappé : c'était très touchant. On avait, à ce moment-là, quelqu'un qui nous mettait des chevaux pour manger l'herbe et, un jour, à la tombée de la nuit, il y avait trois groupes dans notre enceinte : il y avait les chevaux, tous groupés, il y avait un troupeau de sangliers [...] et puis il y avait le troupeau de carmélites qui regardaient ! [...] Et puis, à un moment donné, les premiers qui ont bougé, ce sont les sangliers : ils ont dû avoir peur donc ils sont repartis dans la forêt. Et il y en a un qui s'est pris la patte dans une ornière, donc il est tombé, il ne bougeait plus. Ce qui était magnifique, c'est qu'il y en a un qui était déjà arrivé à l'orée de la forêt, sur le talus, qui a vu, qui est redescendu, qui est revenu voir son copain et qui avec son museau lui a fait : "Alors ? Tu ne peux plus bouger ?" et qui a attendu que l'autre sorte de son ornière avant de repartir » (Béatrice, membre du clergé, 64 ans, Ouest).

Ici, le groupe de carmélites devient un « troupeau » et un sanglier a un copain doué de *logos* : cet amalgame témoigne du trouble engendré par la forêt ou, au moins, du trouble auquel les individus aiment être confrontés lorsqu'ils s'y rendent. La forêt n'est alors pas une nature qui se construit en opposition avec les humains, elle est une forme qui se place dans leur continuité (à moins que cela ne soit l'inverse) ; continuité qui instaure une égalité de fait entre tous les protagonistes et remet en cause la dichotomie entre « nature » et « culture », dépassant le cadre du « naturalisme » des sociétés occidentales empreintes de culture scientifique, pour les confronter aux « vertiges de l'analogisme », un monde d'indifférence de formes et essences entre les êtres, posant, par là-même, des problèmes de classification dans un monde devenu chaotique (Descola, 2005).

2.2. Un trouble temporaire ou la forêt comme une extension du champ agricole

Considéré comme suffisamment exceptionnel pour être évoqué dans le cadre de l'entretien avec un sociologue, ce trouble n'est néanmoins que temporaire. Il semble plutôt que la conception de la forêt chez les ruraux soit la même que celle du champ agricole : propre et devant être exploité(e) de manière « raisonnée ». L'agriculture « raisonnée » est une agriculture qui ne renonce pas au modèle productiviste et essaie de répondre à la problématique environnementale en proposant des réponses d'ordre technique. L'emploi de ce qualificatif permet aux agriculteurs enquêtés d'opérer une distinction avec « l'agriculture biologique » qui ne permettrait pas de répondre aux objectifs fixés à l'agriculture moderne (nourrir la planète par exemple), tout en prenant en compte les écosystèmes. Employé dans le cadre de l'exploitation forestière, le terme marque une opposition avec des écologistes « déraisonnables », qui n'accepteraient pas que l'intervention humaine soit nécessaire au bon développement de la forêt.

« A la limite, les écologistes ne veulent pas nous laisser passer. J'ai déjà vu des camions être empêchés de passer. Ils ne comprennent pas qu'une forêt, qu'un arbre, ça naît, ça grandit, ça meurt et que si l'exploitation ne l'entretient pas... Mais il faut le faire d'une façon raisonnée » (Rodolphe, chef d'entreprise, 55 ans, Est).

L'emploi du terme « raisonné » marque également une opposition à une exploitation qui serait trop intensive. Dans le cadre des entretiens réalisés en 2012, les ruraux étaient amenés à commenter un certain nombre de photographies : lors de cette séquence, les métaphores employées pour caractériser une forêt pouvant apparaître peu entretenue – « sale » – (« Il y a eu quoi là-dedans ? Ça, ça a été massacré, non ? » demande ainsi Olivier) étaient analogues à celles utilisées pour décrire une coupe considérée comme déraisonnable (« On aurait dit qu'il y avait une bombe qui était passée, c'était moche » dit Gaëlle ; « Sinon, les parcelles qu'ils coupent, c'est "Verdun"! » s'exclame Béatrice pendant que Michel ajoute « mais, sur le coup, quand il y a eu le passage [des engins d'exploitation], c'est un peu la guerre »). Qu'elle ne soit pas « entretenue » par la main de l'Homme ou « surexploitée » par ce dernier, la forêt est, de la même manière « massacrée » ou pareille à un champ de bataille.

La forêt en milieu rural doit donc être aidée, entretenue, propre et exploitée de manière « raisonnée »… comme devrait l'être un champ agricole. C'est bien la construction sociale traditionnelle de ce dernier qui déborde pour constituer la norme régissant l'espace forestier.

Cet aspect est remarquable car il marque une rupture dans le « combat » entre la forêt et l'agriculture : une fois les terres forestières inhospitalières transformées en champs agricoles nourriciers, il serait devenu nécessaire de domestiquer l'espace sauvage boisé. Dans cette optique, la forêt n'est pas particulière, elle est une extension du champ cultivé, un espace conquis par le rationalisme du naturalisme.

3. La spécificité du monde rural

Cette nature « comme les autres » n'en est pas moins l'objet d'une fréquentation des ruraux différente de celle des urbains. Il est alors légitime de s'interroger : leurs pratiques et représentations s'opposent-elles à celles du reste de la population ?

3.1. Fréquentation générale et spécificités des pratiques rurales

Le tableau 1 s'intéresse à la fréquentation de la forêt par l'ensemble de la population et par les ruraux.

Tableau 1 : Au cours des 12 derniers mois, êtes-vous allé en forêt

	Ensemble de la population (%)	**Ruraux (%)**
Au moins une fois par semaine	*11,8*	*16,7*
Au moins une fois par mois	*32,9*	*46,4*
Au moins une fois par an	*54,8*	*61,9*
Jamais ou presque jamais	*45,2*	*38,1*

Source : Enquête ONF -Université de Caen/CERReV, Forêt et société, nov. 2010.

Si le constat d'une diminution globale de la fréquentation annuelle de la forêt de 15,8 points entre 2004 et 2010 doit être effectué, il n'en demeure pas moins que la proportion de ruraux s'étant rendus en forêt au cours des 12 derniers moins précédant l'enquête est plus importante que celle de l'ensemble de la population (61,9% contre 54,8%).

Par ailleurs, les habitants des communes rurales sont ceux qui vont le plus régulièrement en forêt puisque près de la moitié d'entre eux s'y rendent au moins une fois par mois alors que ce chiffre plafonne à moins d'un tiers pour l'ensemble de la population.

Le tableau 2 compare les activités de loisirs motivant les sorties en forêt.

Les ruraux se rendent donc plus souvent en forêt et certaines de leurs pratiques différent de celles de l'ensemble de la population. À titre d'exemple, les cueillettes concernaient 45% des ruraux et 31% de l'ensemble de la population en 2010, et le ramassage du bois 7% des ruraux, proportion stable depuis 2004, contre 3% dans la population française en général.

La chasse et la pêche, souvent considérées comme des pratiques rurales, ne laissent pas entrevoir d'écart si important que cela avec le reste de la population (2,5 points de plus).

En revanche, la « promenade en famille ou avec des amis », activité la plus pratiquée par toutes les catégories de la population, se situe à un niveau comparable quelle que soit la taille de la commune de résidence (près des deux-tiers des personnes interrogées).

Tableau 2 : En général, lorsque vous allez en forêt pour vos loisirs, quelles sont vos principales activités ?

	Ensemble population (%)	**Ruraux (%)**
Sortir le chien	*14,2*	*13,8*
Promener les enfants	*24,1*	*23,1*
Faire une promenade seul	*15,7*	*18,6*
Se promener en famille ou avec des amis	*64,2*	*63,8*
Faire du sport (vélo, jogging, équitation)	*21,6*	*17,1*
Faire des parcours aménagés dans les arbres	*3,9*	*2,7*
Cueillir fleurs, fruits ou champignons	*30,6*	*45,0*
Me reposer, jouer ou pique-niquer sur place	*19,9*	*10,6*
Observer les plantes et les animaux	*19,6*	*23,0*
Pratiquer une activité motorisée	*2,1*	*1,5*
Couper ou ramasser du bois	*2,8*	*7,2*
Chasser ou pêcher	*5,9*	*8,4*
Simplement traverser la forêt en voiture	*2,7*	*2,3*
Autres	*0,1*	

Source : Enquête ONF -Université de Caen/CERReV, Forêt et société, nov. 2010.

Après les données sur les « pratiques », cette investigation peut se poursuivre en s'intéressant aux « représentations » et à la perception des menaces éventuelles qui pèsent sur la forêt.

En 2010, les trois premières menaces sont dans le même ordre qu'en 2004, pour les ruraux comme pour le reste de la population : les incendies (28% pour la population française et 26% chez les ruraux), les dangers naturels (tempêtes, inondations, avalanches) et les pollutions de l'environnement. Les ruraux sont néanmoins surreprésentés pour l'item « le manque d'entretien » en 4ème position (5ème position dans l'ensemble de la population), perçu comme la première menace (11% contre 7% dans l'ensemble de la population). « L'exploitation des arbres pour la production de bois » atteint un score très voisin de 7,1% dans la population nationale, 9,9% chez les ruraux. Précisons que les ruraux de l'enquête quantitative de 2010 résident dans des communes de moins de 2 000 habitants mais n'y travaillent pas nécessairement, contrairement aux personnes interrogées dans les entretiens de 2012. Ces deux réponses, quasiment antagoniques aux yeux des forestiers, sont dans la continuité des tensions à l'œuvre dans l'emploi de l'expression « exploitation forestière raisonnée » précédemment évoquée : elles interpellent toutefois les gestionnaires, d'autant qu'elles sont toutes deux en augmentation depuis 2004, tant dans la population nationale que chez les ruraux.

3.2. Résistances

La pratique régulière d'activités qui « agissent » sur l'espace forestier (par opposition à celles pour lesquelles ce dernier ne représente qu'un support) conduit certainement les personnes interrogées à développer un discours plus critique à son égard et sur ses évolutions.

Dans cette optique, en 2010, les ruraux ont un avis plus souvent négatif sur l'état général de la forêt française que l'ensemble de la population. D'ailleurs, en 2010, comme en 2004, les ruraux et les habitants des villes moyennes se distinguent des habitants des grandes villes (province et Paris) par un taux d'insatisfaction plus marqué sur l'état de la forêt (tableau 3).

Tableau 3 : Je vais maintenant vous citer différents aspects concernant l'entretien et l'aménagement de la forêt. Pour chacun d'entre eux, vous me direz si vous en êtes...

	Tout à fait et assez satisfait		**Peu satisfait et pas du tout satisfait**	
	Ensemble (%)	***Ruraux (%)***	***Ensemble (%)***	***Ruraux (%)***
La diversité des paysages	92	92	7	8
L'état des routes et des chemins	79	70	20	27
Le résultat esthétique des plantations et des travaux	77	73	20	23
L'état des équipements pour le public : aires de pique-nique et de jeux, panneaux d'information	76	61	20	31
Les indications pour s'orienter	74	60	23	32
L'état général d'entretien de la forêt : le soin, l'ordre	72	58	27	39
La présence de bois coupé, que ce soit en bordure de chemin ou dans les "coupes"	67	62	29	35
La présence d'arbres morts en forêt	51	37	47	62

Source : Enquête ONF -Université de Caen/CERReV, « Forêt et société », nov. 2010

Ainsi, si la condamnation liée à la présence d'arbres morts en forêt est en légère diminution de 50 à 47% dans l'ensemble de la population depuis 2004, elle est tout de même surreprésentée et en légère augmentation chez les ruraux où elle passe de 59 à 62%. Résultats qui se trouvent être dans le prolongement du raisonnement précédemment développé autour de la conception « propre » de la forêt.

Mais ces premières conclusions doivent également servir de point de départ à une réflexion sur les facteurs expliquant la construction des opinions traversant le monde rural. L'enquête qualitative menée auprès des ruraux en 2012 a permis d'observer le développement d'une véritable « science du concret » (Lévi-Strauss, 1962) sur la forêt à l'est de la France. S'il sera nécessaire d'expliquer l'origine de cet état de fait un peu plus tard, il faut d'ores et déjà souligner qu'il conditionne l'élaboration d'une critique plus étayée sur la gestion de cette ressource. Cette défiance ne met pas en cause l'exploitation de la forêt mais certaines de ses modalités et va conduire à des pratiques de « résistance ordinaire » (Dobré, 2002). Ces dernières, sans avoir nécessairement de dimension revendicative, s'opposent à un ordre normatif dont les individus ne reconnaissent pas nécessairement la légitimité :

« C'est comme pour le lierre qu'il n'y a plus le droit de couper, j'ai dit [à l'agent de l'ONF] que jamais je ne lui dirai comment faire. Parce qu'on a plus le droit de les couper, c'est interdit. [Mais] Je le fais à ma manière ! » (Lucien, retraité, 60 ans, Est).

Ces résistances constituent autant de défis lancés à une institution, l'ONF en l'occurrence dont on critique le productivisme, l'abandon des techniques traditionnelles ou un certain éloignement du terrain. Mais aussi importantes soient-elles d'un point de vue symbolique, ne témoignent-elles pas de l'attachement de nombreux ruraux à un ordre traditionnel à l'avenir incertain face aux changements sociologiques qui touchent les campagnes françaises ?

4. L'adoption de valeurs urbaines

La réponse « on détruit la forêt » à la question « à quoi pensez-vous quand on coupe des arbres ? » est révélatrice d'une telle évolution (tableau 4).

Tableau 4 : À quoi pensez-vous quand on coupe des arbres ?
Réponse : on détruit la forêt

	Ensemble de la population (%)	Ruraux (%)
2010	*30,5*	*29,8*
2004	*26,7*	*19,1*

Source : Enquête ONF -Université de Caen/CERReV, Forêt et société, nov. 2010

Si, là encore, la population rurale privilégie davantage les réponses en faveur de l'exploitation du bois (38% pour la réponse « on entretient la forêt » contre 30% dans l'ensemble de la population) les ruraux sont au même niveau (30%) que le reste de la population pour l'item « on détruit la forêt » avec une évolution remarquable depuis 2004 où ils n'étaient que 19% (27% pour l'ensemble de l'échantillon). Il y aurait donc une convergence nouvelle des opinions sur la forêt entre ruraux et urbains à explorer.

4.1. Des agriculteurs aux pratiques dissemblables

La comparaison entre deux agriculteurs rencontrés à l'est et l'ouest de la France permettra de comprendre comment la disjonction, car c'est bien de cela dont il s'agit, entre les habitants et leur forêt s'est opérée à l'ouest en même temps que les usages traditionnels de la forêt étaient abandonnés.

Cette confrontation (tableau 5) permet de mieux appréhender le cumul des activités à l'est et leur restriction à l'ouest.

Tableau 5 : Comparaison des pratiques en lien avec la forêt entre deux agriculteurs

Hervé (Ouest)	***Kristian (Est)***
En tant qu'agriculteur :	
Dégâts de gibier	Dégâts de gibier
En tant que membre du conseil municipal :	
Pas de bois communal : les questions soulevées au conseil concernent les seuls dégâts de gibier	Gestion de l'affouage[3] et de la chasse dans les bois communaux
« Faire en forêt » :	
Bois	Bois, chasse (gestion des espèces et entretien des parcelles) et cueillette (muguet et champignons)
« Être en forêt » :	
Passe en voiture	Promenade en forêt, vacances dans les espaces naturels

S'il peut apparaître surprenant de se focaliser ainsi sur deux individus, il est important de souligner que ces derniers ont des vertus « idéal-typiques » (Weber, 1904), c'est-à-dire qu'ils portent en eux les différences de pratiques en lien avec la forêt généralement constatées entre les habitants des deux régions, mais celles-ci, chez ces deux individus, apparaissent à leur paroxysme et permettent d'illustrer au mieux les différences constatées entre les deux aires d'étude. Ces deux personnes ont des caractéristiques sociodémographiques en commun (tous les deux mariés et ayant des enfants)

[3] Droit de ramasser et de couper du bois en forêt communale.

et ont des engagements politiques semblables (ils sont membres d'un conseil municipal) : comment alors expliquer de telles différences ?

On voit dans les deux cas que Kristian multiplie les activités (participation à l'affouage[4], cueillette, chasse, balade, etc.) pendant qu'Hervé n'est souvent que de passage en forêt. Cette différence n'est pas anecdotique puisqu'elle concerne, à des degrés divers, l'ensemble des agriculteurs interrogés à l'ouest et à l'est de la France : quels éléments peuvent être à l'origine d'un tel écart de pratiques ?

Hervé n'est pas chasseur et il serait aisé de voir dans ce premier facteur le début d'une explication : en effet, une part non-négligeable du temps passé dans les bois par Kristian découle de la pratique de ce loisir (gestion des espèces et entretien des parcelles). Cette hypothèse ne résiste pas à une extrapolation : qu'adviendrait-il du rapport à la forêt d'Hervé, si ce dernier était lui-même chasseur ? Cela ne changerait rien car les chasseurs de l'ouest sont peu nombreux à pouvoir s'offrir une action dans la forêt domaniale :

« Une personne comme moi, ou comme vous, qui voudrait prendre une action en forêt domaniale, ça va vous coûter 3 000 euros... » (Alain, ouvrier, 55 ans, Ouest).

Mais cette situation se reproduit à l'est où la forêt domaniale est tout aussi inaccessible aux chasseurs locaux. Cependant, ces derniers ont la possibilité de se replier sur le dense réseau des bois communaux, forme juridique absente à l'ouest, pour donner libre cours à leur passe-temps cynégétique et maintenir ainsi un lien intime avec la forêt. Pendant ce temps-là, à l'ouest, les chasseurs « exclus » des terres sylvestres se contentent des bocages alentours et ne nouent aucun rapport concret avec la forêt via leur loisir. Dans l'hypothèse où Hervé pratiquerait la chasse, son rapport à la forêt serait donc tout aussi distant qu'il ne l'est actuellement. De la même manière, son engagement dans le conseil municipal de sa commune ne lui permet pas non plus d'établir des liens avec les espaces boisés à proximité : contrairement à ce qui se passe dans l'est, les communes ne sont pas propriétaires d'espaces forestiers et n'interviennent pas dans la gestion. Les élus n'ont donc pas à développer des savoirs spécifiques à ce sujet. En tant que simple citoyen, il ne peut participer aux « affouages », pratique inconnue en l'absence de forêts communales : une nouvelle occasion manquée d'arpenter les sentiers forestiers.

La comparaison entre ces deux agriculteurs permet de mettre en relief le rapport plurivoque entretenu par les ruraux avec la forêt selon les contextes

---

[4] Il s'agit d'un droit de ramasser et couper du bois en forêt communale contre une participation financière traditionnellement symbolique.

géographiques. Si les territoires traversés par cette étude se distinguent par la densité des terres boisées qui les composent (moins de 15% dans le département de l'Ouest concerné et plus de 35% pour celui de l'Est), ce point n'est pas suffisant pour comprendre et expliquer les différences de pratiques et de représentations de la forêt chez les ruraux : la forme juridique revêtue par les espaces boisés en constitue probablement le facteur prépondérant puisque les bois communaux de l'Est – la nécessité de les gérer et les ressources qu'ils offrent – conduisent les habitants à développer une meilleure maîtrise des problématiques de l'ensemble des forêts, entraînant, de leur part, un engagement plus important et l'intégration des espaces boisés dans la réflexion liée au vivre ensemble.

4.2. La disparition d'une ressource communautaire

A l'ouest, les habitants ne s'investissent pas dans la gestion de la forêt domaniale qui est entièrement « déléguée » à l'ONF et ne sont plus en mesure d'exprimer un avis argumenté sur les choix de l'organisme gestionnaire. Les habitants semblent en effet avoir perdu le savoir que nécessitaient les usages traditionnels de la forêt et ne forment plus une « communauté » avec cette dernière. À titre d'exemple, et à la différence de la forêt communale de l'est où la simplicité des démarches à effectuer est soulignée par les acteurs, le cheminement institutionnel permettant de ramasser ou de couper du bois en forêt est largement inconnu à l'ouest, signe d'une disjonction certaine entre les habitants et l'espace forestier. Cette rupture nécessite la réorganisation des rapports entre les hommes et la forêt qui ne s'inscrivent plus dans un rapport communautaire, mais à travers des contrats juridiques de plus en plus précis entre l'organisme gestionnaire et les particuliers. Les contrats passés entre les particuliers et l'ONF, dans le cadre de l'exploitation du bois, sont bien la preuve d'une reconnaissance de l'importance de la forêt en tant que telle et des fonctions qu'elle remplit. Mais cette contractualisation concerne les membres d'une « société biotique » (Calicott, 2010) et non d'une « communauté biotique » (Leopold, 1949) : se réfugier derrière le droit, c'est ne plus être en mesure d'établir un lien solidaire direct et concret avec l'espace naturel. C'est le mettre « à côté », ne plus « vivre avec ».

L'exclusion des chasseurs locaux, l'accès plus difficile au bois de chauffage pour les habitants, mais aussi les réglementations plus contraignantes en ce qui concerne la cueillette des champignons, sont des facteurs d'exclusion du territoire forestier pour les catégories socioprofessionnelles qui traditionnellement en avaient un tel usage. En particulier, les agriculteurs ne s'approprient plus cet espace et l'abandonnent au profit de la population des classes moyennes qui peut alors la modeler à l'image de ses propres représentations.

« La dernière fois que nous sommes allés en forêt ? Eh bien, justement, ce n'est pas souvent ! C'est très rare. [...] Ce n'est pas parce que nous sommes à côté justement... C'est bien des gens : on est à côté, on n'y va pas ! On la voit tous les jours. On y allait en tant que scolaire, on y allait faire du sport dans la forêt, faire des recherches, voilà, tout ça. En temps scolaire, on y est allé, mais après : non ! » (Madame Firmin, agricultrice, 49 ans, Ouest).

Ainsi, un projet touristique porté par les élus locaux est en cours dans la forêt située à l'ouest, sur une partie du territoire qui abrite actuellement le camping de la commune, une salle des fêtes et un ancien restaurant. Ses promoteurs évoquent leur volonté de dynamiser un territoire économiquement atone.

« Il faut que nous, dans notre secteur – [...] je pense au projet qu'on a en forêt autour des habitations dans les arbres et les parcours pédagogiques, les parcours à risques, etc. – il faudrait que nous soyons en mesure de proposer un certain nombre d'activités diverses, variées, complémentaires pour permettre à des familles de venir là avec le papa faisant ce qu'il a envie de faire, les enfants aussi et la maman également et qui fixent une population qui pourrait rester dans le coin huit jours à se balader » (Didier, retraité, 62 ans, Ouest).

Selon cet élu local, le retour du « cercle vertueux de la croissance » passerait nécessairement par le développement d'un projet à vocation touristique prenant pour cadre la forêt. Mais cette représentation de la forêt comme support « d'activités diverses, variées » correspond aux propres pratiques de Didier et sont celles d'une personne possédant un diplôme universitaire élevé qui travaillait dans la fonction publique. Certes, des agriculteurs sont aussi présents dans les instances politiques locales (à l'image d'Hervé), mais leur avis est peu sollicité sur ce type de projet, et surtout, ils ne s'estiment plus en mesure d'en discuter la teneur puisqu'ils ne fréquentent pas les territoires sur lesquels il sera bâti. Pourtant, ce projet laisse parfois dubitatif :

« Il faudrait mieux qu'ils gardent le site comme il y avait dans le temps, comme dix ans en arrière, comme le parc animalier, c'était un bon coin pour aller se retrouver là-bas avec des amis... Vous mangiez là-bas, vous jouiez aux boules dehors, vous faisiez le tour du parc et du si peu d'animaux qu'il y avait et c'était un coin qui était très agréable. Et puis, il y avait du monde à ce moment-là... Tandis que là : est-ce que vous croyez qu'une personne de près de 70 ans va monter dans la maison ? Non » (Alain, ouvrier, 55 ans, Ouest).

Alain doute du projet en lui-même et souhaiterait voir le lieu concerné reprendre sa forme « originelle », où il pouvait notamment pratiquer des activités, comme la pétanque, qui correspondent probablement plus à sa catégorie socio-professionnelle (il est ouvrier) que celles contenues dans le « projet », à l'image de l'hébergement « alternatif » proposé. Le rôle de cet article n'est pas d'interroger le bien-fondé du projet touristique qui va être mené, mais il est par contre de son ressort de voir dans les arbitrages qui ont été effectués en faveur de telle ou telle activité, le fait qu'ils correspondent ici à un espace forestier conçu comme support de loisirs plus ou moins sportifs, ludiques et nécessairement pédagogiques , en accord avec les loisirs de « standing moyen » voire « aisé » déterminés dans l'enquête quantitative de 2010 (Dobré et Cordellier, 2011) et témoignant d'une extension du domaine de la forêt périurbaine.

CONCLUSION

Cette exploration des relations entre populations et forêts publiques dans deux territoires ruraux est riche d'enseignements pour le gestionnaire forestier, tant sur les représentations de la forêt que sur la gestion et ses enjeux.

Les représentations autour de la nécessité d'une exploitation « raisonnée » de la forêt, dessinent l'image d'une forêt entretenue, accompagnée par l'homme, à l'instar d'un champ agricole, mais sans excès : « trop propre », « trop carré », ce ne serait plus la forêt. Ces représentations font écho à celles des citadins mises en évidence dans les Focus Groups réalisés entre 2005 et 2008 (Granet et Dobré, 2009) : des visiteurs pour qui la forêt symbolise la nature, à la recherche d'une forêt accessible, aménagée par une main invisible. Extension d'une campagne humanisée pour les ruraux ou « mise en scène de nature sauvage » pour les citadins, la différence ne se situe finalement pas tant dans la physionomie de la forêt de proximité idéale, mais plutôt dans la perception du rôle que l'homme doit y jouer.

En 2012, l'ONF a lancé un plan d'action sur les forêts périurbaines dont les riverains (également les principaux visiteurs de ces forêts) méconnaissent largement la gestion forestière et les enjeux. Leur représentation de l'exploitation forestière est souvent connotée négativement. De fait, ils sont extrêmement réactifs et sensibles aux évolutions des paysages forestiers liées aux interventions de gestion forestière et notamment aux phases de régénération. La prise en compte de ces attentes, par une concertation plus étroite et des adaptations de la gestion, devient progressivement une évidence en contexte périurbain pour pouvoir continuer à gérer et exploiter la forêt et ainsi bénéficier d'un matériau aux multiples atouts.

Pour autant, les études ayant fait l'objet de la présente communication suggèrent que les « ruraux » proches de forêts uniquement domaniales, notamment dans l'Ouest de la France, y compris les agriculteurs, pourraient ne pas avoir une perception de la gestion forestière fondamentalement différente de celle des urbains. Leur connaissance du milieu forestier est essentiellement liée à leurs pratiques de loisirs pour ceux qui ont ce type d'activités.

En revanche, la meilleure connaissance et la participation collective à la gestion et à l'exploitation forestière en présence d'un maillage important de forêts communales offriraient un effet tampon plus important même dans le cadre des évolutions sociétales et de modes de vie actuels. Les pratiques de « résistance ordinaire » évoquées visent davantage l'institution et l'abandon des savoirs traditionnels que la pertinence de la gestion et de l'exploitation. Ce constat devrait inciter les forestiers publics à préserver – voire réinventer sous de nouvelles formes – le « faire en forêt », sans pour autant négliger des attentes nouvelles dont les forêts et les populations rurales ne sauraient rester à l'écart.

BIBLIOGRAPHIE

Boutefeu, B., 2007. La forêt comme un théâtre ou les conditions d'une mise en scène réussie. Thèse de doctorat en géographie, ENS et ONF, Lyon.

Calicott, J.B., 2010. Éthique de la terre. Wildproject, Marseille.

Descola, P., 2005. Par-delà nature et culture. Gallimard, Paris.

Dobré, M., 2002. L'écologie au quotidien : éléments pour une théorie sociologique de la résistance ordinaire. L'Harmattan, Paris.

Dobré, M., Cordellier, M., 2011. Usages et images de la forêt en France : enquête Forêt et société. ONF/Université de Caen Basse-Normandie, Caen.

Granet, A.-M., Dobré, M., 2009. Les citadins et la forêt en France. Revue Forestière Française, 61, 521-534.

Juan, S., 1999. Méthodes de recherche en sciences sociohumaines : exploration critique des techniques. PUF, Paris.

Leopold, A., 1949. Almanach d'un comté des sables. Flammarion, Paris.

Lévi-Strauss C., 1962. La pensée sauvage. Plon, Paris.

Lewis, N., Deuffic, P., 2008. Du quantitatif au qualitatif : vers une compréhension globale des dynamiques sociales à la forêt. Enquêtes qualitatives réalisées à Tours (région Centre), dans les Ardennes (vallées de la Semoy et de la Meuse) et à Orcines (Puy de Dôme), CEMAGREF, ONF et UQAR.

Nils, F., Rimé, B., 2003. L'interview. In : Moscovici, S., Buschini, F., (Éds.), Les méthodes des sciences humaines. PUF, Paris, 165-185.

Terrasson, F., 1988. La peur de la nature. Sang de la terre, Paris.

Weber, M., 1904. Essais sur la théorie de la science. Presses Pocket, Paris.

Chapitre 5. L'adaptation de la gestion forestière privée aux changements climatiques : une perspective des sciences sociales

VAN GAMEREN Valentine
Université Libre de Bruxelles, Institut de Gestion de l'Environnement et de l'Aménagement du Territoire, Belgique

Les changements globaux, dans lesquels les changements climatiques prennent une place majeure, confrontent le secteur de la foresterie à de nouveaux défis. Les risques climatiques susceptibles d'impacter les écosystèmes forestiers et plus largement la filière forêt-bois posent la question de l'adaptation de la gestion forestière à cet environnement changeant.

La mise en place de l'adaptation aux changements climatiques nécessite des politiques publiques mais aussi des actions déployées directement par les acteurs de terrain concernés. Dans cette contribution, la problématique de l'adaptation est abordée sous l'angle des propriétaires forestiers privés en Wallonie. Pour ce faire, nous mobilisons une approche et une méthodologie de sciences sociales. À travers une enquête qualitative sous forme d'entretiens semi-directifs, nous avons investigué l'intégration de l'adaptation dans la gestion forestière de propriétaires forestiers privés. Nous avons identifié différents profils de propriétaires en fonction de leurs pratiques adaptatives ainsi que certaines variables qui semblent influencer le processus d'adaptation. Suite à cette analyse, nous proposons quelques pistes de réflexion quant aux instruments de politiques publiques à promouvoir pour encourager la capacité d'adaptation de ces acteurs forestiers.

MOTS-CLÉS
Adaptation aux changements climatiques ; gestion forestière ; propriétaires forestiers privés ; pratiques ; Wallonie ; Belgique

INTRODUCTION

Les changements climatiques constituent aujourd'hui et pour l'avenir l'un des défis les plus préoccupants de notre société. Les travaux scientifiques, du Groupe d'experts Intergouvernemental sur l'Évolution du Climat (GIEC) en particulier, ont légitimé le besoin d'action volontariste à leur égard. Actuellement, cette action vise en majorité la réduction des émissions de gaz à effet de serre pour limiter les impacts du dérèglement climatique. Or, certains impacts sont inévitables, ce qui justifie l'intérêt croissant pour l'adaptation à ces changements. Le GIEC (2014a) définit ainsi l'adaptation aux changements climatiques comme un processus d'ajustement au climat actuel ou attendu, ainsi qu'à ses effets.

De nombreux secteurs d'activité sont et seront touchés par les impacts des changements climatiques. Parmi eux, les activités du secteur primaire sont considérées comme particulièrement vulnérables car elles dépendent directement de ressources naturelles sensibles au climat (Marshall, 2010). Les changements climatiques anthropiques sont caractérisés par une rapidité sans précédent comparée aux modifications du climat passées et ils se cumulent à d'autres pressions existantes sur la forêt. Par conséquent, l'adaptation à ces changements constitue déjà un enjeu pour la gestion forestière dont l'horizon de décision se situe à très long terme. Cet article propose de contribuer à l'étude de cette problématique à l'échelle de la Région wallonne.

1. Questions de recherche et cadre théorique

En matière d'adaptation aux changements climatiques, on s'accorde sur l'importance à la fois d'une intervention publique anticipative et planifiée aux différents niveaux de gouvernance, qui peut cadrer et inciter les mesures d'adaptation de l'ensemble des acteurs concernés, et sur des actions concrètes *bottom-up* déployées par les acteurs locaux vulnérables aux impacts des changements climatiques. Dans cet article, c'est sous l'angle d'une catégorie spécifique d'acteurs de la gestion forestière que nous avons choisi d'étudier le défi de l'adaptation, à savoir les propriétaires forestiers privés. Le choix de ces acteurs se justifie par leur poids important au sein de la forêt wallonne – la moitié de la superficie de celle-ci étant détenue par des propriétaires privés – et les informations limitées dont nous disposons à leur propos.

Notre objectif de recherche consiste ainsi à investiguer dans quelle mesure et via quelles pratiques les propriétaires forestiers privés s'adaptent aux impacts – réels ou attendus – des changements climatiques. À travers cette question, nous nous inscrivons dans un courant de recherche qui s'intéresse à la façon dont les acteurs expérimentent le changement, aux processus de décision liés à l'adaptation et aux initiatives pratiques qui en résultent (Smit et Wandel, 2006 ; Tompkins et al., 2010). À cet égard, l'adaptation peut être considérée comme un processus « socio-cognitif-comportemental » (Grothmann et Patt, 2003) qui inclut des changements comportementaux, liés aux pratiques, et cognitifs, liés notamment à la perception des risques. Dans cette perspective, notre approche de sciences sociales de la question de l'adaptation se justifie pour comprendre davantage les mécanismes de prise de décision en faveur de l'adaptation qui, selon notre hypothèse, vont bien au-delà de questions de faisabilité technique.

Pour étudier les actions d'adaptation mises en œuvre par les propriétaires forestiers privés et les facteurs qui entrent en jeu dans la mise en place de ces mesures, nous mobilisons le concept de « capacité d'adaptation », défini par le GIEC comme la « capacité des systèmes, institutions, humains et autres organismes à s'ajuster aux dommages potentiels, saisir les opportunités ou répondre aux conséquences (des changements climatiques) » (GIEC, 2014b, traduit par nos soins) ou, plus précisément, comme la « combinaison de forces, attributs, ressources disponibles à un individu, une communauté, une société ou une organisation qui peut être utilisée pour se préparer et entreprendre des actions (d'adaptation) » (GIEC, 2012, traduit par nos soins). Les déterminants de capacité d'adaptation tels qu'étudiés au sein de la littérature (Fankhauser et al., 1999 ; Smit et Pilifosova, 2003 ; Adger et al., 2007) sont multiples et de natures différentes. Dans notre cas d'étude, nous nous attendons à ce que la capacité d'adaptation des propriétaires forestiers privés soit composée d'éléments « objectifs », notamment les contraintes biophysiques du territoire, l'accès à la connaissance, aux ressources financières et aux techniques et la présence de mécanismes institutionnels favorables, mais aussi d'éléments plus subjectifs (ou sociocognitifs) propres aux représentations individuelles du risque et de la capacité d'action, que certaines approches théoriques issues de la psychologie sociale et cognitive ont mis en évidence (Grothmann et Patt, 2005 ; Bleda et Shackley 2008, Adger et al., 2009 ; Blennow et Persson, 2009). La figure 1 illustre les différents facteurs d'influence potentielle de la capacité d'adaptation, tels qu'appréhendés dans notre cadre théorique.

Finalement, notre recherche se veut tout à fait complémentaire, mais différente, des études visant à améliorer la connaissance des impacts des changements climatiques sur les forêts et à identifier un panel d'options d'adaptation faisables et cohérentes avec cet état des connaissances. Dans notre analyse, nous utilisons les sources existantes qui identifient les vulnérabilités actuelles et futures aux changements climatiques comme prérequis, sans nous positionner sur les résultats de ces études.

De la même façon, nous n'avons pas pour ambition d'évaluer l'efficacité ou l'utilité relative des différentes options d'adaptation, ni d'identifier les meilleures alternatives disponibles.

Figure 1 : Facteurs de capacité d'adaptation : illustration personnelle

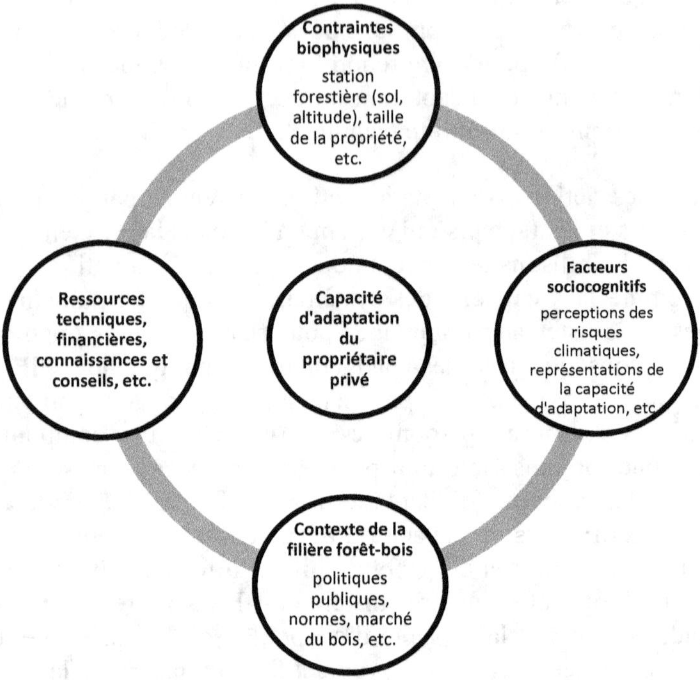

En revanche, en nous focalisant sur la manière dont les propriétaires conçoivent et mettent en pratique l'adaptation, nos résultats peuvent constituer un apport utile pour les acteurs publics responsables d'encadrer et d'inciter à l'adaptation de la gestion forestière, mais aussi pour les autres acteurs de terrain, comme les associations chargées de la sensibilisation et de la formation à la gestion forestière.

2. La forêt wallonne et les changements climatiques

La forêt wallonne s'étend sur une surface d'un peu plus de 550 000 hectares, soit un tiers du territoire de la Région. Traditionnellement orientée vers la production de bois, la forêt a progressivement été considérée comme multifonctionnelle, surtout à partir des années 80, en regard des différents services non seulement économiques mais aussi écologiques et sociaux qu'elle délivre (Rondeux, 2007). On estime que la filière forêt-bois fournit environ 19 000 emplois en Wallonie (Office économique wallon du bois, 2013).

En 2007, un groupe d'experts a été chargé de faire un inventaire des impacts des changements climatiques sur les forêts et de proposer aux gestionnaires forestiers publics et privés des mesures d'atténuation et d'adaptation (Laurent et al., 2009). Une autre étude, consacrée à la vulnérabilité de la Wallonie aux changements climatiques, a également évalué les différents effets possibles de ces derniers sur les forêts (Agence wallonne de l'air et du climat, 2011). Il s'agit des impacts suivants : (1) la modification des aires de distribution des espèces, avec des répercussions potentiellement importantes sur les essences principales des forêts wallonnes (comme le hêtre, l'épicéa et le chêne pédonculé) et donc sur la filière bois ; (2) des impacts sur la croissance des peuplements ; et (3) l'augmentation de la fréquence et l'intensité des pullulations parasitaires et des maladies ainsi que des évènements extrêmes (incendies, sécheresses, vagues de chaleur et peut-être des tempêtes). De plus, ces effets doivent être appréhendés à travers leurs interactions avec les autres facteurs de stress existants tels que la pollution, l'exploitation intensive, une sylviculture inadaptée et la surdensité du gibier qui pourraient limiter les capacités d'adaptation, de résistance et de résilience des écosystèmes forestiers.

Il n'existe pas de recommandations fixes et définitives en matière d'adaptation de la gestion forestière, en raison des incertitudes qui subsistent quant à l'ampleur des changements climatiques et des impacts sur la forêt, mais plusieurs propositions générales sont déjà diffusées. L'essentiel porte sur des actions dites « sans regret » et « *win-win* », c'est-à-dire des mesures qui ont des conséquences *a priori* positives dans tous les scénarios climatiques envisagés et pour d'autres objectifs que celui de l'adaptation. Certaines d'entre elles se mettent effectivement déjà en place et sont aujourd'hui reconsidérées sous l'angle de l'adaptation aux changements climatiques. Il s'agit d'une part de mesures techniques relatives à la gestion sylvicole, qui visent à maintenir et améliorer la capacité d'adaptation des écosystèmes (à travers par exemple la diversité d'essences, de structures et d'âges des peuplements), et à limiter les risques d'exposition des peuplements et les répercussions économiques potentielles, en particulier en optimisant les coûts de la sylviculture et en raccourcissant la durée du cycle de production. D'autre part, des mesures institutionnelles sont proposées pour prévoir les risques et les gérer, à savoir l'augmentation des connaissances via la recherche, le suivi de la santé des peuplements, des mécanismes d'alerte précoce et de gestion de crise et la sensibilisation à cette thématique de tous les gestionnaires forestiers, publics et privés.

Dans le contexte d'incertitudes et de complexité de la prise de décision propre aux changements climatiques, s'est développée l'approche de la « gestion forestière adaptative », c'est-à-dire un processus d'amélioration continue de la gestion sur base de l'apprentissage des résultats des pratiques mises en œuvre (Lawrence et Gillet, 2011). Cette approche prône un cycle de planification, application, *monitoring* et modification dans lequel la mise en place d'innovations et d'expérimentations ainsi que la collaboration entre les scientifiques, les gestionnaires de terrain et les autres acteurs impliqués tiennent une place importante. En cela, la gestion adaptative diffère des approches traditionnelles de sylviculture qui s'appuient principalement sur le savoir issu de l'expérience et sur des outils élaborés dans le cadre d'un régime climatique stable. Elle représente donc un changement de taille dans la « culture » forestière et un défi tant technique qu'humain.

3. Méthodologie

Dans le cadre de cette analyse, nous avons opté pour une enquête qualitative sous forme d'interviews, ce qui présente plusieurs avantages. Les entretiens semi-directifs constituent en effet un matériau riche et nuancé qui permet d'étudier des variables relatives aux représentations des acteurs, de même que de comprendre le sens qu'ils donnent à leurs pratiques, ce que ne favorise pas toujours la méthode plus fermée et directive du questionnaire.

Notre échantillon se constitue de 32 propriétaires forestiers privés, sélectionnés au sein (1) des membres de la Société Royale Forestière de Belgique (SRFB), organisation de vulgarisation et de formation dans le secteur forestier, et (2) de clients de professionnels de la gestion forestière (experts forestiers, pépiniéristes, entrepreneurs de travaux forestiers). L'échantillon s'est voulu diversifié en termes de localisation et de superficie des propriétés forestières, de type de peuplements forestiers et d'âge et genre des propriétaires. La représentativité n'est pas atteignable – ni recherchée – avec cette méthode qualitative mais le principe de saturation est respecté, c'est-à-dire que l'enquête s'est terminée quand les entretiens supplémentaires n'apportaient plus d'éléments réellement nouveaux concernant les modalités d'action en matière d'adaptation.

Les entretiens ont été menés entre novembre 2011 et janvier 2013 sur base d'un guide d'entretien constitué de questions classées par thématiques, tout en laissant une place aux propos libres des personnes interrogées. Outre les pratiques d'adaptation, nous avons investigué des « variables indépendantes», susceptibles d'influencer la mise en œuvre ou la planification de mesures d'adaptation par les propriétaires forestiers privés (variable dépendante). En plus des données sociodémographiques des personnes interrogées, les questions concernaient (1) la propriété forestière, qui constitue le contexte et le territoire défini où se déroule l'adaptation (superficie, localisation, mode d'acquisition et statut juridique de la propriété, peuplements présents) ; (2) la gestion forestière, qui prend en compte les objectifs de gestion poursuivis par le propriétaire, en fonction des rôles et fonctions de la forêt que ce dernier valorise, ainsi que ses modalités pratiques (implication du propriétaire dans la gestion, connaissances et ressources techniques disponibles, équation coûts-revenus de la gestion, certification de gestion durable PEFC) ; et (3) les variables sociocognitives liées aux représentations du propriétaire des risques climatiques et de la capacité à s'y adapter. Chaque entretien a été enregistré et retranscrit intégralement et fidèlement aux propos recueillis pour faire l'objet d'une analyse de contenu thématique.

4. Résultats

4.1. Mesures d'adaptation mises en œuvre et envisagées par les propriétaires forestiers privés

Concrètement, 25 des 32 propriétaires interrogés ont appliqué dans leur gestion forestière des mesures qui peuvent contribuer à l'adaptation aux changements climatiques. Parmi elles, on retrouve tout d'abord des mesures favorisant la diversité des essences, mises en œuvre par 17 propriétaires, visant à réduire la vulnérabilité de la forêt à différents risques tels que l'augmentation de la température, les évènements extrêmes, les sécheresses, les maladies. Ensuite, d'autres types de mesures d'adaptation visent un risque précis, celui des tempêtes, qui existe déjà actuellement et qui, selon les 11 propriétaires concernés, pourrait s'accentuer dans les années à venir. D'autres mesures sylvicoles, de différents ordres, sont également mentionnées. Neuf personnes ont recours à la régénération naturelle qui s'intègre parfois dans une gestion de type Pro Silva pour augmenter la résilience de la forêt aux changements climatiques. Par ailleurs, une personne a déplacé pour la première fois la période de plantation du printemps vers l'automne pour éviter les dégâts des sécheresses printanières et une autre a opté pour des plants en godets censés permettre un meilleur enracinement y compris en période de sécheresse. Ce dernier propriétaire a également arrosé ses plantations au printemps 2011 pendant plusieurs semaines en réaction à la sécheresse, ce qui est une adaptation ponctuelle, réactive et inhabituelle, en réponse à un besoin immédiat et urgent. Toutes ces mesures d'adaptation sont de nature technique (sylvicole) et, mis à part l'arrosage des plantations en période de sécheresse, ont une portée anticipative à des risques futurs. Certaines d'entre elles ont également une dimension réactive lorsqu'elles sont mises en œuvre suite à un événement spécifique (le dépérissement d'une essence ou des dégâts de tempête).

Par ailleurs, deux propriétaires mettent en place des mesures de nature cognitive, c'est-à-dire liées à la recherche proactive ou l'échange d'informations sur la thématique des changements climatiques et de l'adaptation. Il s'agit, pour l'un, de discussions et de demande de renseignements spécifiques à des spécialistes du secteur forestier (agents forestiers publics, experts forestiers privés) pour le choix d'une plantation et, pour l'autre, de lectures d'articles scientifiques et d'échanges en famille sur la question. Depuis quelques années, ce dernier propriétaire effectue également des mesures et des observations sur ses peuplements afin de repérer des impacts éventuels des sécheresses sur leur accroissement. Si cette mesure est sujette à caution concernant son efficacité en raison des différents paramètres qui conditionnent l'accroissement des arbres, elle montre bien comment le propriétaire essaye de mieux comprendre sa forêt et de s'approprier la connaissance de celle-ci.

Des actions sont également envisagées par 18 propriétaires, dont 5 qui n'ont pas encore appliqué de mesures d'adaptation. Nous observons également différents registres d'action au niveau sylvicole : plantation d'espèces considérées comme plus adaptées aux changements climatiques et enrichissement de la diversification des essences, recours à la régénération naturelle ou plus largement à une sylviculture plus proche de la nature de type Pro Silva, raccourcissement de la période de rotation des résineux (épicéas), mise en place d'un système de surveillance et de protection anti-incendie, recours possible à des plants « génétiquement » plus résistants ou à des pesticides face à de nouveaux pathogènes, ou encore projets d'agroforesterie. Par ailleurs, un propriétaire évoque l'éventualité d'une adaptation de type « commerciale » via un changement d'orientation de sa production, en l'occurrence miser davantage sur la production de bois de chauffage si des problèmes conséquents arrivaient sur les peuplements destinés à la production de bois d'œuvre.

4.2. Limites et barrières aux mesures d'adaptation

Parmi les 32 propriétaires de notre échantillon, 17 personnes perçoivent des limites voire des barrières à l'adaptation. Ces limites sont premièrement d'ordre biophysique, à savoir la nature du sol qui ne tolère qu'un certain nombre d'essences ou l'ampleur d'un phénomène climatique comme une tempête exceptionnelle ou un gel tardif auquel un peuplement même résistant ne peut faire face. La surface limitée de la propriété est également considérée par quelques personnes comme une limite, plus spécifiquement comme un frein à l'expérimentation et à la diversification d'essences. Deuxièmement, des propriétaires mettent en évidence le manque de connaissances ou de recommandations pratiques disponibles pour leur gestion (par exemple concernant le choix d'essences à privilégier) et plus largement les incertitudes concernant les projections climatiques. Troisièmement, quelques personnes considèrent la surdensité de gibier comme une limite opérationnelle aux plantations de certaines essences et au succès de celles-ci, à cause des coûts de protection et des dégâts d'abroutissement. Quatrièmement, des barrières règlementaires sont mentionnées. Il s'agit d'une part de l'interdiction de plantation d'essences dites exotiques dans certaines unités de gestion des zones classées Natura 2000, réduisant le choix pour la diversification d'essences, surtout vis-à-vis de certaines essences réputées résistantes aux sécheresses ou aux modifications hydriques (le robinier et le chêne d'Amérique par exemple). D'autre part, des incohérences ou difficultés législatives et réglementaires sont pointées, par exemple l'absence de politique efficace pour freiner l'augmentation du gibier, le faible investissement dans la politique de recherche en génétique forestière ou la présence de freins pour la mise sur pied de projets agroforestiers. Cinquièmement, une personne cite le manque d'opérations collectives entre propriétaires voisins, notamment concernant les mises à blanc, comme un facteur de vulnérabilité aux tempêtes. Finalement, des barrières commerciales sont citées, à savoir : (1) la difficulté de gérer des plantations en mélange, étant donné la valeur et la préférence de l'industrie pour les lots homogènes de bois résineux et (2) la difficulté, relative aux différentes temporalités d'action entre les producteurs et transformateurs du bois, de percevoir des débouchés pour des essences peu ou non transformées actuellement.

Par ailleurs, certains propriétaires ont mentionné des coûts ou risques relatifs aux mesures d'adaptation mises en place. Certains coûts financiers sont peu importants, à savoir un léger surcoût à l'achat de plants d'essences diversifiées, alors que d'autres le sont davantage, en l'occurrence des protections contre le gibier pour certaines plantations. Une personne note aussi un coût d'entretien plus élevé et un suivi plus exigeant pour ses plantations d'« essences tests » comparés à ses plantations classiques. Un propriétaire a également cité la perte d'une partie de ses revenus « théoriques» en vendant ses bois plus tôt en prévision d'un dégât de tempête. Le risque d'échec est enfin évoqué par quelques personnes, que ce soit pour l'essai de nouvelles essences ou la modification de la période de plantation.

4.3. Profils de propriétaires

L'analyse des modalités d'action des enquêtés en matière d'adaptation nous a permis de distinguer six profils de propriétaires. Une première différenciation s'opère entre les propriétaires qui ont déjà mis en œuvre des mesures qui contribuent à l'adaptation, ceux qui en sont encore au stade de la réflexion et ceux qui ne l'envisagent pas encore (profils 1 à 3 vs 4 et 5). Une seconde différenciation est relative à la nature des actions mises en œuvre, entre d'une part celles qui répondent à la variabilité climatique actuelle et contribuent en même temps à l'adaptation au climat futur (mesures « sans regret ») et celles qui, d'autre part, relèvent d'un niveau d'innovation plus élevé en anticipation de risques climatiques accrus (profils 1 vs 2 et 3). Une troisième différenciation concerne les risques ciblés par les mesures d'adaptation, qu'elles visent en priorité le risque de tempête ou divers risques (profils 2a vs 2b). La quatrième et dernière différenciation consiste à distinguer les propriétaires qui ont adopté ces mesures de manière intentionnelle en prenant en compte les changements climatiques et ceux pour qui l'adaptation est davantage le produit de décisions dictées par d'autres paramètres et objectifs de gestion (profils 2 vs 3). Le tableau 1 récapitule les différents profils identifiés.

Tableau 1 : profils des propriétaires forestiers privés vis-à-vis de l'adaptation

	Adaptation intentionnelle	***Adaptation accidentelle***
Mise en œuvre de mesures d'adaptation proactives aux changements climatiques futurs	Profil 1 : *Les adaptateurs innovants*	
Mise en œuvre de mesures d'adaptation à la variabilité climatique actuelle (et aux changements climatiques futurs)	Profil 2 : *Les adaptateurs sans regret* 2a : risque de tempêtes 2b : multi-risques	Profil 3 : *Les adaptateurs accidentels*
Pas encore d'actions mais réflexion en cours (sans encore de mesures définies)	Profil 4 : *Les adaptateurs en attente/potentiels*	
Pas de mesures d'adaptation mises en œuvre ni envisagées	Profil 5 : *Les non adaptateurs*	

- Profil 1 des « adaptateurs innovants » : propriétaires qui ont mis en œuvre intentionnellement des mesures d'adaptation innovantes qui s'appuient explicitement sur une anticipation à certains impacts des changements climatiques (par exemple des essais de nouvelles essences plus exotiques, réputées mieux résistantes aux sécheresses ou le déplacement de la période de plantation). Ces actions, sans garantie de résultat, sont considérées par les propriétaires comme des essais questionnant certaines habitudes sylvicoles, même si le changement de sylviculture n'est pas radical pour l'ensemble de la propriété. Certaines de ces mesures induisent des coûts supplémentaires, à savoir des frais d'entretien et de suivi plus importants et des protections anti-gibier. Par ailleurs, les propriétaires de ce profil ont également mis en œuvre d'autres mesures d'adaptation davantage « sans regret », comme dans le profil 2, ce qui montre une superposition des stratégies d'adaptation.

- Profil 2 des « adaptateurs sans regret » : propriétaires qui ont mis en œuvre des mesures d'adaptation dites « sans regret », en l'occurrence la diversification d'essences, des traitements dynamiques et le recours à une sylviculture proche de la nature, qui correspondent à des principes sylvicoles qui ont déjà fait leurs preuves pour réduire la vulnérabilité aux aléas biotiques et abiotiques (tempêtes, maladies, par exemple) et aux risques de marché (demande et prix des essences) avant que les changements climatiques ne constituent un enjeu en tant que tel. Elles procurent ainsi des avantages et sont acceptables à court terme sans remettre en question de manière fondamentale les pratiques sylvicoles. Ces mesures sont d'ailleurs très largement mises en avant dans les bonnes pratiques d'adaptation « officielles » contenues dans les rapports sur le sujet. Dans ce profil, la prise en compte de la donnée « changements climatiques » fait partie des intentions des propriétaires qui ont consciemment choisi ce type de mesures en intégrant l'objectif d'adaptation à sa décision. On distingue deux sous-profils :

- Profil 2a - propriétaires qui ont pris des mesures ciblées sur le risque de tempête (stabilité des peuplements et raccourcissement de la période de rotation)

- Profil 2b - propriétaires qui ont pris des mesures face à plusieurs risques (mélange d'essences, installation de lisières, sylviculture Pro Silva)

- Profil 3 des « adaptateurs accidentels » : propriétaires qui ont mis en œuvre des mesures similaires à celles du profil 2 mais sans intention d'adapter la gestion aux changements climatiques, ces mesures étant le produit d'autres objectifs de gestion, comme l'aspect écologique et esthétique du mélange d'essences ou le coût moindre de la régénération naturelle.

- Profil 4 des « adaptateurs potentiels » : propriétaires qui n'ont pas encore mis en œuvre de mesures d'adaptation mais qui l'envisagent, de manière encore assez floue, lors d'une prochaine décision de gestion (par exemple choix de plantation d'autres essences lors d'une prochaine mise à blanc).

- Profil 5 des « non adaptateurs » : propriétaires qui n'ont pas encore mis en œuvre de mesures d'adaptation et ne l'envisagent pas actuellement.

4.4. Analyse des variables de capacité d'adaptation

D'après nos résultats et dans les limites de notre échantillon, certaines variables permettent de distinguer les six profils de propriétaires et donc les différentes façons d'intégrer (ou pas) l'adaptation aux changements climatiques dans la gestion forestière.

D'une part, certaines variables « objectives » se détachent. La mise en place intentionnelle de mesures d'adaptation, surtout innovantes et sans regret vis-à-vis de plusieurs risques, serait favorisée premièrement par l'existence de connaissances personnelles en sylviculture et l'accès à des réseaux (formels ou informels) de personnes actives dans le milieu forestier, variables qui peuvent se renforcer mutuellement. Par exemple, les propriétaires du profil 1 et 2b ont tous acquis des connaissances sylvicoles (via des lectures spécialisées, des formations ou visites de terrain), ont accès à des personnes-ressources dans le milieu forestier (professionnels et autres propriétaires) et sont presque tous membres de la SRFB, contrairement aux autres profils où les connaissances et accès aux conseils sylvicoles sont plus variables. Deuxièmement, une variable propre à la propriété forestière, à savoir la surface, semble pertinente pour distinguer en partie les adaptateurs innovants (profil 1) des autres profils, les premiers possédant des moyennes ou grandes propriétés alors que les seconds sont plutôt des moyens et petits propriétaires. La surface des parcelles conditionne en effet partiellement les possibilités de diversification et d'expérimentation d'essences, le risque d'échec d'une expérimentation étant proportionnellement moins dommageable pour une grande que pour une petite propriété. Troisièmement, concernant la gestion forestière, la certification PEFC de gestion durable des forêts et l'adaptation intentionnelle axée sur plusieurs risques (profils 1 et 2b) semblent participer au même objectif global de « bonne gestion » forestière à travers des mesures similaires. Quatrièmement, une variable institutionnelle, l'existence d'un régime de subsides finançant des mesures favorables à l'adaptation (en l'occurrence pour la plantation de feuillus, régime présent jusqu'à la révision du Code forestier en 2008), a été identifiée comme facteur facilitant de l'adaptation, autant intentionnelle qu'accidentelle.

D'autre part, plusieurs variables sociocognitives sont identifiées parmi les facteurs influents. Nous retrouvons d'abord les rôles et fonctions que les propriétaires attribuent à leurs forêts qui sont du registre des représentations. Plus spécifiquement l'importance accordée aux fonctions patrimoniale (héritage et transmission de la forêt) et environnementale semble favoriser les actions d'adaptation intentionnelles vis-à-vis de plusieurs risques climatiques. Ensuite, la place et la priorité données aux changements climatiques au sein des préoccupations des propriétaires concernant le futur de la gestion forestière (à court et plus long termes) déterminent le degré d'intégration de l'adaptation dans la gestion et le type de mesures. Ainsi, les adaptateurs innovants du profil 1 évoquent la problématique des changements climatiques parmi les deux ou trois enjeux qui les préoccupent tandis que les non adaptateurs du profil 5 n'évoquent ni les aléas ni les changements climatiques. Troisièmement, l'observation directe d'impacts passés et/ou actuels des changements climatiques de la part des propriétaires dans leurs forêts va de pair avec la mise en œuvre intentionnelle de mesures d'adaptation, tout comme l'attente d'impacts futurs des changements climatiques mais de manière moins marquée. En effet, les adaptateurs accidentels, potentiels et les non adaptateurs prévoient aussi des effets mais de manière moins définie, probable et/ou grave que dans les autres profils. Enfin, les représentations relatives à l'adaptation en tant que telle semblent déterminantes. D'une part, la compréhension et la reconnaissance du principe d'adaptation aux changements climatiques et du rôle de l'homme ainsi que de l'actualité voire l'urgence de la problématique, constituent des facteurs favorables à la motivation de l'action en matière d'adaptation. D'autre part, la reconnaissance de posséder une capacité d'adaptation personnelle en tant que propriétaire forestier est caractéristique des adaptateurs intentionnels, innovants et sans regret.

D'autres variables investiguées dans l'enquête ne semblent par contre pas ou peu déterminantes dans la différenciation des profils. Parmi les variables objectives, les caractéristiques sociodémographiques des propriétaires ne montrent pas d'effets particuliers. Il en est de même pour certaines caractéristiques propres à la propriété forestière : sa localisation en termes de région naturelle (types de sol), son mode d'acquisition et son statut juridique. L'équation coûts-revenus de la gestion ne permet pas non plus de différencier les propriétaires, les mesures d'adaptation n'ayant pas forcément de coûts immédiats plus élevés. Enfin, certaines variables subjectives ne se sont pas particulièrement illustrées dans les différentes trajectoires d'adaptation des propriétaires. C'est le cas du degré de reconnaissance de la réalité des changements climatiques et de la perception de ses causes. En effet, une personne qui doute du phénomène, sans le nier complètement, a mis en œuvre par précaution certaines mesures d'adaptation, alors que les non adaptateurs de notre échantillon sont convaincus de l'existence des changements climatiques mais ne modifient pas leurs pratiques. La perception des informations concernant les changements climatiques n'est pas non plus déterminante, dans le sens où des considérations relatives à des incohérences, contradictions et incertitudes dans les informations disponibles sont présentes dans tous les profils, ce qui parfois complique mais n'empêche pas les actions d'adaptation. Enfin, alors que la reconnaissance de l'existence d'une marge de manœuvre en tant que propriétaire forestier pour s'adapter favorise grandement le processus (cf. supra), le degré perçu de cette capacité d'adaptation personnelle et de l'efficacité des actions mises en œuvre ou envisagées n'est pas crucial. En effet, les niveaux de marge de manœuvre et d'efficacité ressentis par les propriétaires sont variables dans tous les profils. Autrement dit, les propriétaires qui ont mis en place des mesures d'adaptation, de manière intentionnelle, ne sont pas forcément plus confiants que les autres dans le succès de leur entreprise et expriment eux aussi des limites voire des barrières à l'adaptation (cf. supra, point 4.2.).

Au final, notre hypothèse est confirmée, dans le sens où des variables de natures assez différentes influencent la capacité d'adaptation des propriétaires forestiers privés. L'analyse révèle entre autres le rôle important de certaines variables sociocognitives, liées aux représentations subjectives de chacun.

5. Pistes de réflexion

Les résultats de cette enquête ont permis d'identifier quelques pistes de réflexion concernant le renforcement de la capacité d'adaptation des propriétaires forestiers privés aux changements climatiques. Nous les introduisons dans cette dernière partie.

5.1. Réflexions générales

Pour promouvoir l'adaptation aux changements climatiques, une voie d'action possible consiste à mieux intégrer la problématique dans la politique forestière. Cette intégration a pour objectif de prendre en considération l'adaptation au sein des différents objectifs de politique forestière, de chercher des synergies et d'éviter les incohérences. Des efforts d'intégration sont déjà entrepris vis-à-vis de certains instruments wallons d'aide à la décision, en l'occurrence le guide de boisement et le fichier écologique des essences, outils-phares pour le choix d'essences en fonction de la station. En revanche, des conflits peuvent se manifester entre certains objectifs de gestion. Si l'on considère par exemple le régime Natura 2000, qui se base sur une conservation statique et spatialement circonscrite des espèces et habitats, on remarque que le cadrage de l'adaptation dicté par ce régime (globalement une approche de l'adaptation basée sur des processus naturels propres aux essences indigènes) peut entrer en conflit avec d'autres conceptions de l'adaptation (en particulier une approche interventionniste basé sur certains essais avec notamment des espèces exotiques). Par conséquent, une réflexion sur ce type de problématique est sans doute à mener au sein des politiques de conservation de la nature, comme déjà avancé par d'autres auteurs (Cliquet et al., 2009 ; Petterson et Keskitalo, 2013).

Par ailleurs, l'intégration peut également avoir pour effet d'alléger certaines contraintes de la gestion forestière qui pèsent sur l'adaptation, même si elles n'y paraissent *a priori* pas directement liées. Reprenant les résultats de notre enquête, le morcellement de la forêt privée, la surdensité de gibier ou le manque de connaissances sylvicoles et de relais des (petits) propriétaires forestiers privés peuvent freiner les possibilités et capacités d'adaptation des propriétaires. Ces limites sont en effet ressenties par une partie des propriétaires interrogées, d'où l'intérêt de les prendre en compte.

5.2. Réflexions sur les instruments de politiques publiques

Outre la nécessité de mieux intégrer la question des changements climatiques et de l'adaptation au sein des instruments existants, le développement de politiques plus ciblées peut s'avérer pertinent pour encourager l'adaptation.

Au niveau règlementaire, le nouveau Code forestier de 2008 – instrument-phare de la politique forestière – s'intéresse déjà à cette problématique, que ce soit à travers sa philosophie ou par certaines de ses dispositions contraignantes. Quant à savoir s'il faut ajouter d'autres obligations réglementaires, la question n'est pas évidente étant donné le stade actuel des connaissances et l'importance de permettre une certaine flexibilité dans les réponses d'adaptation. De plus, plusieurs enquêtes ont montré que les propriétaires privés sont plutôt jaloux de leur indépendance et tiennent à leur liberté d'action (Bary-Lenger et al., 1993 ; Lawrence et al., 2010). La technique du « bâton », en tout cas en tant qu'instrument principal, n'est donc peut-être pas la meilleure solution pour promouvoir l'adaptation de la gestion forestière, ce qui ne veut pas dire que les règlementations ne doivent pas évoluer en fonction des nouvelles connaissances sur les changements climatiques et la vulnérabilité des forêts à ces derniers (cf. supra).

Au niveau des instruments financiers, le régime de subsides en faveur des plantations de feuillus (adaptés à la station et en mélange), en vigueur dans le précédent Code forestier, a vraisemblablement permis à certains propriétaires de l'échantillon de faciliter l'installation de mélanges d'essences. Nous pouvons donc interroger la suppression de ces subsides, même si le contexte budgétaire offre peu de perspectives d'instauration de nouvelles subventions. De plus, l'opérationnalisation d'un système d'incitants financiers nécessiterait une réflexion approfondie sur le type de mesures que l'on souhaite promouvoir en priorité parmi les multiples options, ce qui peut s'avérer difficile, toujours dans le souhait de promouvoir une approche flexible de l'adaptation telle que préconisée par la gestion forestière adaptative. Par ailleurs, le public-cible serait également important à prendre en compte, sachant que les grands propriétaires sont en général plus susceptibles et plus aptes à recourir aux subsides que les petits (Colson et al., 2004 ; Lawrence et al., 2010). En effet, comme mentionné par certains de nos interviewés, différentes raisons peuvent décourager les propriétaires de faire appel aux subsides, comme la perception de lourdeurs administratives trop importantes par rapport à l'avantage attendu et le sentiment de perte de maîtrise et de liberté de la gestion. En outre, certains propriétaires isolés ou moins impliqués dans leur gestion sont moins à même de profiter de ces incitants financiers, de par un manque de connaissance de ceux-ci. D'autres instruments de marché que les subsides ne sont sans doute pas à négliger. Ainsi, le système volontaire de certification de gestion durable PEFC pourrait contribuer à la diffusion de pratiques d'adaptation au sein des propriétaires privés à deux conditions : que l'objectif d'adaptation soit véritablement intégré dans la charte, et que l'incitant-prix fonctionne davantage à travers une réelle valorisation financière du bois certifié à l'échelle du propriétaire.

Par ailleurs, une stratégie de communication adressée aux propriétaires forestiers privés nous semble nécessaire pour mieux faire connaître la question de l'adaptation. Les messages-clés d'une telle campagne pourraient donner une vision assez exhaustive et vulgarisée mais pas décourageante des risques climatiques. Il est important, afin de responsabiliser le propriétaire, de lier cet éventail de risques à des possibilités concrètes d'action adaptative, applicables dès maintenant et sur lesquelles il a une prise. Ces éléments sont en lien avec nos résultats qui ont montré l'influence sur la capacité d'adaptation de variables sociocognitives, liées aux représentations individuelles du risque climatique et de la marge de manœuvre en tant que propriétaire forestier privé. Concernant l'accroche du message, c'est-à-dire son niveau d'interpellation et sa portée persuasive sur le public-cible, il est essentiel que la communication rencontre les préoccupations des différents propriétaires forestiers privés en Wallonie. Par conséquent, il serait par exemple intéressant de présenter les opportunités de l'adaptation anticipative relativement aux fonctions de la forêt que les propriétaires valorisent à des degrés divers (par exemple les fonctions patrimoniale, économique et environnementale). Concrètement, une telle stratégie de communication devrait idéalement mobiliser l'ensemble de la « pyramide » du dispositif de communication (de la sensibilisation générale à l'accompagnement et à la documentation plus complète, voire des dispositifs plus participatifs) et ce à l'aide de plusieurs partenaires. En effet, si l'administration publique régionale en charge de la gestion forestière – le Département de la Nature et des Forêts – pourrait être à l'initiative de cette campagne, un relais via plusieurs intermédiaires que les propriétaires côtoient (comme des organisations de vulgarisation et de formation et des professionnels publics et privés de la gestion forestière) serait certainement plus efficace qu'une communication unilatérale. Plus largement, l'établissement d'un réseau participatif multi-acteurs, incluant toutes les parties prenantes de la filière forêt-bois, serait sans doute utile pour instaurer une véritable réflexion prospective sur la question de l'adaptation à l'échelle de la Région.

CONCLUSION

Une approche interdisciplinaire nous semble indispensable pour étudier la problématique de l'adaptation aux changements climatiques, où les dynamiques naturelles et humaines s'entremêlent. Pour aborder cette question dans le secteur forestier, encore fortement dominé par les sciences de la nature, nous avons tenté d'apporter un éclairage de sciences humaines et sociales en nous intéressant aux pratiques et à la capacité d'adaptation de propriétaires forestiers privés en Wallonie.

Les résultats de notre enquête montrent que des processus d'adaptation aux changements climatiques se déroulent déjà actuellement chez une partie de ces acteurs selon différents modes d'action, comme l'illustrent les divers profils de propriétaires. Parmi les éléments marquants, nous avons découvert que les pratiques d'adaptation peuvent s'inscrire dans un processus de décision qui prend réellement en compte les risques climatiques dans les perspectives de gestion (adaptation intentionnelle) ou plutôt dans une dynamique dictée par d'autres objectifs de gestion, sans conscience du besoin de s'adapter (adaptation accidentelle). Ce second type d'adaptation, déjà repérée dans d'autres études, ne peut être négligé dans les réflexions concernant la promotion de l'adaptation et notamment dans les instruments de communication.

De plus, l'analyse a pu identifier plusieurs variables, de différentes natures, qui influencent la capacité d'adaptation des propriétaires et dont il serait sans doute pertinent de tenir compte dans les dispositifs de promotion et d'encouragement à l'adaptation en gestion forestière.

Plus généralement, il faut retenir que la grande diversité des contextes de propriétés forestières et d'aspirations personnelles des propriétaires se répercute sur les choix en matière d'adaptation. Étant donné les incertitudes qui pèsent sur les projections climatiques, les impacts des changements climatiques sur les forêts et les capacités de ces dernières à s'adapter, cette pluralité des réponses peut probablement contribuer positivement à l'adaptation de la forêt wallonne dans son ensemble (Lindner et al, 2010). Dès lors, dans une perspective de gestion adaptative, il est sans doute préférable à l'heure actuelle de promouvoir la diversité et la flexibilité d'action, notamment au niveau des instruments et règlementations de gestion forestière, plutôt que de restreindre le champ des mesures possibles.

REMERCIEMENTS

Cette recherche a pu être réalisée grâce à un financement de la Conférence Permanente du Développement Territorial (CPDT- Wallonie).

BIBLIOGRAPHIE

Adger, W.N., Agrawala, S., Mirza, M.M.Q., (Coord.), 2007. Assessment of adaptation practices, options, constraints and capacity. In : Parry, M.L., Canziani, O.F., Palutikof, J.P., van der Linden, P.J., Hanson, C.E., (Eds.), Climate change 2007 : Impacts, adaptation and vulnerability. Contribution of Working Group II to the Fourth Assessment Report of the Intergovernmental Panel on Climate Change, Cambridge, Cambridge University Press, 717-743.

Adger, W.N., Dessai, S., Goulden, M., Hulme, M., Lorenzoni, I., Nelson, D.R., Naess, L.O., Wolf, J., Wreford, A., 2009. Are there social limits to adaptation to climate change? Climatic Change, 93, 335-354.

Agence wallonne de l'air et du climat, 2011. L'adaptation au changement climatique en Région wallonne. Rapport final, Namur.

Bary-Lenger, A., Luc, F., Salengros, P., Stordeur, P., Sylin, M., 1993. Comportement et motivations des propriétaires forestiers privés dont les biens sont situés en Région wallonne. Silva Belgica, 100, 3, 7-22.

Bleda, M., Shackley, S., 2008. The dynamics of belief in climate change and its risks in business organisations. Ecological Economics, 66, 517-532.

Blennow, K., Persson, J., 2009. Climate change : motivation for taking measure to adapt. Global Environmental Change, 19, 100-104.

Cliquet, A., Backes, C., Harris, J., Howsam, P., 2009. Adaptation to climate change. Legal challenges for protected areas. Utrecht Law Review, 5, 158-175.

Colson V, Puissant, T., Hebert, J., Rondeux, J., 2004. La forêt privée wallonne et sa gestion : des chiffres qui parlent. Les cahiers forestiers de Gembloux, 31.

Fankhauser, S., Smith, J.B., Tol, R.S.J., 1999. Weathering climate change : some simple rules to guide adaptation decisions. Ecological Economics, 30, 67-78.

GIEC, 2012. Managing the risks of extreme events and disasters to advance climate change adaptation. A special report of Working Groups I and II of the Intergovernmental Panel on Climate Change, Cambridge University Press, Cambridge and New York.

GIEC, 2014a. Climate Change 2014 : impacts, adaptation and vulnerability. Summary for policymakers. Intergovernmental Panel on Climate Change, http://ipcc-wg2.gov/AR5/images/uploads/IPCC_WG2AR5_SPM_Approved.pdf

GIEC, 2014b. Climate Change 2014 : impacts, adaptation and vulnerability. Glossary. Intergovernmental Panel on Climate Change, http://ipcc-wg2.gov/AR5/images/uploads/WGIIAR5-Glossary_FGD.pdf

Grothmann, T, Patt, A., 2003. Adaptive capacity and human cognition. Meeting of the Global Environmental Change Research Community, Montreal, 16-18 October 2003.

Grothmann, T., Patt, A. , 2005. Adaptive capacity and human cognition : the process of individual adaptation to climate change. Global Environmental Change, 15, 199-213.

Laurent, C., Perrin, D. (Coords.), Bemelmans, D., Carnol, M., Claessens, H., de Cannière, C., François, L., Gérard, E., Grégoire, J.-C., Herman, M., Marbaix, P., Peremans, V., Ponette, Q., Quévy, B., Rondeux, J., Sérusiaux, E., van Ypersele, J.-P., Vincke, C., 2009. Le changement climatique et ses impacts sur les forêts wallonnes. Recommandations aux décideurs et aux propriétaires et gestionnaires. Rapport final du groupe de travail « forêt et changement climatique », Namur.

Lawrence, A., Dandy, N., Urquhart, J., 2010. Landowners' attitudes to woodland creation and management in the UK. Review of current evidence, The Research Agency of Forestry Commission.

Lawrence, A., Gillett, S, 2011. Human dimensions of adaptive management and climate change : a review of international experience. Forestry Commission Research Report, Forestry Commission, Edinburgh.

Lindner, M., Maroschek, M., Netherer, S., Kremer, A., Barbati, A., Garcia-Gonzalo, J., Seidl, R., Delzon, S., Corona, P., Kolström, M., Lexer, M.J., Marchetti, M., 2010. Climate change impacts, adaptive capacity, and vulnerability of European forest ecosystems. Forest Ecology and Management, 259, 698-709.

Marshall, N.A., 2010. Understanding social resilience to climate variability in primary entreprises and industries. Global Environmental Change, 20, 36-43.

Ministère de la Région Wallonne (MRW), 2008. Décret relatif au Code forestier. 15 juillet 2008, Namur.

Office Économique Wallon du Bois (OEWB), 2013. PanoraBois Wallonie 2012-2013. OEWB, Marche-en-Famenne.

Petterson, M., Keskitalo, E.C.H., 2013. Adaptive capacity of legal and policy frameworks for biodiversity protection considering climate change. Land Use Policy, 34, 213-222.

Rondeux, J., 2007. La forêt wallonne, réalités, enjeux et prospective. In : Proceedings of Millenium Ecosystem Assessment Implications for Belgium, 27 October 2006, The Royal Academies of Sciences and the Arts of Belgium, Brussels, 77-90.

Smit, J.B., Pilifosova, O., 2003. From adaptation to adaptive capacity and vulnerability reduction. In : Smit, J.B., Klein, R.J.T., Hug, S. (Eds.), Climate change, adaptive capacity and development. Imperial College Press, London, 9-29.

Smit, B., Wandel, J., 2006. Adaptation, adaptive capacity and vulnerability. Global Environmental Change, 16, 282-292.

Tompkins, E.L., Adger, W.N., Boyd, E., Nicholson-Cole, S., Weatherhead, K., Arnell, N., 2010. Observed adaptation to climate change : UK evidence of transition to a well-adapting society. Global Environmental Change, 20,4, 627-635.

Chapitre 6. « *La forêt devient folle* ». Perception du changement climatique par les Pygmées et les Bantous dans le Sud-Ouest du Cameroun

WILMART Méline, NKE NDIH Jean, FARCY Christine
Université de Louvain, Belgique

Alors que les données climatiques scientifiques semblent manquer en Afrique équatoriale, se focalisant davantage à l'échelle continentale ou régionale, la connaissance des populations vivant dans ou autour des forêts tropicales pourrait représenter un moyen intéressant de contribuer à une meilleure compréhension du changement climatique et de ses impacts et à une élaboration plus efficace de stratégies d'adaptation. Suivant ce postulat, le papier présente une étude réalisée dans le Sud-Ouest du Cameroun où les Pygmées racontent que « *la forêt devient folle* ». Basée sur des entretiens individuels et semi-structurés ainsi que sur des observations ethnologiques, l'étude aborde la question par le biais des changements relatés par les populations locales dans le comportement d'un arbre commun et bien connu à savoir le manguier sauvage (*Irvingia gabonensis)*. Dans un rayon de 80 km, sept villages localisés dans ou près de la forêt ont été étudiés. Trente personnes ont été interviewées au sein des populations bantoues et pygmées Bakola/Bagyéli. Les résultats suggèrent une désorganisation du climat et des saisons. Les phénomènes comme les précipitations, la chaleur ou le vent ne semblent plus circonscrits dans des périodes précises au cours de l'année et paraissent plus violents que par le passé, ce qui se traduit par un sentiment d'incertitude et une incompréhension associée à une perte de repères. Le manguier sauvage semble suivre le même schéma. Sa floraison comme sa fructification ont perdu leur régularité et les populations certains de leurs repères. Elles apparaissent selon les années plusieurs fois par an ou pas du tout, alors que la santé ou la morphologie de l'arbre ne semble pas être remise en cause, pas plus que les changements sur le fruit en tant que tel. D'autres changements sont également signalés comme par exemple des décalages dans les pratiques de l'agriculture sur brûlis. Le papier illustre la richesse et la complémentarité d'une approche purement qualitative et met en exergue la valeur des savoirs traditionnels comme levier d'action.

MOTS-CLÉS
Irvingia gabonensis ; changement climatique ; adaptation ; savoir traditionnel ; Cameroun ; Pygmées ; Bantous

INTRODUCTION

Sur la scène internationale, la mobilisation scientifique et politique reste intense pour tenter d'identifier, comprendre et évaluer les changements climatiques et leurs impacts.

En Afrique, cette mobilisation se focalise surtout sur la modélisation de scénarios futurs à l'échelle continentale ou régionale ainsi que sur le rôle de la forêt dans l'atténuation du changement climatique, à l'instar des programmes REDD et REDD+ qui occupent une place croissante dans les forums internationaux. Des efforts importants sont également entrepris autour de la question de l'adaptation des forêts et des populations aux changements climatiques. Dès 2007, les savoirs autochtones ont par ailleurs été reconnus par le Groupe d'experts intergouvernemental sur l'évolution du climat (GIEC), comme « une base inestimable pour développer les stratégies d'adaptation et de gestion des ressources naturelles en réponse aux changements, qu'ils soient environnementaux ou d'une autre nature» (GIEC, 2007). Le concept de Programme d'Action National d'Adaptation (PANA) est aussi proposé aux pays par les Nations Unies depuis 2001 pour les assister à identifier des options prioritaires d'adaptation aux changements climatiques. Dans ce domaine, des progrès semblent cependant devoir encore être faits dans la région, en particulier pour développer une capacité institutionnelle adaptative et pour mieux communiquer entre et avec les différents protagonistes (Brown et al., 2014).

L'Afrique est un continent vulnérable à la fois en raison des effets des changements climatiques proprement dits, mais aussi au vu de sa faible capacité d'adaptation, liée notamment à son économie essentiellement basée sur une agriculture pluviale et par conséquent hautement dépendante des variations climatiques (GIEC, 2007 ; Morton, 2007 ; Somorin, 2010). C'est le cas pour les populations vivant dans et autour des forêts denses humides bien qu'elles puissent *a priori* apparaître moins vulnérables aux changements climatiques que celles des régions arides (Somorin et al., 2012). Dans le bassin du Congo, plus de 80% de la population vit exclusivement de l'agriculture, de la pêche, de la chasse, de l'élevage et de la cueillette, activités largement tributaires des aléas climatiques (Bele et al., 2010). Cela représente plus de 150 millions de personnes qui dépendent de l'écosystème forestier pour leurs moyens d'existence (Bele, 2011 ; FAO, 2014).

Les projections d'évolution des composantes climatiques entre 1980/1999 et 2080/2099 envisagent une hausse de la température moyenne en Afrique qui devrait s'échelonner entre 3 et 4°C sur l'ensemble du continent. Cette augmentation devrait être moins forte au sein des espaces côtiers et équatoriaux (+3°C) et la plus élevée dans la partie ouest du Sahara (+4°C). A l'échelle mondiale, les précipitations moyennes annuelles devraient augmenter au cours du 21ème siècle mais les modifications ne devraient pas être uniformément réparties au sein du continent africain. Dans la ceinture tropicale, des augmentations de pluviométrie sont prévues, en hiver majoritairement, mais l'évolution climatique semble surtout marquée par un assèchement, avec une tendance à l'aridification, la zone sahélienne influençant fortement cette tendance. Une augmentation de l'activité cyclonique intense dans l'Atlantique Nord, depuis 1970 environ, est également à signaler, amplifiant la fréquence et la violence des cyclones. Il s'agirait d'un véritable changement dans la configuration des vents, et l'augmentation des températures à la surface de la mer provoquerait un dérèglement du contrôle des sécheresses et des périodes de fortes pluies en Afrique. Les chercheurs s'accordent aussi à penser que les manifestations extrêmes telles que les tempêtes, les inondations, les glissements de terrain ou les vagues de chaleur devraient aller en s'aggravant.

Les scénarios climatiques envisagés pour la région semblent moins extrêmes que pour les zones arides mais devraient affecter grandement l'agriculture et les systèmes de production dont la productivité devrait diminuer sensiblement. On pense en particulier à l'agriculture sur abattis-brûlis qui est couramment pratiquée par les sociétés agro-forestières des forêts denses humides mais aussi de façon ponctuelle par les populations forestières (Bahuchet, 1996 ; Diaw, 1997 ; Carrière, 1999).

La présente étude, réalisée dans le cadre d'une thèse de fin de master[1], s'intéresse à la contribution des connaissances traditionnelles à la question de l'adaptation des populations et des forêts aux changements climatiques. Ces connaissances, accumulées de génération en génération, guident les sociétés humaines dans leurs innombrables interactions avec leur environnement (Nakashima et al., 2012).

Le travail s'inscrit dans la lignée d'études d'intégration des connaissances scientifiques et traditionnelles initiées dans les régions arctiques (Krupnik et Jolly, 2002) qui s'appuient sur des approches ethnologiques et sociologiques et qui ont depuis lors tendance à se développer pour aborder et traiter des questions environnementales (Huntington, 2000 ; Salick et Byg, 2007 ; Green et Raygorodetsky, 2010). En matière climatique, une telle approche pourrait contribuer à une meilleure compréhension et percolation des débats, des enjeux voire des solutions, le phénomène restant trop faiblement appréhendé dans la région.

---

[1] Master en gestion des forêts et des milieux naturels, UCL, 2011.

La zone de recherche est située au Cameroun, dans la région du Sud où la forêt dense humide abrite encore une population fortement dépendante des forêts et ayant une connaissance spécifique et particulière du milieu et de ses ressources. Des observations ethnologiques récentes effectuées dans la région (Nke Ndih, 2014) rapportent que ces populations forestières de Pygmées Bakola/Bagyéli affirment que « la forêt devient folle ! ». L'étude s'intéressera aussi à la population bantoue vivant en bordure de forêt et dont les activités s'intègrent dans une économie plus agraire.

L'objectif principal de l'étude est d'analyser les modifications perçues par les populations locales, tant pygmées que bantoues, en croisant leurs perceptions d'une modification : (1) du climat ; (2) de la pratique de l'agriculture sur brûlis, (3) du comportement d'une espèce forestière indigène commune et très couramment utilisée. Le choix de l'espèce s'est porté sur le Manguier sauvage ou *Irvingia gabonensis* (sweet bush mango)[2], arbre indigène de la zone forestière humide du golfe de Guinée, connu et apprécié des populations locales et qui fait intégralement partie de la vie quotidienne en raison de ses usages multiples, tant culinaires que pharmaceutiques mais aussi spirituels (Vivien et Faure, 1995 ; Van Dijk, 1999 ; Ainge et Brown, 2004 ; Eyog Matig et al., 2006 ; Tchoundjeu et Atangana, 2007 ; Kuete et Efferth, 2010). À l'instar des autres Produits Forestiers Non Ligneux (PFNL), il joue le rôle important de « filet de sécurité » via la fourniture de biens et services de subsistance pour les populations locales (FAO, 1999 ; Nkem, 2009 ; FAO, 2014). La littérature rapporte une floraison vers la fin de la saison sèche ou au début de la saison des pluies, en avril, mais mentionne de possibles légères variations dans la période de fructification (Okafor, 1975 ; Ladipo et al., 1996 ; Bele, 2011). Précisons que l'étude porte sur le manguier sauvage c'est-à-dire non domestiqué ni sélectionné et dont la période de disponibilité des fruits, des fleurs ou encore la feuillaison restent donc essentiellement rythmées par les composantes du climat (Bele, 2011).

1. Méthodologie

1.1. Approche

La méthodologie adoptée est purement qualitative et relève de l'ethnologie et de la sociologie. Elle s'appuie sur les principes de saturation et de triangulation. Elle met en œuvre des observations et des entretiens semi-

---

[2] *Irvingia gabonensis* est très proche de *Irvingia wonbulu* (bitter bush mango) dont il se distingue sur la base de critères morphologiques et organoleptiques ; la pulpe du fruit du wonbulu étant très amère et non comestible (Silou et al., 2011).

directifs structurés en trois parties, respectivement les perceptions de modifications climatiques, dans la pratique de l'agriculture sur brûlis et dans le comportement du manguier, en particulier sa floraison et sa fructification. (Lavigne-Delville et Wybrecht, 2003 ; Quivy et Van Campenhoudt, 2006). La collecte de données de terrain a été effectuée en février et mars 2011.

Les informations collectées sont traitées via une analyse thématique qui défait la singularité du discours, découpe transversalement ce qui d'un discours à l'autre se réfère au même thème et met ainsi en évidence une cohérence thématique inter-entretiens utile dans la mise en œuvre de modèles explicatifs de pratiques ou de représentations (Blanchet et Gotman, 2007).

1.2. Zone d'étude

L'étude porte sur la zone de Lolodorf et Bipindi. Deux populations cohabitent dans cette région. Les villageois bantous vivent de façon sédentaire dans les villages le long des routes et pratiquent principalement l'agriculture sur brûlis ; ils s'adonnent également à d'autres activités telles que la chasse, la pêche et la récolte de produits forestiers non ligneux (Van Gemerden et Hazeu, 1999). Les Pygmées Bakola/Bagyéli se consacrent quant à eux essentiellement à la cueillette et à la chasse et pratiquent une culture itinérante en complément (Fines et al., 2001). Indépendamment de la persistance du lien de vassalité qui les lient aux Bantous, les Pygmées sont de plus en plus souvent sédentarisés près des villages, mais disposent encore de campements au cœur de la forêt. Ces populations pygmées dont la vie est intimement liée à la forêt sont soumises à un lent processus de mutation (Loung et al., 1995) que Nke Ndih (2006) illustre de façon imagée en notant qu'ils ont « les pieds en forêt, la tête au village et le cœur nulle part ».

Un transect est-ouest de 80 km a été fixé le long des deux villes de Lolodorf et Bipindi autour duquel 5 villages ont été identifiés (Ndtoua, Grand Zambi, Lambi, Ngovayang et Mbango) ; chaque village comporte aux alentours au moins un campement pygmée, que ce soit « en route » ou « en brousse ».

1.3. Personnes rencontrées

Trente personnes ont été interrogées. L'accent a été mis sur une mixité d'hommes et de femmes. En effet, malgré l'attribution de certaines tâches préférentiellement à l'un ou l'autre sexe, les connaissances dépassent ce seul cadre. D'autre part, les personnes d'âge plus avancé ont été considérées comme disposant de connaissances plus approfondies et ont été privilégiées. Le premier contact a souvent été établi par l'intermédiaire du chef de village ou de quartier, du représentant ou de l'épouse du chef, ou encore de la famille proche de ce dernier.

Une approche individuelle a été mise en œuvre mais lors de plusieurs entretiens, des tiers, que ce soit la famille ou d'autres membres de la communauté, se sont joints à la conversation. Ce fut souvent le cas lors d'interview de personnes plus âgées, que ce soit dans le but d'agrémenter le dialogue, de se remémorer, de faciliter ou de compléter l'expression de diverses idées, d'aider à la traduction ou encore à la compréhension.

2. Résultats

2.1. Perceptions générales du changement climatique

« *Le changement est naturel mais il y a quand même quelque chose qui ne va pas…* ».

À l'instar de cette remarque formulée dès le premier entretien, toutes les personnes rencontrées confirment que le climat semble se désorganiser dans la région et un sentiment d'incompréhension semble avoir gagné les esprits. Les standards semblent bouleversés. La pluie, la chaleur ou le vent n'apparaissent plus au moment habituel où la population les attend.

Ce déséquilibre, bien que difficilement caractérisable dans le temps, est constaté pour une grande partie des personnes interrogées depuis deux, trois voire quatre ans. Un nombre restreint d'individus signale quant à lui comme point de repère l'an 2000 ou depuis une dizaine d'années. Plusieurs personnes peuvent situer ces changements dans le temps parce qu'ils correspondent à des étapes ou événements importants dans leur vie (scolarisation, sédentarisation, …). Une seule personne rencontrée dit ne percevoir aucun changement concernant le climat mais observe tout de même des modifications dans le comportement du Manguier sauvage.

- ***Saisons***

Du point de vue des saisons, une instabilité se traduit par l'apparition d'épisodes pluvieux en saison sèche et d'épisodes de chaleur en saison des pluies. Le sentiment que les saisons sont mélangées ressort fortement ; elles semblent ne plus « obéir à l'ancien rythme » ou pour certains, n'existent plus! Un Bantou de Ndtoua symbolise ce sentiment en nous confiant que :

« Maintenant il doute quand on lui dit qu'il est midi ».

Aucune tendance n'a pu être dégagée quant à une modification de la durée ou de l'arrivée des différentes saisons. Les locaux s'attardent davantage sur le fait que des épisodes anormaux paraissent s'immiscer à tout moment mais ils n'en « calculent » pas la fréquence sur une année.

- ***Température***

Bantous comme Pygmées perçoivent davantage de chaleur. Cela ne passe pas forcément par un nombre de jours de chaleur plus élevé, mais bien par des températures atteintes en journée qui semblent supérieures.

Il semblerait aussi y avoir une perception de fraîcheur aux heures matinales, en début de soirée et au milieu de la nuit, souvent accompagnée de brume, dont plusieurs précisent l'occurrence en saison sèche.

- ***Précipitations***

En ce qui concerne les précipitations et en adéquation avec les affirmations précédentes, l'insertion de pluies en saison sèche et de sécheresse en saison pluvieuse semble récurrente, et se traduit par un sentiment de perte de contrôle et de maîtrise de la pluviométrie. Alors que les précipitations survenaient à des moments précis auparavant, ces dernières apparaissent désormais lorsque les communautés ne les prévoient pas et parfois, inversement, ne tombent pas lorsqu'elles les attendent.

La date du 15 mars, référence personnelle aux yeux de ces populations pour l'arrivée progressive de la petite saison pluvieuse, semble bafouée, alors que les pluies n'ont pas manqué en février.

Un deuxième élément porte sur la caractérisation de la pluviométrie. Une distinction aisée semble toujours possible entre les pluies de saison pluvieuse et celles de saison sèche. Cependant, si les premières restent fortes, régulières et constantes, celles de saison sèche apparaissent anormalement plus intenses, plus violentes, plus imprévisibles et plutôt de courte durée.

Un Pygmée du campement de brousse de Ndtoua confie que l'insertion de ces épisodes pluvieux le restreint parfois dans ses activités quotidiennes. Les pluies peuvent être tellement fortes qu'il se voit obligé de rester au campement et de ne pouvoir alors ni chasser, ni pêcher. En saison sèche, alors qu'il avait l'habitude de partir régulièrement camper en forêt pour effectuer ses tâches habituelles, il éprouve désormais de temps à autre une certaine peur, provoquée par la perspective de pluies et de vent qui pourraient s'avérer dangereux, d'autant plus s'il s'y trouve en solitaire.

Globalement, une augmentation des précipitations tout au long de l'année est constatée, avec une perception de pluies plus grosses et plus fortes par plusieurs personnes rencontrées. Alors que d'autres ne peuvent « calculer » et donc tirer de conclusion.

Les perceptions quant à des changements relatifs aux crues ou aux inondations divergent. Certains notent une diminution des crues corrélée aux sécheresses tandis que d'autres mentionnent un surcroît d'inondations dû aux pluies plus importantes et plus fréquentes.

- ***Vents***

Alors que les mois de septembre, octobre et novembre (grande saison pluvieuse) représentent habituellement les périodes où les phénomènes venteux, accompagnateurs des pluies, sont les plus courants et les plus importants, ce qui est toujours le cas, les mois de janvier, mars et surtout février s'y ajoutent désormais de façon inaccoutumée.

De manière générale, un grand nombre de personnes rencontrées confie que les vents sont plus violents et plus forts qu'avant. Beaucoup signalent le lien entre les pluies inhabituelles du début de l'année et le vent qui les accompagne. En effet, celles-ci sont menaçantes et se conjuguent avec des bourrasques passagères mais intenses. Notons que deux Pygmées, de Ndtoua et de Lambi, matérialisent cette situation en signalant que cela va jusqu'à perturber leurs déplacements en forêt. Le vent y provoque des dégâts comme des déracinements qui bloquent le passage ou perturbent leurs repères.

- ***Adaptation au changement***

Pour plusieurs personnes rencontrées, le discours s'inscrit dans l'optique de « se laisser vivre » ; elles considèrent toutes les situations comme satisfaisantes, elles sont déjà habituées à tout type de vie, tout type de climat, et à partir du moment où elles peuvent poursuivre leurs activités habituelles, des modifications ne les gênent pas.

Une Bantoue de Ndtoua précise cependant que dans toutes ces intempéries, c'est l'excès qui est mauvais. Pour quelques autres, l'optique est plus de l'ordre de la fatalité ou du moins de l'impuissance. Ils ne voient pas comment réagir à ces modifications et ils considèrent ne pas connaître suffisamment de choses leur permettant de s'adapter face à de nouvelles situations. Quelques rares ont accès aux médias ce qui leur permet de se fixer des objectifs de reboisement ou de plantation. Un autre Bantou voit dans le gouvernement une échappatoire et le fils d'une interviewée confie son espoir d'atteindre un jour, via ses études modernes, des connaissances suffisantes lui permettant d'expliquer ces modifications et de peut-être y remédier.

2.2. Impacts sur l'agriculture sur brûlis

Dans la région, l'agriculture sur brûlis est une technique couramment utilisée par les populations rencontrées. Il s'agit de « systèmes de culture temporaire alternant avec une friche boisée de longue durée pour former une rotation dont la période varie d'une dizaine à une cinquantaine d'années » (Mazoyer et Houdart, 2002). Ce type d'agriculture passe par plusieurs phases coordonnées qui s'enchaînent comme suit :

- Défrichement d'une portion de forêt (débroussaillage et/ou abattage) : vers le mois de novembre
- Brûlage des débris végétaux : au début de l'année en profitant des mois de sécheresse
- Culture du terrain sur une période généralement brève : les 1ers semis ou graines se déposent vers le 15 mars, attendant alors les pluies
- Mise en jachère durant une période généralement longue (Dounias et al., 2001).

Plusieurs personnes rencontrées, tant pygmées que bantoues, relèvent de manière très récurrente à quel point le désordre climatique affecte leur itinérance sur brûlis. Ils ne savent plus « sur quel pied danser » : quand mettre les semences et surtout quand brûler. D'autant plus que le brûlis doit avoir lieu au bon moment parce que de lui dépend la qualité de la récolte à venir. Il émane des entretiens une difficulté à réussir avec succès chacune de ces étapes. Notamment au moment des entretiens, en février et mars 2011, plusieurs personnes interrogées avouaient qu'elles n'avaient pas encore réussi à brûler leurs champs à cause de pluies récurrentes. Cela résulte presque de la chance pour celui qui y est parvenu et qui par conséquent aura l'occasion d'avoir une production avant les autres.

De plus, si cette opération est mal réalisée, un travail pénible de nettoyage doit être réalisé et la recolonisation rapide des herbes entrave la croissance des cultures souhaitées. Un brûlis qui ne serait pas immédiatement suivi de pluies, pourrait risquer de faire échouer la germination et donc la production future. *A fortiori*, trop de pluies amènent aussi de gros risques de pourriture.

Le brûlis intervenant lors d'un basculement de saison, il est crucial pour les agriculteurs de pouvoir anticiper ce changement et il est primordial pour eux de pouvoir s'en remettre à des indicateurs fiables : un vol d'oiseaux migrateurs, l'essaimage d'imagos d'une espèce de termites comestibles, la période de frai d'une espèce de poisson, la chute des feuilles d'un arbre, l'entrée en fructification d'un arbuste, la période des amours d'une grenouille. Plus que des manifestations naturelles séparées, il s'agit d'une combinaison délicate de stimuli qui sera porteuse du message nécessaire (Dounias et al., 2001 ; Dounias, 2010). Cette combinaison semble s'effilocher et avec elle une perte importante de repères. Certains agriculteurs ont confié qu'ils vont essayer de s'adapter en brûlant dès que possible et peut-être donc de manière anticipée, plus tôt au cours de l'année.

On observe également un sentiment global de baisse de productivité et de fertilité au niveau des cultures, que ce soit l'igname, le macabo ou le manioc dont les tubercules pourrissent sous terre ou les bananiers qui sont renversés par le vent. Il semble y avoir plus de pertes et de dégâts qu'auparavant.

Ces « nouvelles pluies » sont jugées mauvaises car étant ponctuelles, elles ne sont pas compatibles avec les activités agricoles, alors que si elles étaient continues, peut-être serait-il possible d'en tirer avantage.

Toutefois, les changements ressentis sont parfois perçus comme positifs. Citons le cas d'une Pygmée de Grand Zambi, ravie de pouvoir cueillir, même en saison sèche, des champignons comestibles en forêt. Mais aussi un Pygmée de Ngovayang qui explique que les pluies survenant en saison sèche ont l'avantage de permettre aux plantes de « survivre » durant cette période de sécheresse, et donc de pouvoir germer à nouveau au retour de la saison pluvieuse. A *fortiori*, il constate encore que lorsqu'apparaissent en avril des jours de soleil, cela lui permet de faire sécher certaines de ses productions qui autrement pourriraient et ne seraient plus consommables. Pendant ces pluies survenant à des moments inattendus, les Pygmées profitent du déplacement du gibier qui se fait dans ces moments-là, pour aller à la chasse, activité importante pour ces communautés.

2.3. Perceptions liées au changement de comportement du Manguier sauvage

Comme vu précédemment, Tchoundjeu et Atangana (2007) et Harris (1996) notent que, bien qu'il existe des variations, la floraison *d'Irvingia gabonenis* dans le Sud-Ouest du Cameroun a lieu généralement vers la fin de la saison sèche et le début de la saison pluvieuse, en avril, et que la fructification se produit environ quatre mois plus tard, au mois d'août. Un calendrier théorique identique résulte des entretiens, « le temps des chaleurs » correspondant aux fleurs, alors que « lorsque la pluie tombe », cela entraîne le grossissement des fruits.

- ***Floraison et fructification***

Une tendance perceptible découle des entretiens. Le Manguier sauvage, arbre indigène de ces forêts tropicales, offrait auparavant aux populations de la région une production annuelle. Chaque arbre fructifiait annuellement selon des standards connus et prévisibles ; selon un même canevas et au même moment, tous les arbres produisaient, en une suite logique, fleurs et puis fruits. Cela ne semble plus être le cas. Cette perception est générale mais contient des nuances.

Une partie des personnes rencontrées l'exprime par l'incompréhension qu'une année le Manguier sauvage produise à tel endroit et l'année suivante ailleurs. Selon les années, c'est un plant qui donnera des mangues, parfois tous, parfois aucun. Des villages peuvent en avoir déjà récolté alors que dans d'autres, la cueillette n'a pas encore eu lieu et ne s'effectuera peut-être pas du tout cette année-là.

Certains témoignent de cette modification en termes de rareté. La ressource dont ils jouissaient auparavant chaque année ne semble être désormais disponible que tous les deux ou trois ans et des années improductives apparaissent également.

D'autres déclarent que la production qui était jadis annuelle, devient à présent semi-annuelle. La première production de fruits se déroulerait vers janvier, février et mars tandis que la seconde s'étalerait d'août à septembre.

Un Bantou de Lambi explique qu'auparavant, en août, à la période des vacances, les enfants revenant de l'école pouvaient s'atteler à la récolte et aider à cette tâche communautaire. Ils savaient alors qu'ils iraient en forêt et qu'ils trouveraient des mangues sauvages mais désormais ils n'en sont plus certains. D'après une Pygmée de Ndtoua :

« Les arbres font tomber leurs fruits à n'importe quel moment ».

En somme, nous notons diverses manières de conforter un énoncé de base et qui amènent à une conclusion identique : la perte récurrente du caractère annuel et standardisé d'*Irvingia gabonensis*.

Ces observations ont été faites par 21 personnes rencontrées, tant bantoues que pygmées. Sept personnes ont déclaré ne constater aucune modification au niveau du Manguier sauvage parmi lesquelles 3 Bantous et 4 Pygmées qui observent cependant des changements au niveau du climat ; tous vivent hors ou en bordure de forêt et parmi eux, 3 Pygmées possèdent des manguiers sauvages à côté de leurs cases, et différencient les Manguiers sauvages mâles, qui ne donnent pas chaque année, et les Manguiers sauvages femelles qui produisent chaque année. Ils estiment que ces deux catégories sont bien distinctes et précisent que les plants situés près des habitations sont entretenus et produisent donc à coup sûr chaque année voire plus d'une fois.

Les modifications perçues ne semblent pas s'accompagner de changements morphologiques du fruit : sa couleur, sa forme, sa taille, ... mais aussi son goût, sa saveur ou encore sa texture paraissent identiques. La feuillaison et la morphologie de l'arbre en général ne semblent pas non plus sujettes à des changements.

- ***Productivité***

Toutes les personnes rencontrées récoltent les fruits sur les « arbres de leurs ancêtres », qu'ils soient proches ou non.

La plantation du Manguier sauvage ne semble pas pratiquée dans la région. Les Bantous rencontrés peuvent cependant de temps en temps « cultiver », « multiplier » ou « participer à la régénération » du Manguier sauvage en jetant le noyau d'une mangue dont ils apprécient les caractéristiques plus loin que « l'arbre-mère » en forêt, ou encore, à amener des plants plus près des cases.

Les personnes rencontrées confient qu'avant, les années où elles ne mangeaient pas de mangue sauvage n'existaient pas, et que ce n'est malheureusement plus le cas. Une baisse de productivité générale est en effet perçue. Une partie s'accorde sur le fait que la productivité actuelle, même prise indépendamment des autres facteurs, serait inférieure à celle connue par le passé. Alors que d'autres y ajoutent la nuance d'un lien évident entre une baisse de productivitée et le fait que tous les arbres ne donnent plus chaque année. Ils n'y voient pas une évolution mais bien des années « particulières », et c'est là que se situe une source de préoccupations : ne plus en avoir en abondance, chaque année, contrairement au temps de leur jeunesse !

De plus, les Bantous et les Pygmées semblaient avoir autrefois la certitude que la présence de fleurs était synonyme de fruits à venir et ils pouvaient dès lors anticiper leur production, ce qui ne semble plus en vigueur actuellement et entraîne déception et insécurité. Une personne rencontrée explique ainsi que le Manguier sauvage fleurit en abondance mais que des périodes de vent ou des pluies inattendues font tomber les fleurs, ce qui provoque une production moindre que celle attendue.

Liée indirectement au point précédent, l'incertitude quant à la production est peut-être le point le plus crucial pour ces sociétés d'autosubsistance. Leur vie est rythmée par des signaux environnementaux qui leur permettent de connaître la place qu'a chacune de leurs activités, et *Irvingia gabonensis* s'intègre dans un tout. À un moment précis de l'année, et dans notre cas le mois d'août, leurs occupations se calquent sur la production de mangues sauvages qu'ils vont récolter et travailler et utiliser pendant un certain laps de temps.

Bien que la vente ne soit pas, et de loin, la priorité, cette opération, aussi faible soit-elle, combinée à des années de production faible voire nulle, peut accentuer le sentiment de « manque d'approvisionnement ».

- ***Santé, vigueur et diversité***

Les personnes rencontrées ne semblent pas remarquer une recrudescence d'attaques ou de dépérissement de l'espèce *Irvingia gabonensis*, ce qui n'est pas le cas du Safoutier (*Dacryodes edulis*) par exemple qui est jugé plus fragile. Les essences forestières meurent « seules », en forêt, et les personnes rencontrées disent ne pas pouvoir juger s'il s'agit d'une mort « naturelle » de vieillesse, de maladie, due au vent ou à d'autres phénomènes climatiques ; d'autant plus que la priorité est davantage mise sur le fruit.

- ***Consommation et échange***

Dans le Sud-Ouest du Cameroun, la culture *d'Irvingia* est en pleine expansion, encouragée par la demande très forte du marché nigérian voisin (Ayuk et al., 1999 ; Awono et al., 2009 ; Awe et al., 2012). Si les fruits ne sont vendus que par endroits, les amandes en revanche font l'objet d'un commerce au niveau national, depuis la zone de forêt vers la zone de savane, et entre les pays d'Afrique de l'Ouest et d'Afrique centrale. Elles sont également exportées vers l'Europe, et le Cameroun en est probablement l'exportateur principal (Eyog Matig et al., 2006 ; Tchoundjeu et Atangana, 2007). Cela ne semble cependant pas être le cas dans notre zone d'étude.

La rentabilité ne semble pas un mot-clé pour les personnes rencontrées qui se trouvent incontestablement face à une demande grandissante mais la priorité reste ciblée sur l'autoconsommation plutôt que sur la vente. La partie vendue correspond davantage à un surplus ou aux années de grande production.

Et encore, pour ce dernier élément, un autre facteur limitant entre alors en compte. Tributaires de ce que leur fournit leur environnement, Bantous et Pygmées vivent suivant un « programme d'activités » qui est en adéquation avec le milieu et le climat. Ils ne pourront donc privilégier ou accorder plus de temps à la récolte des mangues sauvages que si d'autres fonctions ne doivent pas être remplies, ou par choix personnel évidemment. L'impact que peut provoquer un quelconque dérèglement de cycle écologique est donc considérable.

De plus, même si pour un nombre restreint de personnes rencontrées, la vente peut être privilégiée, cet aspect n'est entré dans les mœurs que très récemment. Pour de nombreuses personnes rencontrées en effet, leurs propres parents ne vendaient pas et le troc a ensuite laissé place à la monétarisation (Nke Ndih, 2006). L'argent récolté leur permet d'acquérir des biens divers tels que du savon, du pétrole, des habits ou des cahiers pour l'école.

Les entretiens ne semblent pas révéler de tendance significative quant à une augmentation ou une diminution de la consommation générale suite aux changements de fructification du Manguier sauvage. Les préférences de chacun entrent alors fortement en jeu, et les années où les réserves sont faibles, voire nulles, les locaux plaident davantage pour le remplacement par les noix de palme, les arachides, la pistache ou encore d'autres arbres fruitiers, plutôt que - très rarement - l'achat.

Cette perte de régularité suggère une alternative attractive. Alors que l'accès au marché national ou international au cœur de l'Afrique de l'Ouest est soumis à diverses contraintes (conservation, réseau routier, transport), ces fructifications sporadiques entraînent, à une échelle bien plus petite et de façon plus momentanée, le développement d'une forme de marché local. Effectivement, alors qu'auparavant Bantous et Pygmées étaient assurés d'avoir en leur possession une production qui leur permettrait de jouir du Manguier sauvage continuellement, ces dérèglements poussent à des périodes de manque de cette denrée, qui seront, par exemple, comblées par d'autres condiments, comme nous l'avons vu. La production n'est plus généralisée et peut avoir lieu à certains endroits uniquement :

« C'est le vent qui amène les fruits dans les différentes zones ».

Entre les villes ou villages proches, vu la proximité entre ces populations, cela laisse entendre qu'un échange de plus en plus conséquent, proche du troc ou non, pourrait se mettre en place pour couvrir les préférences de tout un chacun.

2.4. Discussion

Les résultats présentés ci-dessus viennent étoffer les éléments collectés lors d'études antérieures.

En 2010 lors d'une étude effectuée dans l'est du Cameroun auprès des Pygmées Bakas par l'Association pour la Promotion de l'Environnement et du Développement Durable (APEDD), le prolongement de la saison sèche, la rareté des pluies, le tarissement des points d'eau et les perturbations entre les saisons étaient les principales manifestations perçues. Les impacts signalés sur les activités étaient la perte des semences, les mauvaises récoltes, la rareté des animaux, l'apparition de nouveaux insectes et la perturbation de la production des arbres fruitiers (APEDD, 2010).

Des ateliers participatifs autour de la production de miel ou autour du Safoutier *(Dacryodes edulis)* ont également été entrepris dans la région. D'après Bele et al. (2010) et Bele (2011), les aléas climatiques repérés par les populations sont tout d'abord des variabilités saisonnières avec des poches de pluies en saison sèche et des poches de sécheresse en saison pluvieuse. Ils constatent également un assèchement de certains cours d'eau et marécages, et décrivent une augmentation de la chaleur en saison sèche en termes de durée et d'intensité. On mentionne aussi de fortes pluies, des feux de brousse et de longues sécheresses. S'ajoutent à cela des vents violents et des pluies diluviennes en saison pluvieuse.

CONCLUSION

Deux principaux mots-clé décrivent le sentiment général recueilli au cours de cette étude auprès des populations agro-forestières et forestières de la région de Lolodorf et Bipindi : perte de repères et insécurité. Les balises spatiales et temporelles qui organisent et rythment leurs activités semblent s'être progressivement estompées.

Si les perceptions de changement climatique peuvent être difficiles à décrire, à situer dans le temps et donc à interpréter, le croisement avec des perceptions de changement portant sur des éléments plus tangibles et concrets s'inscrivant dans les activités de la vie quotidienne s'est avéré judicieux et pertinent.

L'intérêt des connaissances traditionnelles ne semblait *a priori* pas faire de doute, en particulier les connaissances ancestrales que les Pygmées se transmettent depuis des générations. Certaines personnes rencontrées semblent cependant douter de leur pertinence pour aborder les changements en cours et expriment le désir d'accéder aux connaissances scientifiques externes. La contribution aux connaissances scientifiques susceptibles d'être apportées par les populations tant pygmées que bantoues devrait donc être formalisée, valorisée et légitimée.

Une telle hybridation devrait également permettre de valider les modèles opérant à l'échelle régionale mais aussi permettre l'élaboration de stratégies plus pragmatiques et plus inclusives que celles préconisées (Nyong et al., 2007 ; Brown et al., 2014 ; Tiani et al., 2014).

Dans une région comme l'Afrique où l'agriculture est encore un moteur essentiel de l'économie locale, la forêt y est intimement associée et en constitue une composante essentielle (Nair, 2004). Il nous semble que l'élément principal qu'a permis de conforter cette étude est de montrer à quel point, dans cette région, la question de l'adaptation de la forêt au changement climatique ne peut être dissociée de la question de l'adaptation des populations agro-forestières et forestières à ce changement annoncé. Par ailleurs, les effets du changement climatique ne peuvent pas être considérés isolément des changements sociaux, politiques, économiques et environnementaux auxquels sont confrontées les populations traditionnelles.

REMERCIEMENTS

Cette recherche a été possible grâce au soutien du Ministre wallon ayant les forêts dans ses attributions.

BIBLIOGRAPHIE

Ainge, L., Brown, N., 2004. Irvingia gabonensis and Irvingia wombolu : a state of knowledge report. In : Clark, L., Sunderland, T., The key non-timber forest products of Central Africa : state of the knowledge. United States Agency for International Development (USAID), Technical Paper 122, 15-36.

Association pour la Promotion de l'Environnement et du Développement Durable (APEDD), 2010. Les Bakas de l'Est Cameroun face aux changements climatiques. Rapport de projet, APEDD.

Awe, F., Imoagene, E., Osadebe, C.O., Azeez, F.A., Eniola, T.S., 2012. Evaluation of Irvingia kernels marketing in selected markets in Akure, Ondo State, Nigeria. International Journal of Agriculture and Forestry, 2, 3, 113-116.

Awono, A., Djouguep, A., Zapfack, L., Ndoye, O., 2009. The potential of Irvingia gabonensis : can it contribute to the improvement of the livelihoods of producers in Southern Cameroon? International Journal of Social Forestry, 2, 1, 67-85.

Ayuk, E.T., Duguma, B., Franzel, S., Kengue, J., Mollet, M., Tiki-Manga, T., Zenkeng, P., 1999. Uses, management and economic potential of Irvingia gabonensis in the humid lowlands of Cameroon. Forest Ecology and Management, 113, 1-9.

Bahuchet, S., 1996. La mer et la forêt : ethnoécologie des populations forestières et des pêcheurs du Sud-Cameroun. In : Bien manger et bien vivre. Anthropologie alimentaire et développement en Afrique intertropicale : du biologique au social, 145-154.

Bele, Y., Mulotwa, E., Bokoto de Semboli, B., Sonwa, D., Tiani, A-M., 2010. Les effets du changement climatique dans le bassin du Congo : la nécessité de soutenir les capacités adaptatives locales. Adaptation, 3, CRDI, CIFOR.

Bele, Y., 2011. Atelier sur les produits forestiers non ligneux et l'adaptation aux variabilités et au changement climatique : initiation du dialogue science-politique en Afrique Centrale. Rapport général de travaux, Forêts du bassin du Congo et adaptation au changement climatique (CoFCCA) et Forestry Research Network (FORENET), CRDI, CIFOR.

Blanchet, A., Gotman, A., 2007. L'enquête et ses méthodes. L'entretien. Armand Colin, Paris.

Brown, H.C.P., Smit, B., Somorin, O.A., Sonwa, D.J., Nkem, J.N., 2014. Climate change and forest communities : prospects for building institutional adaptive capacity in the Congo Basin forests. Ambio, 43, 759-769.

Carrière, S. 1999. Les orphelins de la forêt : influence de l'agriculture itinérante sur brûlis des Ntumu et les pratiques agricoles associées sur la dynamique forestière du Sud-Cameroun. Thèse de doctorat en écologie, Université de Montpellier.

Diaw, M.C., 1997. Si, Nda Bot et Ayong : culture itinérante, occupation des sols et droits fonciers au Sud-Cameroun. Réseau foresterie pour le développement rural. Document 21, Portland House, Londres, [En ligne], http://www.odi.org/sites/odi.org.uk/files/odi-assets/publications-opinion-files/1374.pdf

Dounias, E., Tzerikiantz, F., Carrière, S., McKey, D., Grenand, F., Kocher-Schmid, C., Bahuchet, S., 2001. La diversité des agricultures itinérantes sur brûlis. In : Bahuchet, S., (Éd.), Les peuples des forêts tropicales aujourd'hui. Vol. 2, Bruxelles, 65-105.

Dounias, E., 2010. Perception du changement climatique par les sociétés des forêts tropicales. In : Barbault, R., Foucault, A., Changement climatique et biodiversité. Vuibert-AFAS, Paris, 243-255.

Eyog Matig, O., Ndoye, O., Kengue, J., Awono, A., 2006. Les fruitiers forestiers comestibles du Cameroun. International Plant Genetic Resources Institute, Cotonou.

FAO, 1999. Non-wood forest products and income generation. Unasylva, 198.

FAO, 2014. Situation des forêts du monde. Mieux tirer parti des avantages socioéconomiques des forêts. FAO, Rome.

Fines, J.P., Lescuyer, G., Tchatat, M., 2001. Master management plan for the Tropenbos-Cameroon research site. Pre-Mediation version, Tropenbos-Cameroon, Documents 5, The Tropenbos-Cameroon Programme, Kribi.

Green, D., Raygorodetsky, G., 2010. Indigenous knowledge of a changing climate. Climatic Change, 100, 2, 239-242.

Groupe d'Experts Intergouvernemental sur l'Évolution du Climat (GIEC), 2007. Bilan 2007 des changements climatiques. Contribution des Groupes de travail I, II et

III au quatrième rapport d'évaluation du Groupe d'Experts Intergouvernemental sur l'Évolution du Climat, OMM, PNUE, Genève.

Harris, D.J., 1996. A revision of the Irvingiaceae in Africa. Bulletin du Jardin Botanique National de Belgique, 65, 143-196.

Huntington, H.P., 2000. Using traditional ecological knowledge in science : methods and applications. Ecological Applications, 10, 1270-1274.

Krupnik, I., Jolly, D., 2002. The earth is faster now : indigenous observations of arctic environmental change. Artic Research Consortium, Fraibanks.

Kuete, V., Efferth, T., 2010. Cameroonian medicinal plants : pharmacology and derived natural products. Frontiers in Pharmacology, 1, 123.

Ladipo, D.O., Fondoun, J.M., Ganga, N., 1996. Domestication of the bush mango (Irvingia spp.) : some exploitable intraspecific variations in west and central Africa. Non Wood Forest Products 9, FAO, Rome, 193-205.

Lavigne-Delville, P., Wybrecht, B., 2003. Mémento de l'agronome. CIRAD, GRET, Ministère des Affaires étrangères, Montpellier.

Loung, J.F., Bigombe Logo, P., Bell, J.P., 1995. Les Pygmées du Cameroun méridional forestier : mythes et réalités de l'ajustement à la modernité. Presses de l'UCAC, Yaoundé.

Mazoyer, M., Houdart, L., 2002. Histoire des agricultures du monde. Du néolithique à la crise contemporaine. Éditions du Seuil, Paris.

Morton, J.F., 2007. The impact of climate change on smallholder and subsistence agriculture. Proceedings of the National Academy of Sciences of the United States of America, 104, 50, 19680-19685.

Nair, C.T.S., 2004. Que réserve l'avenir pour l'enseignement forestier ? Unasylva, 216, 55, 3-9.

Nakashima, D.J., Galloway McLean, K., Thulstrup, H.D., Ramos Castillo, A., Rubis, J.T., 2012. Weathering uncertainty : traditional knowledge for climate change assessment and adaptation. UNESCO, Paris.

Nke Ndih, J., 2006. Pieds en forêt, tête au village, cœur nulle part : les Pygmées dans la tourmente. Midis informels du groupe de recherche Forêts, Nature et Société, UCL, 18 mai 2006, Louvain-la-Neuve.

Nke Ndih, J., 2014. Gestion des écosystèmes forestiers par les Pygmées Bakola/Bagielli et les voisins bantous au Sud-Ouest du Cameroun face à l'exploitation néolibérale. Thèse de doctorat en anthropologie, UCL, Louvain-la-Neuve.

Nkem, J.N., 2009. Altering the climate of poverty under climate change in Sub-Saharan Africa : setting priorities for adaptation with forests to climate change. First year annual report, IDRC, CIFOR–CoFCCA.

Nyong, A., Adesina, F., Osman Elasha, B., 2007. The value of indigenous knowledge in climate change mitigation and adaptation strategies in the African Sahel. Mitigation and Adaptation Strategies for Global Change, 2, 5, 787-797.

Okafor, J.C., 1975. Varietal delimitation in Irvingia gabonensis (Irvingiaceae). Bulletin du Jardin Botanique National de Belgique, 45, 211-221.

Quivy, R., Van Campenhoudt, L., 2006. Manuel de recherche en sciences sociales. Dunod, Paris.

Salick, J., Byg, A., 2007. Indigenous people and climate change. Tyndall Centre for Climate Change Research, Oxford.

Silou, T., Loumouamou, B.W., Nsikabaka, S., Kinkela, T., Nzikou, M., Chalard, P., Figueredo, G., 2011. Contribution to the varietal delimitation of Irvingia gabonensis and Irvingia wombulu chemical composition variability of fats extracted from kernels. Journal of Food Technology, 9, 1, 36-42.

Somorin, O.A., 2010. Climate impacts, forest-dependent rural livelihoods and adaptation strategies in Africa : a review. African Journal of Environmental Science and Technology, 4, 13, 903-912.

Somorin, O.A., Brown, H.C.P., Visseren-Haamakers, I., Sonwa, D.J., Arts, B., Nkem, J.N., 2012. The Congo Basin forest in a changing climate : policy discourse on adaptation and mitigation. Global Environmental Change, 22, 288-298.

Tchoundjeu, Z., Atangana, A.R., 2007. Ressources végétales de l'Afrique tropicale, Oléagineux. Fondation PROTA/Backhuys Publishers/CTA, Wageningen, 108-112.

Tiani, A.M., Bele, M.Y., Sonwa, D.J., 2014. The state of perceptions and knowledge on REDD+ and adaptation to climate change in Central Africa. What are we talking about? Climate and Development, CIFOR.

Van Dijk, J.F.W., 1999. Non timber forest products in the Bipindi Akom II. A socio-economic and ecological assessment. Tropenbos Cameroun Serie 1.

Van Gemerden, B.S., Hazeu, G.W., 1999. Landscape ecological survey (1 : 100 000) of the Bipindi – Akom II – Lolodorf region, Southwest Cameroon. Tropenbos-Cameroon Documents 1, Kribi.

Vivien, J., Faure, J.J., 1995. Fruitiers sauvages d'Afrique - Espèces du Cameroun. Nguila-Kerou, Ministère français de la coopération, CTA, Paris.

Partie 2.

Animation et territoire

Cette partie s'intéresse particulièrement au « comment » gérer les écosystèmes forestiers d'aujourd'hui avec les humains d'aujourd'hui. La mise en dialogue des problématiques et des décisions à prendre exige des compétences et des processus que les chercheurs tentent de décrire et de favoriser. L'évaluation multicritère ou la recherche action sont des outils et alliés incontournables pour favoriser une prise de décision éclairée au niveau local.

Chapitre 7. Les motivations des habitants à participer à la foresterie locale. Réflexions à partir d'une étude de cas sur des communes forestières des Alpes suisses et françaises

FINGER-STICH Andréa[1] **& SHANNON Margaret**[2]

[1] *Haute école spécialisée d'ingénierie, d'architecture et du paysage de Genève, Suisse*

[2] *Université de Fribourg, Allemagne*

Les politiques forestières internationales promeuvent depuis le début des années 1990 une gouvernance et une gestion forestière participatives impliquant les communautés locales. Cependant, les interactions locales, souvent plus spontanées et mobilisées par des acteurs non gouvernementaux, s'avèrent peu étudiées, en particulier dans les pays dits développés. Étant donné que la participation des populations à l'échelle de la propriété forestière n'est pas légalement requise, l'existence de processus participatifs concernant les forêts de proximité reposent sur la motivation propre des acteurs du territoire. L'analyse repose sur des enquêtes qualitatives conduites auprès des résidents de six communes forestières alpines, trois en France dans le département de la Haute-Savoie et trois en Suisse dans les cantons de Vaud et du Valais. Reposant sur une première hypothèse de recherche stipulant que les habitants seront plus enclins à s'engager à propos des forêts appartenant à leur commune s'ils et elles perçoivent des conflits (d'usages, d'opinions et d'intérêts), nous avons commencé par identifier, dans les discours des personnes interviewées, les thématiques de conflits. Au fil de l'analyse, il est apparu qu'une part importante des discours n'était pas traitée par l'identification des conflits et que ces données concernaient au contraire l'expression de valeurs forestières. Les entretiens ont aussi permis d'identifier, à travers les six communes étudiées, 21 interactions collectives en relation plus ou moins directe avec la forêt communale. De leur analyse émerge une typologie d'interactions forestières locales variant selon l'agent principal et la visée de l'action. L'analyse ancrée dans l'étude de ces divers cas permet de relever les principes et les pratiques d'une foresterie plus apte à intégrer les motivations des acteurs des territoires de proximité.

MOTS-CLÉS

Gestion patrimoniale ; gestion forestière participative ; sociologie forestière ; conflits d'usages ; territoires alpins

INTRODUCTION

Les sciences citoyennes s'imposèrent à la foresterie des années 90 sous la pression d'une opinion publique alertée par l'ampleur de la déforestation, surtout dans les tropiques, et de la dégradation de l'environnement au niveau global, national et régional (Shannon et Antypass, 1996). La participation des acteurs du territoire est alors comprise comme une condition à la gestion durable des forêts selon les politiques forestières internationales[1]. Dans les pays européens, dont la Suisse et la France, la participation en foresterie a aussi été promue par des politiques forestières engagées aux niveaux national et régional (Buttoud, 1999 ; UNECE-ILO-FAO, 2000 ; Sutter, 2001 ; Cantiani, 2012). Les échelles territoriales où la participation est facilitée par les services forestiers dans un cadre légal sont la région, le district, le canton ou encore le niveau de massifs forestiers englobant de multiples communes et propriétaires, telles que les Chartes Forestières de Territoire en France ou les Plans Directeurs Forestiers en Suisse[2]. La participation n'est donc pas institutionnalisée par l'État à une échelle plus fine, à l'échelle de la propriété, même si cette propriété est publique ou communale. Les communes sélectionnées pour notre recherche l'ont été uniquement pour avoir une couverture relativement importante de forêts de propriété communale, et non pas pour une connaissance préalable de la présence de processus participatifs dans ces communes. Et il s'est trouvé que les processus formels de participation du public dans la gestion forestière aux niveaux du district, du canton ou d'un large massif n'existaient pas dans les communes étudiées. De manière générale, les agents de l'État régulent, donc limitent, la participation du public en l'autorisant soit au niveau de la gouvernance, soit au niveau de la planification ou à celui de la gestion, mais généralement pas à travers les trois niveaux (UNECE-ILO-FAO, 2000 ; Finger et Finger-Stich, 2003). Ils n'autorisent donc pas l'autonomie des communautés les plus proches de la ressource sur l'ensemble du cycle de décisions déterminant les usages de la ressource naturelle et les affectations

---

[1] Agenda 21- Les Principes Forestiers, Le Forum Intergouvernemental des Forêts (IFF 2000), La Convention de la Diversité Biologique (voir principes de gestion des écosystèmes, Malawi, 1998), la Conférence Ministérielle sur la Protection des Forêts en Europe – Lisbonne 1998 et Vienne 2003, Résolution 3, Article 5-6.

[2] En Suisse, ces processus participatifs formels sont développés dans le contexte de Plans directeurs forestiers - régulés par la Loi et l'Ordonnance sur les Forêts Art. 18 al. 3 (OFo 1, juillet 2013) et la Loi d'Aménagement du Territoire (LAT Art. 4). En France, ils sont encadrés par le Code forestier (nouveau code 2014) et son Ordonnance n° 2012-92, voir l'article L.112-3 et L.112-4 concernant le principe de participation du public. Ce principe est défini selon le Code de l'environnement L.120-1 et L.120-2, faisant référence à la Convention d'Aarhus (sur l'accès à l'information, la participation du public au processus décisionnel et l'accès à la justice en matière d'environnement, ratifiée par la France depuis juillet 2002 et par la Suisse depuis mars 2014).

des territoires dont elles proviennent[3]. En effet, dans ce contexte de relations de pouvoir centrées sur les intérêts publics (nationaux ou régionaux) tels qu'orchestrés par l'État, les interactions entre les populations locales et leurs forêts de proximité sont peu reconnues en termes de « participation » forestière. La présente recherche éclaire la dimension locale des processus de participation, comprenant le terme de « local » comme un lieu d'interactions où les acteurs se rencontrent de manière répétée et dans la durée (Giddens, 1991).

1. Méthodologie et cadre théorique

Au départ de la recherche nous avions quatre hypothèses :

- La raison principale motivant les acteurs du territoire à initier et prendre part à un processus de participation est la résolution ou l'évitement de conflits (Coser, 1956)
- Les acteurs locaux participant activement à la foresterie intègrent la gestion des forêts communales aux multiples usages du territoire alpin
- La gestion de forêts communales tend à être déconnectée de politiques publiques internationales et nationales promouvant une gestion forestière participative
- Les perceptions et les interactions sociales en relation avec la forêt communale varient selon la situation et l'histoire des territoires, de leur contexte institutionnel, économique et démographique.

Les choix guidant la sélection des communes à étudier devaient maximiser la probabilité de trouver des interactions entre les résidents et leurs forêts de proximité, sans connaissance préalable de la présence de processus de participation dans les communes.

Ces choix ont reposé sur trois présupposés :

- Une forte proportion de forêts sur le territoire d'une commune maximise la probabilité que les ressources forestières aient historiquement influencé l'économie et le développement des institutions locales
- La multifonctionnalité des forêts alpines maximise la probabilité de conflits d'usages et donc la motivation des acteurs du territoire à s'intéresser à la gestion forestière

---

[3] Correspondant au huitième niveau dans l'échelle de la participation telle que définie par Arnstein (1969) comme « contrôle par les citoyens », lorsque les acteurs définissent collectivement le problème et les options pour y répondre.

- Si les forêts sont de propriété communale il est possible de trouver une volonté d'appropriation collective, donc de motivation pour les habitants à s'engager pour la forêt.

Sur la base d'informations géographiques et statistiques recueillies dans un périmètre transfrontalier comprenant 79 communes alpines, nous avons choisi six communes, trois en France et trois en Suisse. Les six communes ont une proportion de leur territoire couverte de forêts communales relativement importante pour leur région (Haute-Savoie, Vaud, Valais, variant de 23 à 54%). La recherche repose sur une analyse comparative des discours recueillis lors de 65 entretiens semi-structurés, durant de 20 minutes à deux heures, auprès de 10 à 12 habitants pour chaque commune.

Bien que de conditions géographiques et écologiques relativement proches, situées à l'intérieur d'une région alpine francophone et à moins de 100 km à vol d'oiseau les unes des autres, les six communes étudiées varient du point de vue des institutions régulant les usages et la gestion forestière. En France, les forêts communales relèvent du régime forestier et sont gérées par l'Office National des Forêts. En Suisse c'est au service forestier cantonal de gérer les forêts appartenant aux communes et aux bourgeoisies du canton[4]. Les six communes choisies varient aussi selon leur situation économique plus ou moins rurale ou urbaine (importance variable des secteurs forestier, agricole et touristique) et selon leur situation démographique (population croissante pour les communes les plus touristiques et urbaines, et stable ou légèrement décroissante pour les communes plus rurales). Une variation qui correspond à une diversité de situations caractéristique des territoires alpins de la fin du 20ème siècle (Bätzing, 1993).

La méthodologie ancrée selon laquelle les entretiens sont largement ouverts et les catégories d'analyse sont induites des données, a guidé la conduite de

---

[4] Les forêts de propriété communale en France comme en Suisse sont des forêts relevant d'une gestion publique, c'est à dire que la commune doit suivre le conseil de l'administration forestière pour gérer sa forêt. En France, les forêts communales représentent 1/6 de la forêt française mais dans les Alpes cette proportion est souvent plus importante (environ 1/4). En Suisse, elles représentent un peu plus de la moitié des surfaces forestières, soit 57%, regroupant les 29% de forêts communales et les 28% de forêts bourgeoisiales. Les bourgeoisies sont des collectivités locales qui datent du Moyen Âge et qui relèvent de la propriété et de la gestion communes de ressources (comprenant notamment la forêt, les pâturages, l'eau et d'autres infrastructures locales). Les bourgeoisies sont propriétaires de plus de 85% des forêts du canton du Valais (État du Valais, 2014) et 28% des forêts suisses. En France où la gestion forestière fut fortement centralisée, les communes forestières ont défendu leurs droits de décision sur le devenir de leurs forêts, notamment dès 1933 à travers la Fédération Nationale des Communes Forestières. Le concept de Charte de la forêt communale développé dès 2003 fait évoluer la relation avec l'ONF vers un partenariat.

la recherche (Glaser, 1992). Conformément à cette méthodologie souvent utilisée en anthropologie et parfois en sociologie, nous avons précisé les perspectives théoriques et domaines de littérature qui ont influencé nos représentations, donc aussi nos choix, nos questions et hypothèses. Notamment, la théorie des conflits du sociologue Lewis Coser (1955) selon lequel les conflits sont moteurs d'engagement, d'organisation et de changement social. Cette théorie nous a permis d'identifier les motivations à la participation des acteurs du territoire. Les conflits peuvent plus ou moins diviser ou rassembler une communauté, soit mener vers un changement structurel, être générateurs d'innovation et d'ouverture à l'altérité, ou au contraire crisper les groupes dans des attitudes conservatrices et exclusives.

Par ailleurs, les théories de l'interaction sociale ont permis de formuler la participation au sens large comme une interaction collective où les agents participants sont motivés par des conflits et des valeurs d'ordre économique, politique et culturel. Nous comprenons le terme de participation non seulement comme un moyen par lequel les acteurs concernés cherchent à influencer la décision, mais aussi comme une stratégie engagée par les acteurs concernés pour gagner du contrôle sur la gestion et le partage des ressources, ainsi que la participation à la définition même de ce qui fait *ressource*, donc du sens qu'a cette ressource pour une communauté. Ainsi comprise, la participation implique une co-construction et reproduction des représentations, valeurs et savoirs associés à la gestion forestière. Nous remarquerons, à ce niveau local, l'importance que prennent les interactions culturelles. Nous avons ainsi étudié les processus de participation en tant qu'agence sociale c'est-à-dire par une analyse institutionnelle et sociologique des interactions collectives concernant les forêts communales.

La sociologie des organisations a été utile pour analyser les processus d'organisation des interactions collectives et les stratégies des acteurs. Elle permet d'analyser les conflits d'intérêts liés à la situation et à la marge de liberté des acteurs. Elle éclaire la stratégie des acteurs, les valeurs et les objectifs qu'ils tentent de poursuivre, en commun et individuellement, dans un contexte de relations de pouvoir complexes et aussi d'incertitude quant aux choix et comportements des divers acteurs influençant le système social en question (Crozier et Friedberg, 1977).

Le sociologue Anthony Giddens (1990 ; 1991) nous a permis de questionner la manière dont la modernisation a transformé les relations entre les populations alpines et leurs forêts (industrialisation puis tertiarisation, urbanisation et globalisation). Pour aborder le problème de manière transdisciplinaire où la forêt comme les acteurs sont des agents influant les dynamiques d'un socio-écosystème, contribuant à sa complexité et à ses facteurs d'incertitudes, l'approche écosystémique fut aussi un appui (UNEP-

CBD, 1998). La théorie des régimes de propriété et de gestion des communs (Ostrom, 1999 ; 2009) servit pour éclairer notre analyse de l'histoire des institutions locales, évaluant la capacité des acteurs à organiser et à réguler leur gestion des forêts dans la durée. Nous sommes aussi restées attentives à la diversité des regards, des représentations et des intérêts associés à la forêt et aux représentations non-consensuelles à propos de la nature (Cronon, 1995 ; Barthod, 2004). Les concepts de foresterie multifonctionnelle et de gestion forestière participative ont quant à eux fortement motivé la présente recherche, de son émergence jusqu'à sa conclusion (Buttoud, 2000 ; Shannon, 2002).

Les entretiens ont été réalisés entre 2002 et 2003 auprès de 65 habitants, rencontrés dans les 6 communes. Les premiers entretiens ont été conduits auprès des techniciens forestiers responsables de la gestion des forêts communales. A l'issue de ces interviews, nous leur avons demandé de suggérer des personnes que nous pourrions rencontrer par ailleurs. Pour chaque commune, nous avons veillé à avoir au moins une personne de chacune des catégoriées suivantes : travail lié au bois et à la forêt, conseil municipal, agriculture et tourisme. Reposant sur le conseil des techniciens forestiers pour construire l'échantillon des personnes que nous pourrions interviewer, nous avons été dirigées surtout vers des hommes, la plupart ayant plus de 40 ans et travaillant en relation directe avec la forêt. Notons que le secteur forestier comporte des acteurs dont les savoirs et savoir-faire, les conditions d'emplois et de rémunération, de sécurité aussi, varient considérablement. Nous avons rencontré des bûcherons et débardeurs, des entrepreneurs de scierie et des vendeurs de bois, des menuisiers et charpentiers et divers agents des services forestiers.

Pour inclure des femmes, des jeunes et des personnes occupées dans d'autres secteurs économiques, nous avons varié la méthode de sélection, nous rendant pour chaque commune directement auprès d'exploitations agricoles, dans les commerces, auprès d'enseignants, dans les offices de tourisme et auprès de diverses associations locales[5]. Les interviews suivaient tous la même grille d'entretien, abordant 5 domaines de questions concernant (1) les usages et perceptions des acteurs sur les forêts de leur commune ; (2) l'économie forestière locale ; (3) la gestion forestière ; (4) la gouvernance

---

[5] Sur 65 interviewés, les catégories sociales sont inégalement représentées : 27 avaient moins de 40 ans, 38 plus de 40 ans. Pour les catégories des occupations, 12 sont des agriculteurs, 21 des travailleurs forestiers (bûcherons, débardeurs, scieurs, gardes), 26 des acteurs occupés dans le tertiaire (tourisme, enseignement, commerce) et 6 dans le secondaire (industrie, artisanat, mécanique). Pour l'ensemble de l'échantillonnage, 16 sont des femmes et 49 des hommes. Ces proportions variables mais proches pour les communes des deux pays, résultent de la méthode dite d'échantillonnage par « boule de neige ».

locale (diverses institutions influençant les décisions relatives à la forêt communale) ; et (5) leur vision pour le futur des forêts communales. Cette structure thématique fut rapidement présentée au début de l'entretien (avec un support écrit sur une page remis à l'interviewé), laissant ensuite la conversation se dérouler assez librement, pour que l'interlocuteur-trice trouve son propre espace d'expression et champ lexical.

Tous les discours des entretiens ont été retranscrits aussi littéralement que possible, toujours par la même personne. Les termes utilisés par les interviewés furent notés pendant l'entretien et certains entretiens ont été enregistrés avec la permission des interlocuteurs. Les personnes rencontrées ne sont pas nommées dans la présentation et la publication des résultats, et pour les entretiens dont certaines citations ont été utilisées, les auteurs ont pu revoir leur transcription et apporter leurs corrections.

Les discours recueillis furent traités en deux phases de lecture, l'une pour repérer les expressions de conflits (désaccords ou opinions divergentes entre au moins deux personnes) et la seconde pour recueillir les expressions de valeurs.

Ces expressions ont été classées selon des catégories thématiques. L'importance relative des catégories thématiques repose sur les sous-catégories induites de l'analyse de discours et a été estimée en comptant combien d'interviewé(e)s ont mentionné les sous-catégories de la thématique. Même si certaines personnes revinrent plusieurs fois sur la même sous-catégorie de conflit ou de valeur, nous ne l'avons comptée qu'une fois pour cette personne (tableaux 1 et 2).

Ensuite, nous avons comparé les résultats selon les types d'acteurs, distingués selon leur occupation professionnelle (travailleurs au sein des secteurs forestier, agricole, secondaire ou tertiaire), en fonction des classes d'âge (au-dessus ou en-dessous de 40 ans), en fonction du genre et finalement en fonction des communes et des pays.

Procéder à une analyse partiellement quantitative dans l'analyse des résultats d'interviews qualitatifs permet d'étayer la comparaison entre les lieux et les catégories sociales. Mais les chiffres (figures 1-5) doivent être interprétés avec prudence puisqu'ils ne sont qu'indicatifs de tendances et d'une variabilité. Tels des prises de vues photographiques, ils nous permettent de mettre en perspective la variation des perceptions et formes d'engagement en fonction de certains facteurs géographiques et sociaux, en un lieu et moment donnés.

2. Les conflits exprimés en relation avec les forêts communales

Les catégories de conflits émergeant de l'analyse des discours ont été regroupées en deux ensembles thématiques : (1) les conflits relevant des divers usages du territoire comprenant l'ensemble du paysage en interface avec la forêt communale, dont les conflits liés aux activités récréatives, à l'agriculture (ou pastoralisme), à la protection contre les risques naturels, à la conservation des milieux et des espèces et à l'urbanisation ; (2) les conflits à propos des usages forestiers comprenant les catégories économie, opération et gestion forestière. Pour chacune de ces catégories, nous indiquons les principales familles de termes associés comme sous-catégories émergeant des discours (tableau 1).

Tableau 1 : Les conflits concernant les forêts communales

Conflits d'utilisations multiples du territoire (dont la forêt communale)	
Récréation	Activités de sports et de loisirs (ski, VTT, randonnée, etc.)
Agriculture	Entretien de pâturages, usages des routes pastorales et forestières, recul agricole
Risques Naturels	Construction d'infrastructures de protection contre les chutes de troncs, glissements de terrain ou chutes de rochers de forêts devenues instables, etc.
Conservation	Création ou gestion d'aires protégées, protection des eaux, conservation de la faune et de la flore (réintroduction d'espèces, relations avec les associations de protection de la nature)
Urbanisation	Construction immobilière et d'infrastructures touristiques, de transport, etc.
Produits forestiers non ligneux	Prélèvement et gestion de multiples produits non ligneux de la forêt (chasse, cueillette, etc).
Conflits forestiers	
Économie forestière	Revenus et emplois forestiers, investissement forestier, valorisation et commercialisation du produit forestier, intérêts divergents entre économie locale et globale, formelle et informelle, accès aux subsides, relations inter-secteurs (primaire, secondaire et tertiaire)
Opérations forestières	Construction de route, sécurité, volumes et impacts de l'extraction du bois, sélection des espèces et plantation, entretien et opérations sanitaires (suites à des ouragans), etc.
Gestion forestière	Planification forestière, réconciliation entre les valeurs marchandes et non marchandes, reconnaissance des savoirs locaux, droits de propriété, communication

Repérant le nombre d'acteurs faisant mention de ces sous-catégories de conflits dans leur discours, nous avons inféré des catégories de conflits plus génériques (dans la colonne de gauche) et ensuite estimé leur importance relative. Distinguer les résultats de l'analyse des conflits en fonction des secteurs d'occupation des interviewés, et en fonction des territoires (les communes) apparaît comme particulièrement pertinent.

Les thèmes de « conflit » les plus souvent mentionnés par les interviewés concernent l'économie forestière (figure 1). Ce sont principalement les travailleurs forestiers, puis les agriculteurs, qui ont mentionné ce type de conflits, évoquant principalement une érosion des emplois liés à la forêt et au bois, ou/et une érosion des revenus, souvent expliquées par la globalisation du commerce du bois.

Figure 1 : Conflits mentionnés par secteur d'activité [6]

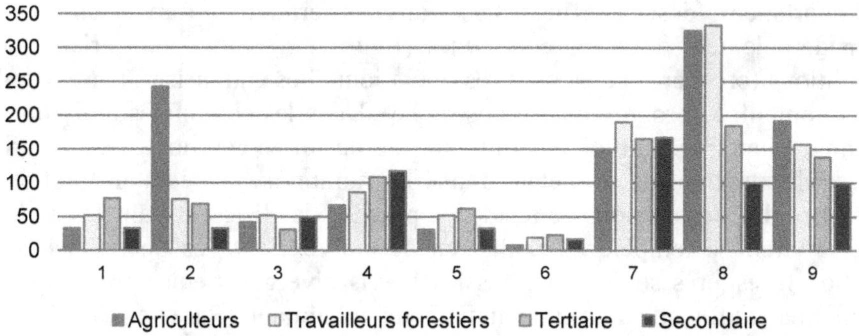

1: Récréation ; 2: Agriculture ; 3: Risques naturels ; 4: Conservation ; 5: Urbanisation ; 6: Produit forestier non ligneux ; 7 : Opération forestière ; 8: Économie forestière ; 9: Gestion forestière

Les interviewés ont évoqué la situation économique peu favorable de l'extraction de bois dans les Alpes, cumulant notamment un handicap lié aux conditions topographiques alpines et un coût du travail (en Suisse et en France) relativement élevé. C'est dans les communes où l'économie du bois est importante, comparativement aux autres communes de l'échantillon, que les conflits économiques furent le plus souvent exprimés (figure 2).

Les travailleurs du secteur forestier des communes françaises ont aussi exprimé qu'ils étaient dans une position défavorable sur le marché régional

[6] Ordonnées : rapport du nombre de répondants mentionnant les sous-catégories des conflits (tableau 1, col. droite) pour les 9 conflits d'usages (tableau 1 col. gauche), divisé par le nombre de répondants du même secteur d'occupation, multiplié par 100.

par rapport aux producteurs opérant en Suisse parce que ces derniers touchaient davantage de subventions. Dans les communes où la pratique de l'affouage est encore présente, la proportion des coupes annuelles allouées à ce droit réservé aux résidents de la commune est parfois aussi matière à discussion et désaccord (commune de Vacheresse).

Figure 2 : Conflits forestiers mentionnés par commune [7]

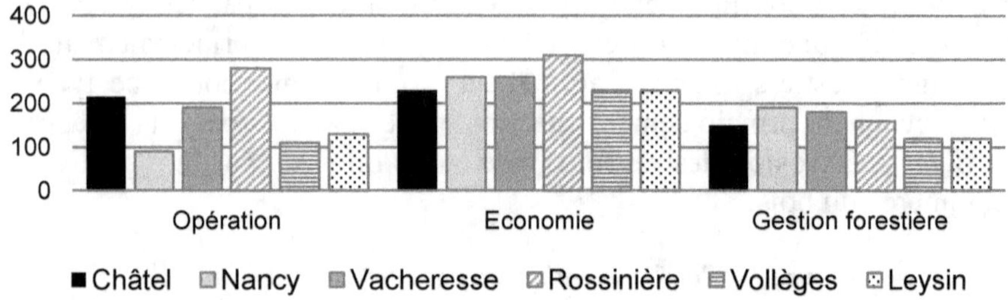

L'importance des conflits liés aux opérations forestières varie considérablement entre les communes (figure 2), selon l'état variable des conditions forestières et les mesures opérationnelles entreprises, par exemple pour contenir la progression du bostryche[8]. Dans les communes touristiques comme Châtel, les exploitants ont exprimé de fortes contraintes de sécurité liées à l'extraction du bois étant donné les nombreux visiteurs en forêt et la présence de constructions de résidence proches des lisières. Dans les années qui suivirent la tempête de Lothar en décembre 1999, les opérations et la gestion forestières soulevèrent aussi des avis divergents entre propriétaires, gestionnaires forestiers, agents municipaux et habitants. Par exemple, dans la commune touristique de Châtel, de nombreux grands épicéas renversés dans la forêt communale menaçaient la station qu'ils surplombaient et suscitèrent des débats à propos des opérations forestières à réaliser pour sécuriser le village. La construction d'un mur de protection traversant des forêts privées en aval de cette parcelle communale sinistrée fut contestée par les propriétaires de ces parcelles, mais fut encouragée par la municipalité et les services forestiers (ONF et RTM). Un autre exemple de controverse concernant les opérations forestières et que l'on retrouve à travers toutes les communes, sont les branches et houppiers laissés en forêt après une coupe de bois, rendant l'accès en forêt plus difficile pour les promeneurs.

Les conflits catégorisés sous la thématique gestion forestière cernent le plus souvent des problèmes de communication entre forestiers, agents

---

[7] Ordonnées : rapport du nombre d'interviewés qui ont mentionné les sous-catégories de conflits pour chacun des 3 conflits forestiers types (tableau 1), divisé par le nombre de répondants dans chaque commune, multiplié par 100.

[8] Coléoptère xylophage : *Ips typographus*.

municipaux, propriétaires et usagers. Les acteurs les plus proches de la forêt de par leurs activités professionnelles, et surtout des agriculteurs, ont exprimé qu'ils souhaitaient être davantage écoutés par les forestiers pour leur expérience et savoir-faire. Des conflits concernant les droits d'accès et d'usages en forêt communale furent exprimés par tous les usagers, surtout à propos des routes forestières et des divers cheminements, en particulier pour l'accès en véhicules motorisés.

Nous constatons de manière générale que ce sont les acteurs vivant de la ressource et ayant le plus de savoir et d'expérience en lien avec la forêt qui expriment le plus de conflits les concernant. Ainsi, les agriculteurs ont exprimé le plus de conflits liés à l'agriculture, en particulier à propos de l'avancement de la forêt sur les pâturages et de l'entretien des routes forestières ou pastorales. Comparant les résultats des conflits entre communes, nous voyons que ce sont les communes avec une économie du bois encore active, où il y a le plus d'intérêts et donc aussi de conflits exprimés. Comparant les résultats des conflits forestiers entre les communes de Suisse et de France, l'importance relative des conflits liés à l'économie et aux opérations forestières ne diffère pas significativement. Par contre, il y a plus d'expression de conflits à propos de la gestion forestière au sein des forêts communales en France, ce qui s'explique par une histoire politique forestière plus centralisée en France qu'en Suisse. Ces conflits concernaient notamment les questions relatives à la possibilité (volume de coupes annuelles autorisées), à la part et au prix du bois d'affouage et des lots de chablis, à la prise en compte des avis des exploitants agricoles et des propriétaires riverains, …

Le thème de conflits le plus souvent mentionné pour l'ensemble des conflits des usages multiples du territoire - dont la forêt communale - concerne des conflits liés à la conservation de la nature, suivi par celui des conflits liés à l'urbanisation, relatifs à de nouvelles constructions de logements, résidences secondaires, infrastructures de transport. Les conflits face à la pression urbaine se sont avérés plus importants dans les communes les plus touristiques et dans les communes suisses (plus urbanisées et plus accessibles que les communes françaises). Notons que les conflits sur les thématiques de conservation et de récréation sont plus souvent exprimés dans les communes les plus touristiques et urbanisées, par les acteurs occupés dans les secteurs secondaire et tertiaire, ainsi que par les acteurs de moins de 40 ans et par les femmes. Les conflits liés aux risques naturels ne sont pas si souvent évoqués par les habitants, de manière générale pour notre échantillon, ce qui mérite d'être relevé, puisque ce sujet est une priorité pour les administrations forestières.

Si l'on regroupe toutes les mentions de conflits liés aux usages multiples du territoire à l'interface avec la forêt d'une part, et les conflits qui concernent la foresterie communale de l'autre, nous constatons que les premiers sont plus souvent évoqués. Les conflits d'usages multiples en interface avec la forêt communale touchent aussi les terrains ouverts, dont des propriétés privées situées aux alentours de la forêt communale.

3. Les valeurs exprimées en relation avec les forêts communales

Au terme de l'analyse des interviews, nous avons remarqué qu'il restait beaucoup de texte non traité et nous avons réalisé qu'il portait en grande partie sur l'expression de valeurs en relation avec la forêt. Nous avons alors identifié et analysé ces valeurs selon la même méthode inductive que pour les conflits (tableau 2).

Tableau 2 : Valeurs associées à la forêt communale

Ressource	- Un emploi, une source de revenu - Des produits nourriciers (chasse, fruits, pâture) - Une source d'énergie et de matériel de construction
Environnement	- Contribue à la qualité de vie, procurant santé et sécurité - Un paysage et cadre de vie - Un habitat pour une diversité d'animaux et de plantes - Un lieu d'observation et d'apprentissage de la nature
Protection	- Une protection contre les avalanches, chutes de blocs, inondations, glissements de terrain - Un régulateur du climat et du cycle de l'eau
Patrimoine	- Une propriété privée - Un territoire commun (communautaire ou public) - Un élément du patrimoine construit (architecture, artisanat et outillage) - Un legs vivant de travail et de savoir transmis à travers les générations - Un lieu d'échange et de lien social (familial, entre amis, partenaires, etc.) - Un élément de l'identité collective et personnelle - Un lieu et un objet d'événements culturels et festifs - Un référent symbolique (lisible dans l'artisanat local, les contes, sigles, drapeaux, etc.)
Récréation	- Un lieu de repos et de contemplation - Un espace d'activités sportives diverses - Un lieu de jeu pour les enfants, d'interactions ludiques et de socialisation - Un refuge face aux contraintes urbaines et aux espaces rationalisés - Une expérience sensorielle (odorat, toucher, goût, ouïe, vue)

Le tableau 2 liste les sous-catégories de valeurs dans la colonne de droite, et les catégories thématiques plus générales regroupées en 5 grands ensembles dans la colonne de gauche, soit : les valeurs de ressources ; les valeurs environnementales ; les valeurs de protection ; les valeurs patrimoniales et les valeurs récréatives.

En comparant l'importance relative donnée dans les entretiens pour les six communes, nous remarquons que les valeurs patrimoniales et de ressources dominent pour l'ensemble de l'échantillon mais pas dans toutes les communes (figure 3).

Figure 3 : Valeurs forestières exprimées par commune [9]

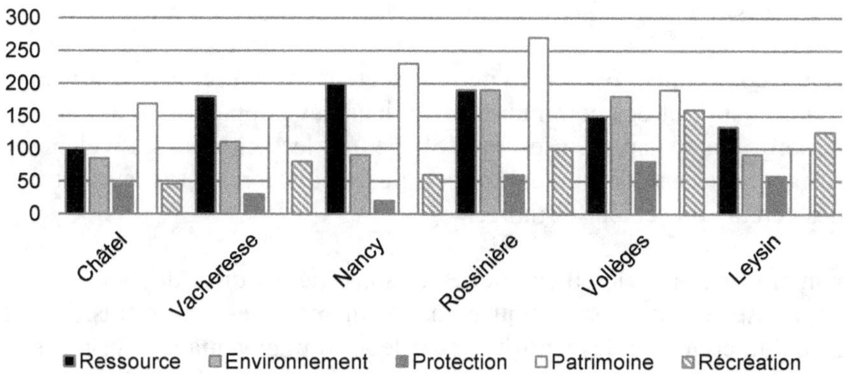

L'expression des valeurs varie selon les communes ; les valeurs récréatives et de conservation sont davantage évoquées dans les communes touristiques et plus urbanisées, et les valeurs de ressources et patrimoniales dans les communes où l'activité agricole et l'activité forestière demeurent relativement importantes mais avec un développement de tourisme doux.

Les valeurs patrimoniales sont plus importantes dans les deux communes où la forêt a joué un rôle primordial dans l'histoire de l'économie locale : Rossinière dans le canton de Vaud et Nancy sur Cluses en Haute-Savoie. Dans la première, l'économie du bois est encore importante. La construction de chalets, de bardeaux pour couvrir les toitures comme les façades et la menuiserie traditionnelle valorisent la ressource de bois local autant que les savoir-faire des artisans de la région. Dans la seconde, il y avait peu d'activité artisanale mais demeurait une scierie, certes en difficulté, au moment des entretiens (2002). Les deux communes ont intégré un tourisme

[9] Ordonnées : rapport du nombre de répondants mentionnant les conflits des sous-catégories (tableau 2, colonne droite) pour chacune des 5 valeurs types (colonne de gauche), divisé par le nombre d'interviewés dans la même commune, multiplié par 100.

doux tout en maintenant leurs secteurs agricole et forestier, offrant des infrastructures pour la randonnée, de petites remontées mécaniques pour le ski et une structure hôtelière familiale. Elles ont aussi une population résidente à l'année relativement importante, même si bon nombre des habitants se déplacent pour travailler en plaine.

Les communes avec un tourisme de masse (généralement lié au ski) tendent à substituer le travail lié à la forêt par des occupations liées au tourisme et, pour les communes étudiées, expriment relativement moins de valeurs forestières[10]. Châtel pourtant valorise encore passablement les valeurs patrimoniales, probablement parce que l'artisanat et l'architecture en bois participent à son économie et à son image touristique. Ce qui est moins le cas pour Leysin, qui exprime aussi moins de valeurs patrimoniales.

Dans les communes où l'activité du secteur primaire est relativement importante - surtout des communes préalpines développant le tourisme doux (Rossinière, Nancy sur Cluses et Vollèges) - les entretiens révèlent une relativement plus importante expression de valeurs forestières, surtout de la part des acteurs du secteur tertiaire.

De manière générale, les thématiques et sous-thématiques des valeurs sont moins précises et moins spécifiques que les thématiques de conflits. Et nous notons qu'au contraire des conflits, les valeurs sont davantage exprimées par des personnes moins dépendantes économiquement de la forêt. En effet, c'est généralement surtout les acteurs du secteur tertiaire qui expriment les valeurs patrimoniales de la forêt (figure 4).

Les valeurs patrimoniales sont essentiellement exprimées dans les entretiens avec les acteurs actifs dans les secteurs secondaire et tertiaire, puis par le secteur agricole, et, dans une moindre mesure, par les acteurs du secteur forestier. Alors que les valeurs de ressources le sont davantage par les acteurs actifs dans le secteur primaire, forestier et agricole. Par ailleurs, ce sont les femmes, et les jeunes (moins de quarante ans) qui valorisent, davantage que les hommes et les personnes plus âgées, les valeurs patrimoniales, récréatives et environnementales. Les réponses apportées par les femmes valorisent moins que les hommes la forêt comme ressource mais davantage comme patrimoine.

---

[10] Des entretiens conduits dans la commune des Houches (2001) montrent qu'une commune touristique peut avoir la volonté de concilier le tourisme de masse avec un fort engagement forestier. Le maire de cette commune, un ingénieur forestier, expliqua qu'il investit dans la conservation et la régénération de la forêt communale certes pour la biodiversité, mais aussi pour l'agrément paysager et les valeurs récréatives. Selon lui, le fait que le domaine skiable soit en grande partie en forêt participe à l'identité et à l'attractivité de la station.

Figure 4 : Valeurs forestières exprimées par secteur d'activité[11]

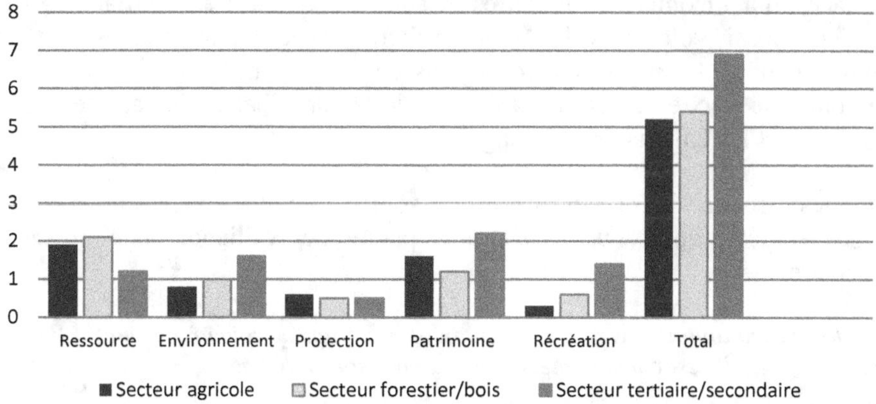

Concernant les valeurs récréatives, elles les apprécient davantage comme un endroit pour se reposer et contempler, un lieu pour le jeu des enfants, une expérience pour tous les sens. Alors que les hommes, lorsqu'ils évoquent les valeurs récréatives, les associent davantage à un espace pour exercer des activités sportives (figure 5).

Figure 5 : Valeurs forestières exprimées d'après le genre[12]

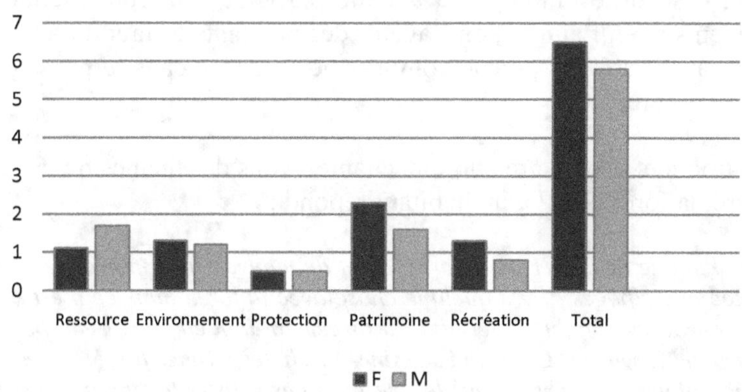

Les valeurs patrimoniales ont émergé comme une catégorie de représentations et perceptions majeure. La méthode qualitative des entretiens ouverts a probablement facilité l'expression de ces valeurs. En effet, les

[11] Ordonnées : rapport du nombre de valeurs (sous-catégories) exprimées par les répondants de chaque secteur d'occupation, divisé par le nombre de répondants par secteur d'occupation parmi les 65 interviewés.

[12] Ordonnées : rapport du nombre de valeurs (sous-catégories) exprimées par les répondants masculins et féminins pour chaque valeur type (tableau 2), divisé par le nombre de répondants masculins et féminins parmi les 65 interviewés (respectivement 49 et 16).

personnes interviewées dans le contexte d'entretiens semi-structurés trouvent la place pour raconter des histoires et souvenirs. Mises en confiance, elles confient aussi volontiers les liens affectifs avec leurs proches et leur environnement. Les personnes de moins de 40 ans ont souvent raconté des souvenirs de jeux en forêt où, éloignées de la surveillance des adultes, elles retrouvaient les enfants du voisinage.

Dans les discours, la forêt est souvent associée à un être vivant, qui se relève de la tempête, qui sécurise par sa capacité de résilience, une présence constante :

« La forêt sera toujours avec nous demain, il n'y a pas de souci à ce sujet. Elle doit être protégée, elle est communale, elle est à nous tous » (Châtel).

Cette réaction d'étonnement des personnes interrogées face à la question de la recherche est revenue régulièrement. Une impression d'étrangeté de parler de la forêt communale comme d'un espace intime, telle une chambre à coucher dans sa maison, dont on parle peu, bien qu'il soit évident qu'on y passe une bonne partie de son existence, à s'y reconstruire.

En effet la forêt de proximité confère un sentiment de ce que Giddens nomme la « sécurité ontologique » ; elle participe à la construction de la confiance en soi, en l'autre et en l'avenir des habitants. Il faut du temps pour en parler, car la forêt est perçue comme une évidence dans le paysage alpin des communes étudiées.

À la question « et dans votre chorale, chantez-vous des thèmes qui rappellent le territoire, la forêt d'ici? » un habitant répond :

« Il y a le chant de Rossinière qui parle plutôt du mouvement entre la vie au village et la montée aux alpages, il y a quelque chose avec la forêt, mais ce n'est pas dit – beaucoup tourne autour du chalet, qui est forcément tout en bois, l'eau pour la vie et l'herbe pour la vache. Celui qui dessine un chalet ici met toujours un sapin à côté. Il y a toujours des arbres dans les fresques des artistes locaux. Elle est incluse dedans – on n'a pas besoin de le dire, mais on parlera du chalet. Peut-être auparavant on en parlait plus – ici on vivait essentiellement de la production du bois, on ne payait pas d'impôts, mais ça fait très longtemps ».

Les valeurs patrimoniales sont l'expression de l'attachement au lieu ; elles permettent d'affirmer l'identité et le sentiment d'appartenance à un lieu.

Elles motivent des interactions qui permettent de re-produire un sens partagé et une stratégie pour conserver ou renforcer ces valeurs (Ollagnon, 2005).

4. Les interactions collectives à propos de la forêt communale

Après avoir identifié les thèmes suscitant des intérêts, usages ou représentations conflictuels, puis les thèmes exprimés en termes de valeurs associées, nous avons procédé à une lecture des entretiens permettant d'identifier les interactions collectives. Pour les six communes, vingt et une interactions collectives ont ainsi été identifiées (figure 6). Chacune a été analysée à la lumière des trois questions suivantes : Qui participe ? (acteurs initiant et prenant part) ; pourquoi les acteurs participent-ils ? (valeurs et conflits) ; et comment les acteurs participent-ils ? (stratégies d'action).

Figure 6 : Les interactions collectives liées à la forêt communale

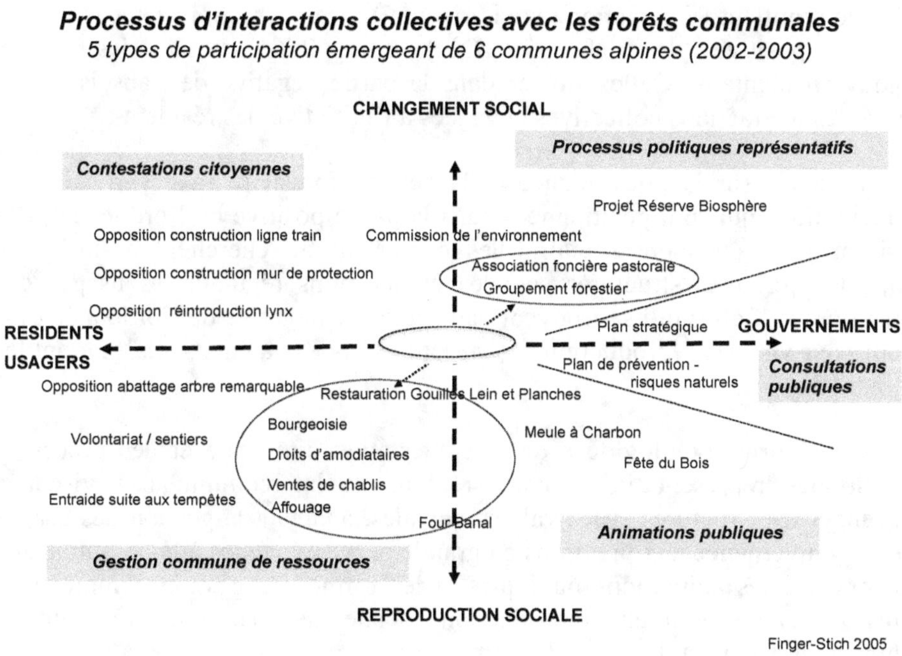

Une typologie de cinq types de processus participatifs a alors été élaborée :

- *La gestion de ressources communes* : initiée et reproduite dans la durée par des ayants-droit régulant de façon autonome leurs usages des ressources dont ils dépendent
- *La contestation citoyenne* : initiée spontanément par les acteurs concernés par les impacts d'un projet et qui se mobilisent pour s'y opposer

- *Le développement de processus politiques représentatifs* d'intérêts d'acteurs organisés *(*municipalités, associations, syndicats, groupements de propriétaires, etc.) reconnus par et cherchant l'appui de l'État
- *La consultation publique* : organisée par des administrations, consultant les citoyens résidents pour légitimer un plan d'affectation ou un projet devant répondre à un intérêt public
- *L'animation publique* : événement unique ou régulier, généralement initié ou soutenu par les municipalités, coopérant avec les offices de tourisme, divers corps de métiers et associations.

La figure 6 positionne ces cinq types de processus interactifs : (a) selon une analyse de l'agent engageant l'action, et (b) selon son influence sur la gouvernance et la gestion forestière locale.

L'agent initiant l'interaction (axe horizontal) : les interactions situées dans la partie positive de l'abscisse (X+) sont initiées par des agents gouvernementaux. Celles situées dans la partie négative de l'abscisse (X-) sont les interactions collectives engagées à l'initiative des résidents.

L'influence sur la gouvernance et la gestion forestière (axe vertical) : les interactions qui sont positionnées dans la partie positive de l'ordonnée (Y+) visent le changement social. Elles contestent ou cherchent à initier ou adapter certaines structures sociales et décisions régulant les usages des ressources. Celles qui se trouvent dans la partie négative de l'ordonnée (Y-) ont pour visée la reproduction des structures et des valeurs sociales, dont les traditions.

Les catégories typologiques de la contestation citoyenne et des processus politiques représentatifs souvent régionaux (intercommunaux) visent à changer les structures et les valeurs sociales, adaptant la gestion des usages et la gouvernance aux pressions en grande partie exogènes à la communauté. Alors que les animations publiques et les formes de gestion commune de ressources visent à une reproduction sociale dans la durée, résistant ou prévenant l'impact d'éventuelles pressions.

La contestation citoyenne inclut des exemples divers. L'opposition à la construction d'une ligne de train pour faciliter l'accès à un sommet à forte attractivité touristique, ligne qui devait passer à travers une forêt mise au ban depuis des siècles. Ou l'opposition de chasseurs et éleveurs à une politique nationale de réintroduction du lynx. Les mobilisations pour ces oppositions sont temporaires, et tendent à disparaître quand le conflit est résolu ou le problème dépassé.

Les processus politiques représentatifs incluent des interactions auxquelles prennent part des groupes d'acteurs organisés, tels que des syndicats agricoles, des associations de protection de l'environnement. Citons par exemple le projet intercommunal de créer une réserve de biosphère, qui finalement devint un parc naturel régional au Pays d'Enhaut (dont fait partie Rossinière). Ces processus comprennent aussi les diverses commissions municipales qui touchent de près (commission bois à Nancy sur Cluse et à Rossinière) ou de plus loin (commission environnement à Leysin) à la forêt communale. Le but de ces commissions est de développer des politiques et stratégies d'action favorables aux groupes d'intérêts organisés (agricole, forestier, environnement, tourisme).

Les consultations publiques incluent des processus formels d'enquêtes publiques pendant lesquelles les habitants peuvent exprimer leur avis à propos d'un plan ou d'une stratégie. Un processus concernait l'approbation d'un plan de prévention de risques, visant à éviter des constructions dans des zones exposées aux dangers naturels (Vacheresse). Les interviewés de la commune mentionnant cet exemple dirent ne pas y avoir participé, n'étant pas directement concernés. Le second exemple impliqua une interaction collective plus conséquente, le plan stratégique communal de Leysin. La municipalité aidée d'une agence de conseil organisa et facilita 13 groupes de travail ouverts aux habitants pour développer une vision partagée pour l'avenir de la commune. Ils abordèrent notamment les conflits entre développement touristique et conservation de l'environnement autour du projet de construction du train de la Berneuse traversant la forêt communale. Selon les interviewés, le dynamisme initial du processus se serait épuisé sur les deux ans d'élaboration de la stratégie car il demandait un investissement conséquent avec peu de certitude quant à la manière par laquelle les autorités intégreraient les résultats dans les plans de la commune.

Les interactions qui visent plus particulièrement à la reproduction des valeurs du territoire, lui conférant son identité et favorisant l'intégration sociale des membres d'une communauté, sont des animations publiques telles que la fête du bois (Châtel) permettant aux travailleurs de la forêt et aux artisans du bois de la vallée d'Abondance d'exposer leur savoir et savoir-faire. Ou la construction d'une meule à charbon en forêt communale de Rossinière, qui fut l'occasion d'une manifestation publique festive où les habitants divisés sur le conflit de la réintroduction du lynx purent aussi renouer le dialogue. Et encore, la restauration d'un four banal où des habitants de la commune et de la région, aidés d'un financement cantonal, contribuèrent à la restauration d'un ancien four à pain à Vollège, four approvisonné par le bois d'affouage obtenu de la forêt appartenant à la bourgeoisie de Vollège.

Les modes de gestion commune de ressources initiés et auto-organisés par les habitants et usagers sont toujours présents mais tendent toutefois à s'éroder. Il y a pourtant de nouvelles formes de gestion partiellement commune de biens privés et communaux, dont les exemples d'associations foncières pastorales et les groupements forestiers. Ces nouvelles formes de gestion organisent les divers titulaires d'une manière que nous pouvons qualifier de « trans-appropriative » selon les termes de Henry Ollagnon (2005). Le but de cette stratégie commune est de renforcer la capacité de ces divers propriétaires-titulaires pour leur permettre d'obtenir du soutien (expertise et/ou aides financières) des services de l'État. Cette forme plus moderne de régime de gestion partiellement commune s'appuie sur un soutien donné par les administrations communales, régionales et nationales, et est en lien avec le développement de processus politiques représentatifs.

La commission bois de Nancy sur Cluses, positionnée au centre de la figure 6 est une forme de gestion commune des ressources forestières communales intégrée dans la gouvernance municipale. Elle relève en partie du type du processus politique représentatif car y sont nommés par la municipalité des représentants des travailleurs de la forêt et du bois. C'est une organisation pérenne qui a pour mission à la fois d'assurer la reproduction durable de la ressource et aussi d'adapter cette gestion selon le marché et les pressions externes, contestant si nécessaire, ou proposant d'autres options que celles avancées par l'ONF. Quant à la Bourgeoisie de Vollèges, principal propriétaire forestier des forêts de la commune de Vollèges, elle s'auto-organise avec une gouvernance propre pour approuver ou demander une modification au plan de gestion de sa forêt proposé par l'administration forestière du canton du Valais, notamment pour gérer l'affouage ou les ventes de chablis.

5. La forêt communale : les communs locaux à l'épreuve de la globalisation

Les processus identifiés comme diverses formes de gestion commune de ressources peuvent être évalués avec les variables proposées par Ostrom et permettant d'analyser la durabilité de socio-écosystèmes (Potete et Ostrom, 2002 ; Ostrom, 2009). Ces variables permettent de comprendre les motivations des acteurs à coopérer pour une gestion durable des ressources. Parmi ces variables citons l'importance de la ressource pour les usagers et leur expérience d'une raréfaction de la ressource. Si l'on identifie l'unité de la ressource à gérer en commun ou de manière coopérative comme la forêt et le bois, il apparaît que de nombreux acteurs interviewés perçoivent les ressources forestières de leur commune comme relativement abondantes et peu menacées dans leur capacité de régénération. Certains les considéraient même comme se régénérant « trop » et « envahissant » le paysage. Ainsi nous pourrions conclure que les habitants des Alpes sont peu motivés à s'engager dans une gestion commune ou collective de leurs forêts.

Effectivement, selon les interviews, le problème n'est pas ou peu celui d'une disponibilité limitée de la ressource, mais il réside plutôt dans la difficulté de valoriser la forêt alpine par sa production de bois, le bois alpin étant difficile et cher à extraire, donc peu compétitif sur le marché global. Le problème est en fait davantage le manque d'opportunité de valoriser la ressource, de maintenir voire de créer des emplois et des revenus liés à la forêt. Certains s'exprimèrent à propos du manque de capacité locale pour s'organiser et développer une offre attractive pour un marché sinon global, du moins national ou régional. C'est pour répondre à cette limite de valorisation économique et pour limiter les coûts de gestion et de production que les usagers et propriétaires forestiers vont s'engager plus volontairement dans des formes d'interactions collectives. En témoignent notamment les processus de gestion commune de ressource plus modernes, tels que les groupements forestiers, et plus récemment (pas encore présents dans nos exemples de 2002-2003), les processus d'organisation des acteurs des filières bois régionales, dont certains débouchèrent sur la certification et la labellisation du bois des régions alpines, comme *Bois Suisse* et *Bois des Alpes* en France (Forum Forestier Lémanique, 2014).

Les systèmes de gestion commune de ressources forestières que nous pourrions définir comme traditionnels (encerclés dans le cadrant X et Y négatifs à la figure 6), ainsi que les systèmes de gestion commune plus modernes (encerclés dans le cadrant des X et Y positifs), sont peu visibles au regard d'une grande part des acteurs interviewés qui travaillent dans le secteur tertiaire. Ces habitants et usagers qui dépendent moins directement de la ressource ne connaissent pas ou peu les frontières de la forêt communale, ni les volumes de bois exploités annuellement, ni les règles d'usages des ressources forestières. Ils interagissent relativement peu au niveau des décisions forestières et n'expriment pas l'intention d'être impliqués de manière régulière dans la gouvernance forestière ou la gestion de la forêt communale. En effet, de manière routinière, les acteurs qui ne dépendent pas directement de la forêt délèguent volontiers la décision et la gestion forestière aux agents forestiers officiellement en charge. Cependant, s'ils perçoivent une menace sur la forêt, ils seront prompts à se mobiliser pour s'y opposer, comme nous l'avons vu à Nancy sur Cluse avec les processus d'opposition à des projets qui pourraient altérer la forêt communale ou pour la protection d'un arbre remarquable appartenant à la commune (figure 6).

L'analyse des entretiens donne quelques explications au manque d'implication continue de la part des usagers et habitants non professionnellement investis dans le secteur de la forêt et du bois. En effet, les participants d'interactions concernant directement la gestion de la forêt communale, tels que les 5 à 10 personnes participant aux commissions bois de plusieurs communes, partagent assez peu leurs connaissances, expériences et avis avec les autres habitants. Et la plupart des habitants n'ont pas connaissance de l'existence d'un plan de gestion pour les forêts de leur commune, encore moins de son contenu.

En ce qui concerne le dernier critère de robustesse des communs à savoir la capacité de s'organiser collectivement et de partager l'expérience, les savoirs et savoir-faire, l'étude montre que la gestion des forêts communales alpines ne mobilise qu'un petit nombre d'acteurs, moins de 10 par commune, généralement des hommes âgés de plus de quarante ans.

Aussi, plusieurs agents des services forestiers exprimèrent leurs regrets de ne pas pouvoir compter sur des interlocuteurs réguliers dans les communes. Le travail de soigner les relations avec les municipaux qui changent au rythme des élections dépend de l'initiative personnelle des agents forestiers communaux. Pour les forestiers, il est aussi important d'avoir des municipalités engagées pour leur forêt, puisqu'elles doivent non seulement cosigner les plans de gestion tous les dix-quinze ans mais aussi s'accorder sur les travaux, les investissements nécessaires et sur le choix des entreprises de mise en œuvre des projets.

Les interactions locales doivent être comprises dans le contexte de la modernisation et du pouvoir des institutions dominantes qui échappent en grande partie au pouvoir local ; les institutions que Anthony Giddens (1990) identifie comme l'État, la science et le marché. Ces institutions ont tenté de contrôler les régimes de propriété communs, si bien que seuls certains persistent en certains lieux, comme les bourgeoisies, les consortages et l'affouage[13].

6. La modernisation des valeurs forestières : clivage entre le rural et l'urbain

L'analyse des conflits et des valeurs permet de distinguer des perceptions forestières entre les habitants de type plus ou moins rural ou urbain,

---

[13] Concernant l'affouage, le Code Forestier français en limite la pratique aux « bénéficiaires » des communes qui en ont obtenu le droit par des actes gouvernementaux reconnus dans le premier code forestier du 31 juillet 1827 (2014, 1241-2).

l'appartenance des acteurs à ces types étant définis en fonction du secteur dans lequel ils et elles exercent leur activité principale (tableau 3).

Tableau 3 : Perceptions des forêts communales par types d'acteurs, selon un mode de vie plus ou moins rural ou urbain

Type rural	**Type urbain**
Subsistance	Qualité de vie
Lieu travaillé	Espace naturel
Propriété commune	Propriété publique

Pour les acteurs de type plus urbain, la participation à la gestion forestière n'est pas perçue comme nécessaire de manière routinière, bien que ces acteurs expriment le désir d'être informés. Ces acteurs perçoivent la forêt comme un paysage « naturel », non approprié, public, un lieu accessible pour tout un chacun. Elle est perçue comme un lieu conférant une qualité de vie, et un sentiment de sécurité, contrastant avec les changements apportés par la modernisation. Lorsque ce ressenti de stabilité et de sécurité est ébranlé, parce que les habitants perçoivent soudainement un projet comme menaçant l'intégrité de la forêt, ils s'avèrent prompts à s'engager pour s'y opposer.

Pour les acteurs de types plus ruraux, la participation à la gestion de la forêt communale est au contraire plus importante et ils sont généralement bien informés. Ils considèrent la forêt communale comme une propriété commune dont ils sont aussi des ayants-droit, exerçant des droits d'usage pour leur subsistance, un droit de regard sur la gestion d'un lieu travaillé.

La stratégie des acteurs de type rural est le plus souvent de gérer les conflits par des interactions face à face, souvent informelles et dans la continuité des échanges. Les décisions sont prises en recherchant le consensus et de façon à garder un contrôle sur les ressources, conférant une certaine autonomie locale par rapport à un centre administratif associé à la capitale, à la ville (Tableau 4).

Tableau 4 : Stratégies d'action selon le mode de vie rural ou urbain

Type rural	**Type urbain**
Conflits gérés par relations informelles et continues	Conflits gérés par relations formelles et ponctuelles
Prise de décision basée sur la recherche de consensus	Lobby des décideurs au niveau régional ou national
Autonomie des ayants-droit	Autorité de l'État
Solidarité	Intégration

En effet, l'analyse comparée des résultats de l'expression des conflits et de valeurs selon les catégories sociales des interviewés fait ressortir un clivage entre représentations rurales et urbaines. Les acteurs ruraux affirment une volonté de se légitimer comme titulaire principal de la forêt communale, poursuivant leur intérêt d'autonomie sur la gestion des ressources du territoire. Alors que les acteurs habitants au mode de vie plus urbain participent plus occasionnellement à des interactions locales forestières, le plus souvent pour favoriser leur qualité de vie et leur intégration sociale.

Le clivage entre les perceptions rurales et urbaines est aussi moteur d'interactions collectives relativement conflictuelles, dont l'opposition à la construction d'une infrastructure de tourisme dans une forêt mise à ban depuis plusieurs siècles (Leysin), la réintroduction du lynx (Rossinière), la construction d'un mur de protection contre les dangers naturels (Châtel). En effet, les interactions collectives concernant la conservation de milieux naturels ou d'espèces ont divisé de manière relativement importante les habitants de certaines communes, menant aussi à des comportements d'exclusion. Par exemple, la réintroduction du lynx fut l'occasion d'une controverse lors de laquelle les acteurs ruraux affirmèrent fortement leur volonté d'autonomie dans la gestion des ressources du territoire, contestant l'expertise de gestionnaire de l'environnement venant de la capitale.

C'est aussi pour résister à ce pouvoir du législateur ou gestionnaire extérieur que se mobilisent les relations de solidarité entre les acteurs ruraux, lorsque surgit un projet qui pourrait amener un changement qu'ils ne contrôlent pas. Les relations de solidarité auxquelles prennent part spontanément les habitants se manifestent notamment face aux aléas, tel que nous l'avons observé avec l'ouragan Lothar qui dévasta les forêts au cœur de la région étudiée, en fin d'année 1999. Cette entraide est le fait d'une capacité d'organisation des communautés rurales pour la gestion de biens communs. Les institutions anciennes (médiévales ou pré-datant la consolidation des États), telles que la bourgeoisie, les consortages, l'affouage sont autant des formes d'interactions dans lesquelles les acteurs ruraux sont particulièrement investis.

Toutefois, nous constatons aussi l'émergence de nouveaux processus d'interactions animant des valeurs et des modes de gestion communs, tel que pour la restauration d'un four (four à pain utilisant du bois de la commune, restauré et utilisé par une association locale). Ce type d'interactions animant des valeurs partagées renforce l'identité et favorise l'intégration sociale des acteurs plus urbains. Ces interactions (représentées dans la figure 6, cadrant des X et Y négatifs) émergent de l'initiative des habitants, elles font place à des échanges continus et ont pour fonction la reproduction de structures sociales. Ces interactions contribuent à la qualité de la vie et animent également des valeurs de subsistance faisant sens pour les acteurs ruraux, valeurs figurées notamment par les symboles du pain, du bois, du four.

Avec l'urbanisation, non seulement en termes de transformation des paysages mais aussi des modes de vie (notamment avec les technologies de l'information), les catégories sociales dites rurales ont certainement encore modifié leurs perceptions durant la décennie écoulée depuis ces entretiens. Notre analyse doit donc bien être située comme correspondant à un regard sur des perceptions exprimées à l'orée du 21ème siècle.

CONCLUSION

Pour conclure nous reprenons les quatre hypothèses énoncées dans la description méthodologique (section 1).

La raison principale motivant les acteurs du territoire à initier et prendre part dans un processus de participation est la résolution ou l'évitement de conflits (Coser, 1956).

Effectivement, les acteurs les plus dépendants de la forêt ou des ressources naturelles pour leurs revenus expriment le plus de conflits. Et les conflits concernent essentiellement la situation économique, considérée comme peu favorable par les travailleurs de la forêt et du bois, en particulier pour les habitants des communes alpines françaises.

Les habitants dépendant moins de la forêt du point de vue économique, travaillant dans les secteurs secondaire et tertiaire, s'expriment davantage en termes de valeurs. Les valeurs patrimoniales associées à la forêt communale, sont le plus souvent citées, suivies des valeurs environnementales et récréatives (figure 4).

L'expression des valeurs patrimoniales est plus forte dans les communes dont l'économie forestière a historiquement joué un rôle important, mais qui aujourd'hui ont aussi développé un secteur tertiaire qui valorise l'attractivité touristique de leur paysage. Ces communes valorisent aussi le patrimoine construit avec le bois local et le savoir-faire des métiers de la forêt et des artisans du bois de leur région. En effet, il semble que la patrimonialisation engage les titulaires pour des valeurs à la fois marchandes et non marchandes (Micoud, 2005).

Les acteurs locaux participant activement à la foresterie intègrent les forêts communales aux multiples usages du territoire alpin.

Cette hypothèse n'est pas entièrement vérifiée. La sectorialisation a affecté la gouvernance et la gestion des forêts jusqu'au niveau local. Bien que les sociétés alpines conservent des traditions sylvo-pastorales, comme les droits d'amodiateurs (Rossinière, Vaud), les bourgeoisies et les consortages, les domaines d'activités forestier et agricole se sont éloignés l'un de l'autre. Cet éloignement est certes le fait de politiques agricoles et forestières qui ont été séparées en secteurs distincts, mais procède aussi de logiques identitaires et d'une appropriation exclusive du territoire. Les participants les plus actifs dans la gouvernance et la gestion des forêts communales, sont généralement des hommes professionnellement liés à la forêt, généralement des hommes de plus de 40 ans qui partagent peu leurs savoirs et savoir-faire avec d'autres résidents. Cette tendance d'exclusivité au niveau local est en partie une réaction de résistance au pouvoir de décision de l'État sur l'usage des ressources du territoire. Une réaction aussi contre l'expertise scientifique (de légitimité universelle) et une perception esthétisante du paysage rural relevant de représentations culturelles urbaines (Barthod, 2004). Ces réactions des acteurs de type plus rural rendent la participation à la foresterie locale plus difficile pour les jeunes, les femmes, les nouveaux résidents et les non-professionnels de la forêt.

La gestion de forêts communales tend à être déconnectée de politiques publiques internationales et nationales promouvant une gestion forestière participative.

Effectivement, les acteurs participant aux diverses interactions collectives en lien avec les forêts communales ne font pas référence aux cadres institutionnels national et international. Les processus participatifs locaux reposent pour une bonne part d'entre eux (12 sur 21) sur des interactions collectives organisées par des résidents qui poursuivent des stratégies pour des raisons propres à leur lieu de vie et de travail.

Les perceptions et les interactions sociales en relation avec la forêt communale varient selon les occupations principales des acteurs sociaux, selon les contextes institutionnels et économiques des communes, et selon leur histoire locale.

Cette hypothèse est vérifiée, nous trouvons des variations importantes liées à l'expression de conflits et de valeurs selon les catégories liées à la profession et au lieu, notamment ses caractéristiques socio-économiques (secteurs agricole, forestier et touristique plus ou moins importants selon les communes). Ces variations liées à l'activité des territoires et de leurs habitants se retrouvent aussi dans des travaux étudiant les attitudes des acteurs locaux à l'égard de projets de protection de nature, notamment la création d'aires protégées dans d'autres régions de montagne en Europe.

(Finger-Stich et Ghimire, 1997 ; Tomicevic et al., 2010 ; Bätzing, 2015). Notre analyse constate aussi des variations importantes à travers les divers territoires alpins étudiés et donne des indications sur les diverses motivations des acteurs locaux à s'engager dans la foresterie à l'échelle de leur territoire de vie. Ces motivations s'avèrent être d'ordre plus culturel pour les habitants au mode de vie plus urbain, alors qu'elles sont de caractère plus économique et politique pour les habitants dont le mode de vie est plus rural. En effet, les discours indiquent que l'expression des valeurs patrimoniales est plus importante dans les communes développant un tourisme doux valorisant le paysage forestier et pastoral, que dans les communes qui ont développé un tourisme de masse (lié surtout au ski) ou les communes de caractère rural sans tourisme.

Pourtant, bien que les acteurs des secteurs tertiaire et secondaire évoquent plus souvent les valeurs patrimoniales, il ne faudrait conclure que les acteurs ruraux perçoivent moins de valeurs patrimoniales. En effet, il est probable que ces derniers ont utilisé l'entretien davantage pour exprimer des conflits forestiers, alors que les acteurs du secteur tertiaire ont davantage exprimé leur intérêt pour l'attractivité touristique de leur territoire. En effet, ces derniers ont exprimé davantage de valeurs que de conflits forestiers, et ils ont donné une large importance aux valeurs patrimoniales qui distinguent et confèrent une identité au territoire.

Une recherche participative influence nécessairement la situation sociale étudiée. Il semble que pour les territoires étudiés, notre recherche a participé à la construction du lien (ou de la conscience du lien) entre les résidents et leur environnement de proximité. Ce travail est en fait aussi de nature patrimoniale, un travail symbolique reposant sur la représentation par le langage qui consiste à dire et « re-dire ce qui nous relie » (Micoud, 2005). En effet, plusieurs personnes non professionnelles de la forêt, souvent des femmes, déclarèrent à l'entrée de l'entretien qu'elles n'auraient pas « grand-chose » à dire sur la forêt communale et, à la sortie de l'entretien, plus d'une heure après, certaines affirmèrent leur surprise « d'avoir pu en dire autant ».

En mettant en relation les résultats des trois phases de recherche, conflits-valeurs-interactions, il apparaît que les interactions collectives locales peuvent être stimulées par les conflits et permettent à leur tour de renforcer la capacité des communautés à gérer les conflits. Les interactions permettent de découvrir le revers des conflits que sont les valeurs, en effet la gestion des conflits implique l'affirmation des valeurs et de s'accorder autour de valeurs partagées. L'étude montre alors l'importance des capacités de communication des agents forestiers, leur aptitude à travailler avec les institutions et les acteurs du territoire. D'où l'importance d'intégrer les compétences sociales dans les formations forestières et de valoriser leur mise en pratique pour les agents engagés au plus proche du territoire (Finger-Stich, 2005).

L'étude relève l'importante motivation que constituent les valeurs patrimoniales. Si les services forestiers y sont devenus plus attentifs – visant une meilleure acceptation auprès des acteurs du territoire, en France en particulier, notre étude de cas comparée montre qu'une stratégie patrimoniale ne se décrète pas, mais émerge des territoires. Une telle stratégie met à jour des représentations et intérêts conflictuels propres à la situation des acteurs dans chaque lieu. Elle implique les acteurs-titulaires qui s'engagent à leur propre initiative et selon leur propre mode d'organisation. Aussi, ces processus de patrimonialisation englobent le patrimoine naturel et culturel (matériel et immatériel) du lieu donné, mais aussi d'acteurs se référant à des valeurs patrimoniales émanant d'autres lieux – d'autres imaginaires et référentiels culturels.

Les conflits émergent par contre d'avantage de réactions à la modernisation, à l'urbanisation et à la globalisation. Ils servent aussi à l'affirmation identitaire d'une communauté qui se sent menacée dans son autonomie et son intégrité face à des relations de pouvoir perçues comme imposées de l'extérieur, comme nous l'avons vu avec la réintroduction du lynx.

Une foresterie apte à reproduire et générer des valeurs et résoudre des conflits d'usages en relation avec les forêts et le paysage, repose sur des interactions sociales localisées permettant une certaine continuité d'interactions entre les acteurs locaux et avec leur environnement. Nous avons relevé l'importance de prendre en compte les conflits, et de faciliter leur expression, non seulement pour les résoudre et les minimiser, mais aussi pour faire émerger les valeurs qui motivent les acteurs à s'engager pour une gestion durable de la forêt. Nous avons vu que ce sont les acteurs les plus dépendants (économiquement) d'une ressource qui expriment le plus de conflits à son propos. Mais nous constatons aussi qu'il est important de prendre en compte l'expression de valeurs, notamment des « profanes », non professionnels de la forêt et du bois.

Cette étude située dans un lieu-moment précis ne prétend pas représenter l'ensemble des interactions possibles avec les forêts de proximité alpines, mais elle permet de reconnaître la diversité des interactions sociales émergeant des territoires, concernant les forêts communales. Cette diversité inclut des processus initiés soit par les résidents soit par des acteurs proches des autorités gouvernementales locales. Les uns visant à apporter des changements sociaux, et les autres à reproduire les structures et valeurs sociales.

Une étude actuelle sur le même territoire verrait de nouveaux cas d'interactions collectives concernant la gouvernance et la gestion forestière, éventuellement motivées aussi par des valeurs qui se sont affirmées au tournant du 21ème siècle, notamment à propos de la conservation de la biodiversité et du réchauffement climatique. Mais la méthode, le cadre d'analyse des conflits et des valeurs et la typologie des interactions collectives proposés pourraient encore être testés pour d'autres territoires forestiers, dans le but de distinguer la diversité des processus participatifs situés au plus proche de la ressource et de ses usagers.

La question des savoirs en foresterie ne fut pas directement abordée dans la recherche mais au vu des résultats, on pourrait dire que les habitants sont généralement assez respectueux des savoirs des forestiers et s'en remettent volontiers à leur expertise lorsqu'il s'agit de gérer de manière routinière la forêt. Mais lorsque survient un problème, par exemple une tempête ou une invasion de bostryches, les acteurs les plus proches de la ressource (agriculteurs et propriétaires forestiers) peuvent rapidement être en conflit avec la vision officielle.

Les acteurs des secteurs tertiaire et secondaire se déclarent souvent par eux-mêmes non spécialistes de la forêt et certains explicitèrent ne pas vouloir participer à la décision. Mais ils prononcèrent souvent aussi le désir d'être informés sur l'état de la forêt et sur les raisons de mesures de gestion dont ils observent des traces dans le paysage. Ils ou elles apprécient en particulier d'en apprendre davantage à l'occasion d'une rencontre avec le forestier. Nos résultats montrent que ces amateurs de la forêt participent par contre volontiers à des manifestations culturelles animant les diverses valeurs forestières, dont patrimoniales. Aussi, ils peuvent se manifester promptement lorsqu'ils perçoivent que leur forêt de proximité pourrait subir des changements perçus comme menaçants, comme le montrent les divers mouvements d'oppositions identifiés. Ils échangeront alors volontiers des avis et des connaissances entre amateurs et professionnels dans une recherche de solutions (Shannon, 2006 ; Charvolin et al., 2007).

Nous avons identifié des actions collectives témoignant d'une certaines capacité de gestion commune des ressources forestières dans les Alpes (figure 6). Toutefois l'autonomie de gestion des acteurs du territoire les plus proches de la ressource est toujours sujette à conflits (Nougarède et al., 1985 ; Nougarède, 1995). Et bien que cette autonomie relative soit affirmée comme un indicateur de gestion durable des ressources (Fédération nationale des communes forestières 1990 ; UNEP-CBD, 1998 ; IFF, 2000 ; Ostrom, 2009), elle demeure fragilisée par la tertiarisation, l'urbanisation et la globalisation. Si les forêts communales ne sont pas à confondre avec des biens communs, l'étude montre qu'elles peuvent pourtant leur donner une place, et de manière innovante aussi (Finger-Stich, 2009). Les habitants au mode de vie plus urbain peuvent aussi être motivés à participer à des interactions concernant la forêt communale, à l'exemple d'un four banal à Vollèges (Valais), qui animent leur lieu, améliorent leur cadre de vie et favorisent leur intégration sociale. À l'exemple des communes qui pratiquent l'affouage, les agents de l'État devraient davantage aussi reconnaître les titulaires locaux dont les acteurs aux modes de vie plus ruraux, ainsi que leur conception des droits d'accès, d'usages et de co-gestion de la ressource. Favoriser leur engagement et reconnaître leurs savoirs et savoir-faire contribue à une gestion et valorisation durables du patrimoine forestier.

REMERCIEMENTS

Nos remerciements sincères à toutes les personnes qui nous ont généreusement octroyé leur temps, leurs réflexions et leur confiance, au cours des interviews menés dans les communes alpines étudiées.

BIBLIOGRAPHIE

Arnstein, S., 1969. A ladder of citizen participation. Journal of the American Institute of Planners, 35, 216-226.

Barthod, C., 2004. Protection de la nature et identités culturelles en France. Policy Matters, History, Culture and Conservation, 18-26.

Bätzing, W., 1993. Der sozio-ökonomische Strukturwandel des Alpenraums im 20. Jahrhundert. Georgraphica Bernensia, Bern.

Bätzing, W., 2015. Die Alpen : Geschichte und Zukunft einer europäischen Kulturlandschaft. C.H. Beck, Münich.

Buttoud, G., 1999. Principles of participatory processes in public decision making. In : Regional Forest Programmes – a participatory approach to support forest based regional development. European Forest Institute Proceedings 32, Joensuu, 11-28.

Buttoud, G., 2000. Challenges and methods for a multipurpose management of mountain forests. In : Proceedings of multipurpose management of mountain forests. Concepts, methods techniques, communications, International Symposium, 25-30 June, OEFM (European Observatory of Mountain Forest), IUFRO, Pralognan la Vanoise.

Cantiani, M.G., 2012. Forest planning and public participation : a possible methodological approach. Technical advances – iForest - Biogeosciences and Forestry. Doi.3832/ifor0602-009.

Charvolin, F., Micoud, A., Nyhart, L.K., 2007. Des sciences citoyennes, la question de l'amateur dans les sciences naturalistes. Éditions de l'Aube, Paris.

Coser, L., 1956. The Functions of Social Conflict. The Free Press, New York.

Cronon, W., 1995. Uncommon Ground – Rethinking the Human Place in Nature. Norton, New York.

Crozier, M., Friedberg, E., 1977. L'acteur et le système. Éditions du Seuil, Paris.

État du Valais, 2014. Guide de la Forêt valaisanne. [En ligne], http://www.vs.ch/press/ds_3/acc-2014-03-21-21856/fr/02-guideforet_fr_sfp.pdf

Fédération Nationale des Communes Forestières (FNCoFor), 1990. Communes Forestières de France, Livre Blanc de la Forêt Communale. Bulletin Officiel de la Fédération Nationale des Communes Forestières de France et de l'aménagement de l'espace rural, 30, 90.

Finger-Stich, A., Ghimire, K., 1997. Travail, culture et nature. Le développement local dans le contexte des parcs nationaux et naturels régionaux de France. UNRISD, Genève, L'Harmattan, Paris.

Finger, M., Finger-Stich, A., 2003. State versus participation, natural resources management in Europe. International Institute for Environment and Development (IIED) / Institute for Development Studies (IDS) Institutionalising Participation Series.

Finger-Stich, A., 2005. Social Agency in Alpine Communal Forests : local actors' interactions with communal forests and participation in communal forestry in the French and Swiss Alps. Ph.D. thesis, [En ligne], http://www.freidok.uni-freiburg.de

Finger-Stich, A., 2009. Innovation in the plural of the alpine cre-a(c)tors. Journal of Alpine Research, 97, 1, [En ligne], http://rga.revues.org/index817.html

Forum Forestier Lémanique, 2014. La filière bois peut-elle échapper à la globalisation ? Colloque, 15 mai, Saint Gervais.

Giddens, A., 1990. The Consequences of Modernity. Polity Press, Cambridge.

Giddens, A., 1991. Modernity and Self-Identity. Polity Press, Cambridge.

Glaser, B.G., 1992. Basics of Grounded Theory Analysis. Sociology Press, Mill Valley.

IFF (Intergovernmental Forum on Forests), 2000. Report of the 4th Session, United Nations Economic and Social Council, Commission on Sustainable Development E/CN.17/2000/14, New York.

Micoud, A., 2005. Redire ce qui nous relie. In : Barrère, C., Barthélémy, D., Nieddu, M., Vivien, F.D., (Éds.), Réinventer le patrimoine. L'Harmattan, Paris, 81-96.

Nougarède, O., Larrère, R., Poupardin, D., 1985. La restauration des terrains de montagnes de 1882 à 1913. L'Aigoual et sa légende. In : Cadoret, A., (Éd.), Protection de la Nature : Histoire et Idéologie, de la Nature à l'Environnement. L'Harmattan, Paris, 21-40.

Nougarède, O., 1995. Paysans et Forestiers. In : La Forêt, les savoirs et le citoyen. Éditions ANCR, Chalon-sur-Saône, 273-282.

Ollagnon, H., 2005. Stratégies patrimoniales pour un développement durable. In : Barrère, C., Barthélemy, D., Nieddu, M., Franck-Dominique, V., (Éds.), Réinventer le Patrimoine. L'Harmattan, Paris, 179-197.

Ostrom, E., 1999. Self-governance and forest resources. Center for International Forestry Research (CIFOR), Occasional Paper No. 20, Cogor.

Ostrom, E., 2009. A general framework for analyzing the sustainability of social-ecological systems. Science 325, 419-422.

Poteete, A., Ostrom, E., 2002. An institutional approach to the study of forest resources. International forestry Resources and Institutions Research Program, Indiana University, W01-8.

Shannon, M.A., Antypas, A.R., 1996. Civic science is democracy in action. Northwest Science Forum 70, 1.

Shannon, M.A., 2002. Understanding collaboration as deliberative communication, Organization Form and Emergent Institution. EFI Proceedings, 44.

Shannon, M.A., 2006. Participation as social inquiry and social learning. Swiss Forestry Journal, 157, 430-437.

Sutter, S., 2001. Die Mitwirkung bei Waldentwicklungspläne : rechtliche Regelung und Umsetzung, dargestellt an ausgewählten Beispielen einzelner Kantone. Eidgenössische Technische Hochschule, Forstpolitik und Forstökonomie, Zürich.

Tomicevic, J., Shannon, M.A., Milovanovic, M., 2010. Socio-economic impacts on the attitudes towards conservation of natural resources : case study from Serbia. Forest Policy and Economics, 12, 157-162.

UNECE-ILO-FAO Timber Committee, 2000. Public participation in forestry in Europe and North America. International Labor Organization, Geneva, [En ligne], http://www.unece.org/trade/timber/jointcommittee/participation/report. pdf

UNEP-CBD, 1998. Report of the Workshop on the Ecosystem Approach, UNEP/CBD/COP/4/Inf.9, Malawi.

Chapitre 8. Participation des populations locales à la protection et à la gestion durable de la biodiversité forestière. Approche ethnographique de la mise en place de Natura 2000 en forêt

BLONDET Marieke
Muséum National d'Histoire Naturelle et Laboratoire d'Économie Forestière (LEF), INRA AgroParisTech Nancy, France

Aujourd'hui, la mise en place de politiques environnementales, notamment en forêt, fait rarement l'économie de la consultation-participation des populations locales. La mise en place de Natura 2000 en France - du fait des intenses conflits des débuts - a été précurseur de cette tendance. On a vu se réunir les différents acteurs du monde agricole et forestier lors de réunions de comités de pilotage constitués autour de chaque site Natura 2000 pour discuter et arriver à des compromis entre production et protection. De nouvelles relations entre ces acteurs ont vu le jour dans le cadre de ces arènes publiques. Cet article décrit la manière dont la participation des acteurs locaux s'est mise en place autour de deux sites Natura 2000 en forêt de hêtre. Il présente les résultats en termes d'implication des acteurs des territoires concernés et de leur mobilisation pour la protection et la gestion durable de la biodiversité forestière. Une approche ethnographique a été mise en place, consistant en deux campagnes de terrain, une dans les Vosges, l'autre dans les Alpes-de-Haute-Provence. 58 entretiens semi-directifs, des observations participantes de réunions publiques et de sorties en forêt ont été réalisés entre 2011 et 2013. L'intérêt de l'approche ethnographique est que son étude de situations très localisées et circonstanciées apporte des éléments de compréhension très éclairants de ce qui se joue sur le terrain entre les différents acteurs en présence. De plus, ce qui ressort concrètement d'un processus participatif découle de la manière dont sont constituées et fonctionnent les scènes locales dans lesquelles s'insèrent la participation des locaux et Natura 2000 : le contexte historique et économique de la filière bois, la position de l'animateur, les autres enjeux liés au développement local, etc.; tout cela conditionne les motivations des acteurs à intégrer les questions de biodiversité à leurs pratiques de gestion forestière.

MOTS-CLÉS
Natura 2000 ; participation ; forêt ; politique publique ; acteurs

INTRODUCTION

Aujourd'hui, la mise en place de politiques environnementales, notamment en forêt, fait rarement l'économie de la consultation-participation des populations locales (Chauvin et Landmann, 2009). Ces principes sont d'ailleurs au cœur des engagements pris par la France suite à la signature en 2002 de la Convention d'Aarhus, puis l'application de cette convention dans la Charte de l'environnement (février 2005). Dans ce pays, la mise en place de Natura 2000 a été à l'avant-garde de cette tendance en réponse, notamment, aux fortes oppositions à l'application sur le territoire français de cette politique européenne (nous y reviendrons plus bas). Ont alors été organisés, autour de chaque territoire nominé pour rejoindre le réseau de sites protégés Natura 2000, des comités de pilotage réunissant les différents acteurs du monde rural et forestier parties prenantes de la gestion de ces espaces. L'objectif de ces comités était de faire discuter ces personnes et de les amener à des compromis entre une production forte, une gestion plus durable des ressources et des formes de protection de la biodiversité (Pinton et al., 2006).

De manière générale, les politiques environnementales dans leur phase de mise en œuvre, vont rarement sans poser de problèmes et la réussite ou l'échec de ces actions publiques dépend souvent de très nombreux facteurs (Sabatier et Mazmanian, 1981). Ces difficultés ne sont pas uniquement le fait des caractéristiques mêmes de ces politiques mais aussi en grande partie du contexte local dans lequel une certaine politique et ses spécificités sont interprétées, négociées et implémentées (Dekker et al., 2007 ; Borrass, 2014). Si une telle acception est vraie pour la mise en œuvre de politiques en général, c'est peut-être encore plus vrai dans le cas où cette mise en application se fait au moyen d'un processus participatif impliquant les acteurs et parties prenantes du territoire en question (Paavola, 2004).

De nombreux travaux discutent de la complexité de ces approches participatives pour la mise en place de politiques de conservation telles que Natura 2000, pourtant certains auteurs (Turnhout et al., 2010 ; Van der Arend et Behagel, 2011) ont montré que la plupart de ces contributions se sont essentiellement concentrées sur l'organisation et les aspects formels de cette participation et beaucoup moins sur ce qui s'est réellement passé en pratique lorsque la participation a été utilisée pour mettre en œuvre la politique sur des territoires précis. Quelques publications de sciences sociales ont décrit les étapes de ces approches participatives en France (Pinton et al., 2006 ; Mc Caulley, 2008 ; Alphandéry et Fortier, 2010 ; Welsh-Devine, 2011). Notamment Pinton et al. ont décrit les discussions et négociations autour de la rédaction des documents de gestion de plusieurs sites Natura 2000 en France et se sont interrogés sur le dispositif de concertation adopté au cours duquel « la biodiversité se formule, se dispute et se met en scène » (Pinton et al., 2006). Cependant, aucune de ces enquêtes ne concerne spécifiquement les zones forestières et elles s'attachent davantage à discuter de la mise en œuvre de Natura 2000 en zone rurale de manière générale. De plus, ces quelques exceptions se sont intéressées à la participation autour de la rédaction des plans de gestion du site et de la négociation entre différentes perceptions et conceptions de la nature et de la biodiversité. Peu de recherches semblent avoir été conduites depuis sur la manière dont fonctionnent en pratique les sites Natura 2000 une fois passée la négociation du Document de gestion ou Docob. Moins de travaux encore décrivent ce qu'il advient de ce système de participation volontaire lorsqu'il s'agit de mettre en place des actions concrètes pour atteindre les objectifs fixés dans les documents de gestion ; et ce encore moins pour des espaces forestiers. La recherche présentée ici se situe en aval des épisodes de confrontation et de discussion de ces documents de gestion, dans des contextes semble-t-il apaisés où les acteurs locaux ont apprivoisé la politique Natura 2000.

Cet article, issu de recherches menées dans le cadre du consortium européen BeFoFu[1], s'intéresse tout particulièrement à la mise en œuvre de la politique environnementale européenne dans des zones de forêt de hêtre (*Fagus sylvatica*), un des habitats jugés d'intérêt communautaire par la Directive 92/43/CEE dite Directive Habitat Faune Flore (DH). Il propose d'analyser la manière dont l'approche basée sur la participation volontaire des acteurs, mise en place en France pour appliquer sur son territoire la politique européenne, fonctionne pratiquement, presque dix ans après la validation des documents d'objectif des sites concernés. Quelle est la vie de ces sites ? Qu'en est-il de l'implication des acteurs locaux ? Natura 2000 est-il aujourd'hui mieux accepté et a-t-il conduit à des changements significatifs des pratiques de gestion des espaces forestiers ?

Après un rapide rappel de l'historique de la politique Natura 2000 en France viendra une présentation du contexte théorique et méthodologique de ce travail. Enfin, les observations faites sur deux sites Natura 2000 en forêt de hêtre seront présentées et discutées.

---

[1] Le programme de recherche BeFoFu – *Beech Forest for the Future* - a réuni de septembre 2010 à décembre 2013, 17 chercheurs d'institutions européennes issus des sciences de la nature et des sciences sociales. L'objectif du projet était de faire l'état des lieux de la mise en œuvre de Natura 2000 en forêt de hêtre en termes d'état de conservation des sites et en termes socio-économiques et ce pour six États membres de l'UE (Allemagne, Autriche, Espagne, France, Royaume-Uni et Pays-Bas).

1. Rappel de l'historique du processus Natura 2000 en France

Lorsque la Directive Habitat Faune Flore (DH) a été votée en 1992 par l'Union Européenne (UE), celle-ci – et c'est le propre d'une Directive européenne – ne donnait pas d'indications sur la manière dont les États membres devaient s'y prendre pour l'appliquer sur leur territoire national, ni d'outils pour mettre en place le réseau de sites Natura 2000. Seuls les critères scientifiques étaient alors considérés comme des sources valides pour sélectionner les sites (Rosa et Marques Da Silva, 2005).

Dans un premier temps, la France, comme beaucoup d'autres États membres de l'UE, a fait appel aux scientifiques, en l'occurrence ceux du Muséum National d'Histoire Naturelle, pour identifier les futurs sites Natura 2000 français (Rameau, 1997 ; Alphandéry et Fortier, 2001). Les populations qui allaient être concernées par ces sites ne furent quant à elles quasiment pas consultées et à peine informées alors que, par ailleurs, Natura 2000 n'est pas une politique empêchant ou entrant en contradiction avec le développement économique et la poursuite d'activités humaines sur les sites choisis (European Commission, 1992). Ce processus conduisit à une situation très conflictuelle qualifiée alors de « psychodrame » (Rameau, 1997) ou de chaotique. La pression des opposants constitués en un groupe unique, le Groupe des 9, réunissant l'ensemble des représentants du monde rural et forestier (McCauley, 2008), fut telle qu'en 1996 le gouvernement fut contraint de geler la procédure (Rameau, 1997).

Cependant, l'État français subissant aussi la pression de la Commission Européenne pour que soit appliquée la DH sur le territoire national, le gouvernement fut donc contraint de réfléchir à une toute autre approche pour mettre en œuvre Natura 2000. Ainsi, à partir de 1997 et surtout de 2002, l'approche « top-down » initiale qui était hostile à l'implication d'acteurs non scientifiques ou naturalistes (Alphandéry et Fortier, 2001) fut remplacée par une approche participative forte réunissant l'ensemble des parties prenantes du territoire (Pinton et al., 2006 ; McCauley, 2008).

Le système qui fut mis en place est le suivant : pour chaque site Natura 2000 nominé auprès de la Commission Européenne fut créé un comité de pilotage ou COPIL composé des différents acteurs locaux (individus ou organismes) volontaires pour y participer, avec pour cible la rédaction du document d'aménagement du site. Un président de COPIL fut nommé (le plus souvent un représentant d'une collectivité territoriale). Un organisme animateur et un chargé de mission Natura 2000 furent aussi désignés pour organiser et mener à bien les consultations avec les acteurs locaux. Des groupes de travail ont ainsi été créés au sein du COPIL pour réfléchir à des thématiques et des enjeux plus particuliers (exemple : les milieux ouverts, les zones agricoles, les espaces forestiers, etc.).

A l'issue de ce travail un document de gestion du site identifiant les ressources existantes, les enjeux environnementaux, les menaces potentielles et les objectifs de gestion durable et environnementale devait être rédigé. Ce document, nommé Docob pour Document d'objectif, servirait de plan d'aménagement futur du site. Enfin, des outils d'accompagnement du changement volontaire de pratiques de gestion furent également proposés aux acteurs dont l'activité pouvait être problématique pour le bon état de conservation de la biodiversité du site. En effet, il n'était plus question d'outils coercitifs, mais de miser sur le volontariat des personnes à participer à la vie du site et à changer leurs pratiques pour tendre vers une prise en considération réelle de la biodiversité dans la gestion des espaces ruraux et forestiers. Des chartes et des contrats Natura 2000 ont ainsi été élaborés. Ces outils ne sont pas contraignants et leur signature est volontaire. Ils visent tous deux à inciter les acteurs du territoire à changer leurs pratiques de gestion en faveur de la conservation de la biodiversité. Ces chartes et contrats sont, aujourd'hui, considérés comme les piliers de la mise en œuvre territoriale de la politique Natura 2000 en France. La Charte est une déclaration de bonnes intentions mais elle n'a aucune valeur d'engagement du signataire à changer ses pratiques de gestion. En revanche, sa signature permet des déductions fiscales. Le contrat Natura 2000, quant à lui, permet de compenser certains manques à gagner ou les surcoûts engendrés par la mise en place d'actions de gestion visant à la préservation ou à l'amélioration du statut de conservation d'espèces ou d'habitats listés dans les annexes de la DH. Ces contrats sont signés entre un particulier, un organisme ou une commune et l'État français via son représentant local, le Préfet de région. Il existe un certain nombre d'actions qui peuvent faire l'objet de la signature d'un contrat Natura 2000 ; des actions regroupées en trois grandes catégories :

- Les contrats agricoles ou MAE (Mesures Agri-Environnementales) portant sur les terrains et les activités agricoles
- Les contrats forestiers pour les territoires boisés (tableau 1)
- Les contrats communément appelés « Ni-ni », concernant des actions ne portant ni sur les milieux agricoles ni sur les milieux forestiers.

Pour finir, l'organisation d'approches participatives autour de la rédaction du Docob a été vue comme la « volonté d'associer des acteurs divers à un processus de concertation d'une ampleur inusitée visant à la définition de mesures de gestion de la nature » (Pinton et al., 2006).

Tableau 1 : liste des actions de gestion portant sur les milieux forestiers et pouvant faire l'objet d'un contrat Natura 2000 au titre de la mesure 227 du Plan de Développement Rural Hexagonal - PDRH (République Française, 2012).

N° de l'action du PDRH	**Titre de l'action**
F22701	Création ou rétablissement de clairières ou de landes
F22702	Création ou rétablissement de mares ou étangs forestiers
F22703	Mise en œuvre de régénérations dirigées
F22705	Travaux de marquage, d'abattage ou de taille sans enjeu de production
F22706	Chantier d'entretien et de restauration des ripisylves, de la végétation des berges et enlèvement raisonné des embâcles
F22708	Réalisation de dégagements ou débroussaillements manuels à la place de dégagements ou débroussaillements chimiques ou mécaniques
F22709	Prise en charge de certains surcoûts d'investissement visant à réduire l'impact des dessertes en forêt
F22710	Mise en défens d'habitats d'intérêt communautaire
F22711	Chantiers d'élimination ou de limitation d'une espèce indésirable
F22712	Dispositif favorisant le développement de bois sénescent
F22713	Opérations innovantes au profit d'espèces ou d'habitats
F22714	Investissements visant à informer les usagers de la forêt
F22715	Travaux d'irrégularisation de peuplements forestiers selon une logique non productive
F22716	Prise en charge du surcoût lié à la mise en œuvre d'un débardage alternatif
F22717	Travaux d'aménagement de lisière étagée

Beaucoup pensent aussi que Natura 2000, dans le cadre finalement défini par l'État français, a permis une transformation réussie de l'approche française des questions de biodiversité passant du scientifique au sociétal (McCauley, 2008).

2. Contexte théorique et méthode

Par définition, les processus participatifs autour des politiques publiques donnent l'opportunité à des acteurs hétérogènes de s'impliquer dans l'élaboration et la mise en œuvre locale de ces politiques. Ceci est rendu possible grâce à la création d'une arène multi-acteurs (Barnaud, 2013), lieu de cette participation. L'application de la politique Natura 2000, site par site, sur le territoire français, est un exemple particulièrement représentatif de l'établissement de telles arènes. Le recours à une approche participative a conduit divers groupes d'acteurs à se trouver réunis autour d'un projet commun, et peut donc être envisagé comme un phénomène social à part entière.

Parce qu'elle met en présence des acteurs aux origines et intérêts divers autour d'un projet de site naturel protégé, la politique Natura 2000 s'est constituée comme un problème public selon les termes de Céfaï (1996), soit un événement extérieur venu perturber le fonctionnement régulier d'un contexte local spécifique. En fait, l'arrivée de Natura 2000 dans un contexte particulier a fait se modifier ce dernier sous la pression politique. C'est ce processus qui conduit à la constitution d'un problème public sous l'influence des actions et interactions entre les acteurs locaux ; interrelations qui sont elles-mêmes temporelles et contextuelles. Pour Céfaï, un problème public est construit, stabilisé, thématisé et interprété dans le cadre des interrelations et interlocutions des acteurs (Céfaï, 1996). Ce cadre est ce que l'auteur nomme une arène publique ; dans le cas présent, c'est la scène dans laquelle les acteurs locaux vont négocier la mise en œuvre de Natura 2000. L'auteur considère que ces arènes publiques sont des espaces dans lesquels un problème public gagne progressivement du sens au travers des activités collectives des acteurs. Une arène publique n'a d'existence que lorsqu'un problème public s'est constitué ; l'arène est construite du fait de la rencontre, et parfois du conflit, entre plusieurs groupes d'intérêts, leurs sphères d'action, leurs stratégies, compétences, savoirs, discours et pratiques (Céfaï, 1996).

Dans le cas présent, par acteur, nous entendons toute personne plus ou moins impliquée dans la mise en œuvre locale de Natura 2000 et dont la vie et les activités pourraient être impactées par cette politique de conservation. Au-delà, le terme suggère aussi que ces personnes ont leur mot à dire, ce sont des personnes réfléchies qui traitent l'information, opèrent des choix stratégiques en fonction du monde autour d'eux et agissent pour défendre leurs intérêts (Long, 2001 ; Bensa, 2010). Les individus font non seulement face aux structures objectives de leurs groupes d'appartenance, mais aussi à d'intenses forces externes, et de fait agissent dans le feu de l'action. Ils apprennent comment intervenir dans le flot des évènements sociaux les entourant et réagissent et s'ajustent en fonction (Bourdieu, 1980 ; Long, 2001). Leurs positionnements et actions sont façonnés à la lumière et en fonction du contexte spécifique dans lequel ils se situent. Au final, leurs actions sont prises dans des dimensions historiques et dynamiques (Bensa, 1996 ; 2010).

En ce qui concerne la méthodologie employée, la présente étude a porté sur l'analyse du matériau ethnographique récolté sur deux sites Natura 2000 concernés par l'habitat de la hêtraie qui est au cœur du programme de recherche BeFoFu. Ces deux sites ont été sélectionnés, d'une part, parce que leurs caractéristiques correspondaient aux critères d'analyse identifiés par les écologues et entomologistes du projet et, d'autre part, car ils réunissaient une diversité d'acteurs particulièrement représentative des territoires forestiers. Ces deux sites, l'un dans les Alpes-de-Haute-Provence (site S1), l'autre proche des Vosges (site S2), ont néanmoins chacun leurs spécificités, que ce soit en termes de dynamiques socio-économique et démographique, ou de paysage. Les enjeux de biodiversité y sont aussi différents : peu de menace majeure pour le site des Vosges (S2), alors que celui des Alpes-de-Haute-Provence (S1) connaît une fermeture des milieux sur les crêtes de la montagne et des inquiétudes pour la vipère d'Orsini, espèce protégée faisant l'objet d'un programme *Life*.

L'étude proposée ici repose donc sur la conduite de 58 entretiens semi-directifs réalisés auprès de personnalités qui ont été impliquées dans la mise en place de la politique Natura 2000 au niveau national, d'une part, et avec des personnes ayant participé aux comités de pilotage des deux sites considérés, d'autre part. Avec les premiers il a surtout été question de discuter des difficultés rencontrées pour appliquer la DH en France, tandis qu'avec les seconds les questions portaient sur la manière dont les négociations autour du Docob se sont passées, qui a participé, quels étaient les sujets de tensions ou de consensus, puis sur la manière dont, aujourd'hui, les différents acteurs locaux participent à la vie du site : s'ils suivent toujours le dossier et s'ils s'impliquent par exemple en signant des contrats ou la charte Natura 2000. Dans ce cadre, les chargés de mission Natura 2000 ont aussi été interrogés ainsi que des représentants de diverses administrations publiques, de l'ONF, des maires et élus de communes, des propriétaires privés, des agriculteurs et quelques membres d'organisations environnementalistes. Enfin, plusieurs phases d'observations participantes de réunions de COPIL et des sorties en forêt ont également eu lieu.

3. Résultats d'observation

3.1. Site Natura 2000 des Alpes-de-Haute-Provence (S1)

Le site Natura 2000 S1 se trouve dans l'arrière pays aixois aux alentours de Sisteron et Forcalquier. Il est situé sur l'ubac et l'adret d'une petite montagne dont les crêtes sont sèches voire désertiques et les pentes couvertes de forêts (hêtraies et plantations de pins noir essentiellement). Ces écosystèmes accueillent des espèces protégées ou d'intérêt communautaire telles que la vipère d'Orsini ou des espèces de papillon et de chauve-souris. La région a connu d'importantes vagues successives d'exode rural tout au long du 20ème siècle et s'en trouve aujourd'hui peu peuplée. La forêt sur les pentes de la montagne a pendant longtemps été très exploitée pour la charbonnerie et pour fournir en bois les industries locales situées dans la vallée de la Durance (four à chaux, fonte). De nos jours néanmoins, son exploitation est relativement faible et elle gagne régulièrement du terrain, ce qui pose un certain nombre de problèmes et fait pression sur la biodiversité locale. Sur ce site, la grande majorité des espaces forestiers touchés par Natura 2000 est constituée de forêts publiques (domaniales et communales), à l'exception d'une grosse propriété privée située sur le versant nord de la montagne.

Le S1 a connu un conflit particulièrement tendu lorsqu'à la fin des années 1990, les acteurs locaux apprirent la création d'un site Natura 2000 dans leur voisinage. Un groupe de chasseurs arriva à mobiliser autour de lui et de son combat contre la politique environnementale, une grande majorité des sociétés de chasse locales, certains élus des communes avoisinantes et quelques agriculteurs (dont beaucoup dans la région sont chasseurs eux-mêmes). Une association de « défense de la chasse et de l'environnement » fut ainsi créée en 1997. Ces opposants craignaient de voir leur activité de chasse restreinte de manière drastique avec la mise sous statut de protection stricte de toutes les espèces animales du site. Aujourd'hui, les chasseurs ont renoncé à maintenir leur association (dissoute en 2006) ne pouvant observer aucun impact négatif sur les pratiques de chasse. La politique Natura 2000 a finalement été relativement bien acceptée. Une des personnes à l'origine de l'association de lutte me confiait que finalement :

« On nous a présenté une coquille vide avec Natura 2000, alors c'est formidable qu'est-ce que vous voulez dire, vous pouvez pas dire je suis contre tel point ou tel point, c'est vide (J, chasseur, entretien 2011) ».

L'opposition à Natura 2000 provint aussi d'un autre groupe d'acteurs. À l'origine, le gouvernement français et ses représentants en région ne consultèrent que les maires et élus locaux pour la nomination des sites Natura 2000 ; le S1 ne fit pas exception. Dans ce territoire, l'objectif initial était de créer un site aux frontières bien plus étendues que celles d'aujourd'hui mais les élus s'opposèrent à ce premier périmètre avec tant de force que la surface fut largement revue à la baisse. On voit donc bien que la mise en œuvre de Natura 2000 sur le site S1 s'est trouvée confrontée à une forte opposition de nombre d'acteurs locaux, très inquiets des impacts supposés de cette politique environnementale et qui tous constituaient un maillage d'acteurs déjà très fortement impliqués dans la vie du territoire, et dont le fonctionnement en interne était déjà largement établi.

C'est dans ce contexte tendu que se sont déroulées les réunions du COPIL pour la rédaction du Document d'objectif du site. L'organisme chargé des groupes de travail mobilisés autour de cette rédaction était l'Office National des Forêts (ONF) en la personne d'un de ses agents patrimoniaux. Les acteurs principaux, outre les chasseurs, furent les maires de commune et d'autres élus aux conseils municipaux des villages situés dans les limites du site. Étaient également présents quelques éleveurs de brebis qui mènent leurs troupeaux paître sur les crêtes de la montagne. Enfin quelques entrepreneurs de l'industrie touristique (deux sociétés de randonnée à cheval et une de sortie en 4x4) furent aussi impliqués dans les négociations autour du contenu du Docob. Ces derniers ainsi que les chasseurs, s'ils furent particulièrement actifs à l'origine du site Natura 2000 – essentiellement, dans une attitude défensive, pour contrôler les possibles impacts sur leur activité – ne sont plus autant présents dans la vie du site aujourd'hui ; et ce même si leur activité, surtout celle des chasseurs, se poursuit dans le périmètre du site. Les entrepreneurs touristiques réalisèrent assez vite que leurs activités seraient peu concernées par des restrictions et cessèrent progressivement de s'impliquer dans la gestion du site. Dans le cas de la compagnie de 4x4, le propriétaire décida de changer de lieu de sortie, tout en affirmant en entretien que Natura 2000 n'en était pas la cause.

Aujourd'hui, les tensions manifestées lors de la nomination du site se sont bien apaisées. Seuls les maires de communes continuent d'être des acteurs présents dans la vie du site et dans sa gestion du fait de la forte proportion de terrains et forêts communaux. Leur profil et leur implication se sont cependant transformés depuis les premières oppositions et la validation du Docob en 2005. Traditionnellement, les maires et conseillers municipaux de ces communes étaient issus de familles originaires de la région et présentes de longue date sur le territoire. Bien souvent ils étaient eux-mêmes agriculteurs et chasseurs. À l'image de l'ensemble de la population dont le profil a beaucoup changé, la composition des conseils municipaux a aussi évolué au cours des dernières décennies. Beaucoup de membres de ces conseils ne sont plus aujourd'hui des gens de souche. Nombreux sont ceux qui sont venus récemment s'établir dans les villages du site, à la recherche d'une meilleure qualité de vie après plusieurs années passées dans de grosses agglomérations de la région (Aix-en-Provence, Marseille, etc.). Plusieurs sont venus y vivre à la retraite par exemple. De plus, parmi ces personnes un certain nombre travaille ou a fait carrière dans le secteur tertiaire, l'administration publique ou l'éducation nationale, à des postes à responsabilité. De nombreuses études ont montré que ces spécificités font de ces personnes un public souvent plus sensible et attentif aux questions environnementales (Léger et Hervieu, 1979 ; Mormont, 2006 ; Bozonnet, 2012). Par conséquent ces individus se montrent souvent bien plus réceptifs à Natura 2000 et à ses objectifs que les membres des précédents conseils municipaux. Au-delà, plusieurs de ces nouveaux élus souhaitent agir sur le développement de leur village en offrant de nouvelles activités pour attirer les visiteurs et de futurs habitants. Pour ce faire, ils ont choisi de jouer la carte du tourisme vert qui se développe depuis quelques années dans l'ensemble de l'arrière-pays aixois. Par exemple un conseiller municipal en charge de l'environnement et de la forêt déclarait :

« Voilà [le tourisme] on veut le développer avec des projets d'aménagement et des activités de pleine nature qui sont soutenus par la communauté de communes (...), et donc on travaille avec les représentants de la comcom et de l'Office du tourisme (...) pour amener à une valorisation de l'ensemble du territoire (H, adjoint au maire, entretien 2011) ».

Ces élus sont donc nombreux à voir les bénéfices d'avoir un site Natura 2000 dans leur voisinage pour atteindre cet objectif. Plusieurs d'entre eux m'ont parlé de leur intérêt pour avoir un label Natura 2000 qu'ils pourraient utiliser pour promouvoir leur commune auprès des touristes. Ces personnes, de par leur profil, sont aussi plus enclines à jouer la carte de la conservation de la nature qui pourrait s'avérer être un argument fort en faveur du développement d'un tourisme vert et de la promotion du territoire auprès des visiteurs. Étant sensibles à la protection de l'environnement et à un développement en douceur de l'économie locale, elles semblent plus à même de participer à la gestion du site Natura 2000, par exemple en signant un contrat volontaire et en changeant certaines de leurs pratiques de gestion forestière si l'agent patrimonial de l'ONF s'occupant de l'aménagement de leur forêt le leur proposait.

Pourtant, en 2012-2013 quasiment aucun de ces contrats Natura 2000 n'avait été signé avec des communes du site S1. De manière générale c'est aux agents de l'Office National des Forêt que revient la tâche de sensibiliser les maires à la possibilité de signer un contrat Natura 2000, par exemple au moment du renouvellement des plans d'aménagement. Ces agents peuvent alors suggérer à la commune une action à contractualiser dans le cadre de Natura 2000. Pourtant bien peu de ces agents le font. D'une part ils semblent avoir été peu sensibilisés eux-mêmes au sein de leur organisme pour être proactifs sur le sujet. D'autre part, l'ONF a déjà un certain nombre de directives en interne obligeant ses gestionnaires à prendre un compte le maintien de la biodiversité en forêt. Les actions de ces directives étant proches de ce qu'on pourrait envisager en site Natura 2000, les agents de l'ONF se contentent souvent de répondre aux attentes de leur direction sans faire de zèle en proposant plus d'actions qui pourraient prendre pour cadre un site Natura 2000. Enfin, les agents ONF du site S1, mais c'est aussi vrai pour de nombreux sites Natura 2000, ressentent la pression existant au cœur même de l'Office entre la volonté de répondre aux attentes nationales en termes de préservation de la biodiversité, d'un côté, et de l'autre en termes de production de bois (Boutefeu, 2008). Des volumes à produire sont fixés pour chaque agence et pour chaque agent et ces deux exigences aujourd'hui au centre des politiques forestières françaises sont bien difficiles à faire cohabiter. Un des agents rencontrés sur le site S1 expliquait à ce propos que pour le responsable régional de la commercialisation :

« Lui, ses, ses objectifs c'est de vendre le mieux possible donc bon, il a tendance à un peu oublier tout ce qui pourrait faire en sorte qu'il atteigne pas ses objectifs ».

Tiraillés entre des attentes contradictoires, les agents de l'ONF du site S1 semblent donc avoir pris le parti de ne pas trop en faire pour Natura 2000, en forêt communale comme en domaniale.

Les autres acteurs d'importance sur le site aujourd'hui sont les agriculteurs, éleveurs de brebis essentiellement menant leurs troupeaux sur les crêtes de la montagne. Les agriculteurs français de manière générale sont relativement familiers des aides financières allouées par le gouvernement français ou l'UE pour soutenir leurs activités. En conséquence, ce sont les acteurs qui, en 2012-2013, ont le plus signé de contrat Natura 2000. Pourtant la motivation des éleveurs du site S1 n'a pas été la crainte de voir un jour disparaître la biodiversité remarquable des crêtes de la montagne (vipère d'Orsini). Il était pour eux davantage question de recevoir une compensation pour des actions qui, de toutes les manières, faciliteront leur activité pastorale puisque la réouverture des milieux des crêtes procurera de plus vastes espaces où faire paître leurs bêtes. Même si un de mes informateurs qui a signé ce genre de contrat m'expliquait que sa motivation principale avait été l'entretien des crêtes, il y a fort à penser qu'il a choisi de signer un contrat Natura 2000 parce qu'il y gagnait sur les deux côtés – il était subventionné et son action avantageait son activité.

L'animateur me confiait à propos des contrats Natura 2000 agricoles :

« Dans le monde agricole c'est pas difficile, entre guillemets (...), à vendre dans la mesure où avant les modalités actuelles, il existait d'autres modalités d'aide pour ce type de mesures hein. C'était les CAD [Contrats d'Agriculture Durable], les CTE [Contrats Territoriaux d'Exploitation] etc. Et ça c'étaient des mesures qui étaient appliquées sur tout le territoire national. Donc euh, les agriculteurs, les éleveurs étaient habitués à ce type de mesure (...). Donc lorsqu'après on est passé aux MAE [Mesures Agro-Environnementales], on leur a dit les MAE ben c'est spécifique sur les sites Natura 2000. Ceux qui avaient la chance d'être à l'intérieur d'un site Natura 2000 euh, ben ça leur posait pas de problème de souscrire à des MAE parce qu'ils étaient habitués aux CTE, aux CAD quoi. Donc euh, dans le monde agricole, disons que la transition s'est faite naturellement (R, animateur Natura 2000, entretien 2011) ».

Malgré, semble-t-il, un terrain local relativement favorable à une politique environnementale, notamment de la part des nouvelles municipalités de la région, principal acteur de la zone protégée, le site Natura 2000 S1 ne semble pas avoir connu beaucoup de résultats positifs à ce jour. Une des difficultés de fonctionnement, au-delà des réticences initiales à la création du site, semble être le manque de présence sur le terrain de l'animateur Natura 2000. Celui-ci également agent patrimonial à l'ONF avait, lorsque j'ai réalisé mon enquête, quatre sites Natura 2000 à gérer, dont certains n'avaient pas encore de Docob rédigé en 2012. Il m'expliquait :

« Alors disons que, au niveau de la communication sur le site Natura 2000 (...), en tant qu'animateur j'ai fait très peu de choses dans la mesure où j'étais pris par ailleurs, j'avais d'autres documents d'objectif à mettre sur pied, d'autres animations de sites (R, animateur Natura 2000, entretien 2011) ».

Au final, cette personne ne pouvant être partout à la fois a volontairement concentré son activité sur les sites où la rédaction du document d'objectif était en cours. De fait il a aussi laissé de côté la gestion plus quotidienne du site S1. Il n'a pas trouvé le temps nécessaire pour démarcher les élus locaux ou ses collègues de l'ONF gérant les forêts communales et domaniales du site pour les inciter à signer ou à proposer à signature des contrats Natura 2000 et ainsi encourager une gestion plus respectueuse de la biodiversité.

En conclusion, on peut dire que compte tenu des spécificités du site et des profils et enjeux de ses acteurs, et malgré une sensibilité manifestement plus importante de certaines personnes pour les objectifs de conservation portés par Natura 2000, le site en 2012 semblait fonctionner au ralenti. De manière générale, la population locale ne semble pas plus sensibilisée aux questions environnementales. Bien peu sont ceux qui connaissent ce qu'est Natura 2000 et les limites du site comme annoncé par un élu :

« Après, au niveau de la population (...) ça a pas, ça a rien changé, absolument rien changé (...), les gens sont pouf, sont pas du tout concernés (C, entretien 2011) ».

3.2. Site Natura 2000 vosgien (S2)

Le second site Natura 2000 de notre étude se situe non loin des Ballons d'Alsace, une région elle aussi montagneuse, du nord-est de la France. Le paysage, cependant y est très différent du premier site et la région connaît une toute autre dynamique socio-économique. Elle est très active économiquement du fait de nombreuses industries encore très présentes localement (industrie automobile, hautes technologies). En raison de cette vitalité, le territoire connaît un accroissement régulier de sa population et les villages ruraux gagnent fréquemment en habitants. Dans ces espaces, la forêt a toujours été un élément central du paysage et de l'identité locale. Son exploitation a de tout temps été intimement associée au développement économique de la région où il existe toujours aujourd'hui de véritables enjeux de production de bois. De fait, les acteurs du monde forestier y sont souvent des personnalités jouissant d'une forte influence. Enfin, à l'inverse du site S1, il n'y a pas eu de conflits entre les acteurs locaux et l'administration lors de la mise en place du site, ni plus tard au moment de la rédaction du Docob, validé en 2005. Un responsable ONF confirmait :

« Mon impression sur Natura c'est qu'au début on a dit « il y a zéro contrainte » et si vous voulez aller dans le bon sens on vous aidera, donc du coup c'est passé ! (W, ONF, entretien 2011) ».

Sur ce site Natura 2000, à l'image de la France, la majorité des forêts est privée, le reste étant des forêts communales. Cette disposition fait que les principaux acteurs du site aujourd'hui sont les propriétaires privés et publics d'espaces forestiers, ainsi que l'ONF et ses agents qui ont la responsabilité de gérer les forêts communales en proposant par exemple aux communes la signature de contrats Natura 2000. Les agriculteurs sont eux aussi assez présents, et comme pour le site des Alpes-de-Haute-Provence, ils sont parmi les acteurs les plus réceptifs à la signature de contrats, en particulier plusieurs d'entre eux qui ont décidé, il y a quelques années, de se convertir à l'agriculture biologique. Ils sont donc sensibles à la possibilité d'être accompagnés financièrement pour des retards de fauche et la non utilisation de fertilisants. L'un des éleveurs bovins rencontrés me faisait remarquer que les céréaliers reçoivent des primes de manière régulière mais que les fourragers ne peuvent y prétendre. Les contrats Natura 2000 sont donc pour eux une bonne alternative, notamment aussi parce qu'on s'engage pour cinq ans et qu'il est toujours possible de ne pas renouveler la signature si les contraintes ont été trop fortes. À l'inverse, pour les zones boisées, le contrat Natura 2000 le plus courant - celui concernant la mise en place d'îlots de vieillissement ou d' « arbres bio » - engage le signataire à ne pas exploiter ces parcelles ou ces arbres-habitats pour les 30 prochaines années, ce qui bien souvent constitue un frein important à la signature de contrats Natura 2000 de ce type.

Les chasseurs, pêcheurs et membres d'associations environnementalistes (Ligue pour la Protection des Oiseaux entre autres) ont participé à la rédaction du document de gestion du site. Ils prirent la parole dans ce contexte spécifique. Mais depuis que le Docob a été validé en 2005, ils n'ont pas poursuivi leur participation dans la vie du site Natura 2000 ; les chasseurs en particulier n'ayant pu observer aucun impact négatif pour leur activité. La fédération de pêche locale, cependant, reste relativement active étant donné que l'un des enjeux du site est la conservation de sa population d'écrevisse à pattes blanches ; une espèce listée dans les annexes de la DH. Une association environnementaliste reste aussi relativement impliquée sur le site : le Conservatoire Régional des Espaces Naturels (CREN). Cet organisme, entre autres activités, achète des espaces pour les protéger ou signe des accords avec des propriétaires proposant de gérer durablement et ainsi protéger la biodiversité de leur propriété. Il est aussi l'un des quelques signataires de contrat Natura 2000 sur le site (ouverture de clairières et îlots de sénescence). Son représentant me disait :

« On a participé à la réuni... à la rédaction du Docob à la base. Mais après on, notre participation s'est arrêtée là. On n'a pas été plus loin (...). Y'a plusieurs sites Natura comme ça où on a participé à la rédaction du Docob. Mais on n'a pas, on n'a pas poursuivi après. Si, si ça se passe bien... Bah si, bah oui si, si y'a un opérateur qui, qui a les compétences et qui fait les choses euh voilà. Si ils ont pas besoin de nous, on va pas chercher à s'imposer systématiquement sur les, sur les sites quoi (D, CREN, entretien 2011) ».

La plupart des municipalités étant propriétaires de forêts gérées par l'ONF, ces deux acteurs (communes et ONF) ont donc été des parties prenantes particulièrement importantes de l'arène publique locale constituée autour des discussions du Docob du site Natura 2000. Les agents de l'ONF jouent le rôle de conseillers à l'aménagement forestier auprès des élus et orientent donc les décisions des communes quant à la gestion de leur forêt. L'Office est également en charge de la commercialisation des bois des communes forestières en accord avec le plan d'aménagement de chaque forêt. L'ONF étant un Établissement Public à caractère Industriel et Commercial (EPIC), il se doit de suivre les directives de l'État français et de l'UE et donc, dans le cadre de Natura 2000, de mettre en place dans les forêts qu'il gère (forêts communales et domaniales) la politique de conservation voulue par la DH. Pourtant, on a commencé à le voir pour le site S1, ses agents se trouvent pris entre des instructions contradictoires : mettre en place des actions favorisant la multifonctionnalité des forêts et la conservation de la biodiversité forestière, d'une part, et sortir plus de bois des forêts publiques françaises, d'autre part, pour répondre à la demande politique dans un contexte de transition énergétique. Ces deux injonctions sont au cœur de la politique forestière française depuis le Grenelle de l'Environnement de 2007. Par conséquent, la mise en œuvre de Natura 2000 sur le terrain dépend beaucoup de la préférence donnée par chaque agent ONF et son responsable d'unité territoriale pour l'une ou l'autre de ces instructions. Au final, si certains agents ONF, par sensibilité personnelle, seraient tentés de faire davantage en termes de mise en œuvre pratique de Natura 2000 dans les forêts qu'ils gèrent, ils font du mieux qu'ils peuvent compte-tenu de ces circonstances. Dans le S2, ces agents sont en général plutôt proactifs et lorsque le plan d'aménagement d'une commune doit être renouvelé (tous les 15 à 20 ans), très souvent ils proposent au conseil municipal de signer un contrat Natura 2000, en règle générale pour la création d'îlots de vieillissement ou la conservation des « arbres bio » (les types de contrats Natura 2000 forestiers le plus couramment proposés en France). C'est notamment ce qui m'a été indiqué lorsque je demandais à un agent si Natura 2000 avait fait changer les pratiques de l'ONF :

« Ba c'est non, on peut pas dire que ça nous pousse vraiment à changer notre pratique (...). De toute façon on est obligé d'en tenir compte dans les aménagements forestiers (...). [Il cherche un de ses aménagements] 2009, voilà il est tout neuf, oui l'aménagiste en a tenu compte il a créé une série, un groupe d'intérêt écologique qui reprend la zone supérieure là, là, cette zone qui est en réserve naturelle et Natura 2000, et de toute façon la gestion forestière est obligée d'en tenir compte. Mais Natura 2000 n'apporte pas, enfin dans la gestion courante, y a pas de grands bouleversements (RD, ONF, entretien 2011) ».

Cet agent ajoutait tout de même plus loin dans l'entretien que même si Natura 2000 et les questions de biodiversité sont aujourd'hui intégrées par l'ONF ...

« ... les missions de l'Office, pour le moment, elles sont claires c'est approvisionner l'industrie du bois en matière première ».

Du côté des communes maintenant, elles restent souvent plus intéressées par le revenu qu'elles peuvent tirer de l'exploitation de leur bois - la forêt représente encore un apport significatif dans leur budget - que par l'idée de conserver du bois vieillissant ou mort dans leur forêt. Cependant, de manière générale et selon les dires de plusieurs de mes interlocuteurs sur le terrain, les communes locales se montrent tout de même *a priori* relativement enclines à signer des contrats Natura 2000. Pourtant, d'autres enjeux viennent parfois contrecarrer ces bonnes volontés. Sur le territoire du site S2, comme mentionné plus haut, beaucoup de villages se développent. Ils gagnent régulièrement en population notamment de jeunes couples travaillant dans les agglomérations de la région mais désirant vivre à la campagne dans de plus petits villages. Il existe une vraie pression sur le foncier depuis quelques années. Pour attirer ces nouveaux villageois et ainsi créer plus de vie dans leur village, les conseils municipaux souhaitent pouvoir leur offrir autant de services que possible (école, garderie, magasins de proximité, équipements sportifs, etc.). Pour le faire, ils ont besoin de moyens financiers auxquels l'exploitation des forêts communales participe en fournissant certains revenus même peu importants. Les élus sont donc plutôt réticents à placer trop des espaces forestiers de la commune sous statut de protection en signant un contrat Natura 2000. Dans la même veine, lorsque l'animateur Natura 2000 proposa en 2012 d'étendre les limites du site, plusieurs maires refusèrent essentiellement parce que cela allait conduire à placer sous statut de protection des espaces constructibles qu'ils souhaitaient pouvoir développer un jour prochain pour y bâtir des habitations ou des routes, comme illustré par la citation suivante émise par un maire :

« Pour faire vivre nos artisans et commerçants, il faut des clients et donc des habitants. En plus il faut compter sur la jeunesse et c'est donc au centre de notre réflexion pour l'avenir de la commune ; en gros faire en sorte que ceux qui y sont n'aient pas envie de partir et ceux qui n'y sont pas encore aient envie de venir. Surtout qu'il y ait des aménagements attractifs pour de jeunes couples avec enfants, donc il faut aussi des écoles, c'est important (...)

M : Cela explique mieux pourquoi vous avez refusé l'extension du site si ça touche les habitations.

L : Voilà exactement, ce n'était pas une opposition à Natura 2000 mais par rapport au PLU (...) cette extension était en opposition avec notre projet (L, maire, entretien 2011) ».

Ces municipalités, en d'autres termes, ont refusé de voir remis en question leur futur développement. En effet les municipalités des sites Natura 2000, en général, sont prises entre des politiques publiques différentes et parfois contradictoires qu'elles se doivent d'appliquer. Il leur faut donc opérer des arbitrages entre diverses dépenses, notamment autour de la qualité de vie et de la protection de la nature. Un maire par exemple m'expliquait que la loi française exige des municipalités d'offrir aux citoyens de l'eau répondant à certains standards de qualité mais qu'aucune aide financière n'existait apparemment pour aider les collectivités locales à soutenir cette dépense. À ses yeux une politique telle que Natura 2000 et ses contrats sont bien beaux mais :

« On en oublie les fondamentaux, alors j'ai rien dit contre Natura 2000, j'ai pas dit qu'il fallait pas le faire, mais on oublie les choses qui sont, qui ont un impact immédiat terrible sur notre milieu (G, maire, entretien 2011) ».

Par conséquent, même si plusieurs maires des communes du site Natura 2000 S2 m'ont dit être convaincus de la nécessité de conserver la biodiversité, ils vont avoir à arbitrer entre les divers enjeux, obligations, politiques dans lesquels eux et leur commune se trouvent pris. Pourtant, et malgré cela, de plus en plus de municipalités sur le périmètre du site protégé se laissent tenter par la signature d'un contrat Natura 2000. On se trouverait dans une sorte de phénomène d'entraînement.

D'ailleurs l'animateur du site reconnaît :

« J'ai constaté qu'il fallait montrer à voir, qu'il fallait que ça passe par du concret. Il a fallu grenouiller pour trouver un premier contrat et faire passer dans la parcelle un maximum de gens. C'est pas avec un doc recto verso monté par un pro de la com

que ça marche. Il faut les faire rentrer dans la parcelle, leur montrer comment ça marche, le pourquoi et le comment de la chose (D, animateur Natura 2000, entretien 2011) ».

Il se dit même que deux maires étaient en compétition personnelle depuis des années, sur le territoire et que les actions de l'un entraînant celle de l'autre, cela aurait joué dans le projet de contrats des deux communes.

Le second groupe d'acteurs d'importance sur le site Natura 2000 est celui des propriétaires privés de forêt ; un groupe lui-même divisé en plusieurs sous-ensembles. Les micro-propriétaires ne possédant que quelques hectares, parfois moins, restent difficiles à identifier sur le territoire et sont donc peu ciblés par l'animateur. Vient ensuite un propriétaire de forêt de taille moyenne (entre 10 et 25 ha) qui, parce qu'il est passionné par cet environnement, a commencé à acheter des espaces boisés. Il se dit lui-même écologiste et souhaite avoir une forêt aussi proche de son état naturel que possible. Enfin le dernier sous-groupe de propriétaires privés se compose de plus gros propriétaires possédant plusieurs dizaines, voire centaines d'hectares. S'ils ne sont pas les plus nombreux en quantité sur le site (5 grosses propriétés), ils sont les plus visibles et donc les plus sollicités pour signer des contrats Natura 2000. Pour beaucoup d'entre eux l'exploitation forestière représente une part significative de leur revenu. De manière générale, ils ne disent pas être réfractaires à la conservation de la biodiversité ; plusieurs d'entre eux mettent même en œuvre une gestion proche de la nature par choix. Par conséquent ils ne sont pas opposés aux principes de Natura 2000. Ce qu'ils redoutent le plus souvent c'est de voir leurs activités contraintes un jour du fait du statut de protection du site. Un expert forestier gérant l'une de ces propriétés résumait assez bien le sentiment de tous :

« Alors bon pour l'instant Natura 2000 moi je vois pas ça comme une contrainte puisqu'on nous impose rien encore concrètement euh. Mais voilà faut voir les évolutions (T, expert forestier, entretien 2011) ».

Face à ce risque de voir leur gestion remise en question par Natura 2000, la majorité d'entre eux préfère donc continuer à gérer leur forêt comme elle le souhaite. Ces propriétaires sont aussi plutôt hésitants à signer un contrat public-privé Natura 2000 car c'est d'une certaine manière engager leur propriété privée dans un accord avec le gouvernement français. Cependant, certains d'entre eux commencent à se laisser tenter et quelques contrats forestiers ont été signés ou sont en projet. Mais en règle générale ces accords concernent des actions ponctuelles pour lesquelles il est intéressant pour le propriétaire d'avoir une aide financière et qui ne remettent pas en question la productivité de la propriété (passage de ruisseau par une route forestière, îlots de sénescence dans des peuplements difficiles d'accès et donc à exploiter). Pour illustrer le point de vue de ces propriétaires qu'on pourrait dire « tentés mais pas trop », l'un d'entre eux me disait :

« Mais c'est pas pour quelques petits avantages financiers que je signerai un contrat (...). Si je signe le contrat c'est beaucoup plus par adhésion au principe type du contrat et peut-être que ce soit un effet d'entraînement vis-à-vis d'autres propriétaires (...). Mais je le relirai plusieurs fois avant de le faire ! (K, propriétaire privé, entretien 2011) ».

Ce propriétaire ne s'est pas encore laissé convaincre pour l'instant pour signer un contrat portant sur ses peuplements. En revanche, il l'a fait pour financer l'aménagement du lit d'un ruisseau que traversait une route forestière de sa propriété. Le passage régulier des grumiers menaçait la survie d'une colonie d'écrevisses à pattes blanches (espèce protégée au titre de la DH) en altérant la continuité écologique du cours d'eau, les écrevisses ne pouvant plus passer de l'amont à l'aval et se reproduire convenablement. Reste que de manière générale, ces gros propriétaires privés ne sont que peu attirés par les incitations financières et fiscales associées aux contrats et à la charte Natura 2000. Les types de contrat qu'on leur propose ne sont pas non plus incitatifs. D'ailleurs l'animateur du site, forestier lui-même, m'a à plusieurs reprises dit que les actions proposées pour ces contrats étaient mal construites et peu, voire pas, motivantes pour un propriétaire. Non seulement, elles correspondent peu avec les activités régulières de gestion sylvicole (création de mare, signalétique à destination du public par exemple). Mais encore, toutes les actions proposées sont à visée non productive. Enfin, les propriétaires reprochent la lourdeur administrative pour monter le dossier de contractualisation, d'autant que les aides financières, à l'exception du contrat pour les îlots de vieillissement, sont déterminées sur devis. Quel intérêt pour eux, alors, de s'embêter à monter un dossier de contrat Natura 2000 si ce n'est, pour certains propriétaires comme celui présenté au-dessus, l'opportunité « ici et maintenant » de signer un contrat pour des actions qu'on peut qualifier d'épiphénomène?

Pour finir, la personnalité de l'animateur semble jouer un rôle important dans la plutôt bonne réussite du site Natura 2000 :

« Le fait que ce soit un opérateur forestier, sur un site forestier, permet d'avoir peut-être une intégration de la multifonctionnalité forestière en amont du site, alors que sur le site des BC qu'est opéré par le PNR, ce sont des généralistes, ils s'y connaissent moins en milieu forestier. Donc est-ce que c'est un facteur explicatif j'en sais rien, mais quand D.C. a écrit la partie forestière du Docob, il sait de quoi il parle (W, ONF, entretien 2011) ».

Cet animateur est agent du Centre Régional de la Propriété Forestière (CRPF), il est très connu et respecté de tous dans la région. Il connaît très bien les différents acteurs et leur relation les uns avec les autres. Il a aussi une grande connaissance des forêts du site, de leurs spécificités et en règle générale propose de mettre en place des contrats Natura 2000 sur des espaces forestiers où il y a peu d'enjeux de production puisqu'ils sont difficiles d'accès ou d'exploitation coûteuse.

Malgré la familiarité et la confiance dont bénéficie l'animateur Natura 2000, il expliquait qu'il rencontrait régulièrement des freins autres que la réticence des acteurs. En effet, un certain nombre de blocages administratifs surviennent. Non seulement il existe des contraintes d'éligibilité aux contrats Natura 2000 mais aussi, depuis quelques années, les enveloppes budgétaires ne sont plus suffisantes et certains projets de contrat ne peuvent être passés car les fonds nécessaires ne sont pas disponibles. Ces difficultés bloquent l'avancée de la gestion du site S2 et des personnes convaincues et prêtes à signer un contrat Natura 2000 sont contraintes d'attendre que les fonds se débloquent. Pourtant, lors de mon dernier passage sur le site à l'automne 2013, l'animateur rapportait des changements significatifs qu'il avait pu observer dans le positionnement et les discours des acteurs locaux :

« On commence, ça commence à changer un peu parce que, au début Natura 2000 c'était : oh pouff, on va arriver, on va tout bloquer (...). Et au final là y a des trucs qui se développent où au final, et là c'est efficace. C'est-à-dire qu'il y a un nid de la bestiole qui vient se poser chez l'agriculteur, ben paf on est réactif, coup de fil, on va sur le terrain avec l'agriculteur. Ben « est-ce-que ça vous dérange si on bloque 1 hectare ? Ben oui ça me dérange. Bon ben on met une carotte de temps. Ah ben là OK. » Un engagement annuel là tu vois ça marche. Pof ! Et çà, ils ont fait ça pour le râle des genêts et ça fonctionne du feu de dieu, ça marche bien. Voilà, faut être au, enfin c'est du concret aussi pour les gens qui gèrent sur le terrain, l'agriculteur, le forestier, c'est vraiment du concret. « Purée, y a une bestiole rare qui vient chez moi » pof, et puis ils en sont presque fiers quoi (C, animateur Natura 2000, entretien 2013) ».

4. Analyse

Ces descriptions de deux sites Natura 2000 en forêt de hêtre montrent bien la manière dont, de part et d'autre, les acteurs de ces deux territoires se sont emparés de cette politique de conservation. La théorie des acteurs reconnaît que des formes sociales différentes peuvent se développer dans des circonstances identiques ou très similaires (Long, 2001). La description donnée dans cet article de la mise en œuvre de la même politique environnementale, Natura 2000, dans deux sites différents le montre bien. En effet, dans le cadre institutionnel et réglementaire commun au réseau Natura

2000 tel que défini par l'État français, la participation mise en place autour de deux sites a montré des résultats différents.

Si à l'origine, au moment de la rédaction des documents de gestion, la biodiversité a été au centre des débats et a ainsi trouvé sa place dans l'espace public au travers des négociations entre les différents acteurs (Pinton et al., 2006), depuis d'autres enjeux ont repris le devant de la scène pour les participants aux comités de pilotage. La biodiversité et sa protection au cœur de Natura 2000 se sont trouvées mises en concurrence avec d'autres types de problèmes publics, d'autres normes, d'autres enjeux. Ces problèmes, normes et enjeux sont conjoncturels pour une grande part. Ils correspondent à des contextes locaux particuliers dans lesquels des aspects sociaux, économiques, voire politiques interviennent (filière forêt-bois plus ou moins dynamique, activités économiques tournées vers l'industrie ou le tourisme vert, dynamique de population changeant les caractéristiques de cette dernière, etc.). Les acteurs locaux, on l'a vu sur ces deux sites, sont alors contraints de fixer des priorités entre ces différents problèmes et enjeux, et il semble que bien souvent, ce soit la biodiversité qui passe au second plan.

Une importante littérature, en sciences sociales et politiques, montre que la mise en œuvre d'une politique est toujours façonnée par les pratiques au travers desquelles cette dernière est interprétée et négociée (Yanow, 1996 ; Dekker et al., 2007 ; de Koning et Benneker, 2013 ; Blondet et al. à venir). Non seulement, les changements concrets de pratiques de gestion pour traduire dans les faits la politique Natura 2000 se trouvent nécessairement pris dans un contexte social, économique, politique et naturel prédéterminé. Mais au-delà, l'étude présentée ici illustre à quel point, dans le cadre de l'intervention d'une nouvelle norme ou politique publique, dans notre cas Natura 2000, sur une scène locale dans laquelle des individus se meuvent dans un monde social préexistant, les acteurs sociaux vont s'adapter à cette incursion de diverses manières, selon leurs intérêts et agendas, leurs manières de voir et de comprendre le monde. La rencontre entre les diverses visions du monde portées par les acteurs sociaux est constamment renégociée entre eux. De Koning et Benneker (2013) proposent dans un tel cas de parler de bricolage institutionnel de la part des acteurs locaux. En d'autres termes, pour faire face à l'introduction d'une nouvelle norme, institution ou politique, et arriver à la comprendre et à l'incorporer, les acteurs vont faire référence à un certain nombre de concepts explicatifs socialement et culturellement construits, soit leur vision du monde. Par conséquent, les acteurs locaux transforment, modèlent, recombinent, altèrent, voire nient certains éléments ou la politique/norme/institution dans son ensemble en l'incorporant avec les normes, lois, traditions, croyances locales, ou la rejettent en bloc et de fait inventent une nouvelle « norme ». En résumé, l'approche proposée ici, place les acteurs locaux eux-mêmes pris dans des contextes sociaux, culturels, politiques et historiques particuliers, au centre de l'analyse de l'application locale de Natura 2000 en forêt de hêtre. Ces acteurs ont été, et sont encore pour certains, des participants réfléchis et proactifs dans le processus de mise en œuvre et leur implication donne une forme nouvelle et singulière à la politique Natura 2000 dans son application locale.

Un autre aspect d'importance dans la mise en œuvre effective et pratique de Natura 2000 est, lui aussi, contextuel, c'est la personne même de l'animateur du site et la structure dont il fait partie. Le rôle du médiateur dans les phases de participation a déjà été montré, ainsi que l'importance du profil et de la personnalité de ceux qui ont pris en charge ces processus participatifs (Pinton et al., 2006). Les deux sites décrits dans cet article, montrent bien qu'au-delà de l'organisation des réunions de COPIL, la personne de l'animateur joue un rôle particulièrement important dans la manière dont les acteurs locaux ont continué ou pas à s'impliquer dans la vie du site, en signant ou pas un contrat, la charte Natura 2000 ou en changeant d'eux-mêmes leurs pratiques. On a vu à quel point un animateur présent et bénéficiant de la confiance de tous a permis une prise de conscience importante des propriétaires forestiers publics et privés et des changements de gestion voient le jour, alors que sur l'autre site, le manque de disponibilité et de moyens de l'animateur joue en la défaveur de Natura 2000, alors qu'*a priori*, les acteurs semblent relativement réceptifs aux enjeux de la conservation.

Pour finir, l'approche participative, si elle a permis une plus grande acceptation de la politique Natura 2000 par les différents acteurs locaux, leur a aussi offert la possibilité, si ce n'est la liberté, de jouer avec le contenu de la politique rendue malléable du fait de la possibilité de négocier le contenu des plans de gestion pour chaque site Natura 2000. À la fin, site par site, les acteurs locaux ont trouvé des compromis pour mettre au point un document de gestion qui ne fragilise pas trop leurs pratiques. L'aspect volontaire des contrats et de la charte renforce encore cette latitude. Certains acteurs ont même déserté l'arène publique qui s'était créée autour de Natura 2000 et des discussions de la biodiversité et de sa protection. Dix ans après la fin des réunions de COPIL, seuls quelques acteurs 'traditionnels' des territoires ruraux restent impliqués (les propriétaires publics ou privés de forêt, gestionnaires, agriculteurs) ; les chasseurs, les entreprises touristiques et les naturalistes ont le plus souvent quitté la scène, leurs activités n'ayant pas été remises en cause à ce jour. Au final, les questions relatives à la biodiversité et à sa protection sont retombées à l'arrière-plan des préoccupations des populations locales. Seule la présence constante de l'animateur au plus près des acteurs semble donc pouvoir inciter ces derniers à véritablement changer leurs pratiques. Encore faut-il lui donner les moyens de le faire : des moyens matériels (financement, temps de présence sur site) et des outils incitatifs (contrats, chartes) qui soient mieux adaptés aux attentes et besoins des forestiers, propriétaires et gestionnaires. À ce jour les outils à disposition peinent à trouver leur public, conclusions qui rejoignent celles avancées par certains économistes (Hily et al., 2015 ; Vedel et al., 2015).

CONCLUSION

Nous avons montré ici la manière dont fonctionnent en pratique deux sites Natura 2000 forestiers une fois négocié le contenu des documents d'objectif et comment ces plans de gestion ont été mis en œuvre, notamment avec l'utilisation d'outils contractuels volontaires que sont les chartes et contrats Natura 2000.

Au final notre article montre deux choses : premièrement que l'usage de la participation pour apaiser les conflits originaux a clairement amélioré l'acceptation de la politique environnementale par les acteurs des territoires forestiers concernés et, par effet rebond, la légitimité de cette politique aux yeux de ces acteurs (Blondet et al., à venir). Deuxièmement, si la légitimité et l'acceptabilité de Natura 2000 apparaissent aujourd'hui comme relativement acquises, l'approche participative et les outils volontaires mis en place ne semblent pas déboucher sur plus de réussite concernant les objectifs de prise en compte et de protection de la biodiversité par les différentes parties prenantes locales.

En d'autres termes, la participation ne garantit pas un fonctionnement efficace des sites Natura 2000 à long terme. C'est le contexte, à la fois économique, social et politique, notamment la présence en continu d'un animateur connaissant bien le territoire et ses différents acteurs, qui détermine au final, les résultats de la politique Natura 2000. On est donc en mesure de se demander ce qui sortira réellement de ces réinterprétations locales de Natura 2000 en termes de pratiques de gestion durable et de protection des habitats de type hêtraie dans le futur.

REMERCIEMENTS

Cette recherche a été financée au travers de l'ERA-Net BiodivERsA, par l'ANR (France), le DLR (Allemagne), le FWF (Autriche), le NERC (Royaume-Uni) et le NWO (Pays-Bas) dans le cadre de l'appel à projets de recherche BiodivERsA 2008 (http://www.biodiversa.org/82).

BIBLIOGRAPHIE

Alphandéry, P., Fortier, A., 2001. Can a territorial policy be based on science alone? The system for creating the Natura 2000 network in France. Sociologia Ruralis, 41, 3, 311-328.

Alphandéry, P., Fortier, A., 2010. Local setting and biodivesity. A sociological approach to the implementation of the EC Habitat Directive in France. Current sociology, 58, 5, 755-776.

Barnaud, C., 2013. La Participation, une légitimité en question. Nature Sciences Sociétés, 21, 24-34.

Bensa, A., 1996. De la micro-histoire vers une anthropologie critique. In : Revel, J., (Éd.), Jeux d'échelles : la micro-analyse à l'expérience. Le Seuil, Gallimard, Paris, 37-70.

Bensa, A., 2010. Après Lévi-Strauss. Pour une anthropologie à taille humaine. Éditions Textuel, Coll. « Conversations pour demain », Paris.

Blondet, M., de Koning, J., Turnhout, E., Winkel, G., Borras, L., Ferranti, F., Geitzenauer, M., (à venir). Participation in the implementation of Natura 2000 : a comparative study of six EU Natura 2000 sites. Soumis à Land Use Policy.

Borrass, L., 2014. Varying practices of implementing the Habitats Directive in German and British forests. Forest Policy and Economics, 38, 151-160.

Bourdieu, P., 1980. Le sens pratique. Éditions de Minuit, Paris.

Boutefeu, B., 2008. La réforme de l'Office National des Forêts : quelles conséquences pour les forestiers publics et leur système de valeurs ? Revue Forestière Française, 6, 691-709.

Bozonnet, J.P., 2012. La sensibilité écologique. In : Barbier, R., Boudes, P., Bozonnet, J.-P., Candeau, J., Dobré, M., Lewis, N., Rudolf, F., (Éds.), Manuel de sociologie de l'environnement. Presses de l'Université de Laval, Laval, 147-162.

Cefaï, D., 1996. La construction des problèmes publics. Définitions de situations dans des arènes publiques. Réseaux, 14, 75, 43-66.

Chauvin, Ch., Landmann, G., 2009. Augmentation de la récolte forestière et biodiversité : structures participatives et outils d'information pour une régulation territoriale. In : Landmann, G., Gosselin, F., Bonhême, I., (Éds.), BIO2 biomasse et biodiversité forestière : augmentation de l'utilisation de la biomasse forestière : implications pour la biodiversité et les ressources naturelles. ECOFOR, Paris, 157-173.

Dekker, M., Turnhout, E., Bauwens, B.M.S.D.L., Mohen, G.M.J, 2007. Interpretation and implementation of ecosystem management in international and national forest policy. Forest Policy and Economics, 9, 546-557.

European Commission, 1992. Council Directive 92/43/EEC of 21 May 1992 on the conservation of natural habitats and of wild fauna and flora (OJ L 206, 22.7.1997, p. 7). 1992L0043 – EN – 01.01.2007 – 005.001 – 1, [En ligne], http://eurolex.europa.eu/LexUriServ/LexUriServ.do?uri=CONSLEG:1992L0043:20070101:EN:PDF

Hily, E., Garcia, S., Stenger, A., Tu, G., 2015. Assessing the efficiency of payments for biodiversity conservation : a bio-econometric analysis of Natura 2000 contract in forest. Cahier du LEF, 2015-01, [En ligne], http://www6.nancy.inra.fr/lef/Cahiers-du-LEF/2015-01

de Koning, J., Benneker, C., 2013. Bricolage practices in local forestry. In : Arts, B., Behagel, J., van Bommel, S., de Koning, J., Turnhout, E., (Eds.), Forest and Nature Governance. A Practice Based Approach. Springer Dordrecht Heidelberg New York London, 49-67.

Léger, D. Hervieu, B., 1979. Le retour à la nature. Au fond de la forêt : l'État. Éditions du Seuil, Paris.

Long, N., 2001, Development sociology. Actor perspectives. Routledge, London-New York.

McCauley, D., 2008. Sustainable Development and the 'governance challenge' : the French experience with Natura 2000. European Environment, 18, 152-167.

Mormont, M., 2006. Conflits et territorialisation. Géographie, Économie, Société, 8, 3, 299-318.

Paavola, J., 2004. Protected areas governance and justice : theory and the European Union's Habitats Directive. Environmental Sciences, 1, 1, 59-77.

Pinton, F., Alphandéry, P., Billaud, J.-P., Deverre, Ch., Fortier, A., 2006. La construction du réseau Natura 2000 en France. Une politique européenne de conservation de la biodiversité à l'épreuve du terrain. La Documentation française, Paris.

Rameau, J.-C., 1997. La Directive 'Habitat' : Analyse d'un échec, réflexions pour l'avenir. Revue Forestière Française, 49, 399-416.

République Française, 2012. Circulaire du 27 avril 2012 relative à la gestion des sites Natura 2000 majoritairement terrestre en application des articles R414-8 à 18 du Code de l'Environnement.

Rosa, H.D., Marques Da Silva, J., 2005. From environmental ethics to nature conservation policy : Natura 2000 and the burden of proof. Journal of Agricultural and Environmental Ethics, 18, 107-130.

Sabatier, P.A., Mazmanian, D.A., 1981. The implementation of public policy : a framework of analysis. In : Mazmanian, D.A., Sabatier, P.A., (Eds.), Effective policy implementation. Lexington Books, Toronto, 3-34.

Turnhout, E., Van Bommel, S., Aarts, N., 2010. How participation creates citizens : participatory governance as performative practice. Ecology and Society, 15, 4, 26.

Van der Arend, S., Behagel, J., 2011. What participants do. A practice based approach to public participation in two policy fields. Critical policy studies, 5, 2, 169-186.

Vedel, S.E., Jacobsen, J.B., Thorsen, B.J., 2015. Forest owners' willingness to accept contracts for ecosystem service provisions is sensitive to additionality. Ecological Economics, 113, 15-24

Welsh-Devine, M., 2011. Implementation and resistance : networking to create and renegociate Natura 2000. Journal of Natural Resources Policy Research, 3, 3, 287-302.

Yanow, D., 1996. How does policy mean? Interpreting policy and organizational actions. Georgetown University Press. Washington D.C.

Chapitre 9. Qualité de la biodiversité et motivation des acteurs : une médiation prometteuse entre logique de filière et dynamique territoriale. Premiers résultats d'une démarche de recherche-action conduite sur le plateau de Millevaches

VALENZISI Marc[1], **BRÉDIF Hervé**[2], **VIGAN Martin**[3]
[1] *Institut Technologique FCBA, France*
[2] *Université Paris 1 Panthéon-Sorbonne, France*
[3] *École Normale Supérieure (ENS) de Lyon, France*

La qualité de la biodiversité – autrement dit, les aspects liés au vivant que les acteurs d'un même territoire considèrent comme importants – peut constituer un moyen de renouer le dialogue entre les multiples acteurs concernés par les espaces forestiers. Cet article le montre en se fondant sur les premiers résultats d'une démarche de recherche-action conduite sur le plateau de Millevaches. Dans ce territoire rural, les forêts, majoritairement issues du boisement récent de landes et de terres agricoles, sont sources de tensions et de conflits récurrents depuis plusieurs décennies. L'équipe de recherche a animé des ateliers participatifs dans la partie nord du plateau de Millevaches, sur la communauté de communes du plateau de Gentioux. La question de la qualité de la biodiversité a finalement permis aux habitants et élus de ce territoire de se retrouver pour parler des enjeux liés à la forêt et au bois, et d'envisager de manière constructive les relations entre logique de filière et dynamique territoriale, alors que la sédimentation des problèmes et des conflits au fil des ans s'opposait à toute approche frontale des questions forestières. Au-delà de l'intérêt qu'elles présentent en soi, la qualité de la biodiversité et les motivations qui la sous-tendent apparaissent ainsi comme une manière détournée ou latérale d'aborder une matière très chargée sur le plan émotionnel et de dépasser une situation bloquée.

MOTS-CLÉS
Qualité de la biodiversité ; motivations ; recherche-action ; co-construction ; plateau de Millevaches ; forêts ; territoire ; France

INTRODUCTION : LA FORÊT DE LA DISCORDE

Le plateau de Millevaches est un territoire rural français, aujourd'hui faiblement peuplé (18 hab/km²), situé à cheval sur les trois départements du Limousin : Corrèze, Creuse et Haute-Vienne. Essentiellement tourné vers l'élevage ovin au 19ème siècle, il est devenu en quelques décennies un territoire à dominante forestière, au rythme des boisements, volontaires ou spontanés, des terres abandonnées par l'agriculture (Bouet, 1979). Mais si les forêts occupent désormais plus de la moitié de l'espace du plateau et sont devenues le support d'une activité économique importante pour toute la région Limousin, elles ne sont pas nécessairement vécues par la population comme contribuant à une dynamique territoriale positive. « Dans la Montagne limousine, la forêt est un sujet de querelles et divise les habitants », notait déjà Balabanian en 1980. Dès les années 1970 en effet, de nombreux habitants et élus dénoncent les conséquences paysagères et environnementales des plantations résineuses qui se sont considérablement développées avec l'aide du Fonds Forestier National (FFN), et qui sont à l'origine d'une véritable « inversion paysagère » (Périgord, 1993), allant dans certains cas jusqu'à provoquer un sentiment d'enfermement (Labrue, 2009). Trois décennies plus tard, le constat de Balabanian n'a rien perdu de son actualité. En dépit de la création du Parc naturel régional de Millevaches en Limousin en 2004, et de l'élaboration récente d'une Charte forestière de territoire, conflits et tensions ne se sont pas apaisés : ils ont au contraire pris une dimension nouvelle, amplifiés par des associations d'habitants et relayés par des médias locaux et régionaux. Entre-temps, les forêts du plateau de Millevaches sont massivement entrées en phase de production, et une filière s'est mise en place pour valoriser cette ressource. Si les tensions et les conflits portaient principalement sur le foncier et le phénomène d'enrésinement jusqu'aux années 1990, ils tendent aujourd'hui à se focaliser sur les modes de gestion et d'exploitation de la forêt, jugés globalement non durables sur les plans écologique, économique et social. Ce rapide historique suffit à montrer qu'en dépit des efforts et de la bonne volonté des uns et des autres, logique de filière et dynamique de territoire ne s'articulent pas spontanément de façon harmonieuse.

Le présent article se propose de montrer que la qualité de la biodiversité – autrement dit, les aspects liés au vivant que les acteurs d'un même territoire considèrent comme importants – peut constituer un moyen de renouer le dialogue entre les multiples acteurs concernés par les espaces forestiers, et d'ouvrir la voie à un avenir moins conflictuel. Nous nous appuierons sur les premiers résultats d'un projet de recherche intitulé OPTIQ-Biodiversité (Outils et Processus pour une Territorialisation Intégrée de la Qualité de la Biodiversité), financé par le Ministère de l'Écologie dans le cadre d'un programme « Biodiversité et Gestion forestière ». Pluridisciplinaire, ce projet réunit des équipes de l'Institut Technologique FCBA (Forêt Cellulose Bois-construction Ameublement), du laboratoire LADYSS (Laboratoire Dynamiques sociales et recomposition des espaces) et du laboratoire EVS (Environnement Ville Société). Il part du constat que, malgré l'importance cruciale des motivations des acteurs de terrain dans les pratiques effectives de préservation de la biodiversité, ces motivations sont généralement ignorées par les politiques comme par la recherche (Brédif et al., 2009). Par acteurs de terrain, nous entendons en premier lieu les propriétaires et gestionnaires forestiers, ainsi que les opérateurs de la filière forêt-bois (entreprises de travaux, exploitants, etc.). Toutefois le projet s'intéresse de façon plus large à l'ensemble des acteurs impliqués ou concernés par la gestion des espaces forestiers d'un territoire : collectivités locales, usagers des forêts, associations, etc. La démarche de recherche-action, ancrée dans le territoire du plateau de Millevaches, vise au contraire à s'appuyer sur ces motivations pour identifier les conditions et moyens nécessaires à l'élaboration d'une politique efficace en faveur de la biodiversité.

Après avoir apporté quelques éléments, issus de l'histoire ancienne ou récente, éclairant la relation si particulière des habitants du plateau de Millevaches à leurs forêts, nous décrirons la démarche de recherche-action mise en œuvre sur une portion restreinte du plateau de Millevaches, à savoir le plateau de Gentioux, situé au nord du Parc naturel régional de Millevaches en Limousin (carte 1).

Carte 1 : Communauté de communes du plateau de Gentioux

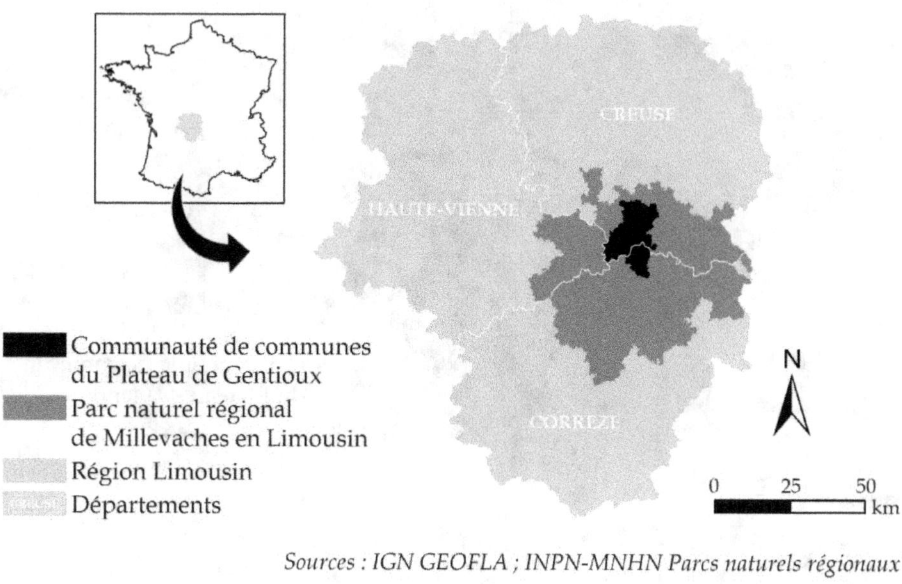

Sources : IGN GEOFLA ; INPN-MNHN Parcs naturels régionaux

Martin Vigan, août 2015

Nous verrons par quelles voies l'expression des motivations individuelles autour de la biodiversité a conduit à une analyse partagée des enjeux et des problèmes liés aux espaces forestiers, et à une reformulation positive du problème, permettant de mettre en mouvement les acteurs d'un territoire et d'amorcer un processus de changement dans une situation bloquée.

1. Forêts et développement du territoire sur le plateau de Millevaches : quelques éléments de compréhension

Une carte d'identité des forêts du plateau de Millevaches est présentée de façon synthétique ci-dessous (source CRPF) :

- Taux de boisement moyen : 53%, pouvant atteindre 80% (carte 2)
- Forêt privée pour 95% de sa surface. Environ 24 000 propriétaires
- Superficie moyenne des propriétés : 6 ha (moyenne régionale : 4 ha)
- Résineux : 56% des surfaces boisées. Feuillus : 44%
- Essences les plus abondantes : chêne, douglas, épicéa, pin sylvestre, hêtre
- Futaie régulière largement dominante : ¾ de la superficie

Carte 2 : Taux de boisement dans la zone d'étude

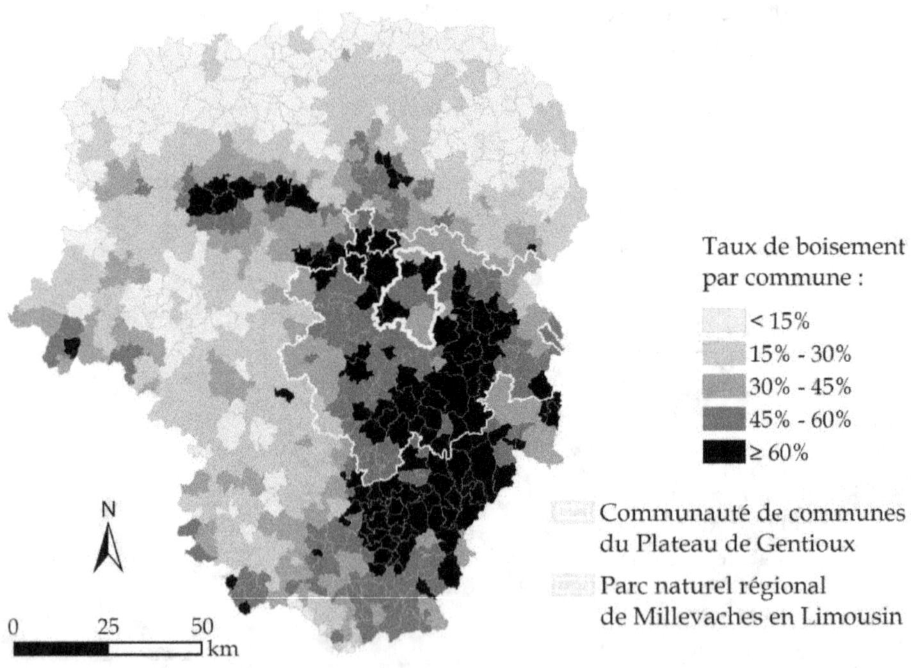

Sources : IFN BD Forêt V1 (1999 - 2000) ; IGN GEOFLA ; INPN-MNHN Parcs naturels régionaux

Martin Vigan, août 2015

1.1. Des forêts faiblement « patrimonialisées »

« Quand la forêt entrera en production, quand les gens verront enfin la richesse qu'elle crée, elle sera vraiment vue comme un patrimoine, et les attitudes à son endroit changeront ».

Tel est, en substance, le discours tenu par plusieurs responsables forestiers au cours des entretiens de recherche. Cependant, il n'est que d'observer le regain de contestation qui accompagne l'accroissement de la récolte de bois, pour s'interroger sur le bien-fondé de cette prédiction optimiste. Les conditions pour que s'instaure une véritable relation patrimoniale[1] des habitants du plateau de Millevaches à leurs forêts ne paraissent pas réunies aujourd'hui.

Une première série d'explications doit être recherchée dans l'histoire même du boisement du plateau. La jeunesse relative de la forêt – moins d'un siècle – n'a pas permis aux habitants de développer une culture forestière. Le boisement, « acte de désespoir de l'agriculture » (Beynel, 1998) est étroitement associé dans les esprits au phénomène de déprise, et par conséquent, dès l'origine entaché d'une signification négative pour la population. La volonté de faire de la forêt un outil au service du développement territorial était pourtant clairement présente dans le dessein de Marius Vazeilles, le premier et ardent promoteur du boisement du plateau de Millevaches. Installé à Meymac en 1913, ce garde général des Eaux et Forêts, devenu pépiniériste, puis député du Front Populaire en 1936, encourage les paysans à planter les terres non propices à l'agriculture. Mais la « forêt paysanne » à laquelle il aspire ne se fera que partiellement du fait de l'abandon par les jeunes des terres agricoles. Le reboisement paysan devient alors marginal et cède la place à un boisement qui sera l'œuvre de citadins suffisamment aisés pour pouvoir investir à long terme – et, quelquefois, d'investisseurs institutionnels extérieurs au territoire qui acquièrent de vastes domaines.

Deux autres éléments viennent limiter les retombées positives de la forêt pour le territoire. La valeur économique des bois est souvent médiocre, sous l'effet combiné de conditions pédoclimatiques difficiles, et d'un manque ou d'une absence de gestion sylvicole par beaucoup de propriétaires. À cela s'ajoute le fait que les utilisateurs de bois sont principalement situés à la périphérie du massif : alors que le plateau de Millevaches représente près de

---

[1] Parmi les différentes définitions du patrimoine, nous nous référons ici à celle proposée par Henry Ollagnon (1989) : ensemble d'éléments matériels et immatériels concourant à l'autonomie et à l'identité de son titulaire.

la moitié de la ressource régionale en bois, moins de 20% des emplois générés par la filière sont localisés sur le territoire du plateau (source PNR).

1.2. Les forêts du plateau de Millevaches, une ressource soumise à une pression croissante

La surface de la forêt régionale a triplé en un siècle. L'entrée en production de cette forêt jeune constitue un événement considérable, pour le plateau de Millevaches, mais également pour l'ensemble de la région. Environ 2 millions de m^3 sont récoltés par an (source CRPF). Une filière bois s'est structurée pour valoriser cette ressource. La trituration (panneaux, papier) et les sciages (principalement résineux) constituent les principaux débouchés des bois récoltés en Limousin. Le secteur forêt-bois arrive désormais au deuxième rang dans l'économie régionale après l'agriculture. Il emploie 7900 personnes, faisant du Limousin la région où la part de l'emploi salarié lié à la forêt est la plus élevée de France (INSEE, 2010).

L'approvisionnement de la filière bois représente donc au niveau régional un enjeu décisif. Le plateau de Millevaches y joue un rôle stratégique : il représente le « grenier à bois » du Limousin. Deux caractéristiques contribuent à y concentrer l'intérêt des opérateurs économiques :

- Alors qu'il représente moins de 20% de la surface régionale, il concentre près de la moitié de la ressource bois (900.000 m^3 sur les 2 millions récoltés annuellement en Limousin)
- En outre, quand la forêt limousine est constituée aux deux tiers de feuillus et pour un tiers seulement de résineux, cette proportion s'inverse sur le plateau de Millevaches. 51,3% de la ressource résineuse du Limousin – support d'une importante activité de sciage – est ainsi concentrée dans ce territoire.

De plus, la pression sur la ressource tend à s'accentuer depuis quelques années. Le Limousin a connu au cours des quinze dernières années un doublement de ses capacités de sciage.

Le secteur du bois énergie est en plein développement. Dans la lignée du Grenelle de l'Environnement, les politiques nationale et régionale encouragent une augmentation de la récolte de bois. À titre indicatif, le Plan Pluriannuel Régional de Développement Forestier (PPRDF) Limousin affiche pour la période 2013-2016 un objectif de +350 000 m^3/an (soit +15% de récolte chaque année). Cette forte mise à contribution des forêts du plateau, vivement ressentie par la population et les élus, contribue à renforcer l'idée que la forêt est surexploitée par les opérateurs du système forêt-bois-papier selon une logique de court terme.

2. La démarche mise en œuvre sur le plateau de Gentioux

2.1. Objectifs

Le projet OPTIQ-Biodiversité s'intéresse à la prise en charge de la biodiversité et de ses enjeux par les propriétaires et gestionnaires forestiers, au sein de territoires à composante forestière marquée. Il vise à concevoir, élaborer et tester des processus et des outils aptes à faciliter une meilleure intégration de la biodiversité et de ses enjeux au niveau d'un territoire forestier. L'objectif est de favoriser des politiques qui s'appuient sur les motivations profondes des acteurs, garantes de leur implication effective et durable (encadré 1). La notion de qualité (Brédif, 2008), ici appliquée à la biodiversité, a fourni une base conceptuelle pour explorer le champ des motivations des acteurs par rapport à la biodiversité. Ces motivations sont appréhendées dans un cadre territorial, la biodiversité étant susceptible d'être intégrée à une réflexion sur les territoires et leur devenir (Simon, 2006).

Encadré 1 : La notion de motivation, oubliée dans les approches institutionnelles de la biodiversité

La prise en compte de la motivation des acteurs comme levier d'action en faveur de la biodiversité paraît aller de soi. Pourtant, les politiques publiques et les processus internationaux ignorent ou négligent cette modalité. Ainsi, dans la Stratégie Nationale pour la Biodiversité (SNB) 2011-2020 de la France, le terme de motivation ne figure pas dans les quelque 60 pages que comporte le document-cadre. La première orientation stratégique de la SNB – sur les six qu'elle comporte – ne corrige-t-elle pas cette omission, quand elle se propose de « Susciter l'envie d'agir pour la biodiversité » ? Un examen attentif du chapitre concerné oblige à répondre par la négative : « *Il s'agit de faire en sorte que chacun d'entre nous dispose d'un ensemble de connaissances et de valeurs lui permettant de prendre conscience de sa dépendance quotidienne vis-à-vis des services rendus par la biodiversité et d'éclairer ses décisions et ses actes* ». L'envie d'agir est d'abord envisagée sous l'angle de « la culture de la nature » et de « la mobilisation citoyenne », mais la possibilité que les acteurs de terrain développent d'ores et déjà de sérieuses motivations vis-à-vis de la biodiversité n'est pas à proprement parler évoquée, *a fortiori* la possibilité de s'appuyer sur ces motivations pour favoriser une prise en charge accrue de la qualité de la biodiversité. De même, à l'échelle internationale, les deux approches qui prévalent aujourd'hui n'accordent pas ou peu de place à cette question des motivations. Depuis les travaux du *Millenium Ecosystem Assessment* (MEA, 2005), les enjeux de la biodiversité sont généralement formulés en termes de services écosystémiques, encore appelés services écologiques. Les quatre catégories de services définies (services de support, de régulation, d'approvisionnement et services culturels) peuvent certes s'envisager comme une réponse à certaines motivations des acteurs de terrain, mais, en réalité, elles correspondent avant tout à une manière de classer et de décrire ce que les forestiers ont longtemps nommé des fonctions (Brédif et Boudinot, 2001). Il en va de même pour l'autre grande approche internationale, assez nettement dominée par un cadre de pensée issu de la discipline économique, qui appréhende la question de la biodiversité au travers de la notion de valeur(s) (Chevassus-au-Louis et al., 2009 ; TEEB, 2010 ; FRB, 2012) et distingue des valeurs d'usage et de non-usage ou encore des valeurs instrumentales, écologiques, patrimoniales ou identitaires, et intrinsèques. Dans les deux cas, cela revient à définir dans l'absolu et de manière universelle des grandes catégories, qui présentent l'avantage de rendre le sujet moins insaisissable et en apparence plus clair. En revanche, pour ce qui concerne les motivations réelles des acteurs, cela ne permet de les appréhender que de manière très indirecte et peut-être même fortement biaisée en raison des effets de perspectives induits par ces classements établis *a priori*. En fait, la motivation se démarque fondamentalement de la valeur - même quand cette dernière n'est pas réduite à sa dimension monétaire - qui ne peut s'empêcher de privilégier ce qu'il y a d'impersonnel, de collectif, d'universel et d'atemporel. La notion de valeur est pratique pour évaluer et comparer des cas différents. Au contraire, la motivation impose le contexte : impossible de s'en affranchir, voici des individus précis, des situations particulières, des relations spécifiques, des préférences marquées, dont rien ne permet de penser qu'elles se retrouvent ailleurs dans des termes analogues et commensurables. Cependant, ce qui est perdu en capacité d'évaluation et de comparaison est doublement compensé, premièrement par une connaissance beaucoup plus fine et exacte des relations effectives des acteurs à une réalité donnée et, en second lieu, par la possibilité de s'appuyer sur l'intérêt et l'énergie que les acteurs sont prêts à consacrer à cette réalité pour en améliorer l'état général. On notera ainsi que dans le cas du plateau de Millevaches, les cinq grandes motivations au sujet de la biodiversité (cf. infra) que le processus participatif a permis de mettre au jour auraient difficilement pu être inférées des grandes classes de biens et services définies par le MEA, de même que de la typologie des valeurs proposée sous les auspices de la FRB.

2.2. Choix méthodologiques

Le projet OPTIQ-Biodiversité relève de la recherche-action. En conséquence, sa mise en œuvre s'apparente à une démarche davantage qu'à une méthode, pour reprendre la distinction proposée par Liu (1992). Une méthode a une validité universelle et permanente. La démarche s'oppose aux méthodes dans le sens où elle les reconnaît et les utilise mais n'en reste pas prisonnière.

Nous nous inscrivons clairement dans l'esprit de la recherche dite « de mode 2 » (Nowotny et al., 2003), en ce sens que la production de connaissances est effectuée dans un contexte d'application, et vise à résoudre des problèmes qui se posent à des acteurs en situation effective de problème ou de projet. Une caractéristique de la recherche de mode 2 concerne la place et le statut des acteurs dans la recherche. Loin d'être considérés comme n'ayant que des

« représentations » ou des « perceptions » - que les chercheurs auraient la tâche d'expliquer, ou de confronter à une réalité objective détenue par des experts - les acteurs sont au contraire ici considérés comme experts du problème territorial complexe auquel ils sont confrontés. Dans le projet OPTIQ-Biodiversité, ce rôle d'expert ne leur est pas seulement dévolu dans le cadre d'entretiens de recherche : tout au long du projet, ils sont considérés comme partenaires de l'équipe de recherche, amenés à qualifier les résultats, et à co-construire avec l'équipe de recherche un processus tenant compte de façon fine des multiples enjeux.

2.3. Vue d'ensemble de la démarche et déroulement

Fin 2011, avec l'accord du Parc Naturel Régional (PNR) de Millevaches en Limousin, la décision a été prise de conduire la démarche de recherche-action sur le terrain du plateau de Millevaches. Démarche qui répondait aux critères que nous avions prédéfinis, à savoir : un territoire à composante forestière marquée où se conjuguent différents enjeux, en particulier production de bois et biodiversité.

Quelques contacts préliminaires auprès d'élus du PNR et de l'animateur de la Charte forestière ont rapidement permis à l'équipe de recherche de mesurer le caractère conflictuel des relations entre acteurs autour des espaces forestiers, notamment sur les questions environnementales.

Ce contexte particulièrement délicat nous a convaincus de prolonger cette phase d'exploration stratégique. Une vingtaine d'entretiens approfondis ont ainsi été réalisés, auprès d'acteurs concernés par les forêts, la biodiversité et le développement des territoires, du niveau régional au niveau local : organismes liés à la forêt et au bois, collectivités, associations environnementalistes, usagers des espaces forestiers, l'échantillonnage visant à couvrir la diversité des points de vue et des enjeux. Les entretiens, de type compréhensif (Kaufmann, 1996), portaient volontairement sur une problématique large (les liens forêts – biodiversité – territoire), dont chaque acteur pouvait s'emparer librement en fonction de ses intérêts et de sa sensibilité. L'objectif n'était pas de réaliser une étude ou un diagnostic exhaustif : si les entretiens ont effectivement permis un premier repérage des principaux problèmes et enjeux, il s'agissait aussi, et surtout, d'évaluer l'intérêt des acteurs pour une démarche de recherche-action dont ils seraient les éventuels partenaires, et d'identifier les conditions de leur implication.

Trois principaux enseignements, validés par les acteurs eux-mêmes lors d'une réunion de présentation en juillet 2012, ont pu être tirés de cette série d'entretiens.

Premier point, la biodiversité est considérée comme un sujet d'importance cruciale par la très grande majorité des acteurs auditionnés ; l'intérêt de rechercher une meilleure intégration de la biodiversité et de ses enjeux dans la gestion des espaces forestiers, a été très largement exprimé.

Deuxièmement, l'ensemble des acteurs rencontrés a confirmé que la biodiversité ne pouvait être envisagée séparément des autres préoccupations du territoire : une des conditions pour susciter l'intérêt des acteurs était précisément d'axer la recherche-action sur le thème large que nous avions donné aux entretiens : celui des liens entre forêt, biodiversité et territoire.

Enfin, un large consensus s'est dégagé sur un point : la nécessité, ou du moins l'intérêt, d'ancrer la démarche dans un territoire plus restreint que celui correspondant au périmètre du PNR.

Le choix s'est tourné vers la Communauté de communes du plateau de Gentioux, regroupant sept communes dans la partie nord du Parc. Sur le plan forestier, ce territoire apparaît emblématique d'une fraction importante du territoire du Parc : taux de boisement élevés, forte proportion de résineux, dont beaucoup arrivent en phase de récolte. Zone peu peuplée où se côtoient les « locaux », les « revenants »[2] et les néo-arrivants, ces derniers étant souvent impliqués dans le tissu associatif et la vie politique locale, le plateau de Gentioux offre l'exemple même des recompositions sociales à l'œuvre sur le territoire du PNR (Richard et Dellier, 2011). Enfin, ce secteur était très souvent mentionné au cours des entretiens pour le dynamisme de ses élus et de ses associations, et l'émergence de réflexions et d'actions locales en lien avec les forêts. Du point de vue de la recherche-action, la Communauté de communes du plateau de Gentioux présentait donc un double avantage : une problématique forestière commune à d'autres territoires du Parc ; un contexte socio-politique particulier, *a priori* favorable à la mise en place d'une démarche pilote.

Des ateliers participatifs ont été organisés sur le territoire du plateau de Gentioux, avec une implication forte des élus, étroitement associés à la conception du dispositif (réflexion partagée sur les acteurs à impliquer, recherche et mobilisation de participants, sélection de secteurs de « zoom » pour l'analyse fine des occupations de l'espace). L'objectif de la démarche était la production d'une analyse partagée des enjeux et problèmes, et la recherche de voies d'amélioration.

---

[2] Nous reprenons ici la terminologie de Richard et Dellier (2011). Les « revenants » désignent les personnes originaires du territoire qui reviennent s'y installer, en général au moment de la retraite.

2.4. Méthodologie et déroulement des ateliers participatifs

Avec l'aide des élus du territoire, un groupe projet pluraliste a été constitué : propriétaires forestiers, élus locaux, associations d'habitants, usagers du territoire (randonnée, pêche), mais aussi habitants intéressés par la forêt et les enjeux de la biodiversité. L'enjeu était d'assurer au sein de ce groupe une bonne représentation des différents points de vue et intérêts en jeu autour de la gestion des espaces forestiers (encadré 2). Le groupe s'est réuni à quatre reprises entre novembre 2012 et mai 2013. Dans l'idée d'ouvrir largement la démarche, les deux derniers ateliers ont été ouverts à toute la population. Au total, une vingtaine de personnes a participé au groupe projet.

Encadré 2 : Expertise à dires d'acteurs et expertise scientifique

Dans le processus d'élaboration d'un diagnostic par les acteurs eux-mêmes, le problème traité peut avoir des composantes qui relèvent de savoirs scientifiques. Ainsi, dans le travail engagé avec les acteurs du plateau de Gentioux, trois types d'éclairage sont utiles à mobiliser : 1. la connaissance de la biodiversité du territoire, dans son acception scientifique ; 2. la connaissance des liens entre pratiques forestières et biodiversité ; 3. l'état des lieux objectif des occupations de l'espace et des pratiques effectives en matière de gestion et d'exploitation des forêts.

Si ce dernier point peut être dans une certaine mesure objectivé par le recueil, l'exploitation et la mise en forme de différentes données disponibles, il n'en va pas de même pour les autres aspects.

Première difficulté rencontrée : alors que les acteurs impliqués dans la démarche s'intéressent avant tout à la biodiversité ordinaire (aucune des espèces d'intérêt communautaire n'a été mentionnée par le groupe), le recensement de la bibliographie régionale et l'interview de spécialistes de la biodiversité montrent que l'effort de connaissance scientifique porte principalement sur les espèces et milieux remarquables.

Seconde difficulté : pour certains sujets abordés (par exemple, l'impact de la monoculture de douglas sur la qualité des eaux du plateau de Millevaches), les phénomènes sont d'une grande complexité, et les études disponibles laissent la place à des interprétations et des conclusions divergentes.

Quoi qu'il en soit, comme l'écrit D'Aquino (2002) à propos du diagnostic partagé, il faut garder présent à l'esprit que les ateliers participatifs ne doivent pas être conçus comme une démarche technique mais avant tout comme un processus de mobilisation des acteurs, destiné à faire émerger des aspirations communes, des objectifs à atteindre, une stratégie et des règles communes. L'objectif premier de la validation des résultats n'est pas de garantir leur scientificité, mais de s'assurer de leur acceptabilité par les différents acteurs.

Le rôle des trois co-animateurs (auteurs de ces lignes) était d'accompagner la réflexion du groupe ; en aucun cas ils n'intervenaient comme experts sur les questions traitées. Les techniques employées (post-it, tours de table avec gestion des temps de parole, relances par l'animateur) visaient à permettre une expression approfondie des analyses et motivations de chacun, et à faciliter l'élaboration progressive d'analyses partagées. Les réunions étaient conduites avec souplesse, l'enjeu étant de ne pas imposer une grille de lecture des problèmes, mais de laisser les participants définir eux-mêmes le cadre d'analyse qu'ils estimaient pertinent. Le cas échéant, comme on le verra, l'équipe a été amenée à proposer des reformulations ou recadrages (au sens de Watzlawick et al., 1975), conduisant à envisager d'autres manières d'aborder un problème. Entre deux réunions, l'équipe élaborait des synthèses, soumises à la validation du groupe.

Le dispositif était complété par deux éléments : la participation de personnes ressources et l'élaboration de supports graphiques et cartographiques. Les personnes ressources (un spécialiste de la biodiversité, animateur du dispositif Natura 2000 au PNR, et un spécialiste des sols forestiers) étaient au service de la réflexion du groupe, et s'exprimaient à l'invitation de celui-ci. Les supports graphiques et cartographiques, réalisés par l'équipe à partir du traitement de différentes données (Inventaire forestier national, orthophotographie, occupation du sol, ...) étaient destinés à illustrer et objectiver les évolutions et phénomènes décrits par les acteurs.

3. De premiers résultats prometteurs

3.1. De l'expression des motivations individuelles à l'élaboration d'une analyse partagée des enjeux

Pour la vingtaine d'acteurs ayant participé aux ateliers, la biodiversité revêt une importance spéciale à l'échelle du plateau de Gentioux. De prime abord cependant, il faut reconnaître que les intérêts préférentiels de chacun varient : quand des participants se montrent sensibles à certaines espèces (rapaces, abeilles, pins sylvestres, ...) ou milieux (landes, franges boisées, tourbières, ...), d'autres remarquent avant tout les couleurs, les ambiances, les paysages, les chants d'oiseaux ou se préoccupent surtout de résilience des écosystèmes, de fertilité des sols, de qualité de la ressource en eau...

Cette variété d'attachements et de sensibilités, une fois mise à plat, n'a cependant pas empêché les acteurs de trouver un large accord sur deux points majeurs (figure 1).

Premier point : à l'échelle du plateau de Gentioux, cinq composantes ou thématiques de la biodiversité sont reconnues comme ayant une importance toute particulière :

- Les paysages et la diversité des formes d'occupation de l'espace contribuent à des équilibres essentiels pour l'attractivité du territoire et sa capacité de développement
- Les bois feuillus représentent à la fois une ressource indispensable (plus de la moitié des habitants se chauffent au bois), une composante essentielle des ambiances du plateau, et des espaces de nature appréciés à plus d'un titre (promenade, cueillette)
- Les sols et la durabilité forestière constituent un capital précieux, pour les propriétaires forestiers comme pour le territoire
- L'eau et les milieux humides sont autant de richesses à préserver, pour le territoire et pour la région
- Les landes, les tourbières et les espaces agricoles représentent des espaces plus ou moins productifs, mais à haute valeur écologique et patrimoniale.

Si les acteurs retiennent ces cinq composantes, c'est qu'elles correspondent à leurs yeux à des thématiques critiques ou stratégiques pour le plateau de Gentioux. Que certaines espèces animales emblématiques ou qu'une essence aussi abondante sur le plateau que le douglas ne fassent pas l'objet d'une entrée spécifique ne veut évidemment pas dire qu'elles ont été oubliées ; mais il a paru plus pertinent aux acteurs de les envisager au travers d'autres dimensions plus intégratrices.

Deuxième point : en même temps qu'ils s'accordaient pour la première fois à reconnaître ensemble les grandes composantes de la biodiversité du plateau de Gentioux sur lesquelles une vigilance toute particulière s'impose, les acteurs ont également été conduits à se dire en quoi ces thématiques s'avèrent si importantes. Beaucoup plus que la simple idée d'un patrimoine à conserver, la biodiversité et ses composantes les plus critiques à l'échelle du plateau renvoient à des motivations très fondamentales. Cinq motivations majeures, validées par l'ensemble du groupe, sont apparues :

- Un sentiment de responsabilité. « *Nous devons nous en soucier parce que nous en sommes responsables* » est une idée qui revient très souvent, en particulier pour les aspects liés à l'eau, ainsi que pour certaines espèces ou milieux remarquables
- La biodiversité comme signe de qualité du territoire, comme « marqueur d'un développement réussi, où l'on a des pratiques respectueuses de la vie » ; cela constitue également un « motif de fierté » que de réussir à ménager la vie actuelle et à venir
- La biodiversité constitue également une composante de la qualité de vie et du bien-être, à travers notamment la dimension esthétique des paysages, la variété des espèces et milieux que l'on côtoie au quotidien lorsqu'on habite le territoire. Cela est d'autant plus important que beaucoup ont précisément choisi de s'installer, de vivre ou de rester sur le plateau pour cette raison

- La biodiversité, ce sont aussi des ressources matérielles ou immatérielles : produits (bois, valeurs économiques autour de la forêt et des espaces naturels, champignons, miel, etc.) et services (qualité de l'air, de l'eau, attrait touristique, ...)
- Une dernière motivation, non négligeable, tient à ce que la biodiversité participe au projet de territoire et à son identité. Elle contribue notamment au désir et au projet d'autonomie très largement répandu parmi les personnes du plateau de Gentioux (autonomie énergétique, modèle de développement moins consumériste, plus convivial et solidaire).

Ces cinq grandes motivations forment un tout pour les participants, qui ont d'ailleurs refusé de les hiérarchiser. Ce sont en fait autant de raisons de fond qui conduisent les acteurs à considérer que la question de la biodiversité n'est ni secondaire, ni anodine. Celle-ci revêt en effet un sens très particulier dans le contexte du plateau de Gentioux. Régulièrement, en effet, les participants aux ateliers l'ont souligné : « *la vie ici n'est pas facile, cela reste un combat au quotidien* ». Dans ces conditions, tout ce qui va affecter, d'une manière ou d'une autre, les composantes de la biodiversité, sera interprété et vécu par les habitants comme autant de menaces quant à la possibilité d'ancrer durablement la vie et les activités humaines sur le plateau de Gentioux.

Figure 1 : Motivations et composantes jugées critiques et stratégiques pour le territoire

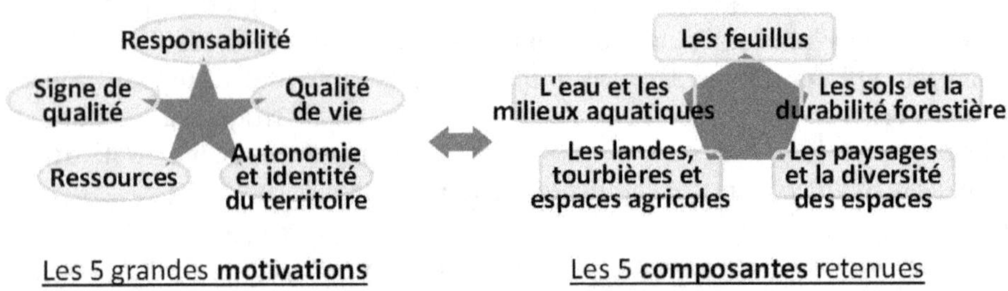

Équipe de recherche OPTIQ-Biodiversité, octobre 2013

3.2. De l'expression des insatisfactions à la formulation d'un projet constructif

De manière unanime, les participants aux ateliers considèrent que les cinq composantes de la biodiversité retenues font l'objet de menaces à plus ou moins brève échéance. Un ensemble d'évolutions sociétales et économiques, des politiques publiques nationales, régionales ou départementales, mettent sous pression les forêts du plateau, qu'elles soient feuillues ou résineuses.

Les dégradations constatées ou redoutées sont très souvent reliées aux forêts et à leur gestion, même s'il est clair que les phénomènes en jeu sont complexes et que d'autres espaces et activités doivent également être considérés. Les acteurs ont fait part de leurs inquiétudes par rapport au devenir des forêts feuillues, surtout lorsqu'elles sont anciennes, mais également par rapport à l'évolution de la fertilité des sols, de la qualité et de la disponibilité de l'eau (notamment pour la consommation domestique), ou encore des paysages.

Il n'est pas possible de présenter en détail dans le cadre de cet article les analyses et les voies de changement élaborées lors des ateliers participatifs. Nous nous contenterons d'un aperçu sur un des aspects les plus remarquables du travail effectué avec les acteurs – qui tient à leur cheminement dans la formulation du problème de fond.

Schématiquement, cette formulation s'est déroulée en quatre temps.

Le premier temps a été dominé par des expressions de mécontentement. Les propos d'une majorité de participants traduisaient le rejet en bloc d'un système, d'une filière, d'une logique, jugés responsables des problèmes observés (« logique capitaliste », voire « colonialiste », « ils n'en ont rien à faire [du territoire] »).

Dans un deuxième temps, plusieurs participants ont éprouvé le besoin de nuancer cette approche binaire, voire manichéenne. Ils ont notamment considéré que le sentiment d'impuissance face aux évolutions forestières tenait également à un autre aspect des choses : l'existence d'une multitude de propriétaires « insaisissables » - parce qu'absents du territoire ou faiblement impliqués dans la gestion de leurs forêts. Sur les questions forestières, les habitants et responsables du plateau de Gentioux décrivaient une situation dans laquelle ils se sentaient « coincés », pris entre deux « blocs » sur lesquels ils estimaient avoir très peu de prise : la filière « industrielle » d'un côté, et de l'autre la masse des propriétaires forestiers.

Troisième temps : repartant de la triade filière – propriétaires – territoire, l'équipe de recherche a proposé une reformulation incluant les points de vue d'autres acteurs rencontrés dans la phase d'exploration stratégique (figure 2). En effet, nous avions constaté à l'occasion des premiers entretiens que l'ensemble des acteurs concernés par la gestion des espaces forestiers – y compris les propriétaires et les opérateurs de la filière bois – exprimaient des insatisfactions et faisaient part de leurs propres difficultés et contraintes. Nous proposions une nouvelle lecture de la situation, considérée non pas du seul point de vue des acteurs du territoire, mais dans une perspective systémique. Dans cette perspective :

- Chaque entité ou groupe d'acteurs s'intéresse à des qualités forestières spécifiques.
- Chaque entité ou groupe d'acteurs est tributaire des comportements et décisions des deux autres groupes pour la satisfaction de ses propres besoins et attentes.
- La situation actuelle est caractérisée par la non-rencontre entre ces trois groupes, chacun ayant des raisons de considérer que le dialogue avec les autres parties n'est pas possible.

Figure 2 : Trois entités ou groupes d'acteurs mus par des préoccupations différentes

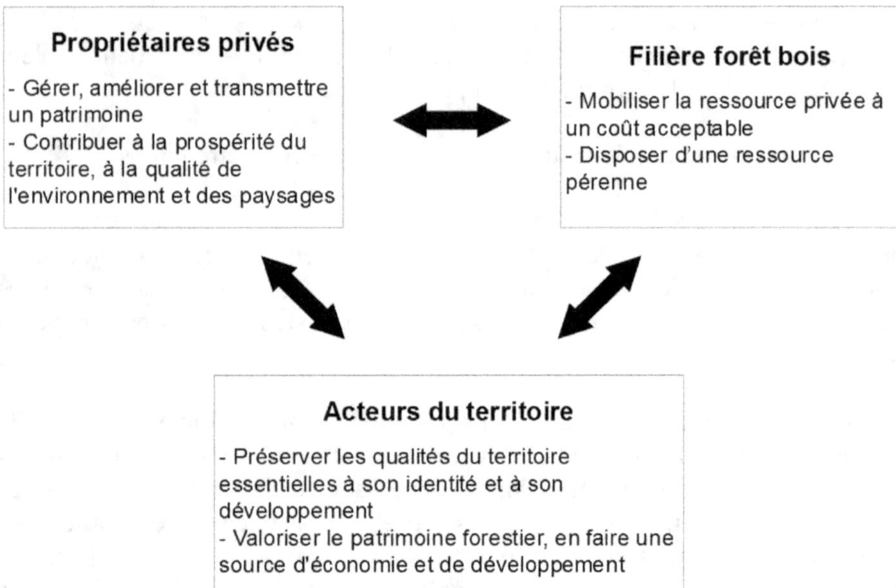

Équipe de recherche OPTIQ-Biodiversité, oct. 2013

L'intérêt d'une telle reformulation du problème de fond était d'aider les acteurs à sortir d'une posture de « mobilisation contre ». Elle permettait d'envisager des leviers d'actions différents, comme cela est résumé dans le tableau 1. Mais l'équipe prenait le risque du rejet de cette reformulation par le groupe.

Dans un quatrième et dernier temps, cette reformulation a été transmise aux participants, avec demande de relecture attentive. Les réactions du groupe ont doublement surpris l'équipe : l'idée centrale (la notion de possible jeu gagnant-gagnant) n'était pas rejetée ; en revanche, la formulation de l'équipe de recherche ne leur convenait plus : le recours à des abstractions globalisantes (« filière », « propriétaires », « territoire »), pourtant issues de leur propre analyse, masquait à leurs yeux la complexité de la situation, et induisait de surcroît une lecture conflictuelle, en opposant des « blocs » qui en réalité n'en sont pas.

Tableau 1 : Leviers d'action envisageables selon la formulation du problème de fond

Formulation du problème de fond	**Leviers de changement et voies d'amélioration envisageables**
<u>Centrée sur le territoire</u> : un territoire pris en étau entre la filière d'une part, les propriétaires forestiers d'autre part	Implication des élus locaux pour « toucher » les propriétaires et « peser » sur les pratiques de la filière
<u>Systémique</u> : Chaque groupe ou entité (filière, propriétaires, territoire) est tributaire des actions des autres groupes, mais faute de lieu de rencontre et d'échange entre ces trois groupes, chacun agit sans réellement prendre en compte les attentes des autres	Processus de changement fondé sur la recherche de jeux gagnant-gagnant : expressions et confrontation des attentes et contributions respectives des parties prenantes

Ces considérations ont conduit le groupe à demander de reprendre la reformulation dans un sens plus positif et plus constructif : « *Il faut que le document puisse être lu par des propriétaires* ». Le souci de retravailler la formulation allait de pair avec l'affirmation forte d'une nouvelle posture : il s'agissait désormais pour les participants de porter un projet visant à recréer de l'échange et du lien autour de la gestion des espaces forestiers, en associant les différentes parties prenantes.

En somme, après un premier temps dominé par l'expression du mécontentement et la dénonciation de prétendus responsables, le groupe a pu passer à une analyse plus circonstanciée des problèmes, d'abord centrée sur le vécu des habitants du plateau, puis prenant progressivement du recul. Tout au long de ce processus, la volonté des acteurs de dépasser les blocages et conflits actuels s'est progressivement affirmée.

CONCLUSION

Début 2014, les élus du territoire ont décidé de porter les analyses et propositions du groupe projet, et sollicité l'appui du PNR dans ce sens. Une phase de consolidation du projet et de discussion avec des acteurs de niveau supérieur est d'ores et déjà engagée. S'il est encore trop tôt pour tirer des conclusions définitives, les premiers résultats de la recherche-action montrent l'intérêt et l'originalité d'une approche centrée sur les motivations des acteurs. Sur le plateau de Gentioux, une telle approche a permis de passer des motivations individuelles liées à la biodiversité, à la reconnaissance de motivations partagées, et en définitive à la construction d'un accord de nature politique sur les enjeux locaux de la biodiversité et sur les composantes de la biodiversité méritant une vigilance particulière. De plus, le travail engagé à partir des motivations des acteurs a facilité l'émergence d'une dynamique nouvelle, impliquant les acteurs locaux du territoire dans un esprit positif et constructif – même si cette dynamique naissante est encore fragile. La question de la qualité de la biodiversité a finalement permis aux habitants et élus du plateau de Gentioux de se retrouver pour parler de manière constructive des enjeux liés à la forêt et au bois ; d'envisager sous un jour plus favorable les relations entre logique de filière et dynamique territoriale, alors que la sédimentation des problèmes et des conflits au fil des ans s'opposait à toute approche frontale des questions forestières. Au-delà de leur pleine légitimité et de l'intérêt qu'elles présentent en soi, la qualité de la biodiversité et les motivations qui la sous-tendent apparaissent ainsi comme une manière détournée ou latérale d'aborder une matière très chargée sur le plan émotionnel et de dépasser une situation bloquée.

Régulièrement pris à partie, notamment sur les questions environnementales, les forestiers du Limousin défendent leurs positions à l'aide d'une rhétorique qui n'a guère évolué depuis plusieurs décennies. La forêt serait, à les en croire, le bouc émissaire des problèmes du territoire, injustement considérée comme responsable de la déprise quand elle en est, en réalité, la conséquence, voire le remède (par exemple Balabanian, 1980). Les détracteurs de certaines pratiques forestières sont ainsi taxés d'irréalisme ou de naïveté. Au demeurant, leurs critiques sont jugées irrecevables pour plusieurs motifs : elles traduiraient la méconnaissance du grand public, incompétent sur ces questions techniques particulièrement complexes et victime de distorsions perceptives ; ou encore, elles seraient motivées par des arrière-pensées de nature idéologique. En somme, il s'agit toujours de disqualifier le discours des non-forestiers. Il est vrai que face à la virulence des attaques dont ils font l'objet, les forestiers n'ont pas forcément d'autre recours possible que cet argumentaire défensif et les échanges sur la forêt n'en sont pas facilités. Les premiers résultats de notre recherche-action suggèrent cependant qu'il peut y avoir intérêt à prendre au sérieux les motivations de toutes les parties prenantes, y compris celles des non-forestiers : cela ne débouche pas forcément sur du conflit ou sur des projets utopistes, mais peut au contraire permettre de dépasser des situations bloquées en renouvelant la manière dont les problèmes sont habituellement envisagés.

BIBLIOGRAPHIE

Balabanian, O., 1980. La forêt source de conflits dans la montagne limousine. Revue Forestière Française, numéro spécial Sociétés et Forêts, 255-262.

Beynel, C., 1998. Forêt et société de la montagne limousine. Presses Universitaires de Limoges, Limoges.

Bouet, G., 1979. L'évolution récente de la vie rurale en Limousin. Thèse d'État, Lille.

Brédif, H., Boudinot, P., 2001. Quelles forêts pour demain ? Éléments de stratégie pour une approche rénovée du développement durable. L'Harmattan, Paris.

Brédif, H., 2008. La qualité comme moyen de repenser le développement durable d'un territoire. EspacesTemps.net, Textuel, [En ligne], http://espacestemps.net/document5213.html

Brédif, H., Arnould, P., Bailly, A., 2009. Conditions et moyens d'une prise en charge renforcée des enjeux de la biodiversité par les propriétaires et gestionnaires forestiers. Rapport de synthèse, Programme Biodiversité et Gestion forestière 2005-2009.

Chevassus-au-Louis, B., Salles, J.-M., Pujol, J.-L., 2009. Approche économique de la biodiversité et des services liés aux écosystèmes : contribution à la décision publique. Rapports et Documents, Centre d'Analyse Stratégique, Paris.

D'Aquino, P., 2002. Accompagner une maîtrise ascendante des territoires. Prémices d'une géographie de l'action territoriale. Rapport présenté pour l'obtention de l'H.D.R. en Géographie et Sciences de l'aménagement, Aix-en-Provence.

FRB (Fondation pour la Recherche sur la Biodiversité), 2012. Les valeurs de la biodiversité : un état des lieux de la recherche française. Paris.

INSEE (Institut National de la Statistique et des Études Économiques), 2010. La filière bois en Limousin : une tradition qui a de l'avenir. Paris.

Kaufmann, J.-C., 1996. L'entretien compréhensif. Armand Colin, Paris.

Labrue C., 2009. L'enfermement de l'habitat par la forêt : exemples du Plateau de Millevaches, des Maures et des Vosges du Nord. Thèse de doctorat en géographie, Université de Limoges, Limoges, [En ligne], http://epublications.unilim.fr/theses/2009/labrue-claire/labrue-claire.pdf

Liu, M., 1992. Présentation de la recherche-action : définition, déroulement et résultats. Revue Internationale de Systémique, 6, 4.

MEA (Millenium Ecosystem Assessment), 2005. Ecosystems and Human Well-being : Synthesis. Island Press, Washington.

Nowotny, H., Scott, P., Gibbons, M., 2003. Repenser la science. Belin, Paris.

Ollagnon, H., 1989. Une approche patrimoniale de la gestion de la qualité du milieu naturel. In : Mathieu, N., Jollivet, M., (Éds.), Du rural à l'Environnement : la Question de la Nature aujourd'hui. L'Harmattan, Paris, 258-268.

Périgord, M., 1993. La notion de paysage de montagne en Limousin. Norois, 159, 481-496.

Richard, F., Dellier, J., 2011. Environnement, migrations et recompositions sociales des campagnes limousines – l'exemple du PNR de Millevaches. Rapport d'étude, Université de Limoges, Limoges.

Simon, L., 2006. De la biodiversité à la diversité : les biodiversités au regard des territoires. Annales de Géographie, 115, 651, 451-467.

TEEB (The Economics of Ecosystems and Biodiversity), 2010. L'économie des écosystèmes et de la biodiversité. Rapport définitif. Commission Européenne, Bruxelles.

Watzlawick, P., Weakland, J.H., Fisch, R., 1975. Changements, paradoxes et psychothérapies. Points, Paris.

Chapitre 10. L'animation forestière : une approche par les bouquets de compétences de l'ingénierie territoriale

TROGNON Laurent[1] & BOUCHAUD Monique[2]
[1] *AgroParisTech, France*
[2] *IRSTEA Clermont-Ferrand, France*

Dans le monde de la foresterie, l'animation est une nécessité affirmée par les acteurs des Plans de massifs et des Chartes forestières de territoire, comme par les rapports d'évaluation de ces outils de stratégie locale. Cependant, l'explicitation que ces derniers en donnent est aussi vague et générique qu'est varié le discours des acteurs sur les missions qu'elle représente. Un examen des buts, procédures et processus liés à ces outils montre que la mission de l'animateur forestier relève de l'Ingénierie Territoriale (IT). Aussi avons-nous testé, dans une démarche exploratoire, la grille d'analyse des compétences de l'IT auprès d'acteurs de la foresterie, un animateur, un cadre forestier et un élu régional. Celle-ci s'avère pertinente pour caractériser le travail sociotechnique de l'animateur forestier. Outre son intérêt pour définir des fiches de postes, elle ouvre des perspectives pour réviser la description des métiers associés et les contenus et dispositifs de formation ad hoc.

MOTS-CLÉS
Animation ; territoire ; gestion forestière ; compétences professionnelles ; ingénierie territoriale ; *management ;* France

INTRODUCTION

En France, la politique forestière nationale bien que fortement sectorisée a connu ces quinze dernières années un renforcement de sa territorialisation qui se décline en Stratégie Locale de Développement Forestier (SLDF). Le mot d'ordre est : augmenter les volumes produits dans une double dynamique de développement durable et de décentralisation. Deux outils permettent aux collectivités territoriales d'organiser sa mise en œuvre locale, en accédant à des mesures financières incitatives, qui facilitent la mobilisation des propriétaires forestiers : le Plan de Développement de Massif (PDM) et la Charte Forestière de Territoire (CFT). Sur le terrain, ce sont des animateurs forestiers qui assurent l'émergence, la coordination et l'accompagnement des réseaux et des projets. Cette animation est considérée par les rapports d'évaluation comme essentielle à la réussite des PDM et des CFT. Cependant, la notion, les missions correspondantes et les compétences requises restent excessivement floues.

Or, nous considérons que mieux les expliciter peut être source de progrès pour l'action. Des travaux de recherche récents en matière d'Ingénierie Territoriale (IT) nous y invitent. En effet, une grande proximité existe entre cette animation et les missions d'Ingénierie Territoriale. Aussi, nous nous sommes interrogés sur la pertinence d'utiliser la grille d'analyse des compétences de l'IT pour appréhender l'animation forestière territorialisée. L'argumentation dans ce sens se construira tout d'abord, par une confirmation que cette dernière relève du champ de l'IT. Puis, après avoir précisé ce cadre, sa sémantique et les quatre bouquets de compétences de l'IT, une série d'entretiens réalisés auprès d'acteurs d'un PDM sera examinée selon ces grilles d'analyse. De là, diverses pistes de réflexion futures seront proposées.

1. L'animation forestière, une mission d'Ingénierie Territoriale ?

1.1. La politique forestière nationale : augmenter les volumes produits dans une double dynamique de développement durable et de décentralisation

Aujourd'hui, la forêt française représente 16,4 millions d'hectares et un volume de bois sur pied estimé à plus de 2,5 milliards de m^3 (10% de l'Union Européenne). Cette surface, qui a doublé en deux siècles, est détenue aux trois quarts par des propriétaires privés. Cette ressource multifonctionnelle, qui allie à la fois transition énergétique et préservation de la biodiversité, mais aussi espace récréatif, demande une gestion qui n'a cessé de se confirmer, requérant une importante spécialisation des acteurs impliqués (Brédif, 2008).

Depuis plus de 30 ans, de nombreux rapports s'intéressent à l'avenir de la forêt française. Tous mettent l'accent sur un besoin d'accroissement de l'exploitation de la ressource forestière, auquel s'ajoute, depuis quelques années, une volonté de pérennité de cette ressource et de durabilité de son exploitation (Méo et Bétolaud, 1978 ; Duroure, 1982 ; Bianco, 1998 ; Juillot, 2003 ; CGAAER, 2007 ; Puech, 2009 ; Attali et al., 2013).

Parallèlement, ces dernières années, notamment à la faveur du Grenelle de l'Environnement (2007-2011), des discours volontaristes[1] sont venus renforcer ces *leitmotive*, tandis que les acteurs les intégraient. En effet, les forestiers représentés par l'Office National des Forêts, la Fédération des communes forestières et la Forêt Française Privée conclurent un accord avec France Nature Environnement visant à « produire davantage de bois tout en préservant mieux la biodiversité, dans un cadre territorial adapté ». Ils estimaient qu'une augmentation de la production était possible et souhaitable, tout en tenant compte de la biodiversité, et qu'elle pouvait permettre de mieux lutter contre l'effet de serre par la réduction d'émissions de CO_2 d'origine fossile. Une augmentation des sorties de bois de 21 millions de m^3 a ainsi été fixée pour 2020. En outre, le souci d'une gestion durable des bois et forêts a été intégré dans le Code forestier en 2012[2].

En France, bien que la politique forestière relève de la compétence de l'État qui en assure la cohérence nationale et avec les autres politiques, la décentralisation a conduit, depuis les années 80, les collectivités territoriales et leurs groupements à concourir toujours plus activement à la mise en œuvre de cette politique.

1.2. Stratégie locale de développement forestier comme territorialisation de la politique forestière nationale

La territorialisation de la politique forestière nationale se décline en Stratégie Locale de Développement Forestier (SLDF) qui repose sur deux outils qui facilitent la mobilisation des propriétaires forestiers : le Plan de Développement de Massif (PDM) et la Charte Forestière de Territoire (CFT).

---

[1] Discours du Président Sarkozy à la Scierie d'Urmatt (2009) et à celle d'Égletons (2011).

[2] Cf. notamment les articles L.121-1 et L.121-4 créés par l'Ordonnance n° 2012-92 du 26 janvier 2012.

Les premiers PDM ont été mis en place à l'initiative des acteurs de la forêt. Ils visent l'amélioration de la gestion des massifs et leur désenclavement dans le cadre de projets groupés de mobilisation du bois. Ils constituent une action de développement local au service de la forêt et des petits propriétaires forestiers et plus largement de tout le territoire concerné. Davantage opérationnels que stratégiques, ils poursuivent deux objectifs principaux. Comme outil de développement de la mobilisation du bois, un PDM permet de mieux structurer le secteur de la sylviculture et d'améliorer l'approvisionnement des industries de première transformation du bois. Les blocages et besoins des propriétaires forestiers privés sont recensés dans le territoire afin de concentrer les efforts de la filière pour augmenter la mobilisation du bois. Comme instrument de développement territorial, il favorise la création d'activités nouvelles de productions et de services (produits non bois, services écologiques et sociaux, etc.) et contribue au soutien de l'emploi en zone rurale.

Si la méthodologie générale des PDM a été fixée au plan national, les variations régionales sont importantes pour s'adapter aux attentes locales du développement forestier et aux souhaits et exigences des financeurs. En 2010, la loi de Modernisation Agricole a donné à cet outil le statut de SLDF conduisant ainsi les acteurs publics et les professionnels du monde forestier à considérer les PDM comme des dispositifs d'actions intégrés à leur contexte territorial permettant de répondre aux enjeux de développement forestier.

Autre outil stratégique à l'échelle du territoire de projet (collectivités territoriales et leurs regroupements), la CFT a été créée par la Loi d'orientation forestière de 2001. Elle réunit dans le territoire l'ensemble des acteurs du développement local qui sont en lien direct ou non, avec la filière bois et les problématiques forestières (collectivités, propriétaires forestiers privés, gestionnaires, ensemble des acteurs et des partenaires de la filière bois, associations des pratiquants de la forêt : chasseurs, randonneurs, naturalistes, etc.). Une CFT contractualise la réalisation d'actions concrètes de développement forestier qui prennent en compte la multifonctionnalité de la forêt, et répondent aux enjeux du développement durable dans une perspective intégrative des diverses composantes et problématiques du territoire concerné.

PDM et CFT s'articulent souvent (40% de la forêt privée couverte par un PDM est aussi concernée par une CFT). Celle-ci donne un cadre plus stratégique, censé assurer une prise en compte des enjeux non productifs dans le PDM (qui se veut plus opérationnel). Ces deux outils reposant sur la constitution et l'activation d'un réseau d'acteurs partagent un même facteur-clé de succès : l'animation (Contrechamp, 2008 ; Dupire, 2010 ; Chauvin, 2012 ; Chabé-Ferret et Sergent, 2012).

1.3. Pas de PDM ou de CFT sans animation territorialisée

Accroître la mobilisation du bois, structurer les réseaux, faire émerger et conduire des projets territoriaux où la gestion durable du bois et des forêts est pensée d'une manière adaptative et intégrée, ne requièrent pas seulement des compétences forestières. Même si l'animateur de PDM ou de CFT est issu du monde de la forêt, une part significative de ses compétences d'animation n'est pas spécifique au secteur forestier. Or, autant cette mission d'animation est considérée comme essentielle dans les rapports d'évaluation de ces outils (Contrechamp, 2008 ; Chabé-Ferret et Sergent, 2012), autant la description qui en est donnée est générique, pauvre, floue et hétérogène.

Consultons le rapport d'« évaluation de la contribution des Plans de Développement de Massifs Forestiers aux objectifs et enjeux de la politique forestière nationale » (Chabé-Ferret et Sergent, 2012). Deux de ses six recommandations ont trait à des questions d'animation. L'une recommande de créer un Comité Régional de Programmation et de Suivi des SLDF et une Cellule régionale d'animation technique, afin d'« assurer un appui technique et méthodologique à la réalisation et à l'évaluation des SLDF et contribuer à l'amélioration de la circulation de l'information sur les SLDF à l'échelle de la région ». L'autre enjoint à « renforcer l'animation des PDM en direction d'actions structurantes de développement forestier ». Il s'agirait notamment « d'identifier et d'animer une action «phare» afin de donner au PDM une identité territoriale et générer un effet d'entraînement collectif durant toute la durée du dispositif. [...] de faire la promotion de la forêt et de la filière bois [...], de la multifonctionnalité [...] ou encore de faire de la pédagogie autour des enjeux de gestion durable de la forêt [...] », mais aussi de développer des projets partenariaux qui pourraient « contribuer à améliorer la lisibilité et l'opérationnalité des actions ». La lecture du rapport complet n'apporte guère de précisions quant à l'étendue de la définition du terme ou des missions de l'animation. En revanche, les entretiens d'acteurs réalisés pour ce rapport laissent entrevoir la richesse des missions de l'animation forestière territorialisée et sa proximité avec les pratiques d'Ingénierie Territoriale.

La consultation du rapport d'évaluation des CFT (Contrechamp, 2008) confirme ces observations. L'animation y apparaît comme « un élément moteur et indispensable pour le fonctionnement de la charte, qui ne repose que sur un équilibre fragile d'accords et de mobilisation de partenaires politiques et économiques, qui doivent travailler ensemble pour obtenir des résultats ». De ce fait, il recommande une animation dédiée et pérenne, de la phase d'émergence et d'élaboration de la CFT à sa mise en œuvre. Au fil du texte s'égrainent diverses autres facettes de la notion d'animation, rejoignant ainsi les *verbatims* des entretiens d'évaluation des PDM. Listons-les : porter à connaissance, assurer la lisibilité des actions et de leurs effets ; ingénierie administrative et financière ; relationnel avec les élus et l'ensemble des autres acteurs du territoire, et leur mobilisation ; aide organisationnelle et support technique (notamment pour le montage des dossiers) aux partenaires (entreprises, maîtres d'œuvre, etc.) ; relais entre les acteurs locaux et entre ceux-ci et les acteurs extra-locaux (financeurs, partenaires techniques) ; tenir une position de neutralité garante du montage et du portage des projets ; élaboration de dossiers (Pôle d'Excellence Rurale, Natura 2000, etc.) ; animation de groupes de travail départementaux sur le thème de la forêt ; diagnostic territorial ; faire évoluer les pratiques des partenaires, pédagogie ; concertation ; mise en place de relations et d'habitudes de travail entre des acteurs ayant peu de pratiques de coopération, et encore moins de mutualisation…

Si l'on croise ces descriptions de l'animation avec la littérature consacrée au développement territorial, il apparaît que le métier d'animateur forestier s'apparente aux métiers flous analysés par Jeannot (2005) et que ses missions sont caractéristiques de celles de l'Ingénierie Territoriale. Ce que Chauvin (2012) entrevoit lorsqu'il évoque le coût et la rentabilité de l'organisation territoriale de la gestion forestière et de l'Ingénierie Territoriale associée. S'il est possible de confirmer cette proximité, alors la grille d'analyse des compétences de l'Ingénierie Territoriale pourrait se révéler utile aux acteurs concernés par l'animation forestière.

2. L'Ingénierie Territoriale : cadre, concepts, outils et compétences pour dire l'animation forestière

2.1. La Chaîne d'Ingénierie Territoriale comme articulation du faire-ensemble

L'Ingénierie Territoriale (IT) se définit comme « l'ensemble des concepts, méthodes, outils et dispositifs mis à disposition des acteurs des territoires pour accompagner la conception, la réalisation et l'évaluation de leurs projets de territoire ». D'une manière métonymique, c'est aussi « l'ensemble des acteurs qui y contribuent » (Lardon et al., 2007), ou encore, « l'ensemble des savoir-faire professionnels dont ont besoin les collectivités publiques et les acteurs locaux pour conduire le développement territorial ou l'aménagement durable des territoires » (Frébault, 2004). Cela inclut l'idée de participation et une vision étendue des acteurs parties prenantes (agents des services déconcentrés de l'État, des collectivités territoriales, des Établissements Publics de Coopération Intercommunale, les élus, les associations et organisations non gouvernementales, les habitants, les consultants, etc.).

L'émergence et le déploiement de l'IT rendent compte de profonds changements de regards et de pratiques dans l'action publique, en phase avec le développement durable et l'intégration de ses buts et outils. La vision aménagiste centralisée et portée par des grands corps d'État s'est en effet progressivement ouverte à d'autres points de vue. Le parcours étant le passage d'un faire-pour-nous (à l'échelle de l'État ou du local) à un faire-ensemble, impliquant la participation de tous (Trognon et al., 2012a). Cela est rendu possible grâce au développement de « l'ensemble des nouvelles formes d'actions publiques qui permettent sous le mode du partenariat la négociation entre l'État, les collectivités territoriales, les secteurs économiques et associatifs, les groupes d'intérêt et la société civile », autrement dit, à la mise en place d'une gouvernance territoriale (Bertrand et Moquay, 2004).

Faire-ensemble, c'est la prise en compte et la participation de l'ensemble des acteurs du territoire (leurs aspirations, craintes, prérogatives, organisations propres, etc.) pour la co-construction d'un projet de développement. Cela prend corps dans la Chaîne d'Ingénierie Territoriale (CIT), « un réseau imbriqué de compétences multiples, avec ses dépendances mais aussi ses synergies » (Lardon, 2011), « une chaîne de valeur composée des contributions coordonnées de divers acteurs socio-économiques qui sont réunis par un projet territorial de développement et qui partagent, à un moment donné ou sur toute la durée du projet, des moyens (humains, techniques, financiers) » (Trognon, 2011). Au-delà des aspects techniques, juridiques et scientifiques, et de la complexité, cela nécessite de collaborer. Cela impose aussi une certaine prévalence du processus sur la procédure dans la construction du projet de territoire, interpellant ainsi la figure historique de l'animation dans les territoires, celle qui soutient pleinement l'ensemble du faire-ensemble.

2.2. Bouquets de compétences de l'Ingénierie Territoriale

Des travaux récents ont proposé de caractériser les missions d'Ingénierie Territoriale en quatre bouquets de compétences (Trognon et al., 2012b). Les missions exercées par les acteurs, aussi variées soient-elles, peuvent en effet s'inscrire dans une dominante fonctionnelle où se constitue la valeur ajoutée de chacun : la conduite de projet, la médiation, la connaissance, le management (figure 1). L'idée de bouquet rend compte d'une composition d'ingrédients non spécifiques au bouquet lui-même. C'est l'agencement qui est important. Par exemple, l'aisance verbale ou une connaissance minimale de son secteur d'activité sont des composantes de chacun de ces bouquets, mais, combinées à d'autres, ils formeront notamment le bouquet « médiation », si nécessaire à la vie d'un réseau.

Figure 1 : Bouquets de compétences de l'Ingénierie Territoriale

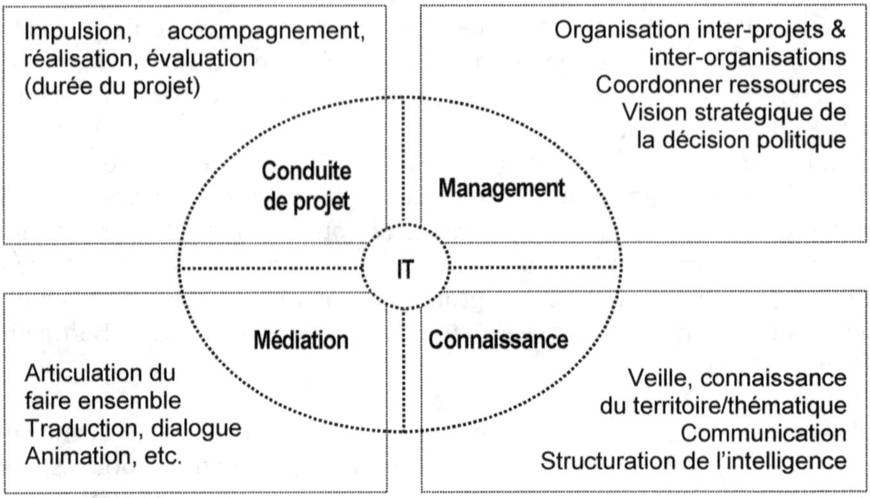

Le bouquet « conduite de projet » est tourné vers l'impulsion, l'accompagnement, la réalisation et l'évaluation d'un projet (pas nécessairement de territoire). Le projet est ici conçu comme un mode d'organisation délimité dans le temps, composé d'objectifs dont la réalisation sera évaluable. Son « montage » est un préalable à la contractualisation avec les autorités chargées de l'aménagement et du développement territorial (Cf. chartes et contrats de Pays, d'agglomération et de parc naturel régional). Si la conduite du projet de territoire s'apparente à de la conduite de projet, elle ne s'y résume pas. Dans ce cas, les compétences qu'elle mobilise vont au-delà du bouquet « conduite de projet » ; le pilotage, ce dont il est davantage question ici, relève plutôt du bouquet « management ».

La « médiation » est le rouage pivot d'un projet de territoire et son lubrifiant. Elle privilégie l'ensemble dans le faire-ensemble. Le médiateur est à la fois animateur, traducteur, facilitateur et aussi passeur de frontières (public-privé ; inter-territoires ; élus-techniciens-entreprises-populations - Lardon et al., 2007). On parle aussi de producteur de consensus, d'assemblier. Le bouquet correspondant mobilise les compétences d'animation de groupe de travail et de réunion impliquant celles de traduction, en particulier lorsqu'il s'agit d'accompagner le rapprochement d'acteurs de cultures sociales et professionnelles différentes. Cette fonction d'interface est une réponse complémentaire de l'approche projet. Elle se joue dans les interstices entre les acteurs, précède, accompagne et dépasse le projet. Mais autant le projet est un espace normalisé, institué et programmé, autant la médiation est un espace de créativité et de liberté. La variété des représentations en constitue le matériau de fond, qu'il s'agisse de la prendre en compte, d'en permettre l'interconnaissance entre partenaires, d'accompagner les conflits qu'elle génère, de susciter une vision consensuelle, etc.

Le bouquet « connaissance » intègre trois facettes de la connaissance au sein d'un territoire : la connaissance du territoire ; l'expertise thématique de l'agent de l'IT ; la maîtrise et la coordination collective des précédentes au plan d'un territoire dans une visée stratégique. Facteur de l'intelligence territoriale, pensée comme capacité cognitive du territoire dans une dynamique de territoire apprenant, il contribue à l'aide à la décision et à l'accompagnement des acteurs locaux dans leurs projets.

Le bouquet « management » vise à assurer le lien entre le politique, le stratégique et l'opérationnel. On y trouve la coordination des projets, des organisations, des ressources. Il s'agit de traduire les buts et décisions politiques des élus et concevoir les dispositifs (pas seulement des projets) pour les mettre en œuvre, dans un contexte de ressources limitées. Cela relève du management stratégique, des ressources humaines et financières, des connaissances, du marketing, de la coordination des projets, du pilotage du projet de territoire, ou de management par projet, au service du développement territorial, dans un souci d'efficacité, d'efficience et de cohérence sur le(s) territoire(s) d'action.

Ces quatre bouquets se pensent complémentairement aux plans de l'individu, de la structure, de l'équipe projet et du territoire. Ces bouquets et leurs articulations forment une grille d'analyse innovante parce qu'elle révèle une extension des catégories définies classiquement par le mot animation et l'expression IT. Elle permet ainsi de penser en termes de compétences la Chaîne d'Ingénierie Territoriale, c'est-à-dire ses composantes et leurs articulations sous forme de chaîne de valeur. Ainsi posés, ce cadre et cette grille d'analyse semblent pouvoir être appliqués à l'animation forestière.

3. L'animation forestière territorialisée : entre marketing et catalyse

3.1. Approche méthodologique : réinvestir des retranscriptions et nouveaux entretiens

Pour examiner la pertinence d'appliquer la grille des compétences de l'IT à l'animation forestière, dix-neuf entretiens ont été compulsés. Ils avaient été réalisés en 2011 auprès des acteurs institutionnels, opérateurs économiques, syndicats, associations et élus, dans le cadre de l'évaluation des PDM par Chabé-Ferret et Sergent (2012).

Confirmant l'importance de l'animation comme le flou des discours associés, les *verbatims* devenaient une invitation à tester notre grille d'analyse sur leurs auteurs.

Afin d'optimiser la disponibilité d'informations, de compétences et de réseaux, un protocole simple et peu coûteux a été pensé : trois nouveaux entretiens pour affiner l'identification des compétences mobilisées, ceux d'un animateur de PDM, de son responsable technique, cadre forestier, et d'un élu régional en charge des questions forestières. Le choix des interviewés tient à la richesse de leurs discours de 2011, à leur disponibilité en 2013, à nos ressources limitées et à notre volonté d'une approche centrée sur la Chaîne d'Ingénierie Territoriale plutôt que sur la filière forestière. Malheureusement, ni propriétaire forestier ni entreprise n'ont été contactés, pas plus que les syndicats, les associations professionnelles et les établissements d'enseignement et de formation qui constituent la filière ou encore les collectivités territoriales ou les associations environnementales et d'usagers de la forêt qui complètent le panorama des acteurs de l'Ingénierie Territoriale.

L'entretien se composait d'une partie semi-directive concernant l'animation et une partie plus directive reprenant, d'une part, un certain nombre de mots-clés caractéristiques de l'animation, et, d'autre part, les quatre bouquets de compétences. La première partie amenait tout d'abord l'interviewé à s'exprimer librement sur le sens qu'il donne à la notion d'animation, son activité personnelle d'animation, et sur les autres acceptions que ses homologues ou partenaires pourraient éventuellement donner à cette notion. Dans la partie plus directive, l'interviewé était tout d'abord interrogé sur la manière dont les mots suivants caractérisent sa pratique d'animation et leur importance (non relative) dans celle-ci : accompagnement, formation, médiation, mobilisation, négociation, participation, pédagogie, traduction, autres. Les données ont été recueillies sur une échelle allant de 0 (pas du tout) à 10 (essentiel). Ensuite, après une présentation des quatre bouquets de compétences de l'IT, il a été demandé à l'interviewé d'indiquer l'importance de chacun d'eux dans son activité d'animation. Le même guide d'entretien a été utilisé pour tous, avec une question complémentaire interrogeant le cadre forestier et l'élu sur le profil-type de l'animateur idéal.

Avec un échantillon si réduit, une échelle numérique n'a aucune prétention statistique. C'est la valeur qualitative qui importe ; elle permet de discerner des nuances et de relativiser des représentations individuelles. Cette recherche vise à expliciter et à argumenter une intuition, que des travaux complémentaires et de plus grandes ampleurs pourraient confirmer et affiner. Toutefois, les résultats contribuent à une réflexion sur les compétences d'animation forestière et, par extension, sur les formations *ad hoc*.

3.2. Pertinence des quatre bouquets de compétences

L'approche en quatre bouquets de compétences parle-t-elle aux acteurs rencontrés, notamment en matière d'animation forestière ? Oui. Ils l'accueillent positivement. Ils s'y projettent aisément et elle les fait parler. Mais, pour eux (et nous acquiesçons), il est illusoire de prétendre tenir pleinement les quatre postures correspondantes ou de les attendre d'un partenaire. D'ailleurs, l'animateur forestier prévient :

« Le choix des quatre rubriques, c'est très très bien ; mais les animations qui se cassent la gueule c'est quand l'animateur veut tout faire ».

Par ailleurs, leurs points de vue varient sur l'importance des composantes selon la mission d'animation.

- ***Animateur effectif, idéal, en CDD ou permanent ?***

La figure 2 donne pour ces quatre bouquets la représentation que se fait l'animateur forestier de son profil, et, selon le cadre forestier et l'élu, celui de l'animateur idéal. L'élu, ajoutant même une nuance significative selon que l'animateur est permanent ou en contrat à durée déterminée (CDD).

Au premier regard, on note une convergence assez faible des représentations des uns et des autres. La plus forte convergence s'observe pour le bouquet « connaissance », considéré comme plutôt important dans le profil. Cela est cohérent avec le besoin d'expertise forestière lié au poste ; il s'agit de la compétence cœur de ce métier. Cependant, le chef de service de l'animateur minimise l'importance de ce bouquet pour l'animateur idéal, le mettant d'ailleurs en quatrième position d'importance selon lui. Alors que pour l'animateur enquêté, c'est le bouquet essentiel de son profil, rejetant les autres en position secondaire, même le bouquet animation.

Un second regard montre la convergence forte entre les points de vue de l'élu et du cadre forestier pour les trois autres bouquets et leur désaccord avec le point de vue de l'animateur effectif. Pour eux, le bouquet essentiel est celui de l'animation suivi du management et de la conduite de projet (à un niveau voisin du bouquet « connaissance »). Ce décalage des représentations ne nous semble pas seulement lié à la personnalité de l'animateur interviewé. Le niveau d'expertise dans le domaine est élevé et celui-ci est un facteur essentiel de la construction de la légitimité de l'animateur, en tant que tel, auprès des propriétaires et des autres acteurs de la filière (reconnaissance qui se lit dans le discours de l'élu). Toutefois, cela doit nous interroger sur la représentation que l'animateur se fait de sa mission d'animation.

Figure 2 : Profil de l'animateur effectif / « idéal », permanent / en CDD

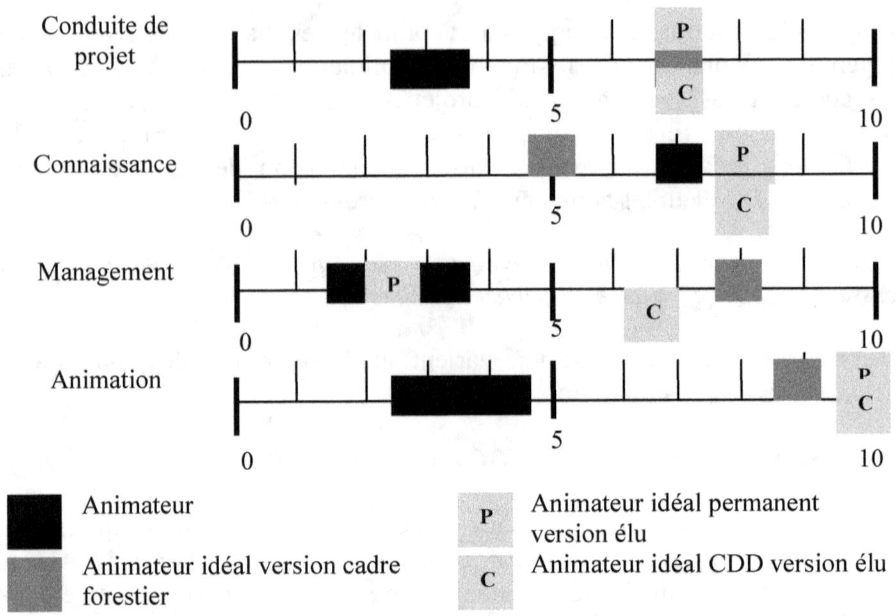

On notera enfin la distinction faite par l'élu entre animateur « permanent » ou CDD qui pour lui s'impose sur les bouquets « management » et « conduite de projet ». Pour l'élu,

« Une animation à long terme, c'est pour faire naître de la cohésion. Dans le cadre d'un contrat de trois ans (c'est presque un emploi précaire), le management est plus important ; [l'animateur] n'a pas le temps du consensus ; il faut être plus combatif et poser rapidement les choses, le mangement doit aller plus loin ».

L'animateur en CDD, comme dans une action commando, doit mener une animation relativement directive et chercher l'efficience de son action.

- ***Complémentarité entre les bouquets de compétences des acteurs***

Le cadre forestier et l'élu ont appliqué sans difficulté cette grille d'analyse à leurs propres activités et pratiques dans le cadre du PDM. La figure 3 représente leurs profils selon cette grille ainsi que celui de l'animateur.

On note une certaine complémentarité, non pas des actions, mais des représentations, que chacun se fait de ses compétences. Cela est particulièrement marqué sur les compétences de « conduite de projet » entre l'élu et le cadre forestier. Le bouquet « connaissance » est quant à lui mis en avant par l'animateur. L'élu n'en fait pas ses points forts, leur préférant les bouquets « animation » et « management » qui soutiennent ses liens avec les autres élus, notamment plus politiques, les acteurs de la société civile au sens large, et les acteurs techniques de la filière.

Figure 3 : Profil des acteurs de la chaîne d'IT selon la grille des bouquets de compétences

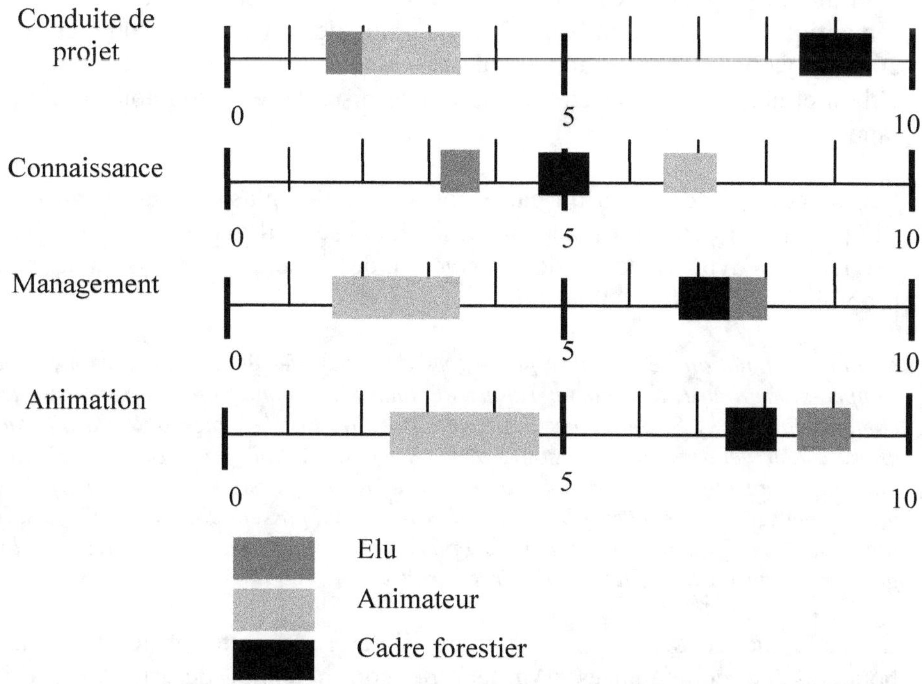

De son côté, le cadre forestier se dessine un profil relativement proche de celui qu'il décrivait pour l'animateur idéal, donnant toutefois un poids plus important à la conduite de projet. Cette complémentarité des profils laisse entrevoir une articulation entre eux, plus ou moins tacite ou explicite, mais également, que l'animation est une mission partagée par tous, bien qu'elle porte et s'exprime sur des objets différents. Cette grille peut donc aussi être utilisée comme moyen de la révéler et comme base pour penser la coordination des profils des acteurs de la chaîne d'ingénierie correspondante.

Le discours qui accompagnait les réponses des interviewés sur ces bouquets incite à une grande vigilance quant aux termes utilisés. Ils doivent être explicités. Le mot management a, en effet, des propensions allergisantes surprenantes. Les affres de l'instrumentalisation de ses préceptes et outils au service de la recherche du seul profit lui ont concocté une réputation des plus repoussantes, dans laquelle l'idée originelle de *mesnagement* pourtant connue des forestiers (Peyron, 1999), est totalement absente. Le caractère repoussoir de la sémantique managériale s'applique aussi de fait au mot marketing. De même, notons que le mot « management » est singulièrement absent des textes compilés : une seule occurrence sur l'ensemble des 580 pages des rapports Attali et al., 2013, Chabé-Ferret et Sergent, 2012, et Abord de Chatillon et al., 2012. En dehors de la bibliographie anglo-saxonne, les textes de la Revue Forestière Française mobilisés ici, qui pourtant portent sur des questions de gestion, méconnaissent aussi cette sémantique (Bland et Rambaud, 2011, Cordonnier et Gosselin, 2009, Dereix, 2008, Elyakime et Gavaland, 2008, Gavaland et Thévenet, 2008, Ploche-Gillon et al., 2011). Peut-être est-ce là une piste de réflexion pour de futurs rapports ?

Sur ce point, le discours du cadre forestier est le plus marqué. Celui-ci a l'impression d'avoir à « placer une marchandise ». Il vante les effets d'une sylviculture dynamique et doit arriver à des résultats en faisant agir le propriétaire sur sa forêt. Pour lui,

« Dans l'animation, le discours passe lors du rendu des études. Et, parfois, on a l'impression d'être des commerciaux. Quand on anime, on est un peu des commerciaux. [...] Si on se met dans cette position-là, c'est bien qu'on a quelque chose à leur vendre. Moi, j'ai souvent dit que je travaillais plus pour la forêt que pour les propriétaires. On est obligé de trouver le côté sensible des gens. [...] Cela me fait penser aux vendeurs d'isolation thermique qui passent chez moi. Des fois, la façon dont ils s'y prennent, ça ne me va pas du tout. Nous, quand on arrive chez les gens pour leur parler de leur bois, c'est pareil ».

Ces quelques observations montrent l'intérêt de cette grille de quatre bouquets de compétences. Au-delà de son potentiel descriptif dans le domaine de la foresterie, elle permet de distinguer l'animation (mise en relation, etc.) des autres bouquets qui composent le profil d'un animateur forestier, ainsi que celui de ses partenaires dans la CIT. Cet aspect de révélateur peut en faire un outil d'accompagnement collectif et individuel des acteurs, en analyse des pratiques et de gestion des ressources humaines. Centré sur l'individu, cela permettra notamment de s'intéresser à son évolution de carrière et à ses besoins de formation, etc. Centré sur la CIT, la complémentarité et l'articulation des ressources pourront être affinées et renforcées.

3.3. L'animation : une multitude de facettes

Le besoin, à la fois, d'animation et d'animateur dans le cadre de PDM, a été réaffirmé par les interviewés. Leurs discours rejoignent la bibliographie en confirmant le caractère polysémique de la notion d'animation dans son application à la foresterie.

Ils se sont exprimés sur chacune des huit facettes pré-identifiées (accompagnement, formation, médiation, mobilisation, négociation, participation, pédagogie, traduction) et cinq autres ont été suggérées (facilitation, écoute, relationnel, information, dialogue).

Toutefois, nommer une action, de manière précise et comprise par tous, n'est pas évident. Certains acteurs interviewés pensent parfois que leurs partenaires partagent avec eux le même vocabulaire et en ont la même compréhension. À cet égard, ils n'ont d'ailleurs pas toujours conscience de pratiquer une certaine « traduction » des discours quand ils passent d'un partenaire à l'autre et surtout dans un vocabulaire spécifique à la foresterie. Souvent les praticiens spécialistes des dimensions techniques et scientifiques n'ont pas en ce domaine l'aisance de certains élus.

Cette observation, en soi, mérite une grande attention, car amener et dynamiser le faire-ensemble requièrent un minimum d'intercompréhension, et celle-ci ne peut être présupposée. En dépit de la notoriété des travaux de Callon (1986), aucun des rapports récents que nous avons cités n'utilise le mot traduction dans ce sens. Peut-être est-ce là une piste de réflexion pour de futurs rapports ?

- ***Accompagnement, information, intercompréhension***

À partir des discours des acteurs et d'une certaine logique de l'action, nous avons procédé aux regroupements présentés en figure 4 qui distinguent trois axes structurant l'animation selon qu'elle vise à favoriser :

- L'implication individuelle et collective dans une dynamique de filière territorialisée : accompagner, faciliter, susciter la mobilisation et la participation. C'est la finalité à laquelle les dynamiques des deux autres groupes viennent contribuer en tant que moyens
- La diffusion de la connaissance disponible : informer, enseigner, se montrer pédagogue, sensibiliser
- L'intercompréhension et le consensus : par la médiation (situation plus ou moins conflictuelle, faire se parler des gens qui se méconnaissent), négociation (trouver des éléments d'échange), traduction (favoriser l'intercompréhension).

Comme pour les bouquets de compétences, une certaine hétérogénéité des réponses se constate selon la posture de l'acteur. Cela est très marqué pour les facettes médiation, traduction et pédagogie, que l'animateur forestier n'intègre pas dans sa palette de compétences, alors qu'elles paraissent importantes, voire essentielles, à son chef de service et à l'élu.

Figure 4 : L'animation : un bouquet multifacettes

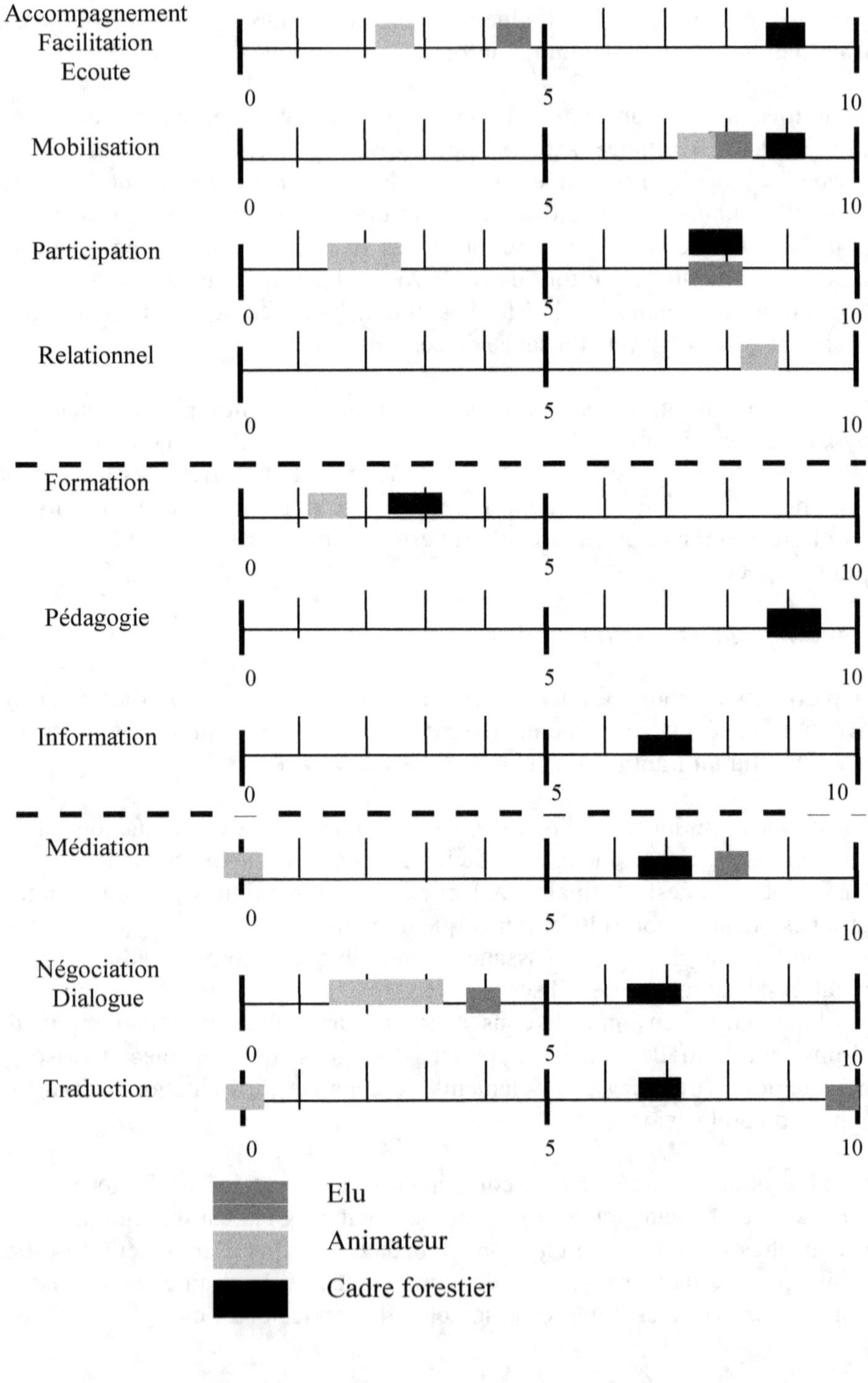

Si nous regardons de plus près, les interviewés s'accordent sur l'importance majeure de la mobilisation. Cependant, leurs logiques sont distinctes. Pour l'animateur forestier, cela passe essentiellement par le « relationnel », dont il fait, avec son expertise, le vecteur-clé de sa légitimité auprès de ses partenaires. Notons néanmoins le décalage entre l'importance qu'il accorde au bouquet de compétences « connaissance » et l'indigence apparente de la mobilisation de celle-ci dans sa pratique d'animation. Il n'y reconnaît au mieux qu'une importance mineure des facettes formation, pédagogie et information. Pour le cadre forestier, cela passe d'une manière significative par les composantes des deux autres groupes, mais principalement par la « pédagogie ». Son discours éclaire son intérêt pour l'accompagnement, car c'est une approche davantage centrée sur les individus que sur le groupe. Pour l'élu, cela passe principalement par la « traduction » ; il se voit comme un animateur reliant les citoyens, les autres élus et les techniciens.

Le décalage entre le point de vue de l'animateur et ceux des deux autres interviewés et la relative proximité de ceux-ci, sont-ils liés seulement à la personnalité de l'animateur rencontré ? Pour partie sans doute. Néanmoins, l'écoute attentive du discours de chacun laisse penser, encore une fois, que ces mots-clés, aussi simples semblent-ils, sont soumis à de grandes variations d'interprétations, dont ne sont étrangers ni les valeurs et les *a priori* personnels, ni la polysémie des termes.

- ***Animation ou marketing ?***

L'importance des facettes de l'animation peut varier et leur appartenance même à l'animation a pu être contestée. Leur composition varie selon la posture de l'acteur (animateur, cadre forestier et sans doute aussi les autres acteurs de la filière, y compris les propriétaires). Elle varie aussi selon que l'animateur est permanent ou en CDD, et donc selon le but qui lui est assigné. L'analyse des propos recueillis conduit en effet à distinguer deux types de missions d'animation (même si elles se combinent). Dans l'une, le travail se centrera principalement sur la constitution de réseaux et la coordination d'acteurs, la dynamique de groupe et le relationnel, le tout pour faire du collectif et amener celui-ci à s'autodéterminer. L'autre se focalisera sur un projet spécifique, dont les buts seront fixés le plus souvent ailleurs, et les objectifs tangibles à faire partager seront à atteindre dans un court délai, et s'exprimeront, par exemple, en volume de bois sorti ou en chantiers expérimentaux organisés. D'où la nécessité de penser une articulation des deux.

Les propos recueillis posent clairement le premier type d'animation en phase avec les racines psychosociales de l'animation, tandis que le second relève davantage du marketing. Considérons en effet, les définitions suivantes du marketing qui mettent en avant deux facettes complémentaires de l'animation telles qu'entendues dans les discours des interviewés :

- Une certaine idée de la conduite de projet qui nécessite la participation active des partenaires : « Le marketing consiste à planifier et mettre en œuvre l'élaboration, la tarification, la communication et la distribution d'une idée, d'un produit ou d'un service en vue d'un échange mutuellement satisfaisant pour les organisations et pour les individus » (Bennett, 1995)
- Une mobilisation, une participation des partenaires qui en viennent à faire évoluer leurs pratiques : « Le marketing est l'ensemble des méthodes et des moyens dont dispose une organisation pour promouvoir, dans les publics auxquels elle s'intéresse, des comportements favorables à la réalisation de ses propres objectifs » (Lendrevie et Lindon, 1990).

Ces approches se distinguent significativement de l'approche psychosociale qui, dans le domaine particulier de l'animation socio-culturelle, visait à accompagner les groupes à une certaine autodétermination, un *empowerment*, dynamique dans laquelle l'animateur agit comme un catalyseur au sens chimique du terme. Selon Mucchielli (1971), en effet, l'animateur « est le catalyseur des énergies latentes et de la productivité du groupe. […] Il s'agit d'un agent de changement dont l'action est déterminante quoiqu'il soit absent de l'observation des faits et du contenu proprement dit. L'animateur conscient de son rôle a un effet de catalyseur sur l'évolution du groupe, dans la mesure où il favorise les interactions sans intervenir sur les contenus de ces échanges ».

C'est de ce type d'animation que l'on dit « c'est quand il n'y a en plus que l'on se rend compte que, avant, il y en avait » (selon l'animateur forestier). En l'absence d'animation, la mobilisation des partenaires souffre d'une certaine inertie. Les acteurs retournent à leur quotidien, leurs liens de réseau se relâchent, et les projets deviennent difficiles à faire émerger et à dynamiser. Ce qui est paradoxal avec la vocation de l'animateur de « travailler à se rendre inutile ».

L'observation de la concomitance de ces deux facettes dans les définitions génériques de mission d'animation s'observe dans d'autres domaines d'activité (Trognon, 2013). Cela donne à la notion d'animation une polysémie fonctionnelle qu'il s'avère donc pertinent d'expliciter.

À une époque de complexification et de transformation des missions et des métiers, il est sans doute pertinent de faciliter le repositionnement de ces professionnels forestiers en les aidant à affiner leur compréhension de leurs représentations et à croiser celles-ci avec celles de leurs partenaires professionnels.

L'analyse menée montre la pertinence d'interroger la manière de dire l'animation, d'éclairer ses facettes et leurs importances, afin de mieux caractériser ce qu'un agent peut réaliser et ce que l'on peut attendre de lui. Des applications peuvent se trouver dans la réalisation de fiches de poste ou de propositions de formation mais également d'évaluation de l'animation. Cela conduit à recommander l'usage de la grille de lecture pour penser la complémentarité de partenaires/collaborateurs à recruter ou à former, en fonction des profils déjà en présence.

CONCLUSION

Le besoin d'animation forestière, aux plans sectoriel et territorial, affirmé dans les rapports d'évaluation des outils de stratégie locale de développement forestier, trouve dans ce travail une confirmation. Toutefois, cette confirmation ne tient pas tant dans l'affirmation collectée par de nouveaux entretiens que dans la nature des attendus des missions affectées aux acteurs qui en ont la charge, comme dans celles de leurs partenaires de la Chaîne d'Ingénierie Territoriale. Les quatre bouquets de compétences de l'Ingénierie Territoriale (conduite de projet, médiation, connaissance, management), en recouvrant la polysémie de la notion d'animation, se retrouvent en effet pleinement dans le panel des compétences requises par l'animation forestière.

Le faible nombre d'entretiens mobilisés ne prétend pas soutenir une démonstration quantitative. Cependant, il peut être tenu comme fiable de recommander toute prudence quant à un usage générique du mot animation, et de puiser dans la boîte à outils sémantiques de ces quatre bouquets pour caractériser le travail sociotechnique en question. Travail qui, ne se réduisant pas à un savoir scientifique et technique, relève du champ de l'ingénierie pris dans son sens moderne, c'est-à-dire un travail de coordination de multiples interlocuteurs et de mobilisation et d'articulation des connaissances de ces acteurs, afin d'exploiter les savoirs formels et tacites portés par chacun (Vinck, 2014).

Outre son intérêt pour définir des fiches de postes, de CDD ou de permanents, ce regard ouvre des perspectives pour une révision des fiches du répertoire national des certifications professionnelles[3] correspondant à ces

---

[3] En effet, la fiche du Répertoire National des Certifications Professionnelles (RNCP) relative au titre d'ingénieur forestier diplômé de l'École nationale du génie rural, des eaux et des forêts (http://www.rncp.cncp.gouv.fr/grand-public/visualisationFiche?format=fr&fiche=2001 consulté le 22/08/14), laisse à peine entrevoir le champ professionnel de l'animation forestière. L'idée d'animation semble d'ailleurs s'y réduire à « l'animation de réunions » et les compétences associées, aux capacités de l'agent qui « s'appuient sur les connaissances en

emplois, et, par extension, pour réinterroger le contenu (enrichissement des apports notamment dans les domaines de la psycho-sociologie et du management) et les dispositifs de formations ad hoc. Cela nous semble pouvoir contribuer à une animation dont on puisse attendre, comme l'indique Chauvin (2012), « un effet de levier, c'est-à-dire de démultiplication des moyens, par mobilisation de ressources latentes telles que financements publics, temps de personnel des institutions forestières et territoriales, ou investissement en temps et argent des propriétaires ». Cette animation serait ainsi le rouage central d'une gestion adaptative, intégrée et territorialisée de la forêt et de la foresterie.

BIBLIOGRAPHIE

Abord de Chatillon, R., Poss, Y., Ribière, G., 2012. Audit de la filière bois du Massif Central. Rapport de la mission d'audit filière bois du Massif central, La Documentation française, [En ligne], http://www.ladocumentationfrancaise.fr /var/storage/rapports-publics/134000641.pdf

Attali, C., Fradin, G., Menthière, C., de Lavarde, P., 2013. Vers une filière intégrée de la forêt et du bois. Rapport CGEDD n° 008736-01, CGAAER n° 12163, CGEIET n° 2012/35, [En ligne], http://agriculture.gouv.fr/ministere/vers-une-filiere-integree-de-la-foret-et-du-bois

Bennett, P.D., 1995. Dictionary of marketing terms. American Marketing Association, Chicago.

Bertrand, N., Moquay, P., 2004. La gouvernance locale, un retour à la proximité. Économie rurale, 280, 77-95.

Bianco, J.-L., 1998. La forêt : une chance pour la France. Rapport au Premier Ministre, [En ligne], http://www.ladocumentationfrancaise.fr/rapports-publics/994000095/index.shtml

Bland, F., Rambaud, L., 2011. Le réseau Natura 2000 : un défi pour la gestion multifonctionnelle des forêts. Revue Forestière Française, 63, 527-537.

Brédif, H., 2008. Contribution à l'élaboration d'une approche stratégique de la multifonctionnalité des forêts - Synthèse et recommandations. Rapport MAP, GIS Économie forestière, Paris.

Callon, M., 1986. Éléments pour une sociologie de la traduction : la domestication des coquilles Saint-Jacques et des marins-pêcheurs dans la baie de Saint-Brieuc. L'Année sociologique, 36, 169-208.

CGAAER (Conseil Général de l'Alimentation, de l'Agriculture et des Espaces Ruraux), 2007. Pour mobiliser la ressource de la forêt française. Rapport MAP, Paris.

[…] relations humaines (expression orale, expression écrite, outils de communication visuelle, dynamique du travail en équipe, technique de recherche d'emploi, langue anglaise) ».

Chabé-Ferret, S., Sergent, A., 2012. Évaluation de la contribution des Plans de Développement de Massifs Forestiers aux objectifs et enjeux de la politique forestière nationale. Rapport final MAP, Paris.

Chauvin, C., 2012. Les territoires niveaux de coordination pour une gestion collective de la forêt. Revue Forestière Française, 63, 279-291.

Contrechamp, 2009. Évaluation des Chartes Forestières de Territoire. Rapport d'évaluation. Réseau national des CFT, [En ligne], http://portail.fncofor.fr/content/medias/5614084979693320000.pdf

Cordonnier, T., Gosselin, F., 2009. La gestion forestière adaptative : intégrer l'acquisition de connaissances parmi les objectifs de gestion. Revue Forestière Française, 61, 131-144.

Dereix, C. 2008. L'approche territoriale de la gestion forestière : une plus-value pour la qualité des paysages. Revue Forestière Française, 60, 525-532.

Dupire, S., 2010. Les démarches territoriales de développement forestier : réflexion nationale et exemple local en Lozère. Mémoire d'ingénieur forestier, AgroParisTech, Nancy.

Duroure, R., 1982. Propositions pour une politique globale forêt-bois. Revue Forestière Française, 34, 18-79.

Elyakime, B., Gavaland, A., 2008. Gestion des services écologiques des forêts privées dans les paysages. Revue Forestière Française, 60, 543-550.

Frébault, J., 2004. L'ingénierie territoriale, réflexions et propositions. Rapport Codirdu.

Gavaland, A., Thévenet, P., 2008. Chercheurs en écologie et gestionnaires des territoires face aux évolutions paysagères. Revue Forestière Française, 60, 533-542.

Jeannot, G., 2005. Les métiers flous. Travail et action publique, Octarés, Toulouse.

Juillot, D., 2003. La filière bois française : la compétitivité, enjeu du développement durable. La Documentation française, Paris.

Lardon, S., Moquay, P., Poss, Y., 2007. Développement territorial et diagnostic prospectif. Réflexions autour du viaduc de Millau. Éditions de l'Aube, Paris.

Lardon, S., 2011. Chaîne d'ingénierie territoriale : diversité des acteurs dans la conduite d'un projet de territoire. In : Dayan, L., Joyal, A., Lardon, S., (Éds.), L'ingénierie de territoire à l'épreuve du développement durable. L'Harmattan, Paris, 145-162.

Lendrevie, J., Lindon, D., 1990. Mercator : théorie et pratique du marketing. Dalloz, Paris.

Méo, J., Bétolaud, Y., 1978. La Filière-bois. La Documentation française, Paris.

Mucchielli, R., 1971. Dynamique de groupe. Éditions ESF, Nogent-le-Rotrou.

Peyron, J.-L., 1999. L'aménagement forestier : une discipline ancienne, évolutive et féconde. Revue Forestière Française. 51, 13-20.

Ploche-Gillon, H., Monin, J.-C., Viné, P., 2011. Biodiversité et gestion forestière. Revue Forestière Française, 63, 663-670.

Puech, J., 2009. Mise en valeur de la forêt française et développement de la filière bois. Rapport MAP, Paris.

Trognon, L., 2011. Penser la chaîne d'ingénierie territoriale. In : 48ème Colloque ASRDLF, 6-9 juillet 2011, Schoelcher.

Trognon, L., Cayre, P., Maury, C., Lardon, S., 2012a. Ingénierie territoriale, de quoi parle-t-on ? Revue d'Auvergne, 602-603, 321-342.

Trognon, L., Bergeron, J., Cayre, P., Kirchner, J., 2012b. Pour un nouveau regard sur les compétences en ingénierie territoriale. Revue d'Auvergne, 602-603, 355-366.

Trognon, L., 2013. Ingénierie du développement durable des territoires. Pour une approche en termes de bouquets de compétences. In : Brégeon, F., Mauléon, J., (Coord.), Développement durable "Compétence 21" - Entreprises et territoires en mouvement. Éditions ESKA, 129-150.

Vinck, D., 2014. Pratiques d'ingénierie. Les savoirs de l'action. Revue d'anthropologie des connaissances, 8, 2, 225-243.

Chapitre 11. Approche multicritère pour le choix entre scénarios d'aménagement forestier. Application à la cédraie marocaine.

LAHSSINI Saïd[1], PONETTE Quentin[2], HLAL El Aid[1], DEVILLEZ Freddy[2], MORMONT Marc[3]
[1] *École Nationale Forestière d'Ingénieurs (ENFI), Maroc*
[2] *Université de Louvain, Belgique*
[3] *Université de Liège, Belgique*

Ce travail a pour objectif l'identification d'une approche pour l'évaluation et le choix entre plusieurs scénarios d'aménagement forestier. Il a consisté en la détermination d'un jeu de critères et indicateurs censés apprécier la multifonctionnalité dans le contexte d'une forêt marocaine. L'étude a concerné la cédraie d'Ajdir au Moyen Atlas. Trois scénarios d'aménagement forestier répondant à des choix de gestion bien définis : parc national, développement intégré et continuité ont été évalués relativement à des indicateurs. La comparaison multicritère des scénarios par la méthode Electre III a permis de cerner le choix réalisant le meilleur compromis. La plausibilité des scénarios a été discutée sur la base de l'analyse de la dynamique territoriale. Les résultats de la mise en œuvre de l'approche ont démontré la nécessité de revisiter les choix de gestion actuels.

MOTS-CLÉS
Moyen Atlas ; Maroc ; Ajdir ; aide à la décision ; Electre III ; méthodes, multicritères ; gestion forestière ; multifonctionnalité ; cèdre ; territoire

INTRODUCTION

En foresterie, différentes méthodes multicritères d'aide à la décision (MMCAD) ont été utilisées. Elles permettent : i) une meilleure prise en compte de la multiplicité des objectifs, ii) une meilleure structuration du problème, et elles offrent iii) un support à la discussion entre acteurs concernés par le processus décisionnel et iv) un cadre permettant d'identifier des décisions rationnelles et qui peuvent facilement être appropriées par les partenaires. Dans leur revue critique des MMCAD, Mendoza et Martins (2006) relèvent que les méthodes les plus utilisées s'inscrivent dans le registre du *goal-programming* et que celles des classes ELECTRE et PROMETHEE sont les moins utilisées en foresterie. Deux limitations majeures à l'utilisation des MMCAD sont relevées. La première est liée à la capacité à répondre à des problèmes complexes. La seconde est inhérente à la prédominance de la perception traditionnelle du paradigme de l'aménagement forestier, soit : a) problème simplifié à travers un objectif unique à maximiser (les objectifs multiples sont agrégés et sujets à la transitivité[1] et à la compensation[2], b) problèmes inhérents à la distorsion et à la crédibilité des données utilisées, c) quête de la rationalité du processus aux dépens d'un consensus des décisions censé concerner les ressources naturelles, et d) processus ignorant l'incertitude.

En matière d'aménagement forestier, la comparaison de plusieurs scénarios d'aménagement vise à identifier celui qui assure le meilleur compromis entre les différents objectifs ou qui soit « aussi bon relativement à une majorité de critères sans être trop nettement plus mauvais relativement aux autres critères » (Schärlig, 1985). Dans ce processus, les critères traduisent des préoccupations recherchées, soit assurer un meilleur compromis entre les critères de rentabilité économique, d'acceptabilité sociale et de viabilité écologique.

La définition des critères d'évaluation de scénarios d'aménagement peut se baser sur les critères et indicateurs de gestion durable des forêts. Cependant

---

[1] La transitivité des jugements peut être illustrée à travers le cas d'une action (a) préférée à une action (b) et que cette dernière est elle-même préférée à une troisième action (c). Dans un contexte tolérant la transitivité des jugements, on peut conclure que (a) est préférée à (c). L'intransitivité des jugements permet une meilleure prise en compte de la complexité des décisions relatives à l'environnement (Simos, 1990).

[2] Le principe d'agrégation des objectifs multiples se base sur une représentation numérique des jugements à travers le recours à une fonction économique d'utilité (bénéfice net actualisé, coûts, …). De ce fait, une note très importante relativement à un critère renseignant un objectif donné peut compenser de mauvaises notes se rapportant à d'autres critères. De par cette représentation de la structure des préférences, cette approche tolère la compensation entre critères (Ben Menna, 2000).

l'implémentation de ceux-ci pose des problèmes méthodologiques (Mendoza et Dalton, 2005) qui ont trait soit : i) au concept (McDonald et Lane, 2004), ii) à l'intégration de composantes sociales (Karjala et al., 2004 ; Sherry et al., 2005), iii) à l'utilisation à une échelle régionale ou locale (Mrosek et al, 2006), et iv) aux approches de modélisation et d'évaluation à mettre en œuvre (Brang et al., 2002). Le recours à des critères issus des familles d'objectifs recherchés par la gestion forestière multifonctionnelle s'est donc avéré approprié dans le cadre de cette étude.

La comparaison de scénarios d'aménagement forestier au moyen de critères et indicateurs de gestion durable des forêts nécessite la projection des conditions futures des peuplements forestiers et des pratiques sociales d'utilisation s'y rapportant. Dans le contexte marocain, les changements des pratiques d'utilisation de l'espace risquent de rendre périlleuses les projections futures de l'évolution des territoires et des peuplements forestiers. Ces changements pourraient entacher d'erreurs et d'imprécisions toute éventuelle évaluation de scénario d'aménagement. Ainsi et dans une perspective d'apporter des éléments de solution, le recours à la prospective s'avère indispensable. En effet, cette démarche permet d'éclairer les enjeux futurs, les décisions potentielles ou éventuellement des conséquences de leur mise en œuvre (Hulme et al., 2002) et par conséquent d'en apprécier la plausibilité.

Ce travail porte sur le choix entre trois scénarios d'aménagement dans la cédraie d'Ajdir située au Moyen Atlas (Maroc). Il vise à concevoir une approche d'évaluation de scénarios d'aménagement qui permette d'en sélectionner le meilleur, ce qui implique d'identifier des critères d'évaluation et de choisir la méthode de comparaison la plus appropriée. La plausibilité des résultats est discutée sur la base des principaux traits des scénarios et des tendances des variables structurant l'évolution du système tels qu'ils émanent de l'appréciation de la dynamique territoriale.

1. Matériels et méthodes

1.1. Zone d'étude

L'étude a concerné la forêt d'Ajdir située au Moyen Atlas. Cette forêt couvre une superficie de 24 516 ha dont l'altitude varie entre 1 500 et 2 300 m. Le bioclimat de la zone au sens de la classification d'Emberger va du sub-humide à l'humide avec des variantes fraîches et froides.

Les formations forestières de la zone sont principalement constituées de peuplements de cèdre et de chêne vert. La structure des peuplements de cèdre est jardinée à irrégulière.

Sur le plan socio-économique, quatre fractions sociales exercent des droits d'usage dans la forêt. La population riveraine s'élève à 6 288 habitants qui vivent en 971 foyers (HCP, 1994). Ces usagers sont installés dans 18 villages ou *douars*. Le système d'exploitation prépondérant est de type agro-sylvo-pastoral avec dominance de l'élevage qui reste la principale activité économique des riverains (Ttoba, 2002), à l'exception du *douar* d'Amahroq où l'agriculture occupe une place relativement plus importante.

Les complémentarités liées aux pratiques traditionnelles et plus particulièrement à la transhumance qui prévalaient dans le passé sont déjà rompues. Les usagers se sont sédentarisés. L'agriculture constitue une activité marginale et les cultures pratiquées restent, dans leur ensemble, vivrières avec prédominance de la céréaliculture. L'arboriculture constitue une activité prometteuse.

En matière de production de bois de feu, les potentialités de la forêt sont estimées à 10 480 t/an. Les prélèvements en la matière, relevés par Ttoba (2002), atteignent en moyenne 15 t/foyer/an, soit 7 fois la moyenne consommée dans la province ou encore un déficit de 4 349 t/an.

La précarité des populations locales les laisse fortement dépendantes des ressources naturelles pour la constitution de leurs revenus. Une telle situation se manifeste par une forte pression qui concoure à la dégradation des ressources naturelles.

1.2. Dynamisme territorial

Les modes actuels d'utilisation de l'espace constituent le résultat d'une évolution historique et d'un processus d'adaptation aux conditions du milieu (Abbab et al., 1995). Des mécanismes de déplacement, de solidarité sociale et de gestion collective ont été développés pour pallier l'aléa et l'exiguïté des terrains (Auclair, 1996). Un usage multiple de l'espace a été développé et en fonction de la conformation du terrain, divers usages y ont été pratiqués. Ainsi et jusqu'aux années trente, de décembre jusqu'à la mi-avril, les populations se déplaçaient de la montagne ou *Adrar* où elles avaient un système d'exploitation de type sylvo-pastoral vers la plaine ou *Azaghar* caractérisée par un système d'exploitation de l'espace agro-pastoral avec prédominance de l'élevage et des cultures de blé et de maïs.

Un « processus historique de transformation sociale » (Auclair, 1996) dont les principaux traits sont la désagrégation des formes de régulation communautaire accompagnée par la sédentarisation des éleveurs a conduit à un déséquilibre se traduisant par la fragilisation des milieux et par la détérioration des équilibres sociaux et biologiques. En effet, la charge excessive liée à un parcours non contrôlé et à l'abandon des traditions pastorales (Ttoba, 2002) affecte aussi bien la strate arbustive qu'herbacée et concourt à une stérilisation des conditions du milieu.

La forte pression pastorale associée aux prélèvements excessifs est inhérente à la précarité des populations. Il va sans dire qu'en l'absence de mesures visant à inverser la dépendance envers les ressources naturelles, les écosystèmes naturels en payeront le prix et les objectifs assignés aux scénarios d'aménagement ne pourraient être atteints. Aussi, les projections futures seront entachées d'aberrations ; d'où la nécessité de tenir compte du dynamisme territorial qui, en dépit de la difficulté de son intégration dans l'évaluation finale, devrait permettre d'éclairer les choix.

1.3. Approche multicritère retenue

- ***Structuration du problème***

Trois scénarios d'aménagement ont été préalablement définis (Marghadi, 2009). Ils correspondent à trois orientations de gestion : i) la continuité de la gestion conformément aux dispositions du plan d'aménagement en cours d'application (Ttoba, 2002) ; ii) la création du parc national de Khénifra ; et iii) un dernier scénario qualifié de développement intégré.

Le premier scénario (CONT) basé sur la conception classique de l'aménagement forestier, s'intéresse principalement aux ressources forestières. Il s'insère dans la continuité et reste marqué par un système agro-sylvo-pastoral extensif.

Le second scénario (PARC) s'inscrit dans un cadre plaçant le parc national comme stratégie du développement local et dans lequel l'intensification de l'écotourisme prendra une place centrale.

Le scénario développement intégré (DI) vise à asseoir les bases de la viabilité des systèmes actuels et à promouvoir le développement socio-économique. Il est caractérisé par l'intensification des activités génératrices de revenus : écotourisme, élevage intensif et agriculture à plus forte plus-value (arboriculture fruitière). Il sous-tend l'initiation d'une dynamique de développement local à même de concilier les potentialités aux contraintes et aux usages actuels et d'inverser les tendances de dégradation par la réduction de la dépendance à la forêt.

Dans chaque scénario, l'espace est organisé fonctionnellement en unités d'aménagement et en unités d'interventions superposables aux unités de gestion. Des propositions d'actions et de travaux avec leurs échéanciers sont définies ainsi qu'un schéma d'organisation des usagers (Marghadi, 2009).

Les trois scénarios ont fait l'objet de simulation de l'évolution des peuplements sur la base des prescriptions d'actions envisagées et par le biais du modèle de croissance développé par Khatouri et Dennis (1990). Les informations relatives aux états futurs portant aussi bien sur l'emplacement des interventions que sur les structures des peuplements à chaque période de l'horizon de planification, ont été enregistrées dans une base de données et ont constitué la matière de base pour l'évaluation et la comparaison multicritère des scénarios d'aménagement.

- ***Acteurs***

La forêt considérée fait partie du domaine forestier, domaine privé de l'État. Par conséquent, l'administration forestière est le décideur hégémonique. Cependant et au vu des droits d'usage reconnus aux populations locales par le législateur, elle se trouve contrainte de tenir compte des pratiques sociales et d'impliquer les acteurs locaux dans le processus de décision pour maximiser les chances de réussite des actions envisagées. Cette intégration est encouragée par le programme forestier national qui vise une approche basée sur le partenariat, la promotion de la gestion patrimoniale et le développement des zones péri-forestières (MDCEF, 1999).

L'implication des acteurs détermine la réussite d'un scénario donné ou, éventuellement, compromet sa mise en œuvre. Les acteurs cherchent, selon des logiques propres, à accroître leurs bénéfices (Dolisca et al., 2007). Leurs logiques dépendent de la présence d'une instance organisationnelle et les actions qu'ils entreprennent pourraient aboutir à des changements institutionnels constituant la finalité d'un jeu de rôle entre acteurs disposant de différentes sources de pouvoir (Schlüter, 2007).

Dans la zone d'étude, les acteurs concernés sont : les groupes sociaux usagers (dont trois fractions utilisent plus de 97% de la superficie de la forêt : Aït Boumzil, Aït Boumezough et Aït Lahcen ou Saïd), les opérateurs d'amont et d'aval, les collectivités locales, les pouvoirs publics, la société civile. Les populations usagères peuvent être organisées en instances formelles (associations, coopératives ou collectivités locales) ou s'inscrire dans un cadre informel (assemblées).

En plus des acteurs concernés par les décisions portant sur la forêt, l'homme d'étude est la personne mandatée pour éclairer la situation de décision (conduite de l'étude d'aménagement de la forêt considérée). Dans un contexte multi-acteur, en plus de proposer les options les plus appropriées, l'homme d'étude peut jouer le rôle du négociateur en cherchant à faire valoir la position du décideur comme il peut jouer le rôle du médiateur en recherchant des compromis (Joerin, 1997). Dans le cadre de ce travail, c'est la deuxième orientation qui a été recherchée, soit éclairer les options de façon à faire rapprocher la vision de l'administration des aspirations des utilisateurs, notamment la population.

- ***Problématique de décision***

La problématique de décision afférente au choix du meilleur scénario d'aménagement s'apparente à une problématique de rangement. Il s'agit en effet, de classer les scénarios sur la base de la pertinence de leurs réponses aux objectifs et aux préoccupations : rentabilité économique, viabilité environnementale et acceptabilité sociale ; ces préoccupations sont exprimées en critères et indicateurs.

La méthode la plus appropriée est Electre III. Elle permet de traiter des critères quantitatifs et qualitatifs. L'adoption de critères relevant de la logique floue la rend apte à gérer l'incertitude relative aux connaissances limitées ou imprécises sur les écosystèmes forestiers et offre un cadre transparent qui peut alimenter les processus de négociation. Par rapport aux autres méthodes Electre, elle permet de générer des informations plus nuancées s'approchant de la complexité de la réalité et, par conséquent, des conclusions mieux fondées et des résultats plus nets (Maystre et al., 1994). Elle évite les cas de transitivité de jugement qui peuvent découler du recours aux méthodes faisant intervenir un seul objectif à maximiser.

- ***Critères et indicateurs (C&I) retenus***

Dans le contexte marocain, les critères d'évaluation de scénarios d'aménagement doivent apprécier le degré d'atteinte des objectifs assignés par le Plan Forestier National (PFN) aux écosystèmes forestiers. Par conséquent, ils doivent s'inscrire dans les cinq registres : production ligneuse, environnement, socio-économie, écotourisme et politique. Aussi, la définition des critères et indicateurs doit veiller à s'assurer que le jeu défini remplit les conditions d'exhaustivité, de cohérence et d'indépendance (Maystre et Bollinger, 1999). Les C&I retenus dans notre étude, modifiés et complétés d'après Bousson (2003), sont illustrés au tableau 1. Rappelons que l'attribution des notes aux différents indicateurs s'est basée sur les informations relatives aux états futurs : emplacement des interventions et structures des peuplements forestiers à chaque période de l'horizon de planification (issues de la simulation de l'évolution des peuplements et de l'application des différentes prescriptions du scénario d'aménagement considéré).

Les préoccupations relatives à la matière ligneuse sont traduites en termes de volume produit, de régularité et de soutenabilité de cette production. La soutenabilité est appréciée par un indicateur synthétique : multiplication de la pente et du coefficient de détermination des productions périodiques de matière ligneuse. La régularité de la production est appréciée par l'application du coefficient de Shannon à la répartition des effectifs d'arbres par classe de circonférence.

Les critères environnementaux comportent les indicateurs surfaces exploitées et soumises à risque, et la part de surface aménagée pour la protection et la diversité des biotopes. Le premier indicateur est la combinaison entre une fonction sigmoïde de la pente, de la longueur de la pente et de la présence d'actions envisagées dans l'unité de gestion concernée. La fonction sigmoïde permet de tenir compte des fortes pentes.

Les critères écotouristiques comportent des indicateurs relatifs au nombre d'équipements, à la longueur des tronçons de promenade et à la diversité des peuplements aux abords des itinéraires. Ces indicateurs permettent à la fois de quantifier et de qualifier les équipements récréatifs envisagés. La diversité des peuplements traversés par le réseau de promenade est calculée par l'utilisation de l'indice de Shannon.

Les critères socio-économiques comprennent des indicateurs relatifs au volume des emplois générés, à leur stabilité, au partage des revenus et à l'acceptabilité sociale du scénario d'aménagement. La stabilité des emplois est appréciée par un indicateur synthétique composé de la pente et du coefficient de détermination de la droite de régression des emplois attendus par période. Les deux derniers indicateurs ainsi que l'indicateur relatif au degré de concordance avec le PFN sont estimés subjectivement sur la base des caractéristiques de chaque scénario.

Un grand nombre d'indicateurs peut engendrer des phénomènes d'incomparabilité (Martel et Rousseau, 1993), d'où la nécessité de regrouper les critères relatifs à une même famille. Pour la famille production ligneuse, les indicateurs soutenabilité et régularité de la production ont été regroupés en un indicateur unique relatif de durabilité de la production (ID). Pour les objectifs récréatifs, les indicateurs nombre d'équipements récréatifs et longueurs de réseaux de promenade envisagés ont été regroupés en un indicateur quantitatif unique : EQ. Aussi, les indicateurs diversité des peuplements et élément remarquable aux abords des itinéraires ont été regroupés en un indicateur unique relatif à la qualité des réseaux de promenades (QP). Les indicateurs de partage et d'acceptabilité sont regroupés en un indicateur unique (ACCEPART).

Tableau 1. Synthèse des critères et indicateurs d'évaluation retenus

Critère	Indicateur	Code	Expression	Unité
Matière ligneuse	- Volume total de bois prélevé	V	$\sum V_{pi}$	m³
	- Soutenabilité de la production	ID	$5 \times (1-a)R^2$	0 à 5
	- Régularité de la production	IR	$\sum C_i \times R_i / \sum C_i$	V
Environnementaux	- Surfaces exploitées soumises à risques	ISR	$\sum \left(\frac{1}{\left(1+\exp\left(\frac{30-\mathrm{P_i}}{3,5}\right)\right)} \right) \times \mathrm{ls} \times \mathrm{E_{j,k}}$	V
	- Pourcentage de la surface aménagée pour la protection	SPROT	S_p/S_t	%
	- Diversité des biotopes	DB	$VB \times \frac{SB}{St}$	V
Écotourisme	- Nombre d'équipements installés	NEQ	-	V
	- Tronçons de promenades	TP	-	Km
	- Diversité des peuplements traversés par les itinéraires	DP	$\sum -P_j \times \ln(P_j)$	v
	- Éléments remarquables aux abords des itinéraires	ERP	$\sum \frac{1}{\min(d_i)}$	v
Socio-économie	- Emplois générés	EMP	-	HJ
	- Stabilité des emplois	ISEMP	$5 \times (1-a)R^2$	0-5
	- Surface mise en défens	IMED	$\sum 1/d_{ij}$	nbre
	- Partage des revenus	PART	-	1-5
	- Acceptabilité sociale	ACCE	-	1-3
Politique	- Degré de concordance avec le PFN	PFN		0-5

V. valeur ; a, R^2 : pente et coefficient de détermination de la droite de régression des productions périodiques (du bois et de l'emploi) ; Ri : coefficient d'équi-répartition des classes de circonférence en utilisant l'indice de Shannon ; Ci : coefficient de pondération attribué à la valeur d'équi-répartition pour la période i ; ls et Pi : longueur et valeur de la pente au niveau du pixel i ; Ej : variable binaire prenant la valeur 1 si la parcelle j est exploitée au cours de la période k, sinon 0 ; DB, VB, SB : respectivement, diversité, valeur et surface du biotope ; SP, ST : surface aménagée pour la protection et surface totale de la forêt ; di : distance des voies de promenade par rapport au point remarquable i ; pi : diversité des peuplements traversés par le réseau de promenade ; dij : distance de la parcelle i à mettre en défens par rapport au douar j.

- ***Méthode Electre III***

L'évaluation des scénarios permet de constituer une matrice de performances reprenant leurs notes par rapport à chaque indicateur.

Electre III se base sur la comparaison, pour chaque critère, de l'ensemble des paires ordonnées de scénarios possibles. Un scénario Si surclasse Sk s'il est « *au moins aussi bon que Sk relativement à une majorité de critères, sans être trop nettement plus mauvais que Sk relativement aux autres critères* » (Schärlig, 1985). Ceci est basé sur l'utilisation de la notion de concordance : y a-t-il suffisamment d'arguments pour admettre cette hypothèse? Et celle de discordance : y a-t-il une raison importante pour refuser cette hypothèse ? (Tille, 2000).

Les indicateurs, dits flous, intègrent une transition progressive entre l'indifférence et la préférence. Trois seuils sont identifiés pour chaque indicateur : préférence (P), indifférence (Q) et véto (V). Le premier constitue le seuil à partir duquel la différence entre les deux scénarios permet de préférer l'un à l'autre. Le second correspond à la plus petite différence en-dessous de laquelle il est impossible de départager les scénarios. Le troisième permet de pallier des compensations éventuelles entre critères ; si la différence des performances de deux scénarios pour un critère le dépasse, l'hypothèse de surclassement est rejetée quelles que soient les comparaisons réalisées par rapport aux autres critères. Par définition, le seuil de véto est supérieur ou égal au seuil de préférence qui est supérieur ou égal au seuil d'indifférence.

Outre les seuils propres à chaque critère-indicateur, les poids constituent des paramètres inter-critères qui permettent d'apprécier l'importance de chacun d'eux. Leur utilisation peut viser, entre autres, la conciliation de la multifonctionnalité aux intérêts des différents acteurs.

Après la notation de chaque scénario relativement à chaque indicateur (tableau 1), un tableau des performances est constitué. Puis, pour chaque paire ordonnée de scénario (Si, Sk) et relativement à chacun des indicateurs j (V, ID, IR, …PFN) et en se basant sur le principe de transition progressive entre la préférence et l'indifférence, des indices de concordance C_j (Si, Sk) et de discordance d_j(Si, Sk) des relations de surclassement sont calculés. Ensuite, le degré de crédibilité de l'hypothèse de surclassement (δ_{ik}) est déterminé sur la base des formules suivantes :

$$C_{ik} = \frac{\sum_{j=1}^{m} P_j \times C_j(S_i, S_k)}{\sum_{j=1}^{m} P_j}$$ Pj est le poids accordé au critère j

$$\delta_{ik} = C_{ik} \prod_{j=1}^{m} \frac{1 - d_j(S_i, S_k)}{1 - C_{ik}}$$; j : correspond aux indicateurs pour lesquels $d_j(S_i, S_k) > C_{ik}$.

Les degrés de crédibilité calculés servent à établir des relations de surclassement entre chaque paire ordonnée de scénarios selon l'algorithme présenté par Maystre et al. (1994). Deux classements sont réalisés (constituant des préordres complets) : distillation ascendante et distillation descendante. Ils sont établis de manière itérative. La comparaison des rangs obtenus lors des deux distillations aboutit à un classement final autorisant les *ex æquo*. Les scénarios n'ayant pas le même rang lors des deux distillations, sont considérés incomparables.

L'analyse de sensibilité traduit la sensibilité de la solution aux variations des notes relativement aux critères-indicateurs, de poids ou de seuils. Les poids ont été attribués aux familles de critères et puis au sein de chacune d'entre elles (Maystre et al., 1994). L'analyse de sensibilité a été réalisée en se basant sur le rang médian des deux distillations (Tervonen et al., 2005).

2. Résultats et discussions

2.1. Dynamisme territorial

Si le contexte biophysique et climatique au Moyen Atlas reste favorable aux écosystèmes naturels, les évolutions récentes ont conduit à une « *crise spatio-culturelle* » caractérisée par la régression du rôle régulateur des institutions tribales et par l'émergence de nouvelles stratégies d'acteurs (Auclair, 1996). Au rythme actuel, les potentialités du milieu ne peuvent subvenir aux pratiques et au mode de production en cours.

Au niveau des fractions usagères, trois dynamiques différentes peuvent être décrites et qui restent marquées par deux éléments. Le premier inhérent au groupe social et le second aux moyens et capitaux mobilisés. En effet, au niveau du *douar* d'Amahroq, la primauté de la composante agricole se manifeste davantage. Pour les Ait Boumzils, la disponibilité des capitaux s'est traduite par l'accroissement des effectifs des troupeaux. Quant aux Ait Boumezough, la faiblesse du niveau de vie et la pauvreté les ont conduits à une dépendance envers les ressources naturelles qui peut se traduire par des actions de délinquance (coupes délictueuses de bois de cèdre). Cette différenciation pourrait constituer un enjeu pour l'évolution territoriale au voisinage de la forêt d'Ajdir. En effet, l'arboriculture fruitière et l'écotourisme pourraient constituer de véritables leviers pour l'économie locale et permettre d'alléger la pression sur la forêt. Aussi, le terroir d'Amahroq pourrait constituer le moteur d'un changement qui porterait sur l'initiation d'un noyau d'urbanisation avec un cadre de vie meilleur. Cette évolution pourrait entraîner de profondes mutations au voisinage du site tout en amplifiant la vitesse de ce changement à l'intérieur du site.

De façon générale, une nette orientation vers la réduction des activités extensives au profit d'une intensification est perceptible. L'agriculture avec ses deux composantes, pluviale et irriguée, sera affectée de même que la structure foncière. En effet, ce changement d'assolement ne sera pas à la portée de tous les agriculteurs et se traduira par des spéculations foncières qui seront régulées par le rendement des cultures traditionnelles et de l'élevage extensif ; ces derniers pourraient jouer le rôle d'une « *fée bienfaisante ou d'une mauvaise fée, selon les cas* » pour la survie des pauvres (Maselli, 1996). L'ampleur de cette dynamique sera certainement plus grande dans les périmètres favorables et ses répercussions peuvent être de deux types : i) accentuation des disparités entre agriculture intensive et cultures vivrières et, en absence de solutions illégales (coupes de bois vif), ii) redynamisation de l'exode rural et abandon de terrains reculés et inaccessibles.

Relativement à la domanialité de l'espace forestier et aux modes d'intégration des acteurs, les deux scénarios (parc et développement intégré), à travers la place qu'ils donnent aux populations locales, présentent une innovation. Ceci a l'avantage de garantir l'adhésion des acteurs locaux et de rétablir les rapports de confiance. Quant aux conflits, ils risquent de prendre une envolée particulière avec les scénarios continuité et parc national si ce dernier n'est pas accompagné d'un grand effort de communication et d'accompagnement des populations locales.

2.2. Comparaison des scénarios

L'évaluation des scénarios, relativement aux différents critères et indicateurs, a été réalisée selon les formules du tableau 1. Les résultats sont illustrés au tableau 2. Il est à souligner que les seuils de véto n'ont pas été intégrés dans l'analyse. Les seuils d'indifférence et de préférence fixés sont présentés au tableau 2.

Tableau 2. Matrice synthétique des performances

Critère	Scénarios			Sens	Seuils	
	DI	CONT	PARC		Indifférence (Q)	Préférence (P)
V	**38 952**	9 788	30 742	Max	1500	4500
ID	1,97	**2,51**	1,74	Max	0,09	0,26
ISR	90,65	90,59	**57,6**	Min	2,88	8,64
DB	**2,39**	2,23	2,29	Max	0,11	0,33
SPROT	8,92	5,79	**21,89**	Max	0,29	0,87
EQ	80,59	**109,78**	76,77	Max	2,92	8,84
QP	**1,037**	0,967	0,852	Max	0,04	0,12
EMP	**25 968**	6 525	20 495	Max	1000	3000
ISEMP	0,14	0,04	**0,15**	Max	0,02	0,06
IMED	**0,0125**	2000,01	0,0199	Min	0,01	10
ACCEPART	4	3	**5**	Max	-	1 rang
PFN	**3**	2	**3**	Max	-	1 rang

Avec – DI, CONT et PARC : scénarios respectivement développement intégré, continuité et parc ; V, ISR, DB, SPROT, EMP, ISEMP, IMED, PFN : même signification qu'au tableau 1 ; ID : indicateur de durabilité de la production ; EQ : indicateur des équipements récréatifs envisagés ; QP : indicateur de qualité des itinéraires de promenade prévus ; ACCEPART : indicateur d'acceptabilité et de partage des revenus. Sens : sens recherché (critère à maximiser : max ou critère à minimiser : min).

Les indicateurs en gras présentent de meilleures performances (maximisation ou minimisation de la valeur selon le critère considéré). L'analyse du tableau montre l'impossibilité de se prononcer sur le meilleur scénario du fait que chacun se démarque des autres par rapport à un indicateur donné.

Six jeux de poids, correspondant à différentes préoccupations, ont été testés. P1 correspond à un équilibre de poids entre familles de critères et à l'intérieur de la même famille ; P2 : à des préoccupations de production ligneuse donnant un poids de 50% à la famille des critères ligneux, le reste étant réparti également entre les autres familles ; P3 : à des préoccupations environnementales donnant un poids de 50% à la famille de critères écologiques ; P4 : à des préoccupations récréatives donnant un poids de 50% à la famille de critères récréatifs ; P5 : à des préoccupations socio-économiques donnant un poids de 50% à la famille de critères socio-économiques ; P6 : correspond à un équilibre entre critères. Au sein d'une même famille de critères, les indicateurs ont le même poids. Le résultat des distillations est présenté à la figure 2. Il en ressort que le scénario développement intégré domine les deux autres. Il occupe la première position en utilisant tous les jeux de poids. Toutefois, la dominance entre l'ensemble des scénarios n'est pas stricte. En effet, certaines situations d'incomparabilité, caractérisées par des scénarios ne disposant pas des mêmes rangs lors des deux distillations, sont à souligner. Il s'agit des scénarios 'parc' et 'continuité' (avec les poids P2 et P4) et de 'développement intégré' et 'parc' (avec les poids P3, P5 et P6). Le jeu de poids P1 reste caractérisé par la comparabilité complète des trois scénarios.

Figure 1. Comparaison des scénarios en utilisant les différents jeux de poids

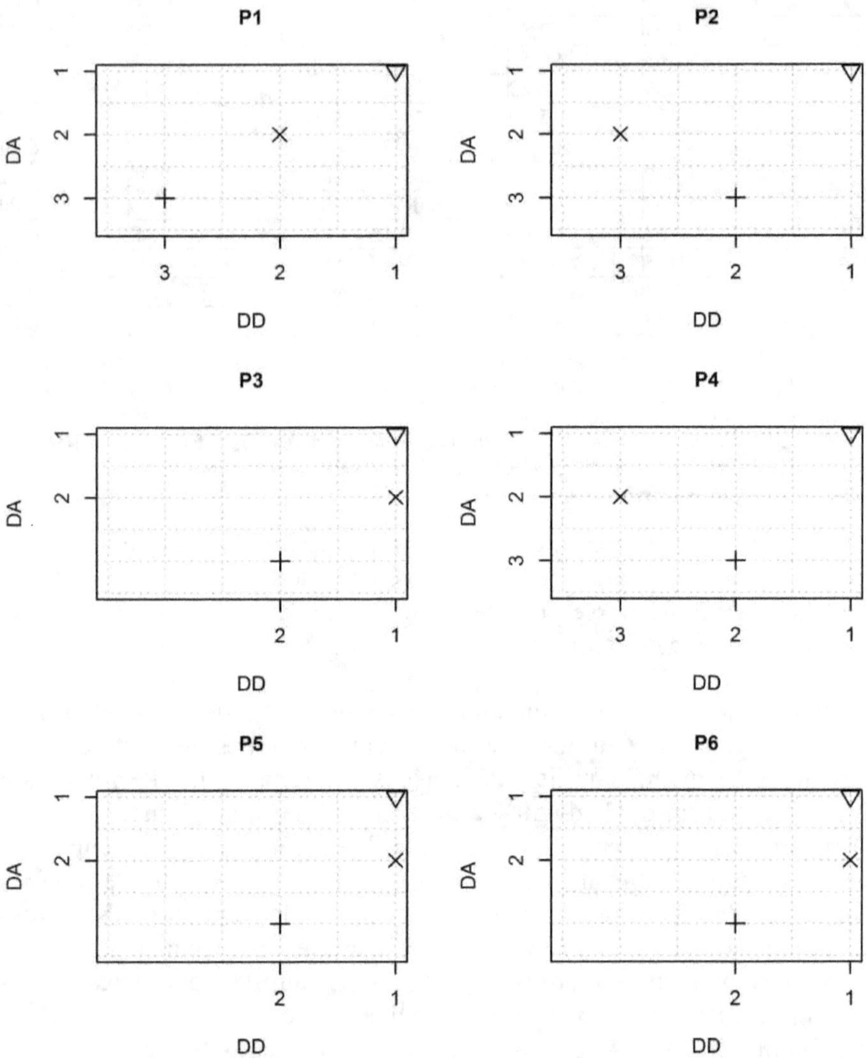

Avec : - *DD : Distillation descendante*
- *DA : Distillation ascendante*

+ - *Scénario continuité*
× - *Scénario parc*
▽ - *Scénario développement intégré*

Les degrés de crédibilité confirment, avec tous les systèmes de pondération associés aux différents jeux de poids, les meilleures performances du scénario 'développement intégré' par rapport à celui de 'continuité'. Les poids attribués aux critères récréatifs et de production ligneuse influencent la comparabilité des scénarios 'parc' et 'continuité'. Par ailleurs, l'accroissement des poids des critères écologiques et socio-économiques conduit à l'incomparabilité des scénarios 'développement intégré' et 'parc'. Ceci reste évident pour le cas des préoccupations environnementales et s'explique dans le second cas par l'influence de l'indicateur ACCEPART.

L'analyse de sensibilité a été réalisée en se basant sur le jeu de poids (P1). Les intervalles de stabilité (amplitudes de variations) des différents seuils (de préférence et d'indifférence) et poids sont présentés au tableau 3.

Tableau 3. Résultat de l'analyse de sensibilité des solutions obtenues

Critère	Poids (*)			Seuil de préférence** (P)			Seuil d'indifférence (Q)		
	Base	**Min**	**Max**	**Base**	**Min**	**Max**	**Base**	**Min**	**Max**
V	12,5	10,16	97,23	4500	1690,63	9531,25	1500	93,75	4429,69
ID	12,5	9,38	29,86	0,26	0,11	0,30	0,09	0,01	0,17
ISR	8,33	1,04	9,95	8,64	3,24	33,78	2,88	0,36	8,37
DB	8,33	1,04	22,20	0,33	0,14	1,12	0,11	0,03	0,29
SPROT	8,33	1,04	9,95	5	2,56	16,03	1,75	0,88	3,75
EQ	12,5	0,78	29,86	12	3,09	46,28	2,50	0,63	11,25
QP	12,5	10,16	97,23	0,15	0,08	0,19	0,05	0,03	0,11
EMP	5	3,75	97,23	5000	1062,50	8765,15	1000	62,50	4921,88
ISEMP	5	1,25	19,14	0,50	0,03	0,99	0,02	0,01	0,49
IMED	5	1,25	19,14	10	0,09	2000,94	0,01	0,01	9,92
ACCEP.	5	1,25	6,13	-	-	-	-	-	-
PFN	5	1,25	19,14	-	-	-	-	-	-

(*) Les poids ne correspondent pas à un pourcentage, il s'agit de valeurs obtenues en fixant les autres à leurs valeurs de base. V, ID, ISR, DB, SPROT, EQ, QP, EMP, ISEMP, IMED, ACCEPART, PFN : même signification qu'au tableau 2. (**) Base : correspond aux valeurs des seuils (tableau 2), Min et Max pour un critère et un seuil donnés : correspondent aux valeurs, respectivement, minimale et maximale permettant d'assurer la stabilité de la solution et ce en maintenant les valeurs des autres seuils à leurs valeurs de base.

Les amplitudes de variation des différents paramètres témoignent de la robustesse des solutions obtenues. Excepté pour les poids des indicateurs de 'surfaces exploitées et soumises à risque' et de la 'part de surface aménagée pour la protection' dont les amplitudes ne sont pas aussi grandes que les autres indicateurs. Ainsi, le fait d'accorder des poids élevés aux critères ISR, SPROT et ACCEPART, supérieurs aux limites maximales – max - (tableau 3), conduit à une instabilité de la solution ; ceci confirme les résultats de l'analyse avec différents jeux de poids.

Abstraction faite des situations d'incomparabilité, la solution reste globalement stable dans un contexte de classement complet des scénarios. Ceci a été vérifié par le recours à la méthode multicritère d'aide à la décision Evamix de la classe des méthodes d'agrégation totale (Voogd, 1983).

En définitive, la comparaison entre scénarios s'est basée sur l'évaluation des projections futures qui portent essentiellement sur l'évolution des peuplements forestiers. La prise en compte du dynamisme territorial a révélé que les scénarios 'développement intégré' et 'parc national' conduisent à intensifier les innovations et répondent au mieux aux attentes des acteurs. Ceci entérine et renforce les résultats obtenus. De même, les situations d'incomparabilité des deux scénarios 'parc' et 'développement intégré' ainsi que le contexte particulier du système de pondération P5, pourraient justifier le recours à une concertation avec les différents acteurs pour faire émerger un consensus autour de l'un des deux scénarios.

CONCLUSION

Le choix du scénario d'aménagement 'développement intégré' s'avère justifiable. En effet, les actes de gestion et les interventions envisagées ainsi que l'évolution des peuplements issus de ce scénario, permettent de lui assurer de meilleures performances par rapport aux autres.

La création d'un parc national dans la zone et la projection de création d'une réserve de biosphère de la cédraie au Moyen Atlas traduisent une volonté de conservation des ressources forestières. Cette volonté pourrait néanmoins se confronter au risque de décalage entre la politique et le terrain, aboutissant à une perte de crédibilité de l'administration vis-à-vis des partenaires internationaux (situation de 'parc sur papier').

Les questions sous-jacentes suivantes méritent d'être posées. Les dynamiques sociales, le changement des modes d'exploitation de l'espace ne seront-ils pas un enjeu majeur dans le développement local ? Le développement local est-il incompatible avec la mise en œuvre du parc ? Quelles sont les mesures à adopter pour repositionner le scénario parc ? Peut-on se limiter à une amélioration des critères récréatifs et de l'emploi sans prendre en compte la composante « production ligneuse » ?

Si on considère l'exemple du Haut Atlas, le développement socio-économique des populations locales suite à la forte expansion du secteur du tourisme dans la ville de Marrakech a conduit à un accroissement des activités artisanales, à un exode rural massif et par conséquent à une forte réduction de la pression sur les ressources forestières (plus particulièrement la pression pastorale). Cependant et à partir de l'analyse de Boujrouf et al.

(1998) du contexte de développement de l'écotourisme dans trois pays, on ne peut s'attendre à obtenir un tel résultat dans la zone d'étude à court ou moyen terme compte-tenu de la différence de dynamique des villes avoisinantes comparativement à celle de Marrakech.

S'il a été démontré que les objectifs, les intentions et les bénéfices de développement local ne sont pas toujours au profit des populations locales dans un contexte de parc (Southworth et al., 2006), le paiement direct au profit de ces dernières (ex. instauration de droits d'accès) s'avère la manière la plus « efficiente, appropriée et équitable » (Ferraro et Kiss, 2002). Aussi, le développement local ne s'avère pas synonyme de la « maîtrise locale du développement » (Héritier, 2007). Ainsi, l'instauration d'une adhésion de la population locale et la création d'une dynamique de développement local centrée sur le parc nécessitent « l'existence d'un préalable : la confiance des populations locales dans les propositions venant d'en haut et l'adéquation aux besoins effectifs de ces dernières » (Héritier, 2007). Dans ce contexte, les zones périphériques du parc pourront se développer en zones d'adhésion et ce à travers une stratégie volontariste de l'administration basée sur le dialogue, la coopération avec les instances organisationnelles locales et l'accompagnement des populations locales dans l'instauration d'une dynamique de changement ; à ce titre l'exemple du parc national d'Ifrane est éloquent (Boutot, 2011 ; HCEFLCD, 2007).

Dans le contexte de la mise en œuvre du parc, une réflexion doit être conduite pour compenser les pertes des recettes de la commune rurale suite à la réduction de la production ligneuse. Ceci pourrait justifier le recours à une concertation avec tous les acteurs pour favoriser un consensus et pour permettre une meilleure appropriation du scénario qui assurera l'amélioration de l'état des peuplements forestiers ainsi que des conditions socio-économiques des populations locales.

REMERCIEMENTS

Ce travail a été émaillé par de longues discussions, échanges et confrontations d'idées avec de nombreuses personnes : gestionnaires, acteurs locaux, scientifiques et comité de thèse ; qu'ils soient vivement remerciés pour leurs précieuses contributions. L'encadrement scientifique de ce travail par Madame Christine Farcy et son accompagnement au projet informatisation de la gestion forestière au Maroc ont été déterminants ; qu'elle soit vivement remerciée pour ses énormes efforts, pour sa disponibilité et pour ses précieux conseils.

Ce travail n'aurait pu être finalisé sans le concours financier de la Coopération Technique Belge.

Nos remerciements aux lecteurs anonymes pour leurs suggestions et commentaires.

BIBLIOGRAPHIE

Abbab, A., Bedrani, S., Bourbouze, A., Chiche, J., 1995. Politiques agricoles et dynamique des systèmes agro-pastoraux au Maghreb. Options Méditerranéennes, 14, 139-165.

Auclair, L., 1996. L'appropriation communautaire des forêts dans le Haut Atlas Marocain. Cahiers des Sciences Humaines, 32, 177-194.

Ben Menna, S., 2000. Introduction aux méthodes multicritères. Biotechnol. Agronom. Soc. Environ., 83-93.

Boujrouf, S., Bruston, M., Duhamel, P., Knafou, R., Sacareau, I., 1998. Les conditions de la mise en tourisme de la haute montagne et ses effets sur le territoire. L'apport d'une comparaison entre le Haut Atlas et le Népal, mise en perspective à l'aide du précédent Alpin (exemple du massif du Mont-Blanc). Revue de la Géographie Alpine, 86, 4, 67-82.

Bousson, E., 2003. Gestion forestière intégrée : approche basée sur l'analyse multicritère. Presses Agronomiques de Gembloux, Gembloux.

Boutot, L., 2011. Évaluation partenariale des projets d'appui à la gestion partenariale des parcs nationaux au Maroc. Synthèse du rapport final, AFD , [En ligne], http://www.oecd.org/countries/morocco/49004192.pdf

Brang, P., Courbaud, B., Fischer, A., Kissling-Naf, I., Pettenella, D., Schonenberger, W., Spork, J., Grimm, V., 2002. Developing indicators for the sustainable management of mountain forests using a modeling approach. Forest Policy and Economics, 4, 113-123.

Dolisca, F., Mc Daniel, J.M., Teeter, L.D., 2007. Farmers' perceptions towards forests : a case study from Haiti. Forest Policy and Economics, 9, 704-712.

HCEFLCD (Haut Commissariat aux Eaux et Forêts et à la Lutte Contre la Désertification), 2007. Plan d'aménagement et de gestion du parc national d'Ifrane. Haut Commissariat aux Eaux et Forêts et à la Lutte Contre la Désertification, Rabat.

HCP (Haut Commissariat au Plan), 1994. Recensement général de la population, Rabat.

Héritier, S., 2007. Les parcs nationaux, entre conservation durable et développement local. Géocarrefour, 82, 171-175.

Hulme, M., Jenkins, G.J., Lu, X., Turnpenny, J.R., Mitchell, T.D., Jones, R.G., Lowe, J., Murphy, J.M., Hassell, D., Boorman, P., McDonald, R., Hill, S., 2002. Climate change scenarios for the United Kingdom : The UKCIP02 Scientific Report. Tyndall Centre for Climate Change Research, School of Environmental Sciences, University of East Anglia, Norwich.

Ferraro, P.J., Kiss, A., 2002. Direct payments for biodiversity conservation. Science, 23, 298, 1718-1719.

Joerin, F., 1997. Décider sur le territoire : proposition de SIG et de méthodes d'analyse multicritère. Thèse de doctorat, École Polytechnique Fédérale. Lausanne.

Karjala, M.K., Sherry, E.E., Dewhurst, S.M., 2004. Criteria and indicators for sustainable forest planning : a framework for recording aboriginal resource and social values. Forest Policy and Economics, 6, 95-110.

Khatouri, M., Dennis, B., 1990. Growth and yield model for uneven aged Cedrus atlantica stands in Morocco. Forest Ecology and Management, 36, 253-266.

Marghadi, S., 2009. Intégration des méthodes d'aide à la décision dans l'aménagement multifonctionnel des forêts au Maroc. Thèse de doctorat, UCL, Louvain-la-Neuve.

Martel, J.-M., Rousseau, A., 1993. Cadre de référence d'une démarche multicritère de gestion intégrée des ressources en milieu forestier. Ministère du Loisir, de la Chasse et de la Pêche, Ministère des Forêts, Ministère de l'Environnement du Québec, Gestion intégrée des ressources, Québec, Document technique 93/11.

Maselli, D.A., 1996. Contraintes d'une utilisation durable des ressources naturelles du Haut Atlas : le cas du bassin intramontagnard de Tagoundaft. Revue de la Géographie Alpine, 84, 109-119.

Maystre, L.Y., Pictet, J., Simos, J., 1994. Méthodes multicritères Electre : description, conseils pratiques et cas d'application à la gestion environnementale. Presses polytechniques et universitaires romandes, Lausanne.

Maystre, L.Y., Boulinger, D., 1999. Aide à la négociation multicritère : pratiques et conseils. Presses polytechniques et universitaires romandes, Lausanne.

McDonald, G.T., Lane, M.B., 2004. Converging global indicators for sustainable forest management. Forest Policy and Economics, 6, 63-70.

MDCEF (Ministère Délégué Chargé des Eaux et Forêts), 1999. Programme forestier national, Synthèse. Rabat.

Mendoza, G.A., Dalton, W.J., 2005. Multistakeholders' assessment of sustainability. Multicriteria analysis and the case of the Ontario forest assessment system. Forestry Chronicle, 81, 222-228.

Mendoza, G.A., Martins, H., 2006. Multicriteria decision analysis in natural resource management : a critical review of methods and new modelling paradigms. Forest Ecology and Management, 230, 1-3, 1-22.

Mrosek, T., Balsillie, D., Schleifenbaum, P., 2006. Field testing of a criteria and indicators system for sustainable forest management at the local level. Case study results concerning the sustainability of the private forest Haliburton forest and wild life reserve in Ontario, Canada. Forest Policy and Economics, 8, 593-609.

Schärlig, A., 1985. Décider sur plusieurs critères, panorama de l'aide à la décision multicritère. Presses polytechnique romandes, Lausanne.

Schlüter, A., 2007. Institutional change in the forestry sector - The explanatory potential of new institutional economics. Forest Policy and Economics, 9, 1090-1099.

Sherry, E., Halseth, R., Fondahl, G., Karjala, M., Leon, B., 2005. Local-level criteria and indicators : an Aboriginal perspective on sustainable forest management. Forestry, 78, 513-539.

Simos, J., 1990. Évaluer l'impact sur l'environnement. Presses polytechniques et universitaires romandes, Lausanne.

Southworth, J., Nagendra, H., Munroe, D.K., 2006. Introduction to the special issue "are parks working"? Exploring human-environment tradeoffs in protected areas conservation. Applied Geography, 26, 87-95.

Tervonen, T., Figueira, J., Lahdelma, R., Salminen, P., 2005. An inverse approach for Electre III (2nd Revision). Institute of Systems Engineering and Computers Series, 20, Coimbra.

Tille, M., 2000. Choix de variantes d'infrastructures routières : méthodes multicritères. Thèse de doctorat, École Fédérale Polytechnique de Lausanne, Lausanne.

Ttoba, 2002. Dossier d'aménagement de la cédraie d'Ajdir. Haut Commissariat aux Eaux et Forêts et à la Lutte Contre la Désertification, Rabat.

Voogd, H., 1983. Multiple criteria evaluation for urban and regional planning. Pion Ltd, London.

Chapitre 12. Combiner modélisation des chercheurs et participation des acteurs pour une gouvernance intégrée de la forêt dans le territoire. Le « jeu de territoire Vercors »

LARDON Sylvie[1], BOUCHAUD Monique[2], CORDONNIER Thomas[3]
[1] *INRA & AgroParisTech, UMR Métafort Clermont-Ferrand, France*
[2] *Irstea, UMR Métafort Clermont-Ferrand, France*
[3] *Irstea EMGR, Centre de Grenoble, France*

La gestion intégrée des écosystèmes forestiers appelle à renouveler les pratiques des acteurs parties prenantes et à acquérir des compétences transversales pour à la fois « produire plus de bois tout en préservant mieux la biodiversité ». Nous nous intéressons à la façon de traduire les connaissances scientifiques en connaissances pour l'action, avec une meilleure appropriation des résultats de recherche par les acteurs parties prenantes de la gestion de la forêt. Nous analysons les productions scientifiques du projet ANR FORGECO au prisme d'une grille en quatre composantes : connaissances scientifiques, connaissances pour l'action, modèles et controverses. Nous les traduisons en objets intermédiaires du jeu de territoire visant à faciliter l'appropriation des connaissances des chercheurs par les acteurs. Une meilleure intégration des savoirs entre chercheurs et acteurs pourrait garantir une meilleure capacité à changer les pratiques et les actions pour une gestion intégrée de la forêt dans le territoire.

MOTS-CLÉS
Écosystèmes forestiers ; démarche participative ; gestion intégrée ; gouvernance adaptative ; modélisation; Vercors ; territoire ; France

INTRODUCTION

La gestion des écosystèmes forestiers concerne différents acteurs des territoires et mobilise à la fois des connaissances scientifiques et des savoirs profanes. Elle appelle à croiser les enjeux des différents acteurs et à hybrider leurs savoirs pour trouver des modalités de gouvernance des territoires forestiers qui soient adaptées. C'est le challenge posé dans le cadre du projet FORGECO[1] pour répondre aux objectifs de la politique forestière nationale « produire plus de bois tout en préservant mieux la biodiversité ». En combinant les approches en sciences humaines et sociales et en sciences forestières, nous visons à proposer aux acteurs des connaissances utiles pour une gouvernance intégrée de la forêt dans le territoire.

Le projet FORGECO vise à modéliser les dynamiques de production forestière et de préservation de la biodiversité, dans une perspective de gestion intégrée de la forêt dans le territoire. Il s'organise en trois étapes : (1) un diagnostic préalable de la forêt mobilise différents outils et méthodes de l'écologie et des sciences forestières ; (2) des modèles de simulation et d'analyse de viabilité permettent d'évaluer la performance multifonctionnelle de la gestion des forêts en mettant l'accent sur les fonctions de production et de préservation de la biodiversité en résonance avec le protocole d'accord issu du Grenelle de l'environnement « produire plus tout en préservant mieux la biodiversité » ; (3) une démarche participative avec les acteurs du territoire répond au double objectif de transmettre aux acteurs les acquis de la recherche et de co-construire avec eux une vision partagée de la forêt dans le territoire. La synthèse des acquis de la recherche doit fournir des recommandations et outils opérationnels pour la gouvernance des forêts.

Le projet vise à faciliter les apprentissages sociaux (Pahl-Wostl, 2009) nécessaires pour la gestion des écosystèmes forestiers. L'objectif est de faciliter le double apprentissage croisé des acteurs et des chercheurs, en mettant à disposition des acteurs les connaissances produites par les chercheurs des sciences biotechniques pour enrichir la construction d'une vision partagée du territoire et réciproquement pour intégrer les savoirs et connaissances exprimés par les acteurs dans les modèles de simulation (Caron et al., 2012). Nous mobiliserons pour ce faire l'ensemble des connaissances produites et partagées avec la communauté scientifique et les acteurs de la forêt lors du colloque organisé à mi-parcours par les responsables du projet et ECOFOR (4-5 décembre 2012, ENS Lyon).

---

[1] Projet de recherche ANR FORGECO - Forêts, gestion et écosystèmes. Cordonnier, 2010. https://forgeco.cemagref.fr/.

Dans une première partie, nous présenterons la démarche participative (telle que réalisée dans l'étape 3 du projet FORGECO). Le dispositif est mis en œuvre par les chercheurs en sciences humaines et sociales, se positionnant comme médiateurs entre la recherche et l'action. Il s'agit d'un « jeu de territoire » (Lardon, 2013) entre toutes les parties prenantes de la gestion intégrée de la forêt dans le territoire, acteurs et chercheurs, qui a été réalisé sur le terrain du Vercors. Dans une seconde partie, les connaissances produites par les chercheurs en sciences forestières seront analysées à l'aide d'une grille de lecture en quatre composantes pour être mises à l'épreuve du jeu de territoire. La troisième partie apportera des éléments de réflexion sur les modalités d'une gouvernance intégrée de la forêt dans le territoire. En conclusion, nous ouvrirons des perspectives en termes de montée en généricité de la démarche.

1. La démarche participative avec les acteurs du territoire

Dans le cadre du projet FORGECO, les chercheurs en sciences sociales de l'équipe avaient pour responsabilité la mise en place d'une démarche participative avec les acteurs, sur le terrain du Vercors étudié dans le projet. Pour ce faire, ils ont utilisé la méthode du jeu de territoire, conçue et mise en œuvre dans l'équipe, avec la contribution d'étudiants en formations sur le développement et l'aménagement durables des territoires (master développement des territoires et nouvelle ruralités, spécialité recherche territoires, acteurs, modélisation et mastère spécialisé action publique pour le développement durable des territoires et de l'agriculture).

Nous présentons tout d'abord les étapes du jeu et quelques exemples des productions réalisées. Ensuite, nous analysons en quoi le jeu de territoire est un dispositif participatif au service des apprentissages collectifs.

1.1. Le « jeu de territoire Vercors »

Le « jeu de territoire » (Lardon, 2013) est un jeu d'expression qui favorise la construction d'une vision partagée du territoire et de l'action collective. Il se joue en trois étapes : diagnostic partagé des dynamiques du territoire, scénarios d'évolution et propositions d'actions, à partir d'informations mutualisées et d'argumentaires explicités (Lardon et al., 2007). Mené en 2012 en deux ateliers participatifs successifs réunissant des acteurs du territoire concerné, dont les acteurs forestiers, et les chercheurs des disciplines biotechniques ainsi que les modélisateurs impliqués dans le projet de recherche, le jeu de territoire « gestion intégrée de la forêt du Vercors » a été préparé et animé par les chercheurs en sciences sociales et les étudiants.

Le premier atelier participatif, a rassemblé 24 joueurs (dont quelques modélisateurs) répartis en trois tables de jeu. Il a produit trois maquettes des dynamiques du territoire, mettant en évidence les enjeux retenus par le groupe, tels que « mieux prendre en compte les usages multiples du territoire », ou « sécuriser l'emploi saisonnier sur la communauté de communes » (figure 1).

Figure 1. Une maquette des dynamiques du territoire et des enjeux (Acterra, 2012a)

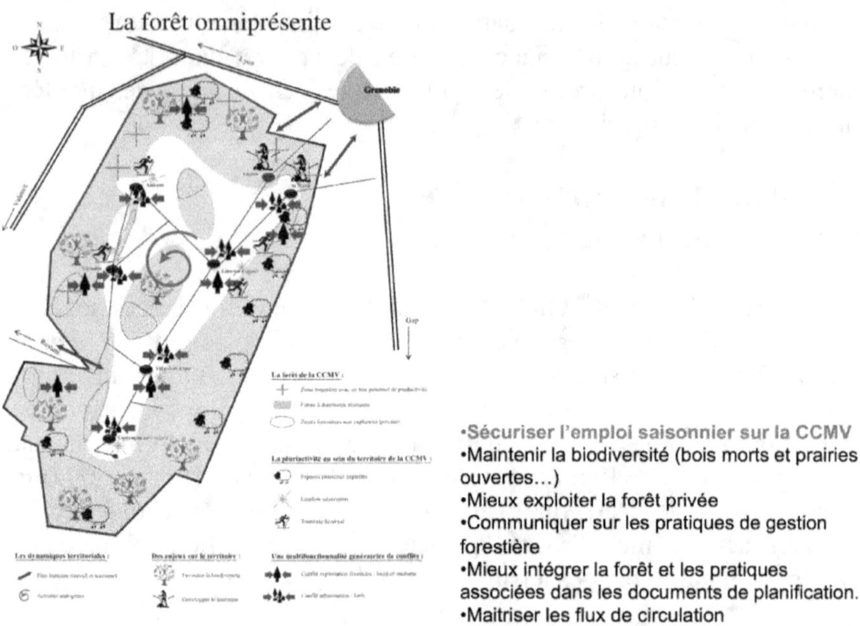

Le second atelier, avec 15 joueurs dont quelques modélisateurs en 3 séances distinctes (à des horaires différents pour toucher une diversité d'acteurs), a produit des scénarios d'évolution du territoire à 30 ou 50 ans, et proposé des pistes d'action pour intégrer la forêt dans le territoire (figure 2). Des actions telles que « promouvoir les dessertes multi-usages et gérer l'accès aux zones forestières » ou « mettre en place des concertations en amont de tout projet d'aménagement forestier » ont été formulées par les joueurs.

L'ensemble des connaissances produites dans ces ateliers participatifs a été présenté et débattu avec les acteurs décideurs de la communauté de communes du Massif du Vercors (élus et acteurs forestiers). Cette démarche a apporté quelques propositions pour leur charte forestière de territoire en cours de renouvellement. Une plaquette synthétique a été distribuée aux acteurs et aux chercheurs (Acterra 2012a ; Acterra 2012b) ; le kit de jeu a été fourni à la communauté de communes.

Figure 2. Scénario prospectif et propositions d'actions (Acterra, 2012b)

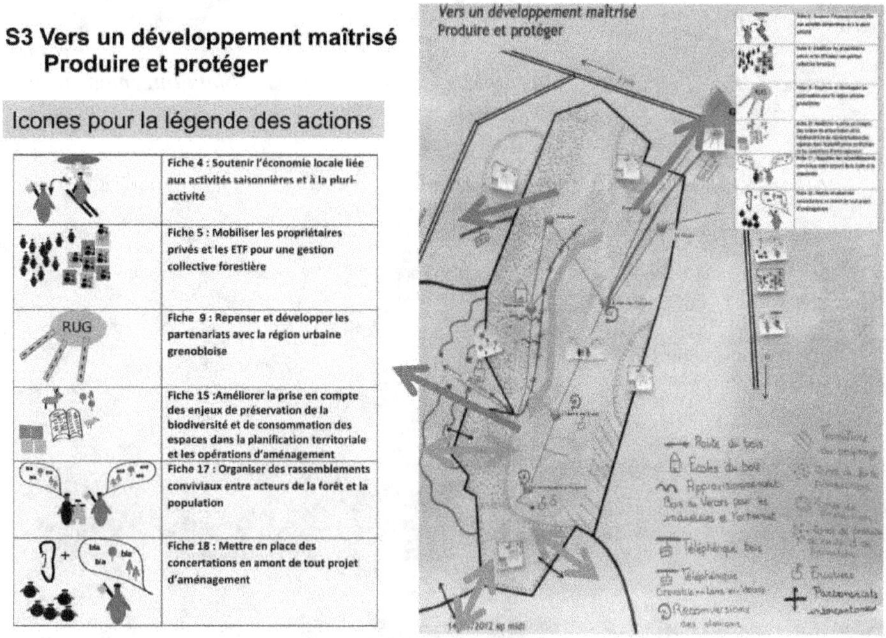

Le jeu a été rejoué avec d'autres chercheurs modélisateurs du projet, pour faciliter leur appropriation des connaissances produites par les acteurs (Chambon, 2012).

1.2. Un dispositif d'apprentissage

Le jeu a permis l'établissement d'un dialogue entre acteurs du territoire (élus, habitants, professionnels de la forêt et des autres activités, …) et chercheurs modélisateurs (producteurs de données ou de modèles), autour de différents objets intermédiaires (Vinck, 1999) utilisés au cours du processus de production de connaissances et de valorisation des expériences (Lardon et al., 2012). Ces objets intermédiaires sont de trois types (figure 3).

Les informations apportées sous formes de fiches de jeu (présentant les caractéristiques et dynamiques de la forêt et du territoire) et de fiches action (proposant des actions concrètes de gestion de la forêt et du territoire) sont elles-mêmes la résultante d'interactions entre chercheurs en sciences sociales et chercheurs modélisateurs. Les connaissances produites par ces derniers étaient traduites dans les fiches de jeu sous une forme appropriable par les acteurs. La présence de quelques modélisateurs aux tables de jeu a permis de compléter l'effort de traduction et de vulgarisation des résultats scientifiques du projet de recherche, par exemple dans l'explicitation en séance des indicateurs forestiers et les fiches d'informations synthétiques (production forestière, dessertes, éléments de biodiversité).

Figure 3. Les interactions chercheurs-acteurs autour d'objets intermédiaires (Chambon et al., *2013).*

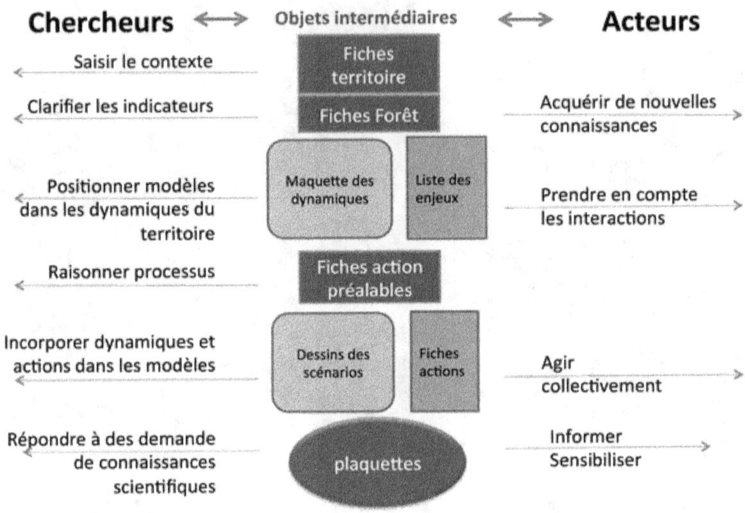

Les représentations spatiales co-construites (maquette des dynamiques et dessins des scénarios) et l'énoncé des enjeux et des actions possibles sont des productions utilisables par tous. Pour les acteurs, elles aident à comprendre les interactions entre forêt et territoire en vue de préparer l'action collective. Pour les chercheurs, elles permettent de caler leurs modèles sur les dynamiques du territoire et incorporer les actions dans les modèles.

Les rendus, par les chercheurs en sciences sociales, sont de deux ordres. Les plaquettes de restitution peuvent être diffusées pour sensibiliser les acteurs, qui sont en retour demandeurs de connaissances scientifiques. Elles constituent également un corpus pour les chercheurs en sciences sociales, permettant une comparaison avec d'autres situations et une montée en généricité. L'alphabet des dynamiques et actions territoriales est également utilisable pour d'autres situations et constitue une boîte à idées pour une gestion intégrée de la forêt.

La confrontation des productions du jeu de territoire avec les acquis scientifiques pose question : les résultats des savoirs experts et des savoirs scientifiques sont-ils en adéquation ou les connaissances des acteurs sont-elles contredites par celles des chercheurs ? Lors de la confrontation des points de vue entre modélisateurs et acteurs dans les ateliers, nous n'avons pas observé de controverses spécifiques chercheurs-acteurs. En revanche, lors du jeu de territoire organisé pour les modélisateurs, nous avons pu nous rendre compte de différences dans les productions, les chercheurs proposant par exemple une spécialisation de l'espace plutôt qu'une combinaison des activités dans l'espace comme ont pu le faire les acteurs.

2. La modélisation des dynamiques forestières, production et biodiversité

L'idée de « produire plus de bois tout en préservant mieux la biodiversité » à la faveur d'« une démarche territoriale concertée dans le cadre de la multifonctionnalité des forêts » a fait son chemin. Pour y parvenir, l'expérience des acteurs des territoires et les travaux scientifiques sont à considérer simultanément. Les résultats obtenus par les uns et par les autres, ainsi que les besoins complémentaires qu'ils ne manquent pas de mettre en évidence, constituent une base de connaissances sur laquelle peuvent se développer des échanges fructueux. L'objectif du colloque FORGECO/ECOFOR était de faciliter une telle mise en commun pour faire le point sur les travaux scientifiques en cours et sur les initiatives portées par les acteurs des territoires en lien avec la forêt, pour discuter de leur pertinence, pour les enrichir le cas échéant de problématiques complémentaires, afin de mieux interfacer recherche et gestion sur cette question-clé de la gestion multifonctionnelle des forêts (Cordonnier et Peyron, 2013).

2.1. Une grille d'analyse des productions scientifiques en quatre composantes

Arnould (2012) décrit la forêt comme ayant des fonctions multiples et se situant actuellement dans un contexte changeant où de nouveaux acteurs et de nouvelles structures de gouvernance apparaissent, ce qui peut entraîner des conflits d'usage. Bien que la préoccupation paysagère et celle de biodiversité ne soient pas nouvelles, l'écosystème forestier se complexifie. Il devient ainsi nécessaire de prendre en compte l'ensemble des usages de la forêt, notamment la fonction d'accueil, qui a souvent été négligée par le passé. Nous nous inscrivons dans le cadre de son référentiel théorique, articulant acteurs, usages et territoires relatifs à la forêt, et à leur évolution sur le temps long. Cela renvoie au modèle de la géo-agronomie, articulant acteurs, activités et espaces (Blanc-Pamard et al., 2012), pour construire de nouveaux territoires. La place que tient la forêt dans le territoire est ainsi analysée au regard des dynamiques territoriales telles que vécues par les acteurs et telles que modélisées par les chercheurs.

Nous analysons l'ensemble des résultats de recherche restitués lors du colloque FORGECO/ECOFOR, à travers une grille en quatre composantes. Pour chacun des diaporamas mis en ligne[2], nous sélectionnons l'information qui nous paraît la plus pertinente relative aux :

- Connaissances scientifiques acquises : que sait-on de nouveau sur la forêt et la foresterie ?
- Connaissances pour l'action : quelles sont les recommandations qui peuvent être faites aux acteurs et comment les diffuser sous forme opérationnelle facilement appropriable par les acteurs ?
- Modèles : quels sont les défis théoriques et méthodologiques que les modélisateurs ont à relever pour mieux prendre en compte dans leurs modèles les nouvelles connaissances obtenues ?
- Controverses : quelles sont les idées reçues remises en cause par ces nouvelles connaissances et comment énoncer les controverses à mettre en débat ?

Chaque présentation est passée au crible de ces quatre questions. Une lecture transversale est également menée selon les échelles d'intervention, tant la propriété de passage d'une échelle à l'autre est à la fois constitutive des outils de la participation et des modèles de gouvernance.

Ainsi, l'analyse selon les quatre composantes appliquée au jeu de territoire Vercors (Lardon et al., 2012) nous amène aux constats suivants. Il y a bien expression des connaissances croisées entre chercheurs et acteurs, ce qui permet de mettre les modèles à l'épreuve des connaissances des acteurs mais également d'intégrer leurs connaissances dans les modèles et de donner à voir les connaissances issues de ces modèles et des divers points de vue. La controverse posée est alors de confronter les dires d'acteurs aux données techniques pour construire une vision partagée à l'échelle du territoire.

La question se pose alors de la capacité des acteurs à s'approprier les productions scientifiques. De la même façon que nous avons montré que le jeu de territoire permettait d'intégrer les connaissances scientifiques et les connaissances des acteurs, peut-on ré-enrichir le jeu de territoire par les nouveaux résultats scientifiques ? Les connaissances scientifiques acquises sont celles que l'on peut retrouver dans les fiches de jeu. Les modèles sont ici ceux des dynamiques du territoire actuelles (diagnostic) et futures (scénario). Les connaissances pour l'action sont les propositions d'action énoncées. Les controverses sont les éléments mis en débat où les choix des acteurs sont à coordonner.

---

[2] http://www.gip-ecofor.org/?q=node/801.

2.2. Repositionner les productions scientifiques dans le dispositif de jeu de territoire

Á l'aide de la grille d'analyse en quatre composantes appliquée à chacune des présentations, nous retenons les principales propositions selon l'étape du jeu de territoire à laquelle elles pourraient contribuer : en amont dans la constitution des fiches d'informations, au cœur du diagnostic ou des scénarios, en aval dans les propositions d'actions, ou plus globalement dans la mise en débat des enjeux.

- ***Enrichir les connaissances dans les fiches de jeu initiales***

Plusieurs présentations pourraient venir enrichir les fiches de jeu distribuées lors de la première étape du jeu de territoire et apporter des informations de base au diagnostic par des indicateurs forestiers facilement compréhensibles par les acteurs.

Le Lidar (télédétection par laser aéroporté) est un outil pour l'estimation de la ressource et l'évaluation de la desserte forestière (Monnet et Berger, 2012). C'est un outil qui produit des données très concrètes (ex. carte des volumes sur pied, carte des hauteurs dominantes, modèle numérique de terrain), facilement appropriables par les acteurs qui en retour peuvent aisément réagir selon leurs propres connaissances du territoire. Outil local, il peut servir à initier des approches plus globales, car il intéresse les acteurs.

La mise en œuvre de nouvelles modalités de gestion forestière permettrait de diversifier les pratiques et ainsi de diversifier les impacts de la sylviculture sur les fonctions forestières (Gauquelin et Sardin, 2012). Cette diversification, particulièrement intéressante dans le cadre d'une gestion intégrée des forêts pour peu qu'elle s'accompagne d'un suivi adéquat, implique la mise en place de formations et de circuits d'information à l'échelle du territoire du massif. La difficulté est de partager les expériences d'application des sylvicultures entre acteurs d'un même territoire.

Les modes d'exploitation changent aussi et évoluent pour adapter le matériel aux territoires et aux compétences des opérateurs (Magaud, 2012). Là aussi il faut former et informer pour une meilleure utilisation. La qualité des exploitations reste un enjeu majeur sur le plan environnemental et sur le plan de la production mais également pour motiver davantage les propriétaires à se lancer dans la planification d'une coupe.

Dans le cadre de la gestion forestière certaines méthodes intensives (comme le taillis à courte rotation, les sylvicultures dédiées à la production de fibres…) peuvent être mises en œuvre (Bailly et al., 2012). Ce sont autant de niches d'innovation qui demandent à être adaptées au niveau local et dont les impacts différenciés sont à raisonner à l'échelle des massifs.

- ***Enrichir le diagnostic par la transversalité des thématiques***

Plusieurs présentations confortent la dimension de transversalité du diagnostic et intègrent les enjeux forestiers dans une vision plus globale.

Des débouchés du bois se développent de manière forte à travers la chimie, les matériaux composites ou de nouvelles formes de biocombustibles (Déglise, 2012). Ils sont susceptibles de modifier les besoins en bois en termes de dimension et de qualité. Ces évolutions pourraient utilement être discutées entre acteurs du territoire afin d'infléchir certaines pratiques ou de les diversifier en vue de pouvoir répondre à une future demande.

La forêt joue un rôle d'interface avec les autres milieux naturels et autres milieux cultivés (Lenoir et Decocq, 2012). La prise en compte du rôle de ces interfaces dans le fonctionnement des écosystèmes forestiers et des écosystèmes associés est très peu développée. Il devient nécessaire de regarder plus loin que le voisinage et d'intégrer les autres milieux et donc d'autres acteurs du territoire pour mieux connaître et valoriser les services potentiels rendus par ces interfaces (par exemple la trame verte et bleue).

- ***Enrichir ou étayer les scénarios***

Les scénarios d'évolution réalisés par les acteurs peuvent être enrichis par de nouvelles données dynamiques. Réciproquement, ils peuvent être discutés au travers de résultats de simulations.

Les données d'inventaire nous campent le décor quant à la ressource forestière disponible et à son évolution récente (Colin et al., 2012). La forêt progresse principalement par des recrûs naturels et en propriété privée. Cette évolution demande une attention particulière pour ne pas perdre la dimension culturelle de la forêt dans certains secteurs et la développer dans d'autres. Elle constitue également une opportunité : ces espaces nouvellement colonisés pourraient à moyen terme constituer pour certains d'entre eux (selon accessibilité et caractéristiques écologiques) une ressource intéressante pour la mise en place de scénarios intensifs de gestion.

Le changement climatique incite à renouveler les approches d'estimation des potentialités forestières qui ne peuvent plus guère être basées sur des approches statiques (Dreyfus, 2012). Cette évolution méthodologique associée aux incertitudes du changement climatique implique d'approfondir les relations entre production forestière et facteurs environnementaux et de procéder à de régulières observations sur le terrain pour conforter ou infirmer les prédictions. Dans ce domaine les attentes des forestiers sont fortes et incitent au développement rapide d'outils pratiques à destination des acteurs mais également des chercheurs.

À travers l'élaboration de modèles de simulations de la dynamique forestière et d'outils d'analyse associés, il est possible de prendre en compte et d'évaluer la multifonctionnalité de la forêt au niveau de la parcelle et du massif forestier (Vallet, 2012). Les modèles en eux-mêmes sont difficilement transférables et leurs résultats deviennent le plus souvent opérationnels lorsqu'ils sont intégrés au sein de guides de sylviculture à destination des acteurs.

- ***Rendre opérationnelles les propositions d'actions***

L'analyse de l'hétérogénéité des peuplements et du paysage offre la possibilité d'identifier des zones à enjeux pour la biodiversité (Redon et al., 2012). Une telle approche qui nécessite de plus amples développements incite à changer de regard en s'interrogeant sur d'éventuels risques d'homogénéisation des structures forestières à différentes échelles selon les pratiques de gestion.

Bien que des progrès aient été réalisés sur certains indicateurs indirects de biodiversité (effets du mélange, du bois mort et des arbres à micro-habitats), les connaissances sur la biodiversité restent encore parcellaires et demandent à être comprises pour être utilisables par les acteurs (Bouget et al., 2012).

La connaissance des sols forestiers (fertilité, biologie) et leur histoire doivent être prises en compte dans la gestion forestière (Bigot de Morogues et al., 2012). Il existe aujourd'hui des préconisations en termes de prélèvements de biomasse en forêt pour éviter un appauvrissement des sols. Des outils sont en cours de développement pour pouvoir préciser ces préconisations au niveau local selon les types de sols et les types de sylviculture.

- ***Ouvrir le débat pour une plus grande mise en synergie***

Enfin, certaines présentations confortent les débats qui ont été menés dans le cadre du jeu de territoire et contribuent à ouvrir des degrés de liberté pour une meilleure gestion forestière intégrée. Les motivations des propriétaires doivent être prises en compte, même individuellement ; elles ne concernent pas uniquement la rentabilité économique, mais aussi l'intégrité et la qualité du patrimoine (Picard, 2012). Les prestataires pourront mieux motiver les propriétaires forestiers s'ils adaptent les recommandations à leurs préoccupations.

La notion de services écosystémiques permet d'appréhender et de gérer de multiples facettes des écosystèmes forestiers avec pour objectif de valoriser le bien-être que peuvent apporter ces écosystèmes à la société (Peyron, 2012). À l'avenir, il s'agit de s'interroger sur le changement des pratiques forestières et leurs conséquences écologiques, économiques et sociales, tant au niveau de l'évaluation que des paiements des services.

Les changements d'usages ont un impact significatif sur les sols et la diversité floristique. Les effets de ces changements sont moins bien connus pour d'autres espèces (ex. insectes) et les effets du type d'usage ancien (ex. pâquis, cultures) sur la biodiversité des forêts récentes méritent d'être approfondis. Il faut ainsi tenir compte de ces changements d'usages dans l'évaluation de la biodiversité d'un territoire et veiller à conserver des forêts anciennes au sein de la matrice forestière (Dupouey et al., 2012).

Le changement climatique représente un facteur potentiel de vulnérabilité pour la ressource forestière (Courbaud et Legay, 2012). Les adaptations possibles au niveau d'un territoire sont délicates à définir étant donnés les forts niveaux d'incertitude attachés aux projections climatiques. Il est toutefois possible de proposer une expertise pour définir les triplets espèces-station-sylviculture qui pourraient s'avérer les plus vulnérables. Ce type d'expertise a le mérite de faire réfléchir aux conséquences possibles du changement climatique sur les territoires pour envisager de premières actions d'adaptation.

3. Pour une gouvernance intégrée de la forêt dans le territoire

Pour mettre en place une gouvernance adaptative, il s'agit d'organiser les approches stratégiques, de développer la participation, de favoriser les projets partagés, de laisser se développer les controverses dans un cadre constructif et de prendre et mettre en pratique des décisions.

Nous montrons que le dispositif de jeu de territoire répond à ces injonctions de deux façons. D'une part il contribue à une meilleure appropriation par les acteurs des résultats des chercheurs et réciproquement à une meilleure prise en compte des connaissances des acteurs par les chercheurs modélisateurs. D'autre part il construit l'interdisciplinarité entre sciences techniques et sociales en prenant le parti de valoriser tous les savoirs et de toutes les connaissances (Béguin et Cerf, 2009) et en se donnant des outils et dispositifs – voire des artefacts – comme objets intermédiaires (au sens de Vinck, 1999).

3.1. Une gouvernance multi-échelle

Les différents apports scientifiques s'inscrivent dans toute une gamme d'échelles, de la placette au niveau national, voire au niveau mondial, en passant par le massif forestier, le territoire de projet ou la région. Le jeu de territoire, comme son nom l'indique, se cristallise à l'échelle du territoire, comme lieu d'articulation entre les initiatives locales et les incitations globales (Lardon et al., 2008).

La prise en compte de niveaux intermédiaires paraît une condition nécessaire pour une gouvernance intégrée de la forêt, dans la mesure où il nous faut tenir à la fois les activités de production ou de protection qui s'inscrivent dans des pratiques au quotidien, et les actions de planification ou de réglementation qui relèvent de politiques publiques. Le territoire constitue donc un niveau intermédiaire. On peut mettre en évidence des ponts ou des trous dans le passage d'un niveau à l'autre proposé dans les différentes présentations.

Ainsi, Chauvin (2012) nous propose un référentiel théorique, puisé dans les modèles de gestion, pour une gouvernance permettant de soutenir les marchés du bois. Mais s'il construit un modèle conceptuel d'optimisation de la ressource au niveau local et un plan d'approvisionnement au niveau régional[3], il ne dit rien de l'adéquation réciproque entre ces deux modèles et ces deux échelles. Il devient alors clair qu'il manque un modèle intermédiaire à un niveau intermédiaire, par exemple celui du territoire. C'est dans cette perspective que nous avons réalisé un jeu de territoire en 2013, avec l'objectif de l'adapter aux enjeux régionaux sans perdre le niveau où les acteurs locaux se sentent concernés, dans leurs comportements et leurs motivations individuels et collectifs.

3.2. Une participation accrue

Par le biais du jeu de territoire (Lardon et al., 2012) on donne à voir les connaissances issues des modèles et des points de vue des divers acteurs ; c'est l'expression des connaissances croisées chercheurs-acteurs. Il faut confronter les dires d'acteurs aux données techniques pour construire une vision partagée à l'échelle du territoire et envisager des modalités d'actions qui répondent aux exigences de produire plus tout en préservant mieux et qui impliquent les acteurs dans une démarche collective et partagée.

---

[3] http://blog.agroparistech.fr/jeudeterritoire/forgeco-atelier-region-rhone-alpes-24-octobre-2013/.

Par ailleurs, les dispositifs d'observation nécessaires à la mesure d'indicateurs ou à une meilleure connaissance des écosystèmes forestiers (Landmann et Peyron, 2012) ne suffisent pas. Il semble nécessaire de s'appuyer davantage sur une recherche d'objectifs et non pas sur une simple accumulation de données. Des suivis structurés, reliés à des objectifs explicites, doivent être assurés dans des outils législatifs ou incitatifs, ce que le jeu de territoire prend en compte.

De même, afin de gérer au mieux les conflits (Farcy, 2012), c'est en amont que la communication doit se faire. Il faut informer, sensibiliser et dialoguer, ce que permet le jeu de territoire. À noter que ce souhait de mieux partager en amont entre acteurs les projets d'aménagement ou de développement du territoire a été mentionné par de nombreux intervenants de la salle et a été particulièrement appuyé lors de la table ronde venant clôturer le colloque FORGECO/ECOFOR. Au-delà des chartes forestières, un espace privilégié de concertation entre parties prenantes de la forêt et les autres acteurs du territoire reste à construire. De même, une meilleure valorisation des métiers de la forêt et une meilleure intégration de la multifonctionnalité au sein des formations forestières restent de vives préoccupations.

3.3. Une posture ouverte

Au-delà de la participation des acteurs et de la considération des niveaux d'organisation auxquels ils agissent, une condition nécessaire à la recherche de modalités de gouvernance adaptée est la capacité d'ouverture des possibles. Elle est abordée tant par les chercheurs que par les acteurs.

Ainsi, la théorie de la viabilité peut être appliquée comme outil d'analyse de la gestion multi-usage (Sabatier et Tichit, 2012). Cette théorie vise la flexibilité plus que la performance. Elle donne ainsi des degrés de liberté pour penser l'action ; elle ouvre le champ des possibles en focalisant davantage sur des conditions minimales à respecter que sur des principes d'optimisation. En considérant que la forêt est un outil de production mais aussi qu'elle rend de nombreux autres services (Robert, 2012), des méthodes sont proposées pour permettre aux acteurs de choisir leur stratégie en connaissance de cause et en jouant sur les relations entre services.

CONCLUSION

La question de la gouvernance pour les forêts et la foresterie est abordée ici délibérément par l'angle de la combinaison des savoirs, ceux des acteurs et ceux des chercheurs, ceux des gestionnaires forestiers et ceux des acteurs territoriaux, ceux des sciences sociales et ceux des sciences écologiques et forestières.

L'analyse des productions du colloque FORGECO/ECOFOR, en lien avec la démarche de jeu de territoire mise en œuvre dans le Massif du Vercors a permis de dégager des pistes pour une meilleure gouvernance adaptative des forêts dans les territoires.

Tout d'abord, elle confirme l'intérêt de croiser savoir profane et savoir des chercheurs dans des cadres d'échanges variés (colloque, démarche participative) pour dégager des fronts communs de développement. Ensuite, elle permet de relever quelques axes intéressants de progrès à la fois dans le domaine de la recherche et dans le domaine de l'action et de la décision. Enfin, elle révèle qu'une montée en généricité est possible pour peu qu'elle articule mieux les différentes échelles d'observation et d'action.

Nous avons fait un premier pas en hybridant les savoirs dans le jeu de territoire et en prenant du recul sur la production de connaissances à l'aide de la grille d'analyse (connaissances scientifiques, connaissances pour l'action, modèles et controverses). Les productions du jeu de territoire ont pu être interrogées selon cette grille et mises en regard des objets intermédiaires produits. Nous avons utilisé les contributions du colloque pour éprouver la robustesse du jeu de territoire et conforter sa cohérence en tant que dispositif d'apprentissage partagé. Nous retenons les éléments de validation et les perspectives d'action que ces contributions scientifiques apportent au jeu de territoire. En utilisant le jeu de territoire comme un cadre d'intégration des connaissances scientifiques, nous faisons de lui un modèle, au sens donné par Legay (1997) du modèle comme expérience.

Il reste cependant du chemin à parcourir, dans l'articulation entre les chercheurs et les acteurs, tant il nous semble que la gouvernance adaptative ne peut se passer ni de la recherche, ni de l'action. Nous le mettons à l'agenda des recherches !

REMERCIEMENTS

L'ANR FORGECO a financé ces travaux de recherche (ANR-09-STRA-02).

BIBLIOGRAPHIE

Acterra, 2012a. Accompagner la gestion intégrée de la forêt du Vercors 4 Montagnes. In : Compte rendu de l'atelier participatif du 25 Janvier 2012, Autrans, plaquette AgroParisTech, mastère spécialisé ACTERRA, [En ligne], http://www.agroparistech.fr/IMG/pdf/PlaquetteDiagnosticEnColonne.pdf

Acterra, 2012b. Accompagner la gestion intégrée de la forêt du Vercors 4 Montagnes. In : Compte rendu des ateliers prospectifs participatifs des 13 et 14 mars

2012, Autrans, plaquette AgroParisTech, mastère spécialisé ACTERRA, [En ligne], http://www.agroparistech.fr/IMG/pdf/plaquette_sortie_v5_page_a-page-vCS6.pdf

Arnould, P., 2012. Vous avez dit multifonctionnel ? In : Mieux produire et préserver : quelles approches pour les forêts au sein des territoires ?, Colloque, 4 et 5 décembre 2012, ENS Lyon, Lyon.

Bailly, A., Berthelot, A., Cavaignac, S., 2012. Quel avenir sur les méthodes intensives de gestion ? In : Mieux produire et préserver : quelles approches pour les forêts au sein des territoires ?, Colloque, 4 et 5 décembre 2012, ENS Lyon, Lyon.

Béguin, P., Cerf, M., 2009. Dynamique des savoirs et dynamique des changements. Introduction. Octares Éditions, Toulouse, 3-12.

Bigot de Morogues, F., Cacot, E., Brun, J.-J. 2012. Gestion forestière et sols : connaissances, pratiques et progrès possibles. In : Mieux produire et préserver : quelles approches pour les forêts au sein des territoires ?, Colloque, 4 et 5 décembre 2012, ENS Lyon, Lyon.

Blanc-Pamard, C., Lardon, S., Millier, C., 2012. La géoagronomie pour observer, comprendre et agir sur les organisations spatiales agricoles. In : Lardon, S., (Ed.), Géoagronomie, paysage et projets de territoire. Sur les traces de Jean-Pierre Deffontaines. Éditions QUAE, NSS Dialogues, Paris, 15-20.

Bouget, C., Archaux, F., Gosselin, M., 2012. Gestion forestière et biodiversité : connaissances, pratiques et progrès possibles. Colloque Mieux produire et préserver : quelles approches pour les forêts au sein des territoires ?, 4 et 5 décembre 2012, ENS Lyon, Lyon.

Caron, A., Chambon, P., Lardon, S., Bouchaud, M., Cordonnier, T., 2012. Comment accroître les prélèvements de bois tout en préservant la biodiversité ? Le « jeu de territoire » un dispositif participatif au service de l'apprentissage collectif nécessaire à la gestion des contradictions. In : Industries, villes et régions dans une économie mondialisée, Colloque, 9-11 Juillet 2012, ASRDLF, Belfort.

Chambon, P., 2012. « Jeu de territoire Vercors » avec les chercheurs. In : Séminaire Forgeco, 5-6 Juillet 2012, Nancy, Plaquette AgroParisTech.

Chambon, P., Lardon, S., Caron, A., 2013. Le «jeu de territoire», un dispositif participatif facilitant l'interaction entre des chercheurs et les acteurs du territoire. Application à la gestion intégrée de la forêt du Vercors. In : Les démarches participatives en recherche : une autre façon de communiquer ?, Séminaire, 29 Mai 2013, ENS Lyon, Lyon, [En ligne], http://www.ens-lyon.eu/actualites/les-demarches-participatives-en-recherche-une-autre-facon-de-communiquer--195906.kjsp

Chauvin, C., 2012. Quelle gouvernance pour soutenir les marchés du bois ? In : Mieux produire et préserver : quelles approches pour les forêts au sein des territoires ?, Colloque, 4 et 5 décembre 2012, ENS Lyon, Lyon.

Colin, A., Hervé, J.-C., Vidal, C., Wurpillot, S., Derriere, N., 2012. Apport des données d'inventaire à l'évaluation de la ressource forestière française et son évolution récente. In : Mieux produire et préserver : quelles approches pour les forêts au sein des territoires ?, Colloque, 4 et 5 décembre 2012, ENS Lyon, Lyon.

Courbaud, B., Legay, M., 2012. Impact du changement climatique sur la ressource forestière : quelles adaptations ? In : Mieux produire et préserver : quelles approches pour les forêts au sein des territoires ?, Colloque, 4 et 5 décembre 2012, ENS Lyon, Lyon.

Cordonnier, T., Caron, A., Chauvin, C., Dreyfus, P. Dupouey, J.-L., Ginisty, C., Mathias, J.-D., de Morogues, F., Robert, N., Rochel, X., 2010. Du diagnostic à l'action. Créer les conditions d'une gestion intégrée et viable des écosystèmes forestiers sur les territoires. Poster de présentation du projet ANR FORGECO, [En ligne], https://forgeco.cemagref.fr

Cordonnier, T., Peyron, J.-L., 2013. Mieux produire et préserver : retours sur les rencontres autour du projet FORGECO. Échos d'ECOFOR, 26, ECOFOR, Paris.

Déglise, X. 2012. L'avenir des débouchés du bois. In : Mieux produire et préserver : quelles approches pour les forêts au sein des territoires ?, Colloque, 4 et 5 décembre 2012, ENS Lyon, Lyon.

Dreyfus, P., 2012. Estimer les potentialités forestières pour une production durable. In : Mieux produire et préserver : quelles approches pour les forêts au sein des territoires ?, Colloque, 4 et 5 décembre 2012, ENS Lyon, Lyon.

Dupouey, J.-L., Chauchard, S., Feiss, T., Rochel, X., Bergès, L., Bouget, C., Cordonnier, Y., 2012. Impacts des changements d'usage sur la biodiversité et les sols. In : Mieux produire et préserver : quelles approches pour les forêts au sein des territoires ?, Colloque, 4 et 5 décembre 2012, ENS Lyon, Lyon.

Farcy, C., 2012. Comment gérer les conflits ? In : Mieux produire et préserver : quelles approches pour les forêts au sein des territoires ?, Colloque, 4 et 5 décembre 2012, ENS Lyon, Lyon.

Gauquelin, X., Sardin, T., 2012. Les progrès en sylviculture. In : Mieux produire et préserver : quelles approches pour les forêts au sein des territoires ?, Colloque, 4 et 5 décembre 2012, ENS Lyon, Lyon.

Landmann, G., Peyron, J.-L., 2012. Quels suivis à long terme et quels indicateurs à l'échelle des territoires ? In : Mieux produire et préserver : quelles approches pour les forêts au sein des territoires ?, Colloque, 4 et 5 décembre 2012, ENS Lyon, Lyon.

Lardon, S., Moquay, P., Poss, Y., 2007. Développement territorial et diagnostic prospectif. Réflexions autour du viaduc de Millau. Éditions de l'Aube, Paris.

Lardon, S., Tonneau, J-P., Raymond, R., Chia, E., Caron, P., 2008. Dispositifs de gouvernance territoriale durable en agriculture. Analyse de trois situations en France et au Brésil. Norois, 209, 4, 17-36.

Lardon, S., Caron, A., Chambon, P., Bouchaud, M., 2012. La démarche participative comme outil au service de l'apprentissage collectif. Le jeu de territoire « Gestion intégrée de la forêt du Vercors. In : Mieux produire et préserver : quelles approches pour les forêts au sein des territoires ?, Colloque, 4 et 5 décembre 2012, ENS Lyon, Lyon.

Lardon, S., 2013. Le « jeu de territoire », un outil de coordination des acteurs locaux. Revue FaçSADe, Résultats de recherches du département Inra-Sad, 38.

Legay, J.-M., 1997. L'expérience et le modèle. Un discours sur la méthode. Sciences en questions, INRA Éditions, Paris.

Lenoir, J., Decocq, G., 2012. La forêt au sein des territoires : quelle interface avec les autres milieux ? In : Mieux produire et préserver : quelles approches pour les forêts au sein des territoires ?, Colloque, 4 et 5 décembre 2012, ENS Lyon, Lyon.

Magaud, P., 2012. Évolution et adaptation des modes d'exploitation. In : Mieux produire et préserver : quelles approches pour les forêts au sein des territoires ?, Colloque, 4 et 5 décembre 2012, ENS Lyon, Lyon.

Monnet, M., Berger, F., 2012. Apports du LIDAR pour l'estimation de la ressource et la desserte forestière. In : Mieux produire et préserver : quelles approches pour les forêts au sein des territoires ?, Colloque, 4 et 5 décembre 2012, ENS Lyon, Lyon.

Pahl-Wostl, C., 2009. A conceptual framework for analysing adaptative capacity and multi-level learning process in resource governance regime. Global Environmental Change, 19, 354-365.

Peyron, J.-L., 2012. La notion de service écosystémique pour appréhender et gérer la diversité des facteurs environnementaux. In : Mieux produire et préserver : quelles approches pour les forêts au sein des territoires ?, Colloque, 4 et 5 décembre 2012, ENS Lyon, Lyon.

Picard, O., 2012. Des propriétaires motivés ? Le point de vue du RESOFOP. In : Mieux produire et préserver : quelles approches pour les forêts au sein des territoires ?, Colloque, 4 et 5 décembre 2012, ENS Lyon, Lyon.

Redon, M., Thiérion, V., Luque, S., Cordonnier, T., 2012. Structures et dynamiques forestières à l'échelle du paysage : changements temporels et analyse de l'hétérogénéité. In : Mieux produire et préserver : quelles approches pour les forêts au sein des territoires ?, Colloque, 4 et 5 décembre 2012, ENS Lyon, Lyon.

Robert, N., 2012. Enjeux de la production jointe en forêt. In : Mieux produire et préserver : quelles approches pour les forêts au sein des territoires ?, Colloque, 4 et 5 décembre 2012, ENS Lyon, Lyon.

Sabatier, R., Tichit, M., 2012. La viabilité comme outil d'analyse applicable à la gestion multi-usage. In : Mieux produire et préserver : quelles approches pour les forêts au sein des territoires ?, Colloque, 4 et 5 décembre 2012, ENS Lyon, Lyon.

Vallet, P., 2012. La modélisation forestière au service de la multifonctionnalité à l'échelle du peuplement et du massif. In : Mieux produire et préserver : quelles approches pour les forêts au sein des territoires ?, Colloque, 4 et 5 décembre 2012, ENS Lyon, Lyon.

Vinck, D., 1999, Ingénieurs au quotidien. Ethnographie de l'activité de conception et d'innovation, PUG, Grenoble.

Partie 3.

Politique et gouvernance

En Angleterre, au Canada, comme en France et au Maroc, penser la subsidiarité est indispensable pour mettre en œuvre de manière démocratique un développement durable pour l'ensemble des humains. La gouvernance des écosystèmes forestiers se décline donc à plusieurs niveaux de prises de décision : de l'individu propriétaire aux normes et règlementations des pays. Elle se pense en termes scientifiques et économiques, mais aussi avec une réflexion éthique souvent occultée.

Chapitre 13. Deux décennies de foresterie urbaine et sociale : les *Community Forests* anglaises à la croisée des chemins entre enjeux forestiers et attentes sociales

NAIL Sylvie
Université de Nantes, France

Évoquer le rôle de la culture et des savoirs sur le développement des territoires revient à souligner les interactions d'acteurs et d'échanges en fonction des intérêts de la société à un moment donné. Les *community forests* anglaises, instrument politique créé au début des années 1990, représentent un exemple particulièrement frappant d'un programme destiné à réagir à des changements politiques, économiques et sociaux profonds par une utilisation innovante des espaces forestiers. L'étude de 25 ans de *community forestry* révèle l'évolution des enjeux et des moyens par rapport aux objectifs et moyens du début et montre l'accroche culturelle, les points forts et les limites de cette approche de la foresterie.

MOTS-CLÉS
Community forests ; Angleterre ; foresterie urbaine ; foresterie sociale ; politique forestière

INTRODUCTION

Évoquer le rôle de la culture et des savoirs sur le développement des territoires revient à souligner les interactions d'acteurs et d'échanges en fonction des intérêts de la société à un moment donné. Jack Westoby le disait dès 1967 en déclarant de manière provocante que la foresterie avait moins à voir avec les arbres qu'avec les populations et leurs besoins (Westoby, 1987). On a pourtant eu longtemps tendance à penser que la gestion forestière était exercée par des experts pour des bénéfices économiques, à la rigueur paysagers. C'est parce que cette culture d'experts est aujourd'hui remise en cause, et que par ailleurs le prix du bois sur les marchés internationaux s'est effondré, que cette vision unilatérale des espaces forestiers a été battue en brèche et que les forestiers sont sortis de leur tour d'ivoire pour entendre d'autres types de demandes faites sur ces espaces par d'autres acteurs, qui à leur tour ont infléchi la gestion des forêts. C'est dans ce contexte que sont nées les *community forests* anglaises.

Ces forêts constituent des laboratoires particulièrement intéressants à observer dans le cadre des interactions entre motivations et gestion forestière, c'est pourquoi, après être revenu sur le contexte dans lequel sont nées ces forêts au début des années quatre-vingt-dix, ce chapitre s'attachera à analyser pourquoi et comment leurs missions se sont trouvées infléchies au fil des 25 années suivantes par les contextes politique, social, scientifique et environnemental, pour arriver aujourd'hui à une situation qui n'est sans doute pas celle qu'avaient anticipée les fondateurs du projet.

1. Une volonté politique dans un contexte de crise

Pour mémoire, rappelons qu'en 2000 le couvert forestier représentait 8,5% du territoire en Angleterre (soit 1 097 000 ha), 17% en Écosse et 14% au pays de Galles (Lawrence et al., 2009). Des 8,5% anglais, 6,8% étaient constitués de bois entre 0,1 ha et 2 ha (Pollard et Tidey, 2009). La *Forestry Commission*, organisme créé en 1919 par le gouvernement britannique pour promouvoir les plantations de forêts, possède ou gère directement 35% des espaces boisés au niveau national (Lawrence et al., 2009).

1.1. Genèse des *community forests*

Les *community forests* sont nées d'une initiative de la *Countryside Commission* et de la *Forestry Commission*, qui explorent conjointement en 1988 les possibilités d'application en Grande-Bretagne de la foresterie urbaine. Ce concept apparemment paradoxal est né en Amérique du Nord et se définit par « l'art, la science et la technologie relatives à la gestion des ressources arboricoles et forestières dans et autour des écosystèmes urbains en raison des avantages physiologiques, sociologiques, économiques et esthétiques que les arbres procurent à la société » (Helms, 1998).

En Angleterre, les forêts urbaines se situent majoritairement sur des terrains en périphérie de villes traversant des difficultés économiques en lien avec la désindustrialisation. Outre les loisirs des citadins, les objectifs annoncés au début incluent la régénération urbaine par la plantation des friches et la création d'emplois et de loisirs pour les quelque 26 millions d'habitants vivant dans ou à proximité des presque 400 000 hectares concernés (Johnston, 1999). Le taux de boisement de ces zones au départ (6,5%) était particulièrement bas par rapport à la moyenne nationale, et il est prévu de le porter à 30% en 40 ans (Wakeford, 1999). Grâce à ces nouvelles forêts, mais aussi à la remise en gestion de forêts existantes et à leur ouverture (parfois partielle) au public, c'est l'amélioration de la ressource forestière à des fins commerciales qui est visée, de même que son utilisation accrue par le grand public pendant ses loisirs. Ceci implique la mise en place de cheminements, d'une signalétique, de voies cyclables, et un programme de manifestations et d'animations tout au long de l'année.

Il s'agit donc dès l'origine d'une intervention sur le paysage sous-tendue par des objectifs environnementaux, économiques et sociaux, se distinguant donc des objectifs de la foresterie classique. Plus que comme des espaces, on peut définir ces *community forests* anglaises comme des systèmes comprenant des espaces boisés et des populations reliés par des politiques, des rapports de pouvoir, des organisations sociales et un contexte culturel qui influent sur les usages de ces espaces. Au nombre de 12 (d'abord trois pilotes en 1989, puis neuf autres en 1991[1]), les *community forests* sont ainsi créées en périphérie des grandes villes anglaises pour fournir des lieux de loisirs à la population locale ainsi qu'une régénération paysagère. Elles constituent l'expression la plus aboutie de la multifonctionnalité forestière, ou « foresterie sociale », en Grande-Bretagne.

1.2. Typologie des *community forests*

Dans les douze zones périurbaines anglaises choisies, il s'est donc agi plus de constituer un réseau de forêts de proximité et d'autres types de paysages que de boiser la zone en continu. L'objectif de ces espaces boisés consistait clairement à démontrer les avantages de l'amélioration de ces paysages

---

[1] Mersey Forest (1 101 km^2), Red Rose Forest (756 km^2), Forest of Avon (572 km^2), Tees Forest (567 km^2), South Yorkshire Forest (518 km^2), Greenwood Forest (417 km^2), Great Western (363 km^2), Great North Forest (249 km^2), Forest of Mercia (238 km^2), Watling Chase (187 km^2), Forest of Marston Vale (158 km^2) and Thames Chase (104 km^2).

dégradés afin de contribuer au renouveau économique et au changement social (Mell, 2011). Quatre objectifs communs se détachaient. Tout d'abord, relancer l'économie de zones défavorisées, le plus souvent industrielles. En zone rurale, il s'agissait également de favoriser le développement économique par la création d'emplois et la diversification. Le bien-être social, promu au travers d'actions dans le domaine de l'éducation, de la santé et des loisirs constituait le troisième objectif, tandis que les améliorations environnementales, qu'il s'agisse de la reconversion des friches industrielles ou de la création de niches écologiques, représentaient le dernier volet du programme (Lawrence et al., 2009).

Outre la pluralité des objectifs, les espaces et les partenaires étaient caractérisés par une grande diversité, ce qui ajoutait à la complexité. Les projets pouvaient être de grande envergure et portés par le gouvernement central qui les mettait en œuvre avec des partenaires associatifs, sur des terrains publics. Les espaces boisés pouvaient au contraire être la propriété d'une collectivité territoriale ou d'une association, et constituer une ressource pour la population locale, y compris pour l'économie. Dans d'autres cas encore, des forêts publiques, dans une zone géographiquement circonscrite, étaient gérées conjointement avec la *Forestry commission.* Enfin, localement, des groupes d'intérêt pouvaient faire le choix d'expérimenter des modes de vie différents, basés sur le développement durable. Ceux-là possédaient en général la parcelle boisée dont ils s'occupaient (Lawrence et Ambrose-Oji, 2010).

2. Une nouvelle donne

2.1. Des objectifs étoffés

Au cours des deux décennies qui ont suivi le lancement des *community forests*, leur cahier des charges déjà bien fourni s'est encore étoffé pour prendre en compte les avancées de la recherche et les changements dans les politiques publiques. Il inclut à ce jour, outre les ambitions du début énumérées ci-dessus, la lutte contre l'exclusion (ou justice environnementale). On parle désormais des *community forests* comme de modèles et d'agents privilégiés pour promouvoir des communautés locales durables (*sustainable communities*). Elles s'inscrivent pleinement dans ce qu'il est convenu aujourd'hui d'appeler les infrastructures vertes, consistant en une approche qui amalgame l'écologie du paysage et la planification du territoire autour de mots-clés comme « liens », « accès » et « gestion durable » (Mell, 2011). Ceci est particulièrement évident dans les quatre zones de croissance créées en 2003 dans le Sud-Est de l'Angleterre (Thames Gateway, Milton Keynes-South Midlands, Stansted-Cambridge-

Peterborough, Ashford) pour répondre à l'augmentation de la population et à l'inadéquation des logements. Dans cette partie du pays, pour répondre aux besoins de nature de proximité, les *community forests* s'inscrivent dans un maillage vert de parcs et de forêts relié aux lieux d'habitation par des sentiers et des pistes cyclables. En conséquence, la définition même du terme *community forest* s'est élargie, et inclut à présent les forêts de proximité, quelle que soit leur taille, les arbres dans les espaces verts, ainsi que la végétation des rues et des jardins, même si ceux-ci sont privés (Pollard et Tidey, 2009). Ainsi, les projets des *community forests*, qui avaient souvent au départ pour mission de boiser des friches industrielles et terrains vagues urbains ou d'anciennes décharges à ordures, se sont enrichis de nouvelles missions, allant bien au-delà de simples plantations et fourniture de lieux de loisirs, avec par exemple la mise en place d'écoles forestières ou de manifestations autour de l'art en forêt, afin de répondre à une gamme de demandes accrue pour une population aux besoins diversifiés.

L'atténuation des effets du changement climatique fait également partie des nouvelles demandes faites aux *community forests*, de même que l'amélioration de la santé par la promotion du bien-être et la prévention des maladies liées aux modes de vie urbains. Cette dernière est en effet devenue centrale (Lawrence et al., 2009), selon des principes identiques au *Shinrin – Yoku* japonais qui prône des « bains de forêt » pour améliorer l'état général des personnes (El Pais, 2014). C'est ainsi que bois et forêts sont mis à profit par les services de santé et les médecins, en partenariat avec le *British Trust for Conservation Volunteers* (BTCV), association centrée sur la préservation de la nature, pour des séances de sport en lien avec l'entretien des bois près du lieu de vie ou de travail des personnes. Ces gymnases verts (*Green Gyms*) se sont beaucoup développés depuis leur début en 2007 de même que la prescription par les médecins généralistes de « marches sur ordonnance » en groupes accompagnés par un guide, pour les personnes dont l'état physique ou mental peut être amélioré par un contact tranquillisant avec la nature ou par un exercice modéré mais régulier (Mell, 2011).

On le voit, les arbres, plantés massivement, sont devenus progressivement plus importants en raison des autres objectifs dont ils constituent les supports que d'un strict point de vue forestier ou environnemental, au point qu'il n'est pas rare de dire que les arbres sont secondaires dans le phénomène de *community forestry* (Tabbush et O'Brien, 2003) : autrement dit, si au début des *community forests,* le « c » était minuscule et le « F » majuscule, une dizaine d'années plus tard, on en était à mettre des majuscules aux deux noms. Il semblerait même qu'on en soit actuellement arrivé à la réalisation du souhait d'un responsable du BTCV, à savoir que le « C » soit majuscule et le « f » minuscule (King, 1994). Ces objectifs de citoyenneté et de qualité de vie placés au centre du programme de *community forestry* constituent le résultat visible de 20 ans d'observations et de conclusions sur le lien de cause à effet entre améliorations paysagères, accessibilité en zone périurbaine et développement économique et social (Mell, 2011).

En raison de l'importance des fonctions récréatives des zones boisées, la question de leur accessibilité au grand public est devenue cruciale dans un pays où elle n'est pas traditionnellement prioritaire. Le législateur a apporté une réponse partielle à cette question en facilitant l'accès aux terrains privés par la loi *Countryside and Right of Way Act* de 2000[2].

2.2. Une autonomie accrue

Outre un partenariat entre la *Forestry Commission* et la *Countryside Agency,* les douze *community forests* anglaises associaient à leur début 58 collectivités territoriales et de nombreux partenaires privés et associatifs à des degrés divers. Chaque équipe responsable d'une forêt était autonome par rapport aux autres et agissait comme un catalyseur, un émetteur-récepteur de projets et de fonds, ainsi qu'un facilitateur pour monter les dossiers de subventions et les diverses manifestations en fonction des priorités de sa stratégie, formalisée dans un *Forest Plan.* Pour chaque projet, il s'agissait de mettre en relation les acteurs et les financeurs. Il est important de préciser que 80% des terrains situés dans les zones à boiser se situaient sur des propriétés privées, par conséquent le travail des équipes a beaucoup consisté à convaincre les propriétaires, grâce en partie à des aides financières.

Au sein de ces partenariats, des projets de rénovation paysagère ont vu le jour, impliquant la population locale et ses savoirs sur le territoire. Les valeurs sociales et écologiques de ces espaces sont donc devenues centrales au cours du processus (Mell, 2011). Les projets consistaient le plus souvent à boiser des friches industrielles ou des terrains vagues urbains, le paysage étant clairement perçu comme une valeur ajoutée destinée à attirer les investisseurs, particulièrement dans le nord de l'Angleterre. Il s'agissait aussi fréquemment de reconvertir des terres agricoles. La participation de la population locale est depuis le début au cœur du dispositif, allant d'une participation ponctuelle du public à une manifestation (plantation d'arbres, nettoyage d'un bois), à des personnes devenant responsables d'associations, en passant par des groupes s'impliquant de manière plus ou moins régulière dans des projets de plantation ou dans des associations de promotion des forêts, par exemple. Tout est fait pour amener une portion croissante du grand public à participer régulièrement aux diverses actions et à s'impliquer, grâce entre autres à une sensibilisation par voie de brochures, de réunions,

---

[2] http://www.legislation.gov.uk/ukpga/2000/37/contents.

d'enquêtes porte à porte, de prise de contact avec des associations locales, de mise au point de logiciels de systèmes d'information géographique destinés à montrer l'évolution future, et surtout de nombreuses actions de sensibilisation et de plantation dans le cadre scolaire.

2.3. Des règles du jeu financières complexifiées

Le financement des équipes et des projets a été caractérisé par une grande complexité dès le début. Chaque forêt était gérée par une équipe de direction (*core team*) financée à 50% par la *Countryside Agency* et à 50% par les collectivités locales qui la composent. À cela venaient s'ajouter des fonds d'origines diverses, ce qui signifie que le personnel d'une *community forest* pouvait inclure des collègues financés qui par le BTCV, qui par une subvention de la *Forestry Commission*, qui par une association.

De même, la majeure partie des initiatives décidées et menées par les équipes se faisaient sur financements *ad hoc* émanant de l'UE, d'agences, d'entreprises, de la loterie ou d'associations. Dans tous les cas, le financement reposait sur le co-financement pour obtenir des aides, soit en espèces, soit en nature (les heures de volontariat de la population locale sont comptabilisées, par exemple). On peut voir dans cette exigence un autre aspect de la multifonctionnalité, à savoir la capacité des équipes à mettre en synergie des partenaires au service d'actions multifonctionnelles. Mais on peut aussi y voir le résultat d'une logique de panachage entre l'État-providence et le libéralisme économique, les programmes étant impulsés par le haut, mais chaque action devant être défendue sur le terrain face à un marché de financeurs ayant l'embarras du choix.

Certaines aides financières sont inaccessibles aux *community forests*, telles que les fonds européens pour le développement rural. Mais les équipes peuvent en revanche aider leurs partenaires (agriculteurs par exemple) à monter les dossiers de demande de telles subventions, qui seront ensuite utilisées pour contribuer à l'augmentation de la surface de la forêt. Allant plus loin, pour échapper aux limitations que leur impose leur statut public, la plupart des *community forests* se sont dotées au cours des dernières années de *trusts*, ayant donc un statut associatif et destinés à faire la promotion de la forêt, à véhiculer une autre image du programme, en particulier auprès des entreprises pas toujours réceptives à la notion de service public, et aussi et surtout à avoir accès à des fonds que leur statut public leur interdit d'obtenir. Ils peuvent également se porter acquéreurs de terrains et former des partenariats avec d'autres organismes, publics ou non, démultipliant ainsi les possibilités d'aide financière.

L'une des tâches des équipes au cours de leurs dix premières années de vie a consisté à apprendre les règles du jeu financier. De plus en plus, on a recruté dans les *community forests* du personnel spécialisé pour trouver des sources de financement (*harness funding*) et pour monter les dossiers appropriés pour les obtenir, ce qui demande un temps considérable et des compétences particulières. Les sources de financement sont nombreuses, mais de plus en plus de demandes sont faites, et les mieux servis sont souvent les plus compétents dans le montage des dossiers. Ainsi, la logique de collaboration verticale entre partenaires à tous les niveaux au service d'un projet se double d'une logique concurrentielle horizontale face à un autre groupe de partenaires désireux de monter un autre projet ailleurs, et faisant appel aux mêmes sources de financement.

Au fil du temps, aux exigences nées de nouveaux projets politiques, de nouvelles recherches et d'un intérêt croissant émanant de populations très diverses, s'est ajoutée une autre contrainte dans le cahier des charges déjà bien rempli des *community forests* anglaises : le changement des règles de leur financement. En effet, après douze années de co-financement par le gouvernement central, cette source de financement, représentant la moitié du budget, est arrivée à son terme. Prolongée de deux ans pour permettre une transition vers l'auto-financement, elle s'est arrêtée en mars 2004 et les *community forests* ont dès lors véritablement dû voler de leurs propres ailes. Les revenus reposent désormais sur des soutiens financiers émanant des autorités locales, de montages spécifiques à des projets sous la forme de partenariats privé-public, de *trusts*, ainsi que de facturation de services. Ceci a évidemment obligé les équipes des *community forests* à mieux évaluer la rentabilité de chaque volet de leur action et à repenser leurs missions en fonction de leur rentabilité respective, ce qui a mené à une diversification dans leur offre de services et au développement de nouvelles sources de revenus. Des missions de conseil et des interventions dans le domaine des infrastructures vertes en milieu urbain (développement de couloirs verts, facilitation de l'accès, gestion durable d'espaces stratégiques par la combinaison de l'écologie du paysage, de l'urbanisme et de la géographie) figurent au premier plan de ces nouvelles missions, de même que les contrats de recherche ou encore le développement de pépinières par exemple (Mell, 2011). Malgré tout, deux des forêts initiales n'ont pas réussi à assurer leur équilibre financier et ont disparu du programme des *community forests*, tandis que deux autres sont passées sous l'administration directe du gouvernement local (Pollard et Tidey, 2009). Au total, quatre des *community forests* du début (Tees, Great Northern Forest, Watling Chase et Marston Vale) ont disparu de la liste initiale.

Désormais, les huit *community forests* restantes travaillent main dans la main, avec un plan de développement commun articulé autour de quatre priorités : le maintien d'une présence au niveau national, la mise en commun des expériences, la promotion et enfin l'évaluation de l'avancée des programmes par rapport aux objectifs du plan de chacune des *community forests* (Lawrence et al., 2009).

Les contraintes financières ont souvent entraîné des réorientations dans les priorités des équipes, au détriment parfois du volet social de leurs missions, et ce en dépit du souhait des équipes (Mell, 2011). Malgré tout, les *community forests* restent les lieux par excellence où se développe en Angleterre la foresterie sociale, ce que reflètent de nombreuses études portant sur les bénéfices sociaux de la foresterie. Celles-ci révèlent que dans les études de cas menées tant en Angleterre qu'au pays de Galles, une majorité des personnes interrogées s'accorde à dire que les bois et forêts de proximité les aident à se détendre, rapprochent les membres du voisinage et contribuent à l'embellissement local (Lawrence et Ambrose-Oji, 2010).

Les contextes politiques (décentralisation des pouvoirs), sociaux et environnementaux, sans parler de l'économie et de la recherche, ont beaucoup changé depuis les années quatre-vingt-dix et entraîné dans leur sillage des redéfinitions permanentes des perceptions et des missions qui incombent à ces espaces polyvalents que sont les *community forests*. Celles-ci, comme on l'a montré, constituent aujourd'hui des outils essentiels du développement durable au sens le plus large dans les infrastructures vertes urbaines. En effet, il ne viendrait plus à l'esprit de personne de douter de l'intérêt de ces forêts pour le public, ce qui était pourtant le cas, au sein de la *Forestry Commission* entre autres, à la fin des années quatre-vingts. Bien des choses ont changé depuis, tant dans l'organisation que dans le financement des *community forests*, ce qui a amené à des changements radicaux dans leur fonctionnement, et même à la disparition de certaines de ces forêts.

En parallèle, les objectifs se sont ouverts à un nombre croissant de domaines, sous l'influence de la recherche dans le domaine de la gouvernance, la psychologie environnementale, ainsi que la demande sociale et la politique publique sur la santé, le bien-être, la cohésion sociale et la lutte contre l'exclusion, au point que l'on peut se demander si des espaces, quelle qu'en soit la nature, sont en mesure de répondre à un tel cahier des charges.

3. État des lieux de 25 ans d'existence

3.1. Les enjeux paysagers et environnementaux

L'émergence et le développement des *community forests* a, on l'a dit, débouché sur de nombreux programmes de plantations d'arbres. Les objectifs affichés au départ étaient ambitieux et dans bien des cas, ils ne pourront pas être atteints dans la durée prévue initialement. C'est pourquoi plusieurs *community forests* ont adopté un programme de développement s'étendant sur 50 ans, au lieu des 40 initialement envisagés. Les évaluations paysagères et environnementales font encore défaut au niveau national pour pouvoir dresser un bilan fiable (Lawrence et al., 2009), néanmoins l'analyse des données forêt par forêt laisse à voir un décalage entre les ambitions originelles et leur traduction dans la réalité. Ceci est dû en grande partie à la difficulté liée à la propriété de ces espaces à boiser/reboiser : les projets les plus faciles, sur terrains publics, ont été menés en premier, mais ils concernaient aussi la surface la plus faible. Pour atteindre les objectifs, il s'agit essentiellement de convaincre les propriétaires privés d'immobiliser des terres sur plusieurs décennies pour les boiser, en compensation d'avantages financiers somme toute maigres. Ce défi, évident dès le début, a encore augmenté puisque la surface totale des *community forests* à terme a été portée à 450 000 hectares au lieu des 400 000 initialement prévus. Les chiffres publiés indiquant la progression des plantations sont en général difficiles à mettre en relation avec les objectifs, mais un recoupement d'informations laisse à penser que les chiffres de plantation sont nettement en retard sur les prévisions initiales, même si d'autre chiffres, en particulier la remise en gestion de parcelles boisées à l'abandon, ont dépassé les résultats escomptés si l'on en croit les bilans annuels de chacune des forêts. Les statistiques de plantation d'arbres au niveau national suggèrent que pour la période allant de 1995 à 2003, entre 20% et 25% des plantations étaient dues aux *community forests* anglaises, et que ces taux ont diminué entre 2003 et 2009. Outre la superficie totale plantée ou remise en gestion, la taille des surfaces plantées est également cruciale pour atteindre les objectifs : des plantations de moins de quatre hectares sont en effet moins à même d'assurer à la fois la rentabilité financière et la durabilité écologique des espaces boisés (Lawrence et Ambrose-Oji, 2013).

3.2. Les enjeux économiques

Le secteur de la foresterie publique britannique est peu rentable depuis ses débuts. La plupart des bilans émanant des groupes investis dans la gestion et l'animation des *community forests* ne s'attardent pas non plus dans leur bilan financier sur l'intérêt économique des produits forestiers, lui préférant une vision multifonctionnelle de la forêt, où les produits de la filière bois (vente de bois d'œuvre ou de chauffage, piquets, etc.) sont vus comme étant au service d'autres objectifs que strictement économiques (développer les énergies renouvelables, créer des emplois dans le secteur environnemental ou touristique), ou même clairement contradictoires avec leurs autres objectifs comme la conservation de la biodiversité ou la fourniture d'espaces de loisirs (Pollard et Tidey, 2009). Pourtant, de manière apparemment paradoxale, le discours sur la rentabilité économique du programme est très positif, surtout depuis que l'on prend en compte toutes sortes d'indicateurs tels que les économies dans le secteur de la santé ou l'augmentation de la valeur des biens immobiliers à proximité des espaces boisés. Peut-être est-il d'autant plus nécessaire de répandre cette bonne nouvelle que cela est peu perceptible dans la réalité. En effet, si les *community forests* coûtent énormément, elles rapportent fort peu en termes financiers. Au-delà du paradoxe, cette insistance sur les retours sur investissement souligne la logique du privé présente dans le programme : il s'agit de démontrer aux parties prenantes (en anglais *stakeholders*, plutôt vus ici comme des actionnaires, *shareholders*), que leur investissement va porter ses fruits. En ce qui concerne le nombre d'emplois créés, de manière directe (personnel des *community forests*, pépiniéristes, forestiers) ou induite (tourisme, artisanat du bois), il est pourtant assez modeste, et les revenus forestiers sont plutôt perçus comme un moyen de financer les autres objectifs. En tout état de cause, il s'agit d'un volet extrêmement minoritaire.

3.3. Les enjeux sociaux

Le bilan du programme des *community forests* devient d'autant plus difficile à dresser que l'on évalue des enjeux moins tangibles. Si l'on peut mesurer certains impacts sociaux, concernant par exemple la fréquentation des bois, le vandalisme ou même la santé, il en va tout autrement pour les bénéfices collectifs, en termes de cohésion sociale (Lawrence et Ambrose-Oji, 2013). Pour autant que l'on puisse en juger, le bilan est là encore mitigé. L'accès du public aux forêts est limité et le restera, dans la mesure où il dépend massivement de l'accord des propriétaires privés. On invite certes la population locale à s'approprier la ressource forestière pour ses loisirs, mais la participation accrue du public dans la fréquentation des forêts demeure sujette à caution. En effet, des études qualitatives tendent à montrer que certains facteurs essentiels ne sont pas toujours pris en compte, tels que la proximité du lieu d'habitation des bois, la surface de ceux-ci, et surtout la sécurité, éléments pourtant cruciaux pour la fréquentation régulière et une perception positive des espaces boisés, en particulier de la part des populations vulnérables (femmes, enfants, minorités ethniques). En ce qui concerne la participation de la population comme partenaire actif de l'élaboration des *community forests*, très mise en avant dans les bilans annuels de chacune des forêts, où l'on compte avec ardeur le nombre de journées de volontaires, le nombre de manifestations organisées et le nombre de personnes y ayant participé, qu'en est-il vraiment en termes de mélange des populations, de pouvoir décisionnel du public, de gouvernance locale en somme, qui représente pourtant un objectif majeur du programme (le terme *empowerment* est récurrent dans les publications des *community forests*)?

Les *community forests* sont implantées dans des zones parmi les plus défavorisées du pays, où la population n'est pas nécessairement attirée par la forêt, vit souvent des situations d'exclusion, et ne dispose pas toujours du temps ou de l'envie de s'investir dans son environnement. De fait, l'observation montre que l'on a beaucoup plus de chances de croiser sur des chantiers de plantations d'arbres des familles blanches appartenant à la classe moyenne et déjà sensibilisées aux questions environnementales. Ceci constitue un obstacle à l'objectif social contenu dans le terme même de *community forest*. Par ailleurs, la transparence démocratique de l'organisation est loin d'être évidente, ce qui s'explique par le fonctionnement et le financement à niveaux multiples. Un autre volet de la question de la gouvernance en réseaux et des financements multiples consiste à se demander si l'État ne profite pas de ces programmes pour se désengager du financement d'une partie de ses missions de service public. D'aucuns l'affirment, tandis que la réponse officielle est que les fonds européens permettent de faire bénéficier plus de personnes plus longtemps que ce qu'aurait pu faire l'argent de l'État.

Il est donc bien difficile de voir se dessiner la réalisation de l'intégralité de l'objectif annoncé, à savoir combler les besoins de la population tels que définis par la population. Mais les fonds sont nombreux et substantiels pour planter des arbres, donc la tentation est forte de s'engouffrer dans un créneau où les acteurs pensent de bonne foi que les résultats seront, tout imparfaits qu'ils soient, dans l'intérêt du public.

CONCLUSION

La foresterie urbaine s'est développée en réaction au déclin forestier mais aussi industriel à la fin du 20ème siècle, à une demande pour des espaces de loisirs de proximité dans un contexte de forte densité et diversification urbaines, ainsi qu'à un désir de renouer les liens entre la population et son territoire et enfin à un intérêt croissant pour l'écologie et les paysages. Son fleuron en Angleterre que sont les *community forests* sont désormais fermement implantées dans les politiques urbaines et forestières et constituent véritablement un croisement entre enjeux forestiers et attentes sociales. Depuis le tournant du 21ème siècle en effet, les forestiers urbains sont devenus des pourvoyeurs d'espaces multifonctionnels en réseau en périphérie des villes post-industrielles. L'usage récréatif et thérapeutique des *community forests* a indiscutablement augmenté et leur perception est dans l'ensemble devenue positive. Malgré leurs limites, elles sont vues par beaucoup aujourd'hui comme l'une des manières les plus innovantes et réussies d'apporter des bénéfices économiques, écologiques et sociaux à des régions déprimées, par des actions sous-tendues par des partenariats, l'implication des populations locales dans toute leur diversité et avec tous leurs savoirs, et la recherche qui irrigue la foresterie urbaine et en mesure les effets quantitatifs et qualitatifs. L'évêque de Liverpool, directeur du panel sur la foresterie, soulignait les effets positifs de ces espaces de nature dans une société très urbanisée en déclarant début 2013 dans son rapport au gouvernement que « notre société a perdu de vue les bienfaits des arbres et des bois » et en prônant une appréciation accrue de ces espaces pour le plus grand bénéfice de la population dans son ensemble (DEFRA, 2013).

BIBLIOGRAPHIE

Anon., 2014. "Un baño de bosque", la técnica japonesa que aniquila el estrés. El Pais, 14 juillet 2014.

Department of the Environment, Fisheries and Rural Affairs (DEFRA), 2013. Government forestry and woodlands policy Statement. London, Forestry Commission England.

Helms, J., 1998. Dictionary of forestry. Society of American Foresters, Bethesda.

Johnston, M., 1999. The springtime of urban forestry in Britain. Arboricultural Journal, 23, 233-260.

King, M., 1994. BTCV and community forests – a framework for future involvement. British Trust for Conservation Volunteers, London.

Lawrence, A., Anglezarke, B., Frost, B., Nolan, P., Owen, R., 2009. What does community forestry mean in a devolved Great Britain? International Forestry Review, 11, 2, 281-297.

Lawrence, A., Ambrose-Oji, B., 2010. Understanding the effects of community woodlands and forests in Great Britain. In : Proceedings of 18th Commonwealth Forestry Conference, 28 June - 2 July 2010, Edinburgh.

Mell, I., 2011. The changing focus of England's Community Forest programme and its use of a green infrastructure approach to multi-functional landscape planning. International Journal of Sustainable society, 3, 4, 431-449.

Pollard, A., Tidey, P., 2009. Community woodlands in England : baseline report for forest research. Small Woods Association, London.

Tabbush, P., O'Brien, L., 2003. Health and well-being – trees, woodlands and natural spaces. Forestry Commission, Edinburgh.

Wakeford, R., 1999. The relevance of community forestry to countryside around towns policy. In : Proceedings of Forestry Commission, Countryside Agency, Community forestry – a change for the better, Conference, 7-9 December 1999, The Guildhall, Forestry Commission, Countryside Commission, London.

Westoby, J., 1987. The Purpose of forests : follies of development. Basil Blackwell, Oxford.

Chapitre 14. Entre standardisation de la gouvernance régionale et différenciation territoriale dans la gestion des forêts au Québec

LECLERC Édith
Université d'Ottawa, Canada

Le débat sur la standardisation et la différenciation dans les politiques publiques offre des perspectives intéressantes afin de saisir l'articulation entre les phénomènes de pouvoir plus globaux et l'appropriation de ces outils de pouvoir aux échelles infranationales parce qu'il touche de près la question de la (re)territorialisation et le renouvellement des phénomènes d'action publique. D'un côté, la standardisation est synonyme d'uniformisation, c'est-à-dire l'application d'un même cadre organisationnel à l'ensemble des formes d'action publique. Dans le contexte forestier québécois, la participation des groupes tiers et la conciliation des litiges deviennent une responsabilité régionale appliquée à tout le territoire. Les principes directifs établis par les instances régionales viennent conditionner les modalités de cette mise en œuvre de la politique forestière. Les tenants de la standardisation y verraient ici une 'uniformisation' de la structure, des systèmes et de la régulation des contestations/de la résistance autour de la question forestière. Or, d'un autre côté, la seconde idée du débat repose plutôt sur la différenciation territoriale. Pour le Québec, cette différenciation est particulièrement manifeste en observant les organisations régionales de manière individuelle : des formes spécifiques d'organisations politiques apparaissent. En particulier lorsque l'analyse mobilise le cadre des *3 i* (intérêt, institution et idées) dans le contexte de l'aménagement urbain associé au développement des grandes nations industrialisées. Les résultats qui découlent de deux études de cas régionales montrent que ce cadre permet de déceler les manifestations spécifiques de la territorialisation en contexte d'aménagement forestier québécois. Toutefois, l'analyse qui en découle laisse plutôt croire à des motivations sous-jacentes qui sont intimement liées à des facteurs territoriaux intrinsèques et spécifiques. Le texte souhaite saisir l'organisation des structures territoriales régionales et forestières à mi-chemin dans le débat entre différenciation et standardisation : sont-elles la manifestation concrète de cette tension?

MOTS-CLÉS
Gouvernance ; échelle régionale ; Québec ; Canada ; politiques publiques

INTRODUCTION

Au Québec, la Loi sur l'aménagement durable des territoires forestiers, adoptée en 2010, modifie la distribution des rôles et responsabilités dans le milieu forestier. Alors qu'auparavant la planification et l'aménagement des territoires forestiers étaient sous la responsabilité des entreprises de transformation du bois - conditionnelles à l'approbation ministérielle - ce sont maintenant des responsables au Ministère des Ressources naturelles (MRN) qui effectuent ces tâches. Pour orienter les décisions relatives à la planification et à l'aménagement, la nouvelle loi donne naissance à de nouveaux espaces délibératifs, en particulier à l'échelle régionale - les Commissions régionales sur les ressources naturelles et le territoire (connues sous l'acronyme CRRNT, mais ci-après appelées Commissions régionales). La création de ces nouvelles instances administratives vient donner aux régions, tout particulièrement aux Conférences régionales des élus qui chapeautent les Commissions régionales, une emprise directe sur la planification forestière et leur attribue une nouvelle importance politique par rapport aux territoires forestiers. La mise en place des Commissions régionales sert, entre autres, à piloter la concertation entre les acteurs régionaux (élus, industriels forestiers et utilisateurs des territoires) afin de dégager et orienter les grandes pistes de développement liées aux territoires forestiers à l'échelle régionale. Ce nouveau levier de développement pour les régions peut être compris comme participant à une certaine (re)territorialisation du pouvoir sur les territoires forestiers du Québec.

Les travaux européens sur la (re)territorialisation la définissent à la fois comme le processus qui offre une place grandissante aux acteurs territoriaux dans la prise de décision relative à leur propre territoire (Leloup et al., 2005 ; Offner, 2006) et à la fois comme un rapprochement des structures et processus décisionnels des espaces physiques localisés (Boisseaux et al., 2011). Toutefois, les travaux assimilent trop souvent le phénomène de territorialisation à la deuxième conception uniquement, le décrivant comme un simple processus de décentralisation (Sassen, 2013), permettant alors de le considérer comme une forme d'homogénéisation des processus liés au territoire national. Par exemple, en France la décentralisation a été comprise comme une standardisation et une formalisation des liens entre l'État central et ses périphéries entre autres en raison du caractère jacobin de l'État (Epstein, 2004), c'est-à-dire que l'État central a toujours eu une emprise forte sur les mécanismes décisionnels, même décentralisés. Ce même constat a été fait sur les nouvelles formes de pouvoir au Québec (Lemieux, 2001) ; les processus liés à la décentralisation ne seraient que le prolongement de l'État central. Toutefois, ces analyses limitent la compréhension des phénomènes en fonction de leur degré d'autonomie par rapport au centre. Elles laissent dans l'ombre des éléments essentiels de la (re)territorialisation, et ce particulièrement lorsqu'elles sont faites en contexte québécois (Massicotte, 2008 ; Mévellec, 2008). Pourtant, les travaux français (Faure et Douillet, 2005 ; Mévellec, 2008) et européens (Sassen, 2013) montrent une perspective beaucoup plus holistique, indiquant que le territoire et ses processus font de celui-ci l'objet même de la (re)territorialisation ; la dynamique de développement et la mise en avant du territoire sont la finalité même recherchée par la (re)territorialisation. Notre contribution tente d'actualiser la compréhension sur les nouveaux espaces de décisions publiques pour les territoires régionaux du Québec, particulièrement dans le contexte forestier en s'attardant aux Commissions régionales. Cette compréhension par la (re)territorialisation permet de s'intéresser à la fois au processus et à la fois aux résultats de celle-ci. Les nouveaux territoires de gestion de la forêt au Québec arrivent-ils à affirmer une prise en charge territoriale de la question forestière? L'objectif poursuivi à travers cette question est d'observer où se situent les instances régionales de gestion des forêts dans le débat qui oppose, d'une part, les tenants de l'uniformisation des processus étatiques et de la prise en charge territoriale et, d'autre part, ceux qui voient une construction différenciée des processus et de la prise en charge du territoire (Leroy, 2001 ; Epstein, 2004 ; Lardon et al., 2005 ; Douillet et al., 2012b, a). La discussion que suscite ce débat s'articule autour des facteurs qui participent à l'une et à l'autre des tendances, et ce pour deux cas d'étude ; les Commissions régionales du Bas-Saint-Laurent et de l'Outaouais.

1. Aspects méthodologiques

La collecte de données s'est faite par le biais d'observation lors des rencontres (réunions) des commissaires aux deux Commissions régionales ainsi que par des entretiens semi-dirigés avec des intervenants qui gravitent autour des Commissions régionales, participants ou non aux Commissions régionales. Cette collecte de données a eu lieu entre 2009 et 2011. Il y a eu quatre observations de rencontre des commissaires dans chacune des régions. Au cours de la même période, 10 entretiens ont été réalisés au Bas-Saint-Laurent, dont huit avec des commissaires, sur une possibilité de neuf, un entretien avec un intervenant non-commissaire et un avec un membre de la permanence de la Commission régionale de cette région. En Outaouais, ce sont 12 entretiens qui ont été réalisés sur une possibilité de 22, dix ont eu lieu avec des commissaires, un seul avec un intervenant non-commissaire et un autre avec un membre de la permanence de la Commission régionale de cette région.

Les participants ont été choisis de manière raisonnée. L'objectif était de rencontrer un représentant par groupe d'intérêt et l'équivalent dans l'autre région, et ce, même si le groupe ne participait pas à la Commission régionale. Cette réflexion s'est articulée en fonction de la représentation des secteurs d'intérêts, les mêmes qui avaient été utilisés par les Conférences Régionales des Élu(e)s pour établir la composition des Commissions régionales, soit : le récréotourisme et les activités de plein air, les organismes à caractère environnemental, les ministères ainsi que l'industrie et les élus. Nous trouvons donc parmi les interviewés des regroupements de chasse et pêche ou de pourvoiries qui représentent le récréotourisme, les Organismes de bassin versant et les Conseils régionaux en environnement pour les organismes environnementaux ainsi que des représentants des industries. À ceci s'ajoutent invariablement des élus municipaux, le personnel de soutien des Commissions régionales, les représentants de la forêt privée en plus de compter un commissaire citoyen dans un cas et un représentant autochtone dans l'autre. Ces deux derniers représentants sectoriels ne trouvaient pas d'équivalent dans l'autre Commission régionale.

La première ambition de notre texte est de poser les termes du débat, qu'ont récemment formulés Douillet, Faure et leurs collègues, entre standardisation et différenciation, qui sera appliqué aux deux Commissions régionales. Dans notre analyse, il s'agira d'observer si les données issues de l'étude sur les Commissions régionales permettent de démontrer une tendance vers une uniformisation des processus et des approches liés aux territoires forestiers ou si la mise en place des Commissions régionales correspond plutôt au phénomène de différenciation. En deuxième partie, notre discussion porte plutôt sur les facteurs liés à la construction territoriale et à l'organisation du pouvoir qui en découle. Cette discussion permettra de caractériser les phénomènes de standardisation et de différenciation, afin de mieux saisir, à notre avis, les motivations propres à la (re)territorialisation qui sont généralement exclues des travaux comparatifs sur les territoires, qui s'attardent plutôt à des facteurs exogènes (Pasquier, 2012). Si le défi du débat de standardisation et différenciation est de passer du constat à l'explication (Douillet et al., 2012b), l'argument central du texte est que le phénomène de (re)territorialisation est associé à des explications intrinsèques au territoire, qui permettent de comprendre l'ancrage territorial des politiques d'aménagement territorial, allant des processus d'élaboration à leur mise en œuvre.

2. Les organisations territoriales régionales entre standardisation et différenciation

Les travaux sur le territoire font état d'une reconfiguration des dynamiques de pouvoir qui se trouvent partagées verticalement entre différentes échelles (Boisseaux et al., 2011 ; Zanon, 2013), mais aussi distribuées horizontalement entre différents acteurs (Bristow, 2013).

Le processus de territorialisation compris ainsi réside dans l'interpénétration et la complémentarité des deux phénomènes, horizontaux et verticaux. Il s'agit du moins de l'hypothèse dominante dans les travaux sur le territoire.

Cette idée constitue une réinterprétation intéressante des compréhensions traditionnelles sur le territoire, qui ne reposaient que sur le processus et la structure de l'État-nation (Lemieux, 2001 ; Painter, 2010). D'ailleurs, le caractère état-centrique de telles analyses a été largement critiqué (Boudreau, 2004 ; Brenner, 2004). Les nouvelles compréhensions conçoivent maintenant que, dans la verticalité, les frontières entre les différentes échelles sont floues et entrelacées (Sassen, 2013) et les relations scalaires, elles, sont complexes (Cox, 2013). Il en va de même pour la perspective horizontale ; les territoires sont au cœur de relations dynamiques entre un nombre grandissant d'acteurs et dont les interrelations sont de plus en plus enchevêtrées (Lascoumes et Le Galès, 2007 ; Douillet et al., 2012b).

La création des Commissions régionales dans le secteur forestier québécois relève de ce processus de territorialisation. Si la verticalité descendante de l'État apparaît comme un facteur-clé dans la naissance de ces organisations régionales, elle n'en est pas l'unique source. La dynamique verticale est aussi ascendante ; les régions ont demandé à gérer « leurs » ressources naturelles, celles situées sur leurs territoires, comme levier de leur développement (Chiasson et Labelle, 2009). Du point de vue horizontal, l'intégration graduelle d'acteurs, qui demandaient une plus grande inclusion dans les processus décisionnels forestiers (Chiasson et Leclerc, 2013) participe aussi à la (re)territorialisation des politiques d'aménagement forestier. La plus récente loi québécoise sur le développement durable des territoires forestiers confirme l'importance de cette intégration, à la fois horizontale et verticale, et tente même de la structurer, voire la consolider par la création des Commissions régionales.

Si la mise en place des Commissions régionales participe à un mouvement large visant à uniformiser les outils et les mécanismes de gestion des forêts au Québec à l'échelle régionale, elles sont aussi au cœur d'une volonté de mettre fin à la politique « mur à mur » à l'échelle de la province. Par exemple, si avant la loi de 2010 les normes d'interventions s'appliquaient de la même façon sur l'ensemble du territoire québécois, les travaux sylvicoles passent maintenant par une plus grande compréhension des processus naturels des écosystèmes forestiers et s'en inspirent ; les principes d'aménagement reposent sur l'« aménagement écosystémique » (Gauthier et al., 2008). Les prochaines sections expliqueront en quoi les Commissions régionales sont la démonstration de la complémentarité des phénomènes de standardisation et de différenciation, plutôt que de la tension entre les deux.

2.1. De la standardisation…

Dans la territorialisation, il y a le constat que les processus sont souvent communs et homogènes à l'ensemble des territoires (Douillet et al., 2012b). Dans cette perspective, il y a une uniformisation des pratiques et des outils liés aux questions territoriales. Cette standardisation découle de processus émanant des échelles nationales et supranationales, voire extérieurs aux processus étatiques qui ne sont pas nécessairement liés aux politiques publiques, mais qui y participent d'une manière ou d'une autre. Par exemple, nous pensons à certains principes associés au phénomène de mondialisation qui imposent de nouveaux impératifs globaux, de manière uniforme sur les différents territoires nationaux et sous-nationaux. C'est le cas du développement durable, qui normalise les pratiques et les mécanismes sociaux autour de la question naturelle (Guay, 1999 ; Theys, 2001 ; Gendron et Vaillancourt, 2003). En bref, la standardisation répond à l'interdépendance entre les phénomènes globaux ainsi qu'à leurs prises en charge locales et relativement normatives par des autorités centrales (étatiques ou privées).

Dans l'idée de la standardisation, deux phénomènes sont généralement observés : (1) la reproduction des systèmes et résilience des modèles ; ainsi que (2) l'implantation de mesures homogènes, normalisantes et universalistes (Douillet et al., 2012b). Dans le premier cas, les chercheurs s'intéressent généralement à la conduite politique et à la configuration institutionnelle du pilotage de la standardisation alors que dans le second, ils s'attardent plutôt sur la politique publique elle-même ainsi que sur sa mise en œuvre. Dans ces deux cas, le constat est généralement celui de l'uniformité autant des processus que de leurs retombées. Pour le milieu forestier, la standardisation apparaît à la fois dans l'une et dans l'autre des deux perspectives : l'impératif de pratiques plus écologiques pour la santé environnementale mondiale (Nelson et al., 2003 ; Kouplevatskaya-Buttoud et Buttoud, 2008), la prise en compte de la séquestration du carbone (Hein et van Ierland, 2006 ; Egoh et al., 2007), la participation plus active des groupes qui sont aux prises avec les conséquences néfastes des pratiques forestières dans les mécanismes décisionnels (Salles, 2003 ; McGurk et al., 2006) sont des exemples concrets de la standardisation des processus et des pratiques dans le milieu forestier québécois. Les plus récents changements amorcés dans le système forestier mondial vont d'ailleurs en ce sens. Par exemple pour Agrawal et al. (2008) la décentralisation de la gestion des lots forestiers, la cession de parcelles à haute valeur à des fins commerciales pour les groupes marginalisés ainsi que la certification forestière sont des tendances qui sont induites auprès de toutes les nations par de grandes orientations internationales (Hogl et al., 2009). Tant pour Agrawal et ses collaborateurs que pour Hogl et ses collègues, même si les changements prennent des formes qui varient selon les nations, les finalités de ces mécanismes, que ce soit dans la procédure ou les retombées, restent généralement les mêmes.

Le phénomène de la certification est une tendance généralisée qui mérite que l'on s'y attarde, même brièvement. La certification forestière est aussi un processus global, issu des mécanismes de marché et, souvent, externe aux décisions de l'État (Cashore et al., 2007 ; Crow et Danks, 2010). Malgré tout, la certification vient infléchir les pratiques relatives aux politiques forestières des États en exigeant à la fois des processus de coordination de l'utilisation des forêts avec les communautés locales et, à la fois, des méthodes de coupes qui prennent en considération des aspects environnementaux (Roberge et al., 2011). À cet égard, la certification est une démonstration de l'imbrication des deux phénomènes reliés à la standardisation, celle d'un pilotage centralisé et celle d'une application normalisée et uniforme sur les territoires.

Dans la nouvelle politique forestière québécoise, la standardisation s'applique à la fois aux modalités d'intervention forestière, avec la mise en application de l'aménagement écosystémique à l'ensemble du territoire (Québec, 2013), et aux formes d'organisation de prise de décision, par la mise en place des Commissions régionales dans toutes les régions du Québec. C'est précisément sur cette mise en place que l'étude sur la construction des territoires régionaux de gouvernance forestière s'est attardée (Leclerc, 2013a), constatant qu'une nouvelle organisation des processus décisionnels prend maintenant place et que de nouveaux lieux de gestion forestière se créent. Pour toutes les régions administratives québécoises, les nouvelles structures doivent préparer un premier Plan régional qui présente les orientations stratégiques de développement forestier sur le territoire régional. Dans la mise en place de ces structures régionales, la même approche est appliquée de manière globale dans des espaces localisés ; il y aurait à cet égard standardisation.

2.2. …ou de la différenciation ?

Toutefois, l'étude approfondie des deux structures régionales montre que les Commissions régionales participent aussi au phénomène de différenciation puisque celles-ci attestent de certaines spécificités territoriales, par exemple dans l'appropriation des structures par les acteurs qui l'investissent. C'est qu'il existe une certaine flexibilité dans le phénomène de prise en charge aux échelles infranationales. Par exemple, Cronkleton et al. (2012) expliquent que si les politiques de décentralisation et de prise en charge par les communautés de leurs territoires forestiers sont généralement étroitement encadrées par l'État, elles offrent suffisamment de flexibilité pour une appropriation des outils au niveau local. C'est ce que nous avons constaté dans le cas des Commissions régionales.

« Le Ministère des Ressources Naturelles [(MRN)] a créé les Commissions régionales avec certaines directives sur le comité et sur le contenu. Par exemple, le MRN a un siège réservé/obligatoire. Mais les Commissions régionales ont été imaginées pour favoriser la participation des instances régionales à la gestion de la forêt [...] et à certains aspects territoriaux. [...] Ici, la Commission régionale s'est concentré sur la faune, la forêt et le territoire comme tel. Le Plan Régional est ciblé ; il y a une forte connotation forestière, à l'intérieur de laquelle on trouve le faunique et l'occupation du territoire. Le MRN est partie prenante de la Commission régionale, non pas comme membre à part entière mais comme accompagnateur et facilitateur pour s'assurer une certaine porte d'entrée aux ressources du ministère et comme accompagnement vers les orientations et préoccupations ministérielles. [...] La composition des Commissions régionales est variable d'une région à l'autre mais il y a des instances ou des secteurs qui doivent être représentés » (entrevue 091001MT).

Cette flexibilité permet d'ajuster les mécanismes pour chacune des communautés et cette adaptation s'articule sur un certain nombre de différences dans la mise en place des Commissions régionales, qui dépassent le cadre institutionnel. Les nouvelles structures forestières constituent plutôt de nouvelles formes d'ancrages territoriaux, émanant de stratégies individuelles et collectives qui sont intimement liées au territoire régional.

Même si la création des nouveaux espaces territorialisés, les Commissions régionales, est portée par l'État central et appliquée, nos données permettent aussi de constater une adaptation localisée d'un modèle proposé, tant dans l'organisation que dans la mise en œuvre des politiques publiques relatives à la forêt. Même si l'État fait la promotion d'un regroupement en commun à l'échelle régionale, la prise en charge par la communauté régionale, elle, ne va pas de soi. Aussi, la large flexibilité donne une certaine marge de manœuvre dans l'organisation régionale. Celle-ci permet aux Conférences régionales des élu(e)s de faire certains choix dans la diversité des acteurs interpellés pour participer aux Commissions régionales et pour imaginer leurs modes de fonctionnement (Leclerc, 2013b).

2.3. L'apport de l'approche territoriale au débat sur la standardisation et la différenciation

L'analyse par le territoire, au Bas-Saint-Laurent, a permis de saisir qu'il y a une très forte cohésion sur le plan de la dynamique entre les acteurs de cette région, les gens ont été habitués à travailler ensemble depuis assez longtemps. Un comité régional créé pour prendre en charge la question forestière avait déjà été mis en place, dès le début des années 2000.

« [Au moment de la baisse du calcul de possibilité forestière en 2002], on s'est mis à parler plus ensemble des moyens de s'en sortir. Cette période a facilité des rapprochements. C'était un moment dur pour l'ensemble de la région. On a commencé à se voir, à se rencontrer et à discuter, ce qui a grandi le rapprochement. Assez pour parler de complicité. Chacun comprend plus la subtilité du message de l'autre. On s'écoute mieux de façon générale. Je suis à même de constater que chacun a évolué dans ses propres positions avec les arguments des autres, ce qui créé un meilleur climat, une meilleure ambiance pour prendre des décisions. On a eu plus de temps, plus de pratique et plus d'expérience dans la discussion en raison de cette baisse de possibilité forestière. Quand la CRRNT a été mise sur pied, ce n'était pas quelque chose de nouveau. On a continué sur notre erre d'aller, c'est la même gang qui s'est ramassée là. Alors que d'autres régions ont eu à comprendre cette mécanique-là » (entrevue 101001CT).

La Commission régionale du Bas-Saint-Laurent reprend, à peu de chose près, le rôle de ce comité.

Dans la perspective verticale, les données ont montré une certaine rupture de confiance et une grande méfiance entre les échelles. Les commissaires ont une appréhension à l'égard de l'acceptation de leurs choix par les autres échelles. Ici, les liens entre les niveaux ne sont pas nécessairement systématisés. Par exemple pour l'échelle tout juste au-dessus de la Commission régionale au Bas-Saint-Laurent :

« Je suis bien content de siéger sur le conseil d'administration de la Conférence régionale des élu(e)s, puisqu'il a des choses que je peux re-défendre à ce niveau-là. C'est extrêmement important que la Commission régionale ait une présence là, pour défendre ses décisions et ses choix face [aux élus municipaux qui représentent leurs territoires à l'échelle régionale] qui pensent que les éléments du plan régional vont à l'encontre de leurs territoires (entrevue 101001CT) ».

Ici, dans le cas du Bas-Saint-Laurent, la participation d'un seul élu aux travaux de la Conférence régionale des élu(e)s et à ceux de la Commission régionale apparaît insuffisante comme lien entre les deux niveaux.

Dans l'autre sens, aux échelles inférieures, les intervenants du Bas-Saint-Laurent doutent de la façon dont leurs choix seront accueillis et expliquent ne pas savoir ce qui s'y passe

« Il y a 3 ou 4 tables locales au Bas-Saint-Laurent et chaque table locale peut avoir d'autres priorités que celles de la Commission régionale, des priorités qui sont différentes pour chacune des tables locales. [...] Ce sont les employés qui font le lien entre la commission régionale et les tables locales, ils tentent souvent de nous rapporter ce qui est dit aux tables de gestion locale, mais on n'a pas les détails des discussions et du déroulement. [...]. Les employés ramassent les 4 ou 5 pièces du

puzzle pour les mettre ensemble et élaborer le juste milieu pour nous à la Commission régionale » (entrevue 131618ET).

Cela montre le fragile équilibre du mouvement vertical de la (re)territorialisation au Bas-Saint-Laurent.

Du côté de l'Outaouais, dans la perspective de l'horizontalité, le constat a été celui d'un éclatement. Alors qu'il y a un grand nombre de participants aux travaux de la Commission régionale, cette dernière ne parvient pas à canaliser les intérêts dans une perspective intégrée, ni à les faire converger vers un seul et même objectif. Certains diront que le plan régional réalisé par la Commission régionale …

« C'est un peu une liste d'épicerie, sans être parti de ce qu'on avait déjà. [...]. Ça été du j'aimerais ça... j'aimerais ça... et on a fait des études pour valider la faisabilité de ce qu'on voudrait faire » (entrevue 131624CS).

Pourtant, verticalement, les données montrent plutôt une grande confiance mutuelle entre les niveaux administratifs, voire une interdépendance des structures. Même si plusieurs des acteurs se disent conscients qu'une tension entre les niveaux interscalaires est possible, ils s'organisent afin de mettre en œuvre une réciprocité mutuelle entre les échelles, un glissement fluide des discussions et des décisions entre les divers niveaux. Par exemple,

« Il y a des choses qui sont proposées aux tables locales, qui passeront ensuite aux mains du Comité d'aménagement qui va transférer les demandes à la Commission régionale. [...]. C'est la même chose pour la Commission régionale, appuyée par une permanence et des élus locaux. Tout ça, c'est politique, ça tient à ça » (entrevue 111018TS).

Ici, la question de la différenciation prend tout son sens ; les atouts et les spécificités territoriales semblent mettre en valeur l'action publique de manière différenciée selon chacune des régions. Ailleurs, nous avons expliqué que les différences dans l'organisation du système régional avaient des répercussions sur le type de choix qui étaient faits (Leclerc, 2013b). Les retombées sur le territoire physique de chacune des Commissions régionales sont variables. D'abord en Outaouais, la Commission régionale permet d'adopter des petits projets destinés aux territoires sous-régionaux. La région de l'Outaouais n'est pas un territoire régional en soi, mais plutôt une région aux multiples territoires. Puis, au Bas-Saint-Laurent, on assiste à une mise en projet du territoire régional. Pour cette région, la Commission régionale a porté le projet de mise en certification de tout le territoire forestier de la région. Même si le projet n'est pas directement lié à la Commission régionale, cette dernière a été en mesure de piloter le projet et de rassembler les acteurs pour atteindre l'objectif. Cette analyse rejoint celle de Larson et

Lach (2008) qui expliquent que, dans le cas de l'eau, la différenciation de prise en charge territoriale est liée à l'attitude et au degré d'implication des groupes territoriaux ou de leurs représentants. Or, notre compréhension des facteurs explicatifs est différente. Nous croyons plutôt que ce sont non seulement des facteurs liés aux acteurs qui font la différenciation, mais aussi que des motivations sous-jacentes au territoire y participent.

3. Des motivations de différenciation territoriale sous-jacentes ?

Avec un certain recul analytique, nous avons observé que les grandes différences entre les deux cas étudiés s'articulent autour de trois pôles qui dominent la compréhension territoriale : les acteurs, la structure et la substance. Ces trois aspects ne sont pas étrangers à la question du territoire et des politiques publiques. Par exemple, Hall (1997) va mobiliser le cadre des « 3i », mis pour intérêts, institutions et idées, afin de comparer les orientations étatiques dans un contexte d'économie politique. Ces facteurs sont intrinsèques au territoire ; sous-jacents à l'action commune et détachés du phénomène scalaire, même s'ils permettent d'en saisir les tenants et les aboutissants. Le cadre des « 3i » donne un autre sens à la différenciation, et permet de se sortir du débat sur le caractère directionnel ou non des projets de l'État. Cette deuxième section s'attarde à la description que nous faisons de ces trois pôles explicatifs de la différenciation et propose ensuite une discussion autour de ce que représente cette nouvelle compréhension dans la perspective du territoire.

3.1. Les trois pôles de la différenciation territoriale

De nos données, ainsi qu'à partir de la grille que propose Hall (1997), trois nouvelles catégories d'analyse de la différenciation territoriale sont mises en lumière. Elles offrent un regard renouvelé sur l'organisation différenciée du territoire. Si Hall considère que ces trois approches ont longtemps été en compétition pour comprendre les orientations de politiques économiques des États-Nations, il insiste aussi sur le fait qu'elles peuvent aujourd'hui être intégrées les unes aux autres pour mieux saisir toute la portée des différences du développement dans les pays industrialisés. Les prochains paragraphes tentent de décrire les trois pôles.

Le premier pôle d'analyse de la différenciation touche la diversité et, surtout, la différence des intérêts portés par les acteurs qui prennent part, ou non, à l'élaboration des politiques d'aménagement pour chacun des territoires. Cette approche, dans notre étude, s'est attardée à la composition des Commissions régionales, au choix des intérêts qui y sont représentés et à la capacité de mettre en commun ces intérêts au sein du nouvel espace territorial. Hall (1997), de son côté, ajoute à cette perspective la capacité de coalition des groupes d'intérêts ainsi que la concentration des intérêts comme un aspect qui donne un sens spécifique aux politiques publiques.

Comme deuxième pôle, la différenciation s'articule autour de la structure de gouvernance. Il s'agit ici de prendre en considération la toile tissée par les acteurs et les organisations autour des mécanismes décisionnels et d'observer la forme que prend le « réseau » décisionnel (Parker, 2007). Évidemment, dans le contexte de la territorialisation, ce réseau doit être identifié tant horizontalement que verticalement. Ici, il faut voir les institutions comme la cristallisation de cette mise en réseau. Ce sont les institutions qui affectent les interactions, les rendent visibles et les densifient (Hall, 1997). À l'inverse, les changements institutionnels marquent habituellement une reconfiguration du réseau d'acteurs et d'organisations.

Enfin, la substance (entendre ici le contenu et les idées qui sont présentés et représentés au sein du mécanisme décisionnel) constitue un élément-clé du troisième critère de différenciation. Notre analyse a aussi noté l'importance que peut avoir la portée des discussions dans la différenciation territoriale. Pour Hall (1997), la diversité d'idées, la transaction entre les idées, l'intégration de nouvelles idées et la façon dont elles sont intégrées les unes aux autres sont des facteurs explicatifs de la différence territoriale.

Les deux cas étudiés permettent de confirmer l'importance d'intégrer ces trois aspects pour saisir la différence territoriale à l'échelle régionale. Par exemple, lorsque ce cadre est mobilisé pour décrire la Commission régionale du Bas-Saint-Laurent, nous constatons que malgré une composition relativement variée, la convergence des intérêts semble aller de soi. Malgré de vigoureux échanges, il est toujours possible d'arriver à trouver un équilibre, un juste milieu, entre les idées et les intérêts des intervenants par la discussion. Les comités du Bas-Saint-Laurent ont, à peu de chose près, la même composition que la Commission régionale. Souvent ce sont des employés des groupes déjà représentés à la Commission régionale, qui ont pour tâche d'offrir des conseils experts à la Commission régionale, sur des questions précises posées par les commissaires. Ces apports experts et l'ensemble des discussions pour la Commission régionale du Bas-Saint-Laurent portent sur le Plan régional et les chantiers prioritaires de la région.

Le déroulement des discussions en Outaouais est fort différent. Entre les commissaires, ce sont des discussions qui portent sur les projets particuliers à mettre en place dans une localité ou une autre qui sont discutés. Cela, principalement parce qu'en Outaouais, la Commission régionale est surtout constituée d'élus municipaux et que le nombre d'acteurs autour de la table est élevé. Par contre, l'importance du rôle des élus ne peut être minimisée, ce sont eux qui portent les projets vers les instances au-dessus (Conférence régionale des élu(e)s et Ministère des Ressources naturelles) et en-dessous de la Commission régionale (Municipalités régionales de comtés, municipalités…) ; ils jouent un rôle de courroie de transmission et consolident la fluidité du mouvement vertical. Le nombre élevé de participants à la Commission régionale, mais aussi la participation d'un certain nombre d'élu(e)s sont, le plus souvent, évoqués comme un frein au dialogue entre les intérêts présents à la Commission régionale, comme en témoignent les deux extraits d'entrevue qui suivent.

« Je comprends qu'il faille ouvrir la porte à la participation, surtout au début du processus. Toutefois, tu ne veux pas non plus te retrouver à 50 autour de la table, c'est une question de fonctionnement » (entrevue 091028MS).

« Les commissaires font très attention pour ne pas aviver les tensions. Il y a beaucoup de jeu politique à la CRRNT. […]. Tout le monde marche un peu sur des œufs » (entrevue 131023OS).

En ce qui a trait à la provenance des commissaires, celle-ci est raisonnée d'abord en fonction des territoires sous-régionaux (les municipalités régionales de comtés) puis, dans un deuxième temps en fonction de l'intérêt représenté. Les règles de nomination font en sorte que pour un siège d'intérêt, si aucun candidat ne se qualifie sur la base territoriale, le siège reste vacant. Dans le contenu des discussions, ce sont plutôt des aménagistes, issus des villes, des ministères, des industries et du milieu scientifique, qui composent les comités satellitaires à la Commission régionale et qui orientent les débats à la Commission régionale. Leur rôle est de donner les grandes orientations et de préparer l'information qui sera inscrite au Plan régional, afin d'être soumis aux commissaires pour approbation.

L'image donnée par plusieurs interviewés est que l'information est mâchée par le comité pour les commissaires. Pour l'Outaouais, j'ai maintes fois entendu qu'on ne parlait pas des vraies affaires et que les décisions prises se prenaient à la pièce et étaient plutôt réactives.

Ces observations différenciées sont consignées dans le tableau 1.

Tableau 1 : Comparatif des régions du Bas-Saint-Laurent et de l'Outaouais en fonction des trois pôles explicatifs de la différenciation territoriale

	Bas-Saint-Laurent	**Outaouais**
Acteurs	Petit nombre, proximité des intérêts (même s'ils sont divergents)	Grand nombre, choisis selon la provenance territoriale (par MRC) d'abord.
Structure	Par comité : les comités sont mandatés par les commissaires pour fournir une expertise spécifique	Par comité : les comités sont les experts qui « mâchent » l'information pour les commissaires
Substance	Tout tourne autour des chantiers prioritaires régionaux et le Plan régional expose les moyens d'attendre ces priorités	« On ne parle pas des vraies affaires », « le Plan régional est une liste d'épicerie », « réactif »

En bref, au sein des deux Commissions régionales étudiées, il a été possible d'observer que ces 3 facteurs (acteurs, structure, substance) avaient un effet à la fois structurant, mais qu'ils étaient aussi contingents. Le poids des choix du passé au regard de ces trois éléments influençait la structure actuelle, mais ce sont aussi les caractéristiques relatives à ces trois aspects qui donnent un sens et un caractère différencié au système régional qui se met actuellement en place.

Dans une compréhension territoriale, ce système régional semble reposer sur six indicateurs, qui pourront éventuellement être utilisés pour évaluer la dynamique différentielle des territoires. Une telle analyse permettrait une compréhension holistique de la notion de territoire. Du moins, l'étude des deux expériences de Commission régionale montre que la construction territoriale découle de l'un et de l'autre des mouvements, mais aussi du jeu entre les deux. Le territoire est relatif à sa capacité à faire converger acteurs, structure et substance vers un centre tant horizontalement que verticalement. Ces six indicateurs territoriaux permettraient éventuellement de préciser les mouvements horizontaux et verticaux en plus d'éclaircir l'aspect dynamique de ces deux axes.

3.2. Les dynamiques territoriales : quelles motivations intrinsèques?

Alors que les analyses horizontales et verticales du territoire limitent la compréhension du territoire aux processus à l'œuvre, l'analyse par le triptyque acteurs, structure et substance s'avère statique. Afin d'évaluer le phénomène et les processus de (re)territorialisation dans leurs complexités, l'approche croisée proposée plus haut semble permettre un renouvellement du regard sur les territoires. Elle affine les outils méthodologiques et offre des opportunités d'explications sur les motivations ainsi que les impulsions dynamiques, à la fois horizontales et verticales, de la construction territoriales.

La perspective horizontale permet généralement de mieux saisir la question de l'ouverture décisionnelle aux acteurs porteurs d'intérêts, de celle de la volonté et la capacité des groupes à investir ces espaces ainsi qu'aux processus de dialogue et d'échange d'idées en plus de s'intéresser à l'analyse de la circulation d'information entre les groupes, les individus et les instances spécifiques de l'échelle régionale. Il nous semble que trois éléments déterminants permettent d'apprécier la dynamique horizontale du territoire régional : (1) la représentativité territoriale des acteurs intégrés au processus décisionnel ; (2) l'importance que prend l'espace régional pour les acteurs ; et (3) la capacité à faire la promotion ainsi qu'une discussion effective autour des intérêts de ces acteurs.

En ce qui a trait à la représentativité, la mobilisation des acteurs et la mise en lumière des enjeux reliés à ces acteurs au sein des espaces de conception des politiques publiques sont le reflet de l'horizontalité territoriale. Cet aspect pose de manière nette la question de la représentation et, par extension, celle de l'exclusion. Les résultats de notre étude sur les Commissions régionales permettent d'ailleurs de constater une tension entre la surreprésentation d'un intérêt (par exemple les élu(e)s municipaux dans le cas de l'Outaouais) et la sous-représentation d'un intérêt (par exemple au sein d'un collège électoral qui chapeaute plusieurs secteurs, voir la citation ci-dessous), dans la dynamique régionale.

« Lors de la soirée d'information pour mettre en place la Commission régionale, ils ont regroupé les mêmes intérêts à une table, il y avait plus ou moins de participants selon les intérêts. À ma table, j'ai été « élu » par les participants pour représenter mon groupe global, mais j'étais le seul [de mon domaine spécifique]. [...]. Je représente donc tout le groupe, mais il n'y a aucune concertation prévue entre moi et les autres que je représente. Je le fais de manière informelle avec les autres [de mon domaine] que je connais ou encore avec les autres que je représente dans mon cercle proche, selon les discussions ou thèmes qui sont abordés à la Commission régionale. Je ne sais pas toujours ce que les autres penseraient vraiment » (entrevue 131618ET).

Appelstrand (2002) explique d'ailleurs que l'équilibre de la représentation des acteurs et des intérêts constitue un élément central des nouveaux processus décisionnels forestiers. Il semble nécessaire pour ces instances à la fois de garder les portes ouvertes afin de permettre une large inclusion et une intégration variée des idées ainsi que des intérêts tout en maintenant un certain équilibre dans la représentation et, à la fois, de restreindre la participation afin de permettre une bonne circulation interne, des informations, des idées et des intérêts, quitte à mettre en place une circulation externe de l'information. Dans nos deux études de cas d'ailleurs, la question de l'équilibre de la représentativité au sein de la Commission régionale a été l'objet de nombreuses réflexions et discussions, voire la source de certaines tensions.

La deuxième condition d'une horizontalité dynamique est l'importance accordée au phénomène régional par les acteurs eux-mêmes. Il s'agit de saisir la capacité de convergence des acteurs vers un espace commun et que ces derniers accordent une importance à cet espace, que « ça donne quelque chose » (entrevue 131522RS). Cette dynamique se caractérise par une mise en relation des acteurs autour d'objectif(s) commun(s) et la capacité à produire collectivement un espace d'action. Dans l'étude des Commissions régionales, il s'agit de valider si l'espace régional est le point de convergence apprécié par les acteurs afin de porter le projet de gestion des territoires forestiers et de promouvoir un projet intégrateur ou des projets porteurs pour l'ensemble des acteurs et de leurs intérêts. Dans l'étude des deux cas, il est possible de constater une dynamique doublement forte au Bas-Saint-Laurent en raison de projets d'intégration qui vont au-delà de la simple élaboration d'une planification régionale. Toutefois, cela ne signifie pas qu'il n'y a pas de dynamique horizontale en Outaouais. Au contraire, les acteurs rencontrés ont souligné l'importance de prendre part aux rencontres régionales, ne serait-ce que pour prendre connaissance d'informations cruciales qui y circulent. Toutefois, les commissaires rencontrés sont conscients que « ce n'est pas là que ça se passe vraiment » (entrevue 081615RS).

Enfin, la dynamique horizontale repose sur la capacité régionale d'offrir des opportunités pour la promotion des intérêts et de mettre en discussion les enjeux fondamentaux. Avec la mise en place des Commissions régionales, les régions seraient, d'une part, l'espace d'expression des intérêts et des idées, puis, d'autre part, l'espace de transaction entre les intérêts et les idées. Cette dynamique d'interaction réside dans la capacité de l'échelle régionale à mettre en réseau les groupes d'intérêts et à permettre leurs négociations. Ce sont là, les trois pistes analytiques de la dynamique horizontale des territoires, celles des acteurs, de la dynamique de leur participation et du degré de leur intégration.

Dans une compréhension plus verticale, trois facteurs participent également à la dynamique territoriale. Ces trois facteurs sont : (1) la capacité de l'échelle régionale à capter, porter et représenter les intérêts ; (2) l'importance de l'échelle régionale pour les autres échelles ; et (3) la fluidité ascendante et descendante. Ces facteurs permettent de déceler l'intensité du pouvoir et l'ampleur de l'emprise territoriale régionale dans le processus de déplacement vertical des centres décisionnels.

D'abord en termes de capacité de l'échelle régionale à représenter les intérêts territoriaux, la dynamique territoriale verticale peut être comprise comme la capacité de l'échelle régionale à convaincre les acteurs que les enjeux portés par cette échelle sont ceux qui touchent réellement les acteurs. Notre travail sur les Commissions régionales montre que la région peut devenir l'échelle capable de représenter les intérêts communs des acteurs dans l'organisation interscalaire. Toutefois, elle n'est pas la seule qui ait ce pouvoir, car il arrive que certains fassent abstraction des mécanismes régionaux pour porter des enjeux soit plus globaux, soit plus locaux aux autres échelles. Le défi du chercheur est alors de constater si l'échelle à l'étude arrive à devenir un espace intermédiaire dans l'organisation scalaire en fonction de la multiplicité d'échelles d'action mobilisées selon un enjeu. Afin d'avoir le regard holistique sur le territoire, selon l'approche proposée ici, il s'agit de repérer cette première condition de verticalité, celle de l'espace mitoyen pour le relais (fluide) des intérêts communs.

Comme deuxième condition verticale, la dynamique repose sur l'interpénétration des différentes échelles en fonction des enjeux et des contextes. Comme l'ont déjà identifié Lockwood et al. (2009), la dynamique verticale repose sur le jeu qui existe entre la latitude de la région et l'encadrement des autres échelles face à la région. Cette deuxième condition repose sur les vases communicants entre les différentes échelles.

Enfin, dans la dynamique verticale, le dernier élément réside dans la réciprocité ascendante et descendante entre les échelles. Il ne suffit pas de faire d'une échelle un espace de convergence pour les décisions et que cette instance soit ouverte aux échelles inférieures et supérieures, il faut aussi qu'il y ait une véritable circulation des idées, des intérêts et des enjeux entre les échelles, ce qui permettrait d'ancrer les décisions les unes aux autres et de faire du système scalaire un ensemble complet de représentation des intérêts et des idées.

En bref, les Commissions régionales ne constituent pas à elles seules la cristallisation du phénomène territorial. Elles sont la contrepartie légale et administrative de la mise en politique régionale des forêts et se révèlent être une simple unité (un outil ou un mécanisme) au sein d'un bloc régional (un système complexe d'acteurs et d'instances) qui impose son pouvoir sur le milieu forestier régional. C'est ce bloc qui est constitué plus horizontalement au Bas-Saint-Laurent, faisant appel à l'intégration équilibrée des acteurs, de leurs idées et qui institutionnalise leur maillage. En Outaouais, le bloc régional est plutôt constitué verticalement. Cette verticalité s'explique par la forte intégration des bureaux administratifs régionaux qui représentent les différentes échelles, au sein des commissions régionales. En bref, un territoire régional idéal comme espace politique est dépendant de l'unité horizontale et verticale en fonction des trois pôles identifiés dans notre travail de recherche.

La démonstration qui précède montre non seulement qu'il est important de s'intéresser aux « 3i » de manière individuelle pour saisir l'ancrage et la différenciation territoriale, mais que pour saisir la dynamique territoriale il est aussi primordial d'observer l'imbrication et l'organisation de ces « 3i ». Cette perspective, plus holistique, engendre une meilleure compréhension de la dynamique horizontale, dans la perspective des acteurs, et de la dynamique verticale, entre les organisations scalaires. Les « 3i » en disent long sur la capacité des régions à devenir elles-mêmes de véritables acteurs de pouvoir dans le milieu forestier. Toutefois, nous constatons aussi que d'autres motivations viennent donner une impulsion à ces 3 pôles. À l'instar de Faure et Négrier (2007), il serait possible d'observer que le débat entre standardisation et différenciation, posé par la compréhension territoriale, mène à la question de la variable explicative. Pour ces auteurs, cette explication pourrait découler de l'existence d'un quatrième « i », celui de l'identité, ou encore d'autres facteurs territoriaux, plus géographiques ou économiques par exemple. Ces aspects explicatifs seraient, selon notre analyse, des motivations sous-jacentes à la question territoriale. La compréhension territoriale insiste généralement sur la question des régimes et processus démocratiques, mais elle suppose maintenant aussi une compréhension de facteurs plus intrinsèques au territoire.

CONCLUSION

Dans la standardisation, ce sont habituellement les éléments contextuels, ceux qui émanent du cadre administratif, qui servent de cadre compréhensif. En ce sens, les Commissions régionales peuvent être vues comme de la standardisation puisqu'elles répondent directement à une politique centrale qui encadre leur mise en place. Dans l'autre perspective, celle de la différenciation, plusieurs l'attribueront à des facteurs organisationnels, par exemple aux ressources humaines qui prennent en charge la question territoriale. Ces analyses sont peu holistiques et s'inscrivent dans ce que nous avons appelé les approches stato-centriques. Notre analyse propose plutôt un cadre orienté par trois pôles explicatifs de la différenciation territoriale qui repose à la fois sur la question des acteurs, celle de la structure et, enfin, celle de la substance (ou encore les « 3i » de Hall (1997) – intérêts, institutions, idées). Ce cadre permet de saisir les éléments de différenciation territoriale du phénomène de territorialisation et de ses mécanismes, du moins dans le contexte des Commissions régionales. Toutefois, au-delà de la perspective des 3i, il faut aussi savoir analyser l'interaction entre ces 3 éléments. Cela permet d'observer la dynamique et la mouvance dans la différenciation territoriale.

Dans la mise en place des Commissions régionales, l'élément-clé qui a contribué à la différenciation est la flexibilité légale du cadre provincial dans la constitution des Commissions régionales. Le cadre réglementaire souple en termes de composition, d'organisation et de contenu permettait aux régions d'adapter le modèle à leur propre système régional afin qu'elles deviennent elles-mêmes de véritables acteurs de pouvoir dans le milieu forestier. C'est justement l'écart avec le modèle uniforme et l'adaptation territoriale spécifique qui font la différenciation territoriale pour les Commissions régionales. C'est à cet égard que nous concluons à la fois à une standardisation de la gouvernance régionale et à une différenciation territoriale dans la gestion des forêts au Québec. La standardisation et la différenciation sont des processus non compétitifs et simultanés, qui sont souvent concomitants, voire complémentaires.

À juste titre, Douillet et al. (2012a) soulignent que la différenciation n'est pas manifeste par les éléments distinctifs d'un territoire à l'autre, mais plutôt par le processus « public » qui crée cette distinction. L'analyse de nos deux cas permet de constater un lien étroit entre la spécification sociale et la spécification des orientations que devront prendre les interventions forestières. Par exemple, la composition naturelle des territoires forestiers est en réciprocité avec la composition sociale du territoire (il y a des chasseurs d'orignaux là où l'écosystème est propice à l'orignal). Cette particularité doit être considérée par une approche par le territoire qui est ouverte aux autres facteurs explicatifs, qui sont intrinsèques au territoire (l'histoire de l'organisation sociale, la géographie du territoire physique, l'imbrication des instances politiques ainsi que l'attachement identitaire et culturel au territoire). Ce sont là d'autres pistes qui restent à explorer pour saisir les dimensions territoriales de la gouvernance forestière au Québec.

BIBLIOGRAPHIE

Agrawal, A., Chatre, A., Hardin, R., 2008. Changing governance of the world's forests. Science, 320, 5882, 1460-1462.

Appelstrand, M., 2002. Participation and societal values : the challenge for lawmakers and policy practitioners. Forest Policy and Economics, 4, 4, 281-290.

Boisseaux, S., Faure, A., Leresche, J.P., Muller, P., Nahrath, S., 2011. Penser la territorialité des changements d'échelles. In : 5ème Congrès international des associations de science politique, Bruxelles, <halshs-00660278>.

Boudreau, J.-A., 2004. Territoire vécu, territoire stratégique et territoire institutionnalisé : de la redéfinition de la solidarité sociale à Los Angeles. Lien social et politiques, 52, 107-118.

Brenner, N., 2004. New state spaces : urban governance and the rescaling of statehood. Oxford University Press, New York.

Bristow, G., 2013. State spatiality and the governance of economic development in the UK : the changing role of the region. Geopolitics, 18, 315-327.

Cashore, B., Auld, G., Lawson, J., Newsom, D., 2007. The future of non-state authority on Canadian staples industries : assessing the emergence of forest certification. Policy and society, 26, 1, 71-91.

Chiasson, G., Labelle, A., 2009. Décentralisation et consultation dans le régime forestier au Québec : une analyse du discours des municipalités. Économie et Solidarités, 38, 2, 43-58.

Chiasson, G., Leclerc, E., 2013. La gouvernance locale des forêts publiques québécoises. Une avenue de développement des régions périphériques? Presses de l'Université du Québec, Québec.

Cox, K.R., 2013. Territory, scale, and why capitalism matters. Territory, politics, governance, 1, 1, 46-61.

Cronkleton, P., Pulhin, J.M., Saigal, S., 2012. Co-management in community forestry : how the partial devolution of management rights creates challenges for forest communities. Conservation and Society, 10, 2, 91-102.

Crow, S., Danks, C., 2010. Why certify? Motivations, outcomes and the importance if facilitating organizations in certification of community-based forestry initiatives. Small-scale Forestry, 9, 2, 195-211.

Douillet, A.-C., Faure, A., Halpern, C., Leresche, J.-P., 2012a. Articuler différenciation et standardisation dans l'analyse de l'action publique locale. Pouvoirs locaux, 11, 93, 69-71.

Douillet, A.-C., Faure, A., Halpern, C., Leresche, J.-P., 2012b. L'action publique locale dans tous ses états. Différenciation et standardisation. L'Harmattan, Paris.

Egoh, B., Rouget, M., Reyers, B., Knight, A.T., Cowling, R.M., van Jaarsveld, A.S., Welz, A., 2007. Integrating ecosystem services into conservation assessments : a review. Ecological Economics, 63, 4, 714-721.

Epstein, R., 2004. Après la territorialisation, la différenciation territoriale? Pourvoirs locaux, 63, 35-42.

Faure, A., Douillet, A.-C., 2005. L'action publique et la question territoriale. Presses Universitaires de Grenoble, Grenoble.

Faure, A., Négrier, E., 2007. Les politiques publiques à l'épreuve de l'action locale : critiques de la territorialisation. L'Harmattan, Paris.

Gauthier, S., Vaillancourt, M.-A., Leduc, A., De Grandpré, L., Kneeshaw, D., Morin, H., Drapeau, P., Bergeron, Y., 2008. Aménagement écosystémique en forêt boréale. Presses de l'Université du Québec, Québec.

Gendron, C., Vaillancourt, J.-G., 2003. Développement durable et participation publique : de la contestation écologiste aux défis de la gouvernance. Presses de l'Université de Montréal, Québec.

Guay, L., 1999. La modernisation écologique : rationalité et normativité. In : Dumas, B., Raymond, C., Vaillancourt, J.-G., (Éds.), Les sciences sociales de l'environnement : analyses et pratiques. Presses de l'Université de Montréal, Montréal, 33-49.

Hall, P., 1997. The role of interests, institutions and ideas in the comparative political economy of the industrialized nations. In : Zuckennan, A., Lichbach, M., (Eds.), Comparative politics. Cambridge University Press, Cambridge, 174-207.

Hein, L., van Ierland, E., 2006. Efficient and sustainable management of complex forest ecosystems. Ecological Modelling, 190, 3-4, 351-366.

Hogl, K., Nordbeck, R., Kvarda, E., 2009. When international impulses hit home : the role of domestic policy subsystem configurations in explaining different types of sustainability strategies. Forest Policy and Economics, 11, 5-6, 357-364.

Kouplevatskaya-Buttoud, I., Buttoud, G., 2008. Les trois visions de la forêt dans le débat sur le développement durable : planète, ressource et territoire. Revue Forestière Française, 60, 307-322.

Lardon, S., Piveteau, V., Lelli, L., 2005. Le diagnostic des territoires. Géocarrefour, 80, 2, 71-74.

Larson, K.L., Lach, D., 2008. Participants and non-participants of place-based groups : an assessment of attitudes and implications for public participation in water resource management. Journal of environmental management, 88, 4, 817-830.

Lascoumes, P., Le Galès, P., 2007. Sociologie de l'action publique. Armand Colin, Paris.

Leclerc, E., 2013a. Construction des nouveaux territoires de la gouvernance forestière au Québec : regards sur les régions du Bas-Saint-Laurent et de l'Outaouais. Université du Québec en Outaouais, Gatineau.

Leclerc, E., 2013b. Jeux d'échelles et jeux d'acteurs dans les régions du Bas-St-Laurent et de l'Outaouais, au coeur du (dé)cloisonnement forestier au Québec. In : Farcy, C., Peyron, J.L., Poss, Y., (Éds.), Forêt et foresterie. Mutations et décloisonnements. L'Harmattan, Paris, 67-80.

Leloup, F., Moyart, L., Pecqueur, B., 2005. La gouvernance territoriale comme nouveau mode de coordination territoriale ? Géographie, Économie, Société, 4, 7, 321-332.

Lemieux, V., 2001. Décentralisation, politiques publiques et relations de pouvoir. Presses de l'Université de Montréal, Montréal.

Leroy, M., 2001. Territorialisation de l'action publique : la région s'affirme. Pouvoirs locaux, 50, 3, 18-21.

Lockwood, M., Davidson, J., Curtis, A., Stratford, E., Griffith, R., 2009. Multi-level environmental governance : lessons from Australian natural resource management. Australian Geographer, 40, 2, 169-186.

Massicotte, G., 2008. Science du territoire. Perspectives québécoises. Presses de l'Université du Québec, Québec.

McGurk, B., Sinclair, A.J., Diduck, A., 2006. An assessment of stakeholder advisory committees in forest management : case studies from Manitoba, Canada. Society and Natural Resources, 19, 9, 809-826.

Mévellec, A., 2008. La construction politique des agglomérations au Québec et en France : territoire, gouvernement et action publique. Presses de l'Université Laval, Saint-Nicolas.

Nelson, H., Vertinsky, I.B., Luckert, M.K., Ross, M., Wilson, B., 2003. Designing institutions for sustainable forest management. In : Burton, P.J., Messier, C., Smith, D.W., Adamowicz, W.L., (Eds.), Towards sustainable management of the boreal forest. NRC/CNRC - NRC Research Press, Ottawa, 213-259.

Offner, J.M., 2006. Les territoires de l'action publique locale : fausses pertinences et jeux d'écarts. Revue française de science politique, 56, 1, 27-47.

Painter, J., 2010. Rethinking territory. Antipode, 42, 5, 1090-1118.

Parker, R., 2007. Networked governance or just networks? Local governance of the knowledge economy in Limerick (Ireland) and Karlskrona (Sweden). Political Studies, 55, 1, 113-132.

Pasquier, R., 2012. Comparer les espaces régionaux : stratégie de recherche et mise à distance du nationalisme méthodologique. Revue internationale de politique comparée, 12, 2, 57-78.

Québec, 2013. L'aménagement écosystémique : au cœur de la gestion des forêts. [En ligne], https://www.mffp.gouv.qc.ca/forêts/amenagement/amenagement-ecosystemique.jsp

Roberge, A., Bouthillier, L., Boiral, O., 2011. The influence of forest certification on environmental performance of the forest industry in Quebec. Canadian Journal of Forest Research, 41, 4, 661-668.

Salles, D., 2003. Gérer l'environnement : le temps de l'action concertée. Sociologies pratiques, 7.

Sassen, S., 2013. When territory deborders territoriality. Territory, politics, governance, 1, 1, 21-45.

Theys, J., 2001. Un nouveau principe d'action pour l'aménagement du territoire? Le développement durable et la confusion des (bons) sentiments. In : Wachter, S., Bourdin, A., Lévy, J., Offner, J.-M., Padioleau, J.-G., Scherrer, F., Theys, J., (Éds.), Repenser le territoire. Un dictionnaire critique. Éditions de l'Aube, Paris, 225-259.

Zanon, B., 2013. Scaling-down and scaling-up processes of territorial governance : cities and regions facing institutional reform and planning challenges. Urban Research and Practices, 6, 1, 19-39.

Chapitre 15. Mécanisme de compensation pour mise en défens : analyse, durabilité et impacts. Cas de la Maâmora (Maroc)

LAHSSINI Saïd[1], EL AIDOUNI Mohammed[2], MOUKRIM Saïd[3], NAGGAR Mustapha[3], SBAY Hassan[3], SABIR Mohammed[1], AL KARKOURI Jamal[2]

[1] École Nationale Forestière d'Ingénieurs (Maroc)

[2] Université Ibn Toufail (Maroc)

[3] Haut Commissariat aux Eaux et Forêts et à la Lutte Contre la Désertification (Maroc)

Au Maroc, les programmes de reconstitution des forêts imposent une mise en défens pastorale pour une période dépassant dix ans. Les populations riveraines s'y opposent ainsi qu'aux interdictions aux parcours et il y a de vives tensions sociales entre l'administration forestière et les communautés rurales usagères. L'administration forestière a décrété en 1999 la Compensation pour Mise en Défens (CMD) des périmètres de reboisement ou de régénération. À travers l'analyse des informations existantes et une enquête de terrain auprès de sept des dix-neuf associations actives dans la forêt de la Maâmora, ce travail vise à : (i) évaluer l'impact du mécanisme CMD sur le développement socio-économique des associations et sur le respect des mises en défens dans la zone d'étude ; (ii) apprécier la perception de ce mécanisme par les populations locales ; iii) amorcer le débat sur les dispositions de ce mécanisme et sur les instances constituées ; et (iv) faire des recommandations pour son amélioration. Les résultats ont montré que : i) sur le plan technique, le mécanisme a permis d'assurer un respect des mises en défens par les usagers, de réduire les oppositions aux programmes de reforestation et d'en améliorer les conditions de succès ; ii) sur le plan socio-économique, il a initié un espace de concertation et d'intérêt mutuel, l'implication des usagers dans la réhabilitation des écosystèmes, le développement d'activités génératrices de revenu et la réalisation des projets socio-économiques d'intérêt collectif ; iii) sur le plan des modalités d'application, le texte mérite cependant des améliorations ou des révisions.

MOTS-CLÉS

Politique forestière ; mécanisme de compensation ; mise en défens ; parcours forestiers ; droits d'usage ; Maâmora ; Maroc

INTRODUCTION

Au Maroc, les parcours représentent près de 30 millions d'hectares dont 30% relèvent du domaine forestier[1]. Ces parcours sont situés principalement en zones arides et semi-arides et contribuent à raison de plus de 52% au bilan fourrager national. L'élevage contribue pour 30% au PIB agricole (Bendahmane, 2001).

On distingue deux modes d'accès aux parcours forestiers marocains. Avant la promulgation de la loi forestière en 1917 qui a instauré le principe de domanialité[2] des forêts, les parcours forestiers étaient considérés comme une ressource communautaire. Avec la loi de 1917, la pratique pastorale devient un droit d'usage reconnu aux populations riveraines et se voit considérée comme une servitude grevant le domaine forestier.

Traditionnellement, les espaces pastoraux au Maroc étaient organisés en unités socio-spatiales autour desquelles se sont développées des règles d'usage en phase avec les conditions du milieu. La fonction du territoire de chaque unité sociale se résumait à son aptitude à offrir aux troupeaux, tout au long de l'année, des pâturages et des sources d'abreuvement (Jennane, 1996). L'idéologie organisationnelle sous-jacente relevait de l'institution *Jemâa* ou assemblée traditionnelle. Celle-ci assurait la gestion communautaire des affaires politiques, sociales et économiques des populations. Elle était constituée de représentants du groupe des ayants-droit. La *Jemâa* se basait sur des critères bien établis pour définir les ayants-droit autorisés à avoir accès aux ressources, sur des règles et sur des restrictions acceptées par tous les membres. L'appartenance au groupe d'ayants-droit était automatique si elle était lignagère ou sinon suivait un long processus d'assimilation et d'intégration (Bourbouze, 1999).

Les règles adoptées étaient marquées par la souplesse. Les restrictions qui constituent un substituant plus socialement acceptable que les interdictions, concernaient le droit de construire des abris, de mise en culture, de prise d'animaux en association, du type d'animaux à mettre sur le parcours et de la durée de parcours autorisée (Bourbouze et El Aich, 2000). L'une des

---

[1] Les espaces forestiers au Maroc font partie dans leur quasi-totalité du domaine privé de l'État. Ils sont désignés sous le vocable de forêts domaniales ou faisant partie du domaine forestier. Ce domaine forestier couvre 9 millions d'ha et comporte 5,8 millions d'ha de formations forestières et 3,2 millions d'ha de nappes d'alfa (Bendahmane, 2001).

[2] Si la domanialité des forêts a été instaurée par le *Dahir* de 07/07/1914, son initialisation date de la circulaire du grand vizir du 1er novembre 1912 qui a clairement statué sur l'appropriation des forêts et des terres mortes par le *Mokhzen* (l'État) et qui a mis fin au principe de vivification des terres ayant préalablement prévalu (Boulhoul, 1952).

règles de gestion durable des parcours était l'*Agdal* qui consistait à mettre en défens au printemps une zone bien délimitée en vue de favoriser l'accumulation de la biomasse végétale et la floraison des plantes et d'assurer par conséquent leur reconstitution (Bourbouze, 1999). L'ouverture et la fermeture des *Agdals* se faisaient à des dates convenues par la coutume. La surveillance des *Agdals* était assurée par des gardiens payés par la communauté des éleveurs et chargés de constater l'identité des contrevenants. En fonction de la gravité de la non-observation des règles, elle pouvait être tolérée, sanctionnée ou même combattue.

En 1917, le code forestier a été promulgué. Ses dispositions ont défini le régime forestier et ont instauré la domanialité des forêts. Ils ont aussi reconnu aux populations riveraines des droits d'usage en forêt (ramassage du bois mort gisant, parcours, ...). Ainsi, le droit de propriété sur les terres forestières a été grevé de droit d'usages au profit des populations riveraines en guise de reconnaissance des pratiques sociales ancestrales.

La domanialisation (mise sous tutelle étatique des espaces forestiers), le redécoupage de l'espace pastoral et forestier, l'extension des cultures aux dépens des parcours, la mise sous tutelle étatique des terres collectives en 1919 et la colonisation privée des terres ont initié de fortes mutations des systèmes d'utilisation de l'espace et de la conduite de l'élevage. Ces mutations furent accélérées par les changements économiques du début du siècle dernier et ont conduit à une dissolution progressive des liens sociaux et à un individualisme de plus en plus fort ; elles ont ouvert une course effrénée à l'appropriation des terrains et à une décollectivisation systématique de la vie économique et sociale des tribus (Jennane, 1996) et par conséquent à une crise d'identité spatio-culturelle (Auclair, 1996). La problématique pastorale a ainsi été induite par l'accroissement de la pression liée à la forte réduction de l'espace (logique capitaliste, sédentarisation, démographie, ...) et par la dissolution des instances qui assuraient le respect de règles sociales de gestion communautaire des parcours. On constate ainsi actuellement une forte charge pastorale pouvant atteindre 3 à 5 fois la charge d'équilibre sur près de 80% des parcours forestiers (HCEFLCD, 2012) et par des violations des mises en défens assises à des fins de reboisement et de reconstitution des périmètres forestiers. Cette pression pastorale compromet le potentiel de reconstitution des formations forestières et contribue, par ailleurs, à des conflits sociaux et à une instabilité sociale (exode rural) ainsi qu'à une dégradation accrue des ressources (sols, eaux et forêts).

Face à cette problématique, les interventions de l'État ont visé la reconstitution des écosystèmes dégradés et se sont inscrites dans trois registres: les actions techniques (aménagement sylvo-pastoraux et amélioration des parcours), l'organisation des acteurs et les mesures d'accompagnement. Les premières interventions mises en œuvre par l'administration revêtent un caractère purement technique et sont très sectorielles (Boujrouf, 1996). La pauvreté des populations locales et leur manque d'adhésion ont limité l'impact des actions mises en œuvre et n'ont pas pu contribuer à résoudre les causes sous-jacentes de la problématique pastorale. De la conception purement technique visant la résolution des problèmes de dégradation des ressources pastorales, les nouvelles interventions se sont orientées vers l'appréhension de « la dégradation des ressources comme conséquence directe de la pauvreté du monde rural » ; soit, veiller à asseoir un développement socio-économique intégrant les partenaires concernés afin de tenter de résoudre la problématique. Toutefois, les efforts d'intégration des populations dans les actions techniques envisagées se sont confrontés à « l'héritage conflictuel entre forestiers et populations rurales sur l'accès aux ressources » (Milian, 2007). Globalement, les projets de développement intégrés initiés dans les différentes zones pastorales n'ont pas su prendre en compte l'évolution sociale et se sont donc heurtés à la difficulté d'allier les finalités techniques à l'acceptabilité sociale (Naggar, 2000). Avec comme conséquence, l'abandon de certains projets dès l'achèvement des financements par manque d'appropriation par les populations.

Tenant compte des leçons capitalisées à partir des projets visant la réhabilitation des écosystèmes forestiers et pastoraux (reboisement, reforestation, défense et restauration des sols, …), l'administration forestière a promulgué en 1999 une loi instituant le mécanisme de Compensation pour Mise en Défens du domaine forestier (CMD). Ce mécanisme vient appuyer les efforts entrepris par l'administration en matière de reboisement, de régénération et de reconstitution des forêts. Par sa mise en œuvre, l'administration espère garantir le respect des mises en défens (interdiction du parcours dans les espaces concernés par les opérations de reconstitution) qui s'étalent sur des périodes de plus de dix ans ; la mise en défens est considérée comme un préalable à la réussite des opérations de régénération ou de reboisement (les jeunes plantations sont vulnérables à la dent du bétail). Ces CMD consistent en un rachat temporaire du droit d'usage, moyennant le paiement d'une compensation financière sur les espaces concernés par des actions de reboisement ou de régénération et qui sont fermés au parcours. L'arrêté d'application de mars 2002 en a fixé les modalités soit une surface minimale de 300 ha située en domaine forestier, un respect des mises en défens et des ayants-droit (usagers résidant dans les *douars* limitrophes aux zones forestières à réhabiliter) organisés en associations. Ces associations sont apparentées à une organisation non gouvernementale (ONG) dont la gestion est assurée par un bureau élu comportant en général un président, un secrétaire général, un trésorier et des assesseurs (Naggar et al., 2009). Le montant des compensations est de 250

Dh/ha/an (1 Dirham est équivalent à 0,091 Euro). Ce montant a été fixé initialement sur la base d'une production pastorale moyenne en forêt de l'ordre de 250 unités fourragères par hectare, soit l'équivalent de 250 kg d'orge dont le prix au moment de publication de la loi était de 1 Dh par kg d'orge.

Ce mécanisme a pour objectif d'assurer un respect des mises en défens et de garantir la réussite des opérations de réhabilitation et de régénération des forêts marocaines. Il prévoit, entre autres, d'organiser les populations usagères des espaces forestiers en associations locales et de les encadrer afin qu'elles s'approprient les programmes de restauration des écosystèmes forestiers entrepris par l'administration forestière.

Cette étude se propose d'évaluer l'impact de ce mécanisme et de l'analyser à travers le contexte de la Maâmora (une subéraie de plaine) tout en portant un regard critique sur la dynamique associative mise en place au regard des leçons tirées de l'instance organisationnelle ancestrale *Jemâa*.

1. Matériel et méthodes

1.1. Zone d'étude

La Maâmora couvre une superficie de 131 758 ha, dont 70 500 ha de chêne-liège pur ou en mélange (HCEFLCD, 2010). Le climat de la zone est typiquement méditerranéen. Le bioclimat, au sens de la classification d'Emberger, est le subhumide à hiver tempéré dans le secteur occidental et le semi-aride à variante chaude dans la partie orientale.

Cette subéraie joue un rôle socio-économique important. Elle produit environ 6 000 tonnes de liège, 257 000 m^3 de bois d'industrie et 160 000 stères de bois de feu soit, respectivement, 67%, 50% et 10% de la production nationale. Au sens de la loi du 20 septembre 1976 relative à l'organisation de la participation des populations usagères au développement de l'économie forestière au Maroc, les recettes qui résultent de la vente des produits forestiers ligneux et non ligneux (bois, liège, plantes aromatiques et médicinales, …) sont versées dans les caisses des communes rurales dont relèvent les forêts considérées. Pour le cas de la Maâmora, ces recettes s'élèvent à l'équivalent de 100 millions de Dh/an.

Sur le plan social, 29 145 ménages vivent en Maâmora (AEFCS, 1992). Outre l'élevage qui constitue la composante principale du mode d'exploitation de l'espace, la production pastorale annuelle de la Maâmora s'élève à environ 24 millions d'unités fourragères (Ettobi, 1996). La charge pastorale est évaluée à 5,8 unités petit bétail à l'hectare, elle dépasse de 4 fois la charge d'équilibre (HCEFLCD, 2010).

1.2. Méthodologie

Parmi les dix-neuf associations pastorales présentes dans la Maâmora, sept ont été concernées par cette étude (tableau 1). Celles-ci constituent un bon échantillon en termes de diversité, répartition géographique, nombre d'adhérents et superficie mise en défens.

Tableau 2. Associations pastorales de la zone ventilées par unités de gestion

Direction Provinciale	CCDRF (*)	Association pastorale (**)	Commune	Interview (nombre)	Adhérent (nombre)	Surfac (***)
Kénitra	Kénitra	Al Mostakbal	Sidi Taybi	43	97	1144
Kénitra	Sidi Yahia Ouest	Massira Sidi Rabeh	Amer Saflia	64	144	2411
Sidi Slimane	Sidi Slimane	Sidi Fahli	Dar Belamri	38	95	574
Khémisset	Sidi Allal Bahraoui	Felline Izidhar	AïnJohra / Sidi Boukhel-khal	30	81	858
	Tiflet	Khaloua	Sidi Abderrazak	44	107	955
		Darya		9	30	-
		Dar Ben Hcine Est	Mkam Tolba	36	83	-
Total		**7**		**264**	**637**	**5942**

(*) CCDRF : Centre de Conservation et de Développement des Ressources Forestières ; (**) : seules les associations sélectionnées sont présentées ; (***) : superficie mise en défens et objet de compensation au titre de l'exercice 2011 (ha).

Les interviews ont été conduites avec les usagers censés être représentés par les associations retenues, abstraction faite qu'ils en soient membres ou non. Le questionnaire a été structuré comme suit : i) caractérisation de la personne interviewée ; ii) participation des usagers aux décisions ; iii) perception de la place des associations par les membres ; iv) perception du mécanisme par les ayants-droit ; v) avis relatifs aux principales dispositions réglementaires du mécanisme et des contraintes ; vi) modes d'utilisation de la compensation ; vii) impacts.

Le questionnaire comporte à la fois des questions dirigées et des compartiments semi-structurés. Le traitement a été adapté en fonction du contenu et a pu allier à la fois des analyses quantitatives des réponses dirigées standardisées et l'analyse qualitative des autres composantes.

La lecture critique et la comparaison entre l'association et la *Jemâa* ont été inspirées de la grille de lecture de la dynamique institutionnelle de l'économie solidaire dans les pays du Sud, proposée par Castel (2003). Elles s'appuient sur trois principes : la maximisation du profit (sous-entendant l'enrichissement personnel), la redistribution (sous-entendant le partage des biens et des services) et la réciprocité (sous-entendant la solidarité). Les règles d'accès au groupe sont très importantes à considérer. Selon Haubert (1981), la viabilité des instances solidaires ne peut être correctement appréhendée en dehors d'une dialectique de domination et de résistance ; d'où la nécessité de tenir compte des conditions de création des instances.

2. Résultats

2.1. Institutions constituées

Depuis l'instauration du mécanisme de compensation, 19 associations pastorales ont été constituées. La première, *Al Mostakbal*, date de 2005. Elle a été suivie de quatre autres au cours de la même année. Le dynamisme est continuel ; la dernière association a été fondée en mars 2011. Le nombre total d'adhérents atteint 1 820. Ceux-ci, à travers des contrats, ont convenu avec l'administration d'assurer le respect des mises en défens sur près de 76% de la superficie totale concernée.

2.2. Impact sur la reconstitution des ressources

Il est difficile d'évaluer de façon précise l'impact du mécanisme sur la réussite des opérations de reforestation et de régénération et sur le degré de respect des mises en défens en absence de dispositifs expérimentaux permettant de cerner tous les facteurs qui conditionnent la réussite de ces opérations de régénération (itinéraires techniques adoptés, conditions climatiques, planning d'exécution des différentes opérations, ...). L'analyse du nombre de délits constatés peut constituer un moyen indirect. L'évolution du nombre de délits constatés et celle du nombre d'associations constituées sont illustrées à la figure 1. Quoiqu'indicatives, elles montrent une certaine tendance à la baisse du nombre de procès-verbaux depuis 2008 et une tendance à la hausse du nombre d'associations.

Figure 2. Évolution du nombre de délits constatés et du nombre d'associations (courbe foncé : nombre d'associations ; courbe claire : nombre de délits constatés)

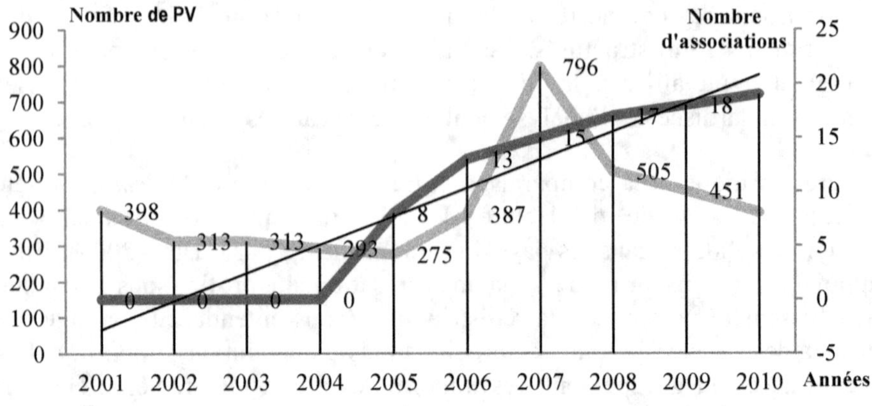

2.3. Perception du mécanisme par les ayants-droit

Les personnes interviewées soulignent le rôle prépondérant des associations. 93% d'entre elles souhaitent que les associations soient impliquées dans la gestion et le gardiennage des périmètres concernés par les mises en défens.

97% des personnes questionnées soulèvent la lourdeur des procédures et surtout le retard dans le traitement des dossiers de compensation.

Sur le plan du montant des compensations, les avis divergent selon la superficie qui fait l'objet du contrat. 77% soulignent l'insuffisance des montants. Par contre 5% qui appartiennent à l'association *Massira* bénéficiant d'une grande surface mise en défens, sont d'accord avec les montants.

En ce qui concerne la superficie minimale objet de convention, 94% des personnes estiment que cette disposition réglementaire constitue une aberration. Elles souhaitent en effet une compensation pour tout périmètre interdit au parcours quelle qu'en soit la superficie.

2.4. Mode d'utilisation des compensations

Les chiffres montrent que les compensations octroyées aux associations sont utilisées principalement dans les quatre postes suivants : i) distribution du montant à part égale entre les usagers qui sont membres de l'association ; ii) paiement de gardiens ; iii) financement de projets et réinvestissement ; et iv) frais de gestion du bureau de l'association (figure 3).

Figure 3. Mode d'utilisation des compensations pour mises en défens

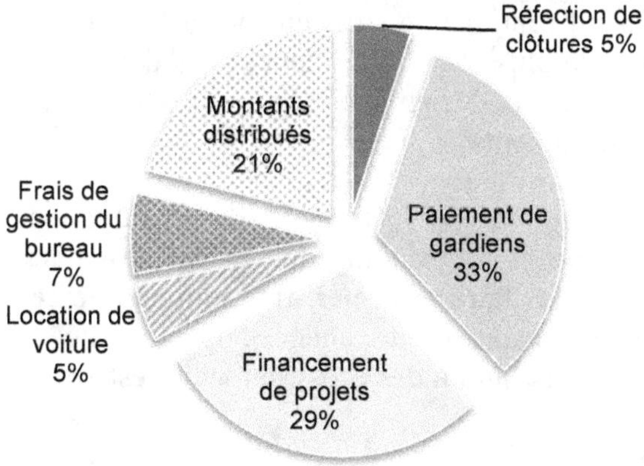

La plupart des interviewés ont une appréhension négative de la manière dont la distribution des montants des compensations entre adhérents est effectuée. Néanmoins, ils sont d'accord sur le principe (distribution). De même la distribution à part égale est sujette à discussion. En effet, l'interdiction d'accès aux parcours engendre des surcoûts plus importants pour les grands éleveurs. Ceux-ci considèrent que la compensation devrait donc se faire non plus sur la base de l'adhésion à l'association mais devrait être proportionnelle à la taille des troupeaux. 97% des adhérents considèrent la compensation comme une aide de l'État et par conséquent, ils estiment que, comme les grands éleveurs sont riches, ils ne doivent pas en bénéficier. 33% des montants des compensations servent au paiement des gardiens, principalement autour de périmètres de chêne-liège très convoités par le bétail. Certains adhérents soulignent que les montants octroyés à titre de CMD doivent faire impérativement l'objet d'une justification des dépenses et ce, afin d'assurer une meilleure transparence dans la gestion financière des associations par les présidents et les membres des bureaux des associations. Les montants utilisés pour financer des projets restent limités et ne dépassent pas 29% des montants des CMD octroyés, à l'exception de deux associations, *Al Mostakbal* et *Massira Sidi Rabeh*, qui ont initié des projets de développement ayant un intérêt collectif (distribution de plants d'oliviers et de ruches, construction de dépôt pour la vente à prix de revient d'aliments pour le bétail, mise en place de dépôt pour la collecte et la conservation de lait, ouverture et équipement de points d'eau, ...) au profit des populations usagères.

2.5. Impact des compensations pour mises en défens

Pour 88% des personnes interviewées, le mécanisme n'a pas eu d'impact significatif sur le développement de leurs ressources financières. 10%, majoritairement membres du bureau d'associations (président de l'association, secrétaire général, membres assesseurs), estiment le contraire. Ils relèvent que les subventions ne suffisent pas à l'achat d'aliments et que ces montants servent le plus souvent à financer des dépenses extraordinaires (frais scolaires ou médicaux des enfants, fournitures agricoles) et rarement à l'achat de bétail ou d'aliments.

Selon les forestiers en place, l'instrument de CMD a permis d'assurer l'adhésion des populations au principe du respect des mises en défens et d'œuvrer activement à les faire respecter. Ils estiment que ce comportement a permis de donner davantage de chances de réussite aux actions de réhabilitation et de reconstitution des écosystèmes forestiers.

3. Discussion

3.1. Quelle lecture des résultats obtenus ?

Si le mouvement associatif au Maroc est ancien et l'éventail de ses champs d'activité est assez large, sa contribution à la gestion sylvo-pastorale est récente. La promulgation de la loi relative aux compensations pour mise en défens a insufflé une nouvelle dynamique et en a favorisé l'essor.

Il est conventionnellement admis que la superficie à mettre en défens à des fins de reconstitution, ne doit pas dépasser les 20% de la superficie totale de la forêt. Sur cette base, le nombre de ménages concernés par la mise en défens dans la forêt de la Maâmora serait de près de 6 000. Par ailleurs, le nombre d'usagers réellement organisés en associations pastorales est de 1820, soit 30% du nombre total de ménages concernés. Ce pourcentage interpelle sur la capacité de ces instances à pouvoir encadrer tous les ayants-droit de la forêt.

Une quasi-unanimité des populations locales estime qu'il est nécessaire d'impliquer les associations pastorales dans les actions de gestion et de gardiennage des périmètres de reboisement et de reforestation. Celles-ci constituent pour l'administration un atout et une opportunité pour assurer une meilleure appropriation des programmes envisagés, pour dénicher une nouvelle catégorie de partenaires d'exécution responsables et pour instituer ces associations en tant que véritables acteurs de développement de leur territoire.

Dans cette optique, il est nécessaire de répondre au préalable aux questions suivantes : quelles sont les possibilités d'orienter les associations pastorales vers un cadre légalement non restrictif et quelles mesures d'accompagnement faudrait-il adopter pour y parvenir ?

Le texte réglementaire relatif à la CMD ne prévoit pas explicitement d'imposer aux associations d'assurer le gardiennage des périmètres ayant fait l'objet d'actions de réhabilitation ou de reconstitution et qui sont mis en défens. Le gardiennage est une attribution de l'administration forestière. Néanmoins, ce texte astreint les associations à respecter ces mises en défens. Ainsi, les montants alloués aux paiements des gardiens et à la réfection des clôtures (près de 38%) pourraient être perçus comme étant un service supplémentaire à rémunérer et donc un manque à gagner pour les associations.

Le texte en vigueur donne la possibilité à l'association de distribuer les montants des compensations entre adhérents à parts égales ou de les réinvestir dans des projets d'intérêt collectif. Certains gestionnaires forestiers au niveau de la forêt de la Maâmora exigent que les bureaux des associations leur fournissent des justifications de l'utilisation des montants alloués dans le cadre de la compensation pour en vérifier les postes de dépense. Ceci vise l'appréciation de l'engagement de ces organisations communautaires (associations) dans le développement local et dans la mise en place de projets générateurs de revenus. Au cours de cette appréciation, la part du montant de la CMD alloué aux activités génératrices de revenus de nature à alléger la dépendance envers des ressources forestières est considérée.

La distribution en numéraire reste prépondérante. Certains projets financés pourraient parfois constituer une variante de cette distribution (ex : achat d'aliments pour le bétail). La distribution à part égale est également sujette à discussion, son acceptation variant selon la catégorie d'éleveurs et la taille de leur cheptel. De façon générale, la distribution en numéraire entre les adhérents pourrait conduire à l'émergence de conflits sociaux entre adhérents. Par ailleurs, la mise en place de projets de développement donne de la notoriété à ces associations et leur assure de la légitimité.

Trois situations contrastées peuvent être mises en évidence, dans lesquelles l'association pourrait se placer : i) comme outil de réalisation de l'intérêt des membres de bureau, ii) comme instrument non opérationnel et dont les relations avec l'administration commencent à s'entacher et iii) comme institution au profit de la communauté. Cette dernière forme jouit d'une reconnaissance et s'individualise en tant qu'acteur de développement local.

Par ailleurs, sur le plan de la mise en œuvre des dispositions du texte, les retards constatés émanent des obligations légales (une année après la convention). Quant aux montants des compensations et conformément aux avis recueillis, ceux-ci doivent varier en fonction de la distance entre le périmètre et le *douar* pour compenser les surcoûts liés aux déplacements des troupeaux.

En ce qui concerne les impacts et l'atteinte des objectifs, en absence d'informations sur les dégâts occasionnés par les délits et abstraction faite de leur nombre, les tendances du nombre de délits ne peuvent être retenues comme des critères rigoureux d'évaluation. En effet, l'augmentation constatée en 2007 n'est pas forcément imputée à une augmentation des délits, mais à un effort de l'administration régionale concrétisé par la mise en place de brigades mobiles et par l'adoption d'une stratégie assurant davantage de présence sur le terrain. Néanmoins et à travers des propos recueillis par les gestionnaires forestiers marocains, l'organisation des usagers en associations a ouvert de nouveaux canaux de communication avec les ayants-droit qui deviennent de plus en plus sensibilisés à la question de la préservation des ressources forestières dans un paysage rural marqué par la dépendance des activités d'élevage aux ressources pastorales offertes par les espaces forestiers.

En dépit des conflits qui sont parfois observés, ce mécanisme a le mérite de rassembler les populations usagères et l'administration forestière autour de la problématique de la conservation du patrimoine forestier. Aussi, il a pu contribuer à instaurer progressivement un climat de confiance entre la population et les forestiers, climat qui n'a jamais prévalu auparavant.

3.2. Quelles leçons tirer de l'ancien système tribal et éléments de lecture

Dans son analyse, Auclair (1996) souligne que la dégradation des ressources communautaires n'est pas une conséquence directe de leur appropriation par les populations locales mais bien d'un processus de transformation historique caractérisé par une désagrégation des formes de régulation communautaire. Certes, plusieurs facteurs ont contribué à accélérer la rupture des anciens équilibres. Néanmoins, les principes régissant l'action de la *Jemâa,* en tant que forme traditionnelle d'organisation des populations rurales, resteront d'un apport certain pour toute réflexion sur les nouvelles formes d'organisation de la population locale en rapport avec la gestion concertée des ressources sylvo-pastorales ; soit des ayants-droit bien définis et des règles reconnues.

Dans le contexte des *Jemâa*, l'individu ne devait ses droits qu'à son intégration dans le groupe. L'appartenance à une association est plutôt le fruit d'affinités ou d'une mobilisation. La question qui se pose est comment allier mobilisation et appartenance à la catégorie d'ayants-droit de façon à ne pas être restrictive ? Ainsi, une réflexion sur une procédure de tenue à jour de la liste des ayants-droit de la forêt et sur des critères acceptables par tous s'avère urgente. Par ailleurs, une règle de *porte ouverte* aux ayants-droit devrait figurer dans le règlement intérieur de l'association.

Le caractère inégalitaire caractérisant la *Jemâa* (âge, genre, lignage, origine) tend, en théorie, à céder la place à la démocratie dans les associations. Cependant, d'autres formes d'inégalités et de jeux politiques peuvent être observées. Pour les *Jemâa*, l'intérêt individuel prime moins face à celui de la collectivité. Les associations s'orientent vers des finalités citoyennes. Un décalage des finalités et valeurs véhiculées par ces deux formes pourrait émerger dès que l'intérêt individuel est privilégié par rapport à l'intérêt de la collectivité. L'indissociabilité des finalités pour l'instance *Jemâa* la rapprochait davantage des populations. Dans le cas des associations, dès la perception d'une tentative de recherche d'intérêt personnel ou de l'émergence d'actions ne s'inscrivant pas dans la logique du groupe social de la part de certains membres du bureau, l'éclosion de nouvelles associations pourrait s'avérer comme une stratégie d'adaptation.

Si la création des associations autour de la CMD émane de l'impulsion de l'administration, certaines associations résultent d'initiatives individuelles. Leur création incarne deux logiques : i) un moyen pour renforcer la domination d'un groupe ou de l'État sur les populations ; ou ii) un contrepoids et une forme de résistance pour maîtriser l'intervention du groupe initial. De ceci, découle un dynamisme différent. Dans le premier cas, les membres du bureau pourraient chercher à accroître leur profit. Dans le second, ils deviennent des acteurs de développement ce qui leur donne davantage de légitimité vis-à-vis de la population et constitue une forme de résistance ; selon Haubert (1981), l'appropriation et la légitimité des structures solidaires sont facilitées dans les cas où la création de ces dernières incarne une forme de résistance et un contrepoids à l'action d'un groupe ou de l'administration.

Toutefois et en dehors des compensations ponctuelles, se pose la question de l'engagement des adhérents, de leur respect et de leur appropriation du principe sous-tendant la conservation des ressources sylvo-pastorales[3]. D'un autre côté et en l'absence du principe de la porte ouverte, les ayants-droit non adhérents ne seraient-ils pas encouragés à accroître les contraventions ou à créer de nouvelles institutions pour bénéficier d'une intégration dans un éventuel cadre ? C'est ainsi que d'autres stratégies d'adaptation pourraient voir le jour.

---

[3] Si l'importance de la charge pastorale a été énoncée au §2.1, une partie importante des troupeaux pâturant en Maâmora est élevée en association (dont la propriété réelle revient à des non ayants-droit: gens de la ville). Cette pratique est en marge des dispositions réglementaires statuant que le droit d'usage est réservé au troupeau familial. Néanmoins, l'élevage en association est ancien et est estimé à près de 25% des effectifs des troupeaux (HCEFLCD, 2011).

CONCLUSION

Le pastoralisme constitue une composante importante du système d'utilisation de l'espace dans les forêts marocaines. Cependant, tel qu'il est pratiqué, il compromet le devenir des écosystèmes forestiers.

À travers l'étude de la forêt de la Maâmora, il s'avère que le mécanisme de compensation pour mise en défens constitue une innovation. Sa philosophie, grâce à la réduction des oppositions aux programmes de reboisement et de reconstitution, permet d'assurer davantage de conditions de succès à ces programmes. Sur le plan socio-économique, il a permis de créer un espace de concertation et d'intérêt mutuel au sein des communautés concernées, l'implication progressive des usagers dans la réhabilitation des écosystèmes (par le gardiennage, l'entretien des clôtures, la proposition des périmètres pour le reboisement, …), le développement d'activités génératrices de revenu et la réalisation des projets socio-économiques d'intérêt collectif[4].

Dans un contexte où les parcours ne sont pas des objets indépendants mais des éléments autour desquels une construction humaine s'est organisée donnant lieu à un produit social (Bourbouze et El Aich, 2000), des institutions sociales qui en réglementent l'accès ont joué et joueront un rôle central. La comparaison avec la structure traditionnelle *Jemâa* semble poser des interrogations quant à la viabilité et à l'appropriation des associations. Les leçons de l'ancien système restent d'actualité : des critères d'accès au statut d'ayants-droit à expliciter et des règles d'usages reconnues ; les anciennes formules de l'*Agdal* sont jugées comme apportant davantage de gage de durabilité (Herzenni, 2008). La question qui reste posée est comment faire converger la prise en considération des mises en défens et des associations avec celles de l'*Agdal* et de la *Jemâa* en vue d'une appropriation des règles et d'une légitimation des instances organisationnelles.

Les associations constituent un véritable partenaire de l'administration forestière. Elles ont pu apporter des éléments de réponse à la problématique pastorale. Leur faible représentation constitue un potentiel à capitaliser. Leur souhait d'être impliquées dans l'exécution des programmes constitue une opportunité. Leur fragilité ainsi que l'interrogation légitime relative à leur

---

[4] Ces projets sont le plus souvent développés en partenariat avec d'autres acteurs ou programmes (le plus souvent avec l'accompagnement de l'initiative nationale de développement humain ; exemple de la coopérative Massira qui a mis en place et équipé un dépôt pour la récolte et la conservation du lait). Dans d'autres zones du Maroc, des projets ont pu être financés par le montant des compensations : entretien des pistes, acquisition de moyens de transport collectifs, électrification, creusement des puits, …

contribution à institutionnaliser l'intérêt personnel, imposent une profonde réflexion sur le recadrage des dispositions de l'instrument de compensation pour mise en défens afin de les faire ressortir du cadre rentier privilégiant l'intérêt personnel (utilisation des compensations).

Ceci nécessite des actions permettant de développer un processus de maturation les faisant émerger non pas comme moyen de développement de richesse pour les membres, mais en tant que véritables instances de développement communautaire. Leur viabilité est tributaire du contexte de leur maturation ; soit de la conquête par les acteurs de leurs pleins pouvoirs à initier une stratégie de développement local (Haubert, 1981).

Parallèlement au recadrage de l'instrument, celui-ci mérite d'être davantage accompagné et mieux valorisé tant qu'il introduit une dimension de démocratie citoyenne et qu'il est garant et porteur d'une conciliation acceptée et participative des besoins actuels des populations riveraines et des impératifs de préservation et de développement des ressources forestières. Cette culture de conscientisation collective au profit des populations rurales, généralement analphabètes, doit être améliorée par le renforcement du niveau de gouvernance et d'accompagnement des instances de gestion des associations pastorales afin qu'elles deviennent des acteurs et des parties prenantes en démultipliant leur implication dans la réalisation de programmes pour assurer la garantie de la pérennité de la ressource, sous l'angle du développement durable et du développement humain.

Ainsi et au-delà de la dimension de la compensation instituée par ce mécanisme, la question de la durabilité des ressources forestières interpelle quant à la mise à profit du mécanisme de CMD et à son inscription dans une logique de paiement pour services environnementaux rendus par la forêt.

REMERCIEMENTS

Ce travail n'aurait pu être finalisé sans la précieuse collaboration de nombreuses personnes : population locale, membres des bureaux des associations et gestionnaires forestiers. Qu'elles en soient vivement remerciées. Nos remerciements aux lecteurs anonymes pour leurs suggestions et commentaires qui ont permis d'améliorer considérablement la qualité du manuscrit.

BIBLIOGRAPHIE

AEFCS (Administration des Eaux et Forêts et de la Conservation des Sols), 1992. Étude d'aménagement de la forêt de la Maâmora. Administration des Eaux et Forêts et de la Conservation des Sols, Rabat.

Auclair, L., 1996. L'appropriation communautaire des forêts dans le Haut Atlas Marocain. Cahiers des Sciences Humaines, 32, 177-194.

Bendahmane, M., 2001. Document national de prospective – Maroc. FAO, Rome.

Boujrouf, S., 1996. La montagne dans la politique d'aménagement du territoire au Maroc. Revue de la Géographie Alpine, 84, 37-50.

Boulhoul, P., 1952. Législation forestière marocaine. Revue Forestière Française, 4, 232-245.

Bourbouze, A., 1999. Gestion de la mobilité et résistance des organisations pastorales des éleveurs du Haut Atlas marocain face aux transformations du contexte pastoral maghrébin. In : Niamir-Fuller, M., (Ed.), Managing mobility in African rangeland : the legitimization of transhumant pastoralist. FAO, Roma, 236-265.

Bourbouze, A., El Aich, A., 2000. Gestion des parcours et des troupeaux en régions steppiques et réponse à l'aléa climatique. In : Guessous, F., Rihani, N., (Eds.), Livestock production and climatic uncertainty in the Mediterranean. EAAP Publication 94, Wageningen Press, 307-321.

Castel, O., 2003. La dynamique institutionnelle de l'économie populaire solidaire dans les pays du Sud. Chaire de recherche du Canada en développement des collectivités, Série Comparaisons internationales Nord-Sud et Sud-Sud, 4, Université du Québec en Outaouais, Canada.

Ettobi, M., 1996. Contribution à l'étude de la dynamique et de dépérissement du chêne-liège (*Quercus suber*) en forêt domaniale de la Maâmora. Mémoire de 3ème cycle, École Nationale Forestière d'Ingénieurs (ENFI), Salé.

Haubert, M., 1981. De la tradition communautaire à la modernité coopérative : évolution, greffage ou récupération ? Tiers-Monde, 22, 88, 789-808.

HCEFLCD (Haut Commissariat aux Eaux et Forêts et à la Lutte Contre la Désertification), 2010. Révision de l'étude d'aménagement de la forêt de la Maâmora : étude de base et approche méthodologique. Haut Commissariat aux Eaux et Forêts et à la Lutte Contre la Désertification, Rabat.

HCEFLCD (Haut Commissariat aux Eaux et Forêts et à la Lutte Contre la Désertification), 2011. Révision de l'étude d'aménagement de la forêt de la Maâmora : étude socio-économique. Haut Commissariat aux Eaux et Forêts et à la Lutte Contre la Désertification, Rabat.

HCEFLCD (Haut Commissariat aux Eaux et Forêts et à la Lutte Contre la Désertification), 2012. Plan d'action 2012-2016. Haut Commissariat aux Eaux et Forêts et à la Lutte Contre la Désertification, Rabat.

Herzenni, A., 2008. Understanding and promoting Community Conserved Areas (CCAs) for conservation of biodiversity and sustainable use of natural resources. [En ligne], http://cmsdata.iucn.org/downloads/morocco_cca_study.pdf

Jennane, L., 1996. L'évolution des structures socio-spatiales du Moyen Atlas central: le cas du pays Amekla (Séfrou). Revue de la Géographie Alpine, 1996, 61-74.

Milian, J., 2007. Le dilemme entre développement et protection dans les montagnes du Maroc - le cas des parcs du Moyen Atlas. Géocarrefour, 82, 4, 177-186.

Naggar, M., 2000. Éléments de base d'une stratégie de sylvopastoralisme en Afrique du Nord. In : Bourbouze, A., Qarro, M., (Éds.), Rupture : nouveaux enjeux, nouvelles fonctions, nouvelle image de l'élevage sur parcours. CIHEAM, Options Méditerranéennes, Série A, Séminaires Méditerranéens, 39, 191-202.

Naggar, M., Benzyane, M., Lahlou, B., 2009. La gestion des mises en défens : une réelle opportunité pour la reconstitution des forêts des pays du Maghreb. In : XIIIème Congrès Forestier Mondial, 18-23 octobre 2009, Buenos Aires.

Chapitre 16. Il n'y a pas que l'argent dans la vie ...des propriétaires forestiers privés

de MOROGUES Francis
Institut technologique FCBA, France

Il s'agit d'illustrer l'apport de la théorie des comportements pro sociaux développée en économie dans l'analyse des motivations des propriétaires forestiers privés et de l'efficacité des incitations qui leur sont destinées. Ainsi, ce sont les modalités actuelles de l'action publique qui sont questionnées par cette approche.

MOTS-CLÉS
Politique forestière ; motivations ; incitations ; effet d'éviction ; décision ; propriétaires forestiers ; institutions ; France

INTRODUCTION

En France, les propriétaires forestiers privés n'ont pas un besoin impérieux des revenus de leur forêt pour vivre. Ainsi, « 66% des propriétaires forestiers privés déclarent que l'attachement affectif constitue l'une de leurs deux principales attentes vis-à-vis de leur forêt. Ils sont 35% à mentionner, parmi ces attentes, la constitution d'un patrimoine et 34% la production de bois » (Agreste primeur, 2013). Aussi, pour mobiliser ces propriétaires, l'incitation monétaire n'est pas l'unique ni le premier des leviers. Deux exemples sont parlants.

Le bilan de Natura 2000 en France montre que l'adhésion aux contrats n'atteint pas les seuils espérés par les décideurs publics. En effet, sur les 927 sites forestiers, seulement 140 contrats ont été signés avec une majorité de 70% de signataires publics. Sur les sites composés entièrement de forêts privées, aucun contrat n'a été signé. Seuls 44 contrats ont été signés avec les propriétaires privés en France. Cette faible participation peut s'expliquer par une définition mal adaptée des paiements (Anthon et al., 2010). Le coût d'opportunité est pris en compte avec l'exonération de la taxe foncière mais de manière insuffisante. L'analyse économétrique montre que l'exonération de taxe foncière n'est véritablement incitative que lorsque cette dernière est élevée, mais qu'elle n'influe en rien sur l'intensité de la participation (Hily et al., 2014). Le faible succès des contrats en particulier auprès des propriétaires privés, montre qu'il y a lieu de réfléchir aux modes incitatifs.

L'accroissement de la récolte de bois d'œuvre et surtout de bois énergie est une priorité des pouvoirs publics. Cependant, la mise en marché des bois peine à atteindre les objectifs sachant que l'élasticité de l'offre par rapport aux prix est très faible. Mais, « lorsque l'on interroge les propriétaires sur ce qui pourrait les inciter à couper du bois, l'assurance d'une garantie de qualité des travaux forestiers devance la notion de prix (40% contre 37%) » (Picard et al., 2011). Le souci de conserver un patrimoine de qualité peut certes avoir des motivations économiques, mais « l'attachement » montre que d'autres motivations sont ici à l'œuvre.

Dans la suite de cet article, il s'agit d'abord de poser le contexte scientifique existant en économie sur la pluralité des motivations pour montrer que les propriétaires privés correspondent bien aux attendus théoriques. Cependant, pour porter les incitations et pérenniser les changements de comportements le recours à des institutions est nécessaire et le triptyque motivations – incitations – institutions est alors introduit. Mention est faite au projet de recherche français « Articuler Motivation Incitation Institution » (AMII) du programme Biodiversité Gestion Forestière (BGF) qui s'appuie sur ce triptyque.

1. Du conflit de motivations à l'effet d'éviction

La théorie de la décision ici considérée repose sur l'hypothèse de pluralité des motivations des individus. Ceux-ci sont bien sûr sensibles aux incitations monétaires qui relèvent de motivations dites extrinsèques comme les récompenses, les pénalités, les avantages matériels, ... Cependant, ils peuvent aussi entreprendre des actions qui ont peu de bénéfices directs pour eux-mêmes. Il s'agit ici de l'expression de motivations qualifiées d'intrinsèques d'ordre pro sociale ou altruistes comme les valeurs, la réputation, la recherche d'un prestige social, ... C'est la présence de ces motivations intrinsèques qui explique par exemple le don du sang avec plus de 1,6 millions de donneurs en France en 2013 (EFS, 2013).

La présence de récompenses monétaires peut par ailleurs parfois réduire les comportements pro sociaux ou altruistes au lieu de les augmenter. On parle alors de « l'éviction » des motivations intrinsèques par les extrinsèques. Frey et Oberholzer-Gee (1997) introduisent cet effet d'éviction en 1997 et un modèle théorique a été développé par Bénabou et Tirole (2006). Les faits économiques relevant de cet effet d'éviction sont nombreux : le paiement de prime n'a pas d'effet sur l'engagement des pompiers volontaires (Carpenter et Knowles Myers, 2010), l'application d'une amende pour les parents arrivant en retard à une garderie ne réduit pas la fréquence et la durée des retards et a même l'effet contraire en raison de l'introduction d'une relation prestataire/client (Gneezy et Rustichini, 2000),... Ainsi, une incitation financière peut ne pas avoir d'effet et même avoir un effet contraire à celui visé. Il est donc nécessaire de prendre en compte les motivations intrinsèques dans la conception des mécanismes d'incitation.

Identifier et quantifier l'effet d'éviction dans les mécanismes incitatifs est essentiel car cela a une incidence importante sur leur efficacité, voire leur conception même. Par exemple, pour activer les motivations intrinsèques il existe les « nudges » ou « coups de pouce » qui sont des informations, des signaux répétés et non contraignants (Beretti, et al., 2013). Par exemple, en Californie, le fait d'indiquer à des foyers le pourcentage de leurs voisins qui triaient leurs déchets a permis d'augmenter de 19% le volume de recyclage de certaines communes (Centre d'analyse stratégique, 2011).

2. Une pluralité de motivations chez les propriétaires privés

Cette grille d'analyse est sans doute pertinente pour les propriétaires forestiers privés. En effet, s'il n'existe pas d'analyse économétrique sur ce type de motivations, les analyses sociologiques montrent que leurs motivations relatives à la gestion de leur patrimoine sont diverses. Les relations des propriétaires à leur forêt sont patrimoniales, sociétales et hédonistes sur le plateau de Millevaches (Didolot, 2005) ; elles relèvent de pôles identitaires en Rhône Alpes : l'économique, la sociabilité, le symbolique et le développement durable (CRPF Rhône Alpes, 2009) ; elles représentent dans l'Île-de-France et le Centre avant tout un patrimoine à conserver, un territoire de chasse ou un milieu naturel à préserver et moins de la moitié des propriétaires y voit une source de revenu (Pompougnac, 2011). Par ailleurs, cette multiplicité de motivations est aussi vraie en Suisse (Wild-Eck et Simmermann, 2005), en Suède (Ingemarson et al., 2006), en Angleterre (Urquhart et al., 2012), ... Ainsi, les aspects financiers ne constituent pas toujours le moteur premier de leur comportement.

3. Un triptyque motivations – incitations – institutions

Il reste cependant encore à montrer que des incitations non monétaires permettent un engagement permanent, un changement de comportement. C'est à ce niveau que l'institution, à la source de l'information, doit être légitime pour gagner et garder la confiance des acteurs (figure 1).

Figure 1 : Le triptyque Motivations – Incitations - Institutions

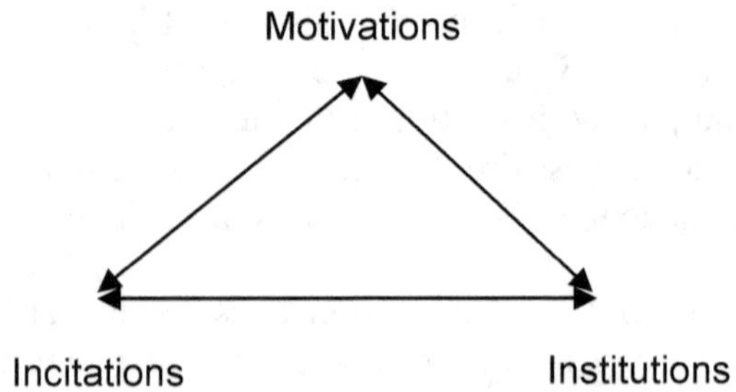

Le type d'institution ou d'organisation à l'origine des incitations et responsable de leur mise en place n'est pas neutre dans l'acceptation de ces mécanismes. Les institutions peuvent être formelles (organisations officielles et réglementaires) ou informelles (voisinage) et gouvernent les limites des activités humaines à des échelles spatiales différentes, du local à l'international (Wells, 1998). Les organisations informelles et les phénomènes de réputation et d'image jouent dans l'action d'adhérer.

Les relations interpersonnelles sont essentielles dans les processus de communication et d'influence (Katz et Lazarseld, 2008). Ainsi, l'anthropologue et sociologue Mary Douglas (Douglas, 2008) a montré que les décisions de changement radical d'habitude de vie ne peuvent être résolues à un niveau purement individuel. Toute pensée individuelle est informée par des influences sociales. Les individus partageraient leurs pensées, harmoniseraient en partie leurs préférences et ne pourraient prendre de grandes décisions que dans le cadre des institutions qu'ils construisent.

Ainsi, le fait de faire savoir (incitation) que l'on participe à un programme de conservation de la biodiversité peut venir accroître les effets de réputation (motivation) et augmenter la participation des partenaires potentiels notamment s'ils participent activement à l'élaboration et la régulation du système (institution).

CONCLUSION

Le dispositif d'incitation des propriétaires forestiers à la signature de contrat Natura 2000 se caractérise par une relation éloignée entre l'institution porteuse de la politique publique et le propriétaire (c'est le préfet, représentant direct de l'État central, qui signe les contrats) et des incitations seulement monétaires. Ce sont ces modalités actuelles de l'action publique qui sont clairement questionnées par cette approche. Il s'agit de considérer un plus large ensemble de couples mécanismes d'incitations / institutions porteuses pour atteindre une efficacité plus grande au sens du nombre de propriétaires engagés dans une action.

Débuté en 2014, le projet de recherche AMII[1] du programme 2014 de Biodiversité et Gestion Forestière porte sur l'efficacité des mécanismes d'incitations des politiques en faveur de la biodiversité au travers du lien entre motivations, incitations et institutions. La recherche s'articule en trois grandes phases :

- Quantifier les différentes motivations des propriétaires forestiers privés et mesurer les effets d'éviction avec le recours à une enquête quantitative par téléphone et de l'économétrie
- Identifier des formes d'institutions compatibles avec des mécanismes d'incitations eux-mêmes adéquats aux motivations des propriétaires privés grâce à une enquête socio anthropologique
- Tester auprès de propriétaires des couples pertinents institutions – incitations en utilisant la méthode des choix multi-attributs. Cette approche vise à étudier les arbitrages réalisés par les enquêtés entre les différentes composantes d'un contrat.

---

[1] AMII : Articuler Motivations, Incitations et Institutions pour mieux mobiliser les propriétaires forestiers privés en faveur de la protection de la biodiversité, http://bgf.gip-ecofor.org/index.php?sujet=apr.

Les partenaires du projet sont : le PNR des Ballons des Vosges en Lorraine, le FCBA, le GATE Laboratoire d'économie (CNRS) et le Laboratoire d'Économie Forestière de Nancy. Cette recherche doit permettre en 2017 d'identifier les conditions d'introduction d'incitations non monétaires et le recours à des institutions plus pertinentes, décentralisées, privées ou publiques.

BIBLIOGRAPHIE

Agreste primeur, 2013. Structure de la forêt privée en 2012. Agreste primeur, 306.

Anthon, S., Garcia, S., Stenger, A., 2010. Incentive contracts for Natura 2000 implementation in forest areas. Environmental and Resource Economics, 46, 3, 281-302.

Benabou, R., Tirole, J., 2006. Incentives and prosocial behavior. The American Economic Review, 96, 5, 1652-1678.

Beretti, A., Figuières, C., Grolleau, G., 2013. Behavioral innovations : the missing capital in sustainable development? Ecological Economics, 89, 187-195.

Carpenter, J., Knowles Myers, C., 2010. Why volunteer ? Evidence on the role of altruism, reputation and incentives. Journal of Public Economics, 94, 11-12, 911-920.

Centre d'analyse stratégique, 2011. Actes du séminaire Incitations comportementales et environnement, 9 mars 2011, Paris.

Centre Régional de la Propriété Forestière (CRPF) Rhône Alpes, 2009. Mobilisation de la ressource - bois dans la région Rhône-Alpes. Miméo.

Didolot, F., 2005. Les motivations des propriétaires forestiers en Limousin. [En ligne], http://www.foretpriveefrancaise.com/les-motivations-des-proprietaires-forestiers-en-limousin-209157.html

Douglas, M., 2008. Comment pensent les institutions. La Découverte, Poche, Paris.

Établissement Français du Sang (EFS), 2013. Rapport d'activité. [En ligne], http://clients.entrecom.com/EFS/RA_2013/

Frey, B., Oberholzer-Gee, F., 1997. The cost of price incentives : an empirical analysis of motivation crowding-out. The American Economic Review, 87, 4, 746-755.

Gneezy, U., Rustichini, A., 2000. A fine is a price. Journal of Legal Studies, 29, 1-17.

Hily, E., Garcia, S., Stenger, A., 2014. Efficacité des mécanismes incitatifs en forêt sur les sites Natura 2000 en France. Rapport final, 3, Laboratoire d'Économie Forestière, Nancy.

Ingemarson, F., Lindhagen, A., Eriksson, L., 2006. A typology of small-scale private forest owners in Sweden. Scandinavian Journal of Forest Research, 21, 249-259.

Katz, E., Lazarsfeld, P., 2008. Influence personnelle. Ce que les gens font des médias. Armand Colin, Paris.

Picard, O., Toppan, E., Lorique N., 2011. Les propriétaires forestiers privés sous la loupe de RESOFOP. RESOFOP, [En ligne], http://observatoire.franceboisforet.com/wp-content/uploads/2014/06/RESOFOP-Synthese-4-pages-10-11-2011-vu-ET1611.pdf

Pompougnac, C., 2011. Mobiliser les propriétaires pour mobiliser les bois. CRPF d'Île-de-France et du Centre, Forêt Entreprise, 197, 35-38.

Urquhart, J., Courtney, P., Slee, B., 2012. Private woodland owners' perspectives on multifunctionality in English woodlands. Journal of Rural Studies, 28, 1, 95-106.

Wells, M.P., 1998. Institutions and incentives for biodiversity conservation. Biodiversity and Conservation, 7, 6, 815-835.

Wild-Eck, S., Zimmermann, W., 2005. Les forêts privées suisses et leurs propriétaires : rapport succinct. Cahier de l'environnement 381, Office fédéral de l'environnement, des forêts et du paysage, Berne.

Chapitre 17. La « forêt souhaitée » pour penser dans la complexité la protection du caribou forestier au Québec

HUYBENS Nicole & LORD Daniel
Université du Québec à Chicoutimi, Canada

La controverse socio-environnementale entourant l'espèce caribou forestier (*Rangifer tarandus caribou)* interroge « la science faite » et nos présupposés épistémologiques et éthiques. Comme professeurs et chercheurs du secteur de la foresterie dans une université située dans une région forestière, nous sommes sollicités par différents acteurs pour démêler le vrai du faux des discours publics sur le sujet. Cependant nous savons le « vrai » situé socialement et nous ne voulons pas le confondre avec le « bien ». La science décrit ce qu'est le monde, l'éthique s'occupe des finalités humaines. En distinguant les deux discours, nous affirmons nos choix en ce qui concerne notre paradigme scientifique (systémique stochastique) et nos finalités éthiques (un monde plus libre, plus juste, plus vert et plus responsable). Appliqués à la problématique du caribou ces choix conscients nous font remettre en question le lien souterrain entre informations issues de la « science faite » et la position éthique non explicite qui préside aux recommandations les plus discutées au niveau social. Nous situons nos recommandations aux décideurs dans le cadre non pas d'une nature dont il ne faut qu'imiter les lois, mais de laquelle nous souhaitons faire une partenaire pour assumer avec elle le destin de la vie sur la planète Terre.

MOTS-CLÉS
Controverses socio-environnementales ; gouvernance ; sciences ; éthiques ; partenariat avec la nature ; caribou forestier ; Québec ; Canada

INTRODUCTION

Les recherches menées par le Consortium de recherche sur la forêt boréale commerciale (le Consortium) sont « collaboratives »[1] et même parfois depuis 2006 « multidisciplinaires ». L'introduction des sciences humaines est devenue nécessaire quand certains chercheurs se sont rendu compte que les résultats des recherches sur le fonctionnement de la forêt boréale permettaient mal aux professeurs de jouer un de leurs trois rôles, celui de services à la communauté, qui s'ajoutent aux activités plus classiques d'enseignement et de recherche. Le service à la communauté recouvre des activités diverses notamment celles d'aide à la décision pour des instances locales, des Ministères ou des entreprises.

Nous pensons que la vérité scientifique est située :

« L'esprit scientifique nous interdit d'avoir une opinion sur des questions que nous ne comprenons pas, sur des questions que nous ne savons pas formuler clairement. Avant tout, il faut savoir poser des problèmes. Et quoi qu'on dise, dans la vie scientifique, les problèmes ne se posent pas d'eux-mêmes. C'est précisément ce sens du problème qui donne la marque du véritable esprit scientifique (...) Rien ne va de soi. Rien n'est donné. Tout est construit » (Bachelard, 1967).

Et nous savons aussi que décrire n'est pas prescrire car « connaître n'est pas juger et n'en dispense pas » (Comte-Sponville, 2000). Nous cherchons donc à devenir plus conscients du paradigme, dans lequel nous inscrivons les résultats scientifiques, et des raisonnements éthiques qui permettent d'élaborer des recommandations.

Dans cet article, la problématique du caribou forestier (*Rangifer tarandus caribou*) au Saguenay–Lac-Saint-Jean va permettre d'illustrer comment nous articulons connaissances sur la nature et valeurs éthiques dans notre rôle d'aide à la décision. Le Saguenay-Lac-Saint-Jean est la plus grande région forestière du Québec. L'inscription de l'écotype forestier de l'espèce caribou sur la liste des espèces à protéger a un impact majeur sur la récolte des arbres par l'industrie forestière parce qu'elle nécessite la mise sous statut de protection de très grandes superficies de vieilles forêts. Il existe donc une controverse entourant cette espèce dans notre région qui peut se résumer dans la formule lapidaire : « c'est soit le caribou, soit les emplois dans le monde forestier ».

---

[1] Collaborative ou participative, ce qui signifie que les commanditaires et partenaires de nos travaux (ministères responsables des secteurs forêt et faune, acteurs industriels, instances de décisions régionales, etc.) sont associés aux questions de recherche (Huybens, 2007).

L'article présente une délibération praxéologique qui s'appuie sur une réflexion sur, dans et avec la pratique tant pour acquérir de nouvelles connaissances que pour améliorer cette pratique (Schön, 1994 ; Huybens, 2010). Issues de notre réflexion multidisciplinaire, émergent des balises que nous décrivons dans la partie intitulée « la forêt souhaitée ».

Après avoir résumé la problématique du caribou forestier sous différents aspects, nous rappellerons quelques éléments de notre paradigme scientifique et de notre raisonnement éthique. Nous terminons en présentant les grandes lignes de ce que nous appelons « la forêt souhaitée » qui permet selon nous d'intégrer l'incertitude liée aux connaissances et aux raisonnements éthiques pour co-construire des décisions responsables de gestion forestière pour notre époque.

1. La problématique caribou

1.1. Le caribou dans les lois au Canada

Au Canada, la loi sur les espèces en péril exige l'élaboration d'un programme de rétablissement pour chacune des espèces inscrites comme disparues du pays, en voie de disparition ou menacées. Depuis 2003, le caribou des bois, population boréale (qui inclut le caribou des bois, écotype forestier du Québec, nommé caribou forestier dans ce document) est inscrit sur la liste des espèces menacées à l'annexe 1 de la loi canadienne sur les espèces en péril (Environnement Canada, 2012). Un programme de rétablissement pancanadien a été publié (Environnement Canada, 2012). Dans la province de Québec, les espèces fauniques à statut précaire sont régies par deux lois-cadres, dont la loi sur les espèces menacées ou vulnérables. Le caribou forestier a reçu le statut de vulnérable en 2005. Le Québec a formé l'Équipe de Rétablissement du Caribou Forestier du Québec (ÉRCFQ)[2] pour élaborer un plan de rétablissement provincial (ÉRCFQ, 2013a). Le plan est aussi accompagné de lignes directrices comme outil d'aide à la décision (ÉRCFQ, 2013b).

1.2. Pourquoi de tels statuts pour le caribou forestier ?

Les raisons ayant conduit les autorités québécoises à attribuer un statut précaire au caribou forestier sont multiples :

- Régression graduelle de son aire de répartition au Québec depuis 1850

---

[2] « L'équipe » dans la suite du texte.

- Différenciation génétique de cet écotype comparativement aux deux autres retrouvés au Québec, soit le migrateur et le montagnard
- Petit nombre d'individus pour un grand territoire, soit une estimation de 6 000 à 12 000 caribous forestiers au Québec dans l'aire de répartition continue d'environ 644 000 km^2
- Population morcelée en plusieurs petites hardes, dont deux isolées
- Sensibilité de l'espèce aux prélèvements par la chasse et à la prédation
- Perturbation de l'habitat par l'exploitation forestière, ce qui aurait comme conséquence de modifier le comportement du caribou forestier, avec un effet négatif sur le taux de survie des faons.

L'aire de répartition du caribou forestier au Québec a régressé vers le nord (ÉRCFQ, 2013a). Aujourd'hui, 26% de son aire de répartition actuelle de 644 000 km^2 se retrouvent dans la zone forestière située au sud de la limite nordique des forêts attribuables[3]. La majorité des résultats des travaux de recherche sur le caribou forestier, ainsi que les quelques inventaires de population à notre disposition proviennent d'études menées dans cette zone. Les inventaires aériens réalisés entre 1990 et 2005 laissent croire qu'il y a déclin du nombre de caribous forestiers (Courtois et al., 2003). Pourtant, l'évolution des hardes reste difficile à analyser parce qu'il n'y a pas eu d'inventaire systématique réalisé pour cet écotype (ÉRCFQ, 2013a). Un inventaire récent sur une superficie restreinte du Saguenay–Lac-Saint-Jean indique plutôt une augmentation du nombre de caribous forestiers entre 2000 et 2012 (Dussault, 2013). Par contre, le nombre de faons par 100 femelles demeure préoccupant dans la plupart des inventaires.

L'ÉRCFQ (2013a) évalue la population de caribous forestiers au Québec entre 6 000 et 8 500 bêtes et une densité allant de 0,1 à 3 caribous/100 km^2. Dans la zone sous aménagement, il y aurait de 1,3 à 1,9 caribous/100 km^2.

Malgré les incertitudes autour des inventaires, ou peut-être en raison de celles-ci, les autorités canadienne et québécoise ont jugé la situation suffisamment préoccupante pour conclure au déclin du caribou forestier, et ainsi lui attribuer un statut de précarité.

1.3. Les causes historiques du déclin du caribou forestier

Les changements de vocation du territoire au profit de l'agriculture et autres occupations humaines permanentes expliquent en bonne partie la perte d'habitats depuis 1850 et la montée vers le nord de son aire de répartition. La

[3] Les forêts attribuables sont les forêts accessibles à la gestion forestière : en dehors de ces territoires, l'exploitation forestière est interdite.

chasse a aussi été rapportée comme activité néfaste pour le caribou (Provencher, 2012), au point d'expliquer sa disparition dans les zones où l'occupation humaine est devenue permanente (la vallée du St-Laurent ou les basses terres du lac St-Jean, par exemple). La correspondance presque parfaite entre la limite nord de l'occupation humaine permanente et l'actuelle limite sud de l'aire de répartition du caribou forestier est d'ailleurs évocatrice. La prédation par le loup gris (*Canis lupus*) et l'ours noir (*Ursus americanus*) semble aussi fragiliser les populations (ÉRCFQ, 2013a).

La chasse sportive pour l'écotype forestier du caribou est maintenant interdite partout au Québec. La chasse de subsistance par les Premières Nations a toujours cours à quelques endroits seulement. De plus, il n'y a plus d'expansion possible vers le nord des terres agricoles (sols et climat non propices). On ne prévoit donc plus de changement de vocation des terres forestières de l'aire de répartition actuelle de ce mammifère.

1.4. La menace contemporaine

Les perturbations générées par l'aménagement forestier[4] modifient l'habitat du caribou et sont identifiées comme le facteur ultime du déclin des populations de caribou forestier dans la zone de la forêt boréale sous aménagement. Ce ne sont cependant pas tant les coupes forestières qui dérangent le caribou que les traces pérennes laissées par cette activité industrielle : le réseau routier et la progression constante de la villégiature. Ces traces auraient pour effet de rendre le recrutement des faons difficile en modifiant l'habitat et en créant les conditions favorisant la prédation (ÉRCFQ, 2013a). La récolte forestière induit plutôt des changements temporaires de l'habitat étant donné la capacité de régénération naturelle de la forêt boréale québécoise suite aux perturbations naturelles ou anthropiques. Puisque l'aménagement forestier est identifié comme la cause ultime de perturbations irréversibles en forêt boréale, les solutions préconisées pour le rétablissement portent avant tout sur l'interdiction de couper dans des zones d'habitat du caribou qui n'ont pas encore été exploitées.

1.5. Généralités sur l'écologie du caribou forestier

L'obligation de mettre en place des stratégies de rétablissement des populations de caribou forestier a entraîné d'importants investissements de

---

[4] L'aménagement forestier est le nom utilisé dans la « Loi sur l'aménagement durable du territoire forestier » pour désigner les différentes pratiques de gestion forestière sur les forêts publiques du Québec.

fonds publics dans des travaux visant à améliorer les connaissances sur son écologie. Sauf indications contraires, les informations ci-dessous sont tirées du dernier plan québécois de rétablissement du caribou forestier (ÉRCFQ 2013a).

Durant sa vie de 10 à 15 ans maximum, le caribou est reconnu pour s'alimenter abondamment de lichens terricoles (*Cladina* spp., p. ex.), particulièrement l'hiver, mais aussi de plantes herbacées (*Carex* spp., p. ex.) et d'arbustes (*Betula glandulosa*, p. ex.).

Comparativement à d'autres cervidés, les caractéristiques reliées à la reproduction du caribou forestier le classent dans la catégorie à faible potentiel d'accroissement démographique, même si le taux de gestation des femelles varie entre 80 et 100%. La mise bas a généralement lieu fin mai début juin, une période plutôt propice au plan climatique en forêt boréale. On observe pourtant un faible taux de faons par 100 femelles, soit de l'ordre de 10 selon des inventaires récents, alors que le taux théorique pour le maintien des populations serait plus de l'ordre de 25 à 30. Une forte prédation sur les faons nouveau-nés par l'ours noir pourrait expliquer cette apparente contradiction entre fort taux de gestation et petit nombre de faons par 100 femelles dénombrées lors des inventaires aériens réalisés durant l'hiver. La mauvaise condition physiologique des caribous femelles avant et après mise bas est aussi avancée comme explication.

Les domaines vitaux annuels du caribou forestier couvrent de grandes superficies, parfois plus de 1 000 km^2 pour certains individus. Ceux-ci tendent à se regrouper durant l'hiver près des sites de faible densité arborescente riches en lichens terrestres, alors qu'ils se dispersent principalement dans les forêts de résineux et les tourbières le printemps venu, particulièrement les femelles lors de la période de mise bas. Ces dernières démontrent une certaine fidélité interannuelle au site où elles ont antérieurement mis bas. Toute perturbation dans de tels sites, qu'elle soit naturelle (feux) ou anthropique (aménagement forestier), réduit la possibilité de fidélité au site, avec pertes théoriques d'avantages conférés par une meilleure connaissance du milieu environnant.

Au Québec, le caribou forestier utilise beaucoup les forêts matures d'épinette noire (*Picea mariana*), les peuplements ouverts de résineux et les landes à lichens comme habitat préférentiel. Il peut aussi s'accommoder de peuplements en régénération issus de coupe de 6 à 40 ans, mais il tend à éviter les milieux récemment perturbés tels que les coupes forestières et les brûlis récents. Fortin et al. (2008) estiment que la sélection d'habitats par le caribou peut varier régionalement, principalement en fonction de l'abondance des différents types d'habitats à un endroit donné. Plusieurs auteurs conviennent aussi que le caribou forestier évite certains habitats et des environnements perturbés (routes, etc.) pour réduire les risques de prédation. Mais évitement ne signifie pas absence. D'ailleurs, les rencontres humain - caribou forestier se font le plus souvent le long d'un axe routier ou près d'un élément de villégiature. Le caribou forestier utilise donc à peu près tous les types d'habitats existants en forêt boréale, mais moins les milieux récemment perturbés.

1.6. Les mesures préconisées pour le rétablissement des populations de caribou forestier

L'ÉRCFQ a présenté en mai 2013 un document intitulé «Lignes directrices pour l'aménagement de l'habitat du caribou forestier», lesquelles représenteraient l'effort minimal requis pour la conservation du caribou forestier au Québec (ÉRCFQ, 2013b). L'équipe reprend l'approche d'Environnement Canada, dont les critères privilégiés sont le taux et le seuil de perturbation dans les zones désignées comme habitat essentiel pour cette espèce. Pour l'ÉRCFQ (2013b), une perturbation est définie par :

- Une jeune forêt (moins de 50 ans d'âge réel) issue de perturbations anthropiques et une zone d'influence de 500 m
- Une jeune forêt (moins de 50 ans d'âge réel) issue de perturbations naturelles
- Les chemins et une zone d'influence de part et d'autre du chemin :
- Chemin de classe I avec une zone d'influence de 1,25 km de part et d'autre
- Chemins de classe II, III et IV avec une zone d'influence de 0,75 km de part et d'autre
- Les chalets et une zone d'influence de 1 km de rayon autour de ceux-ci
- Les autres infrastructures (lignes de transport d'énergie, camping, sentiers de véhicules hors route, etc.) et une zone d'influence d'une superficie de 1 km^2 autour de celles-ci.

Une série de calculs complexes a permis à Environnement-Canada d'établir à un maximum de 35% le taux de perturbation acceptable à l'échelle du paysage pour permettre le maintien des populations de caribou forestier.

1.7. Une controverse socio-environnementale

La recommandation de l'ÉRCFQ fixant à un maximum de 35% le seuil acceptable de perturbation dans une zone où l'on veut le maintien du caribou forestier se heurte à une impossibilité socio-économique selon les acteurs qui vivent de l'exploitation forestière. Pour la région du Saguenay–Lac-Saint-Jean, la vaste majorité des territoires situés au sud de l'aire de répartition du caribou forestier dépasse déjà le seuil maximum de 35% de taux de perturbation, atteignant même un taux de 65 à 70% dans certains cas (Gosselin S., communication personnelle). Ces taux sont atteints dans le respect des règles prescrites par le régime forestier actuellement en vigueur au Québec, pourtant considéré comme fort contraignant par plusieurs. Dans ce contexte, l'application telle quelle de la recommandation d'un seuil maximal de 35% du taux de perturbation conduirait à une restructuration majeure de l'industrie forestière.

Dans la sphère sociale, des divergences d'opinions ont donc surgi quant à la vocation à attribuer aux zones boréales qui n'ont pas encore été perturbées par l'aménagement forestier : conservation intégrale ou économie et emploi ? Ou, dit autrement : le caribou forestier ou le travailleur forestier ?

1.8. Les doutes : discussion

Les trois documents ayant servi à construire la recommandation principale pour le rétablissement du caribou forestier au Québec (Environnement Canada, 2012, ÉRCFQ, 2013a et b) ont été construits à la lumière de la meilleure science disponible concernant différentes facettes de la biologie de cet écotype.

Cependant, certains des constats et résultats scientifiques utilisés dans ces documents et résumés aux sections 1.2 à 1.6 peuvent être analysés et interprétés autrement, tout en restant de l'aussi bonne science. Par exemple, l'approche d'Environnement Canada reliant recrutement et perturbations a elle-même fait l'objet d'une critique (Sleep et Loehle, 2010). De fait, le cheminement qui a permis d'établir le seuil maximal de perturbations à 35% nous semble plutôt tortueux, même si acceptable au plan scientifique. Il fait place à plusieurs approximations et hypothèses au fur et à mesure que l'on progresse dans la logique de détermination de ce seuil. De même, la délimitation de la dimension des zones d'influence pour une perturbation donnée n'est pas basée sur des expériences qui prouvent des relations de cause à effet, mais plutôt sur l'interprétation de résultats provenant de nombreux suivis de déplacement de caribous forestiers munis d'un collier émetteur. Ceci permet sûrement de faire de la bonne science et d'établir des corrélations, mais induit pour nous des incertitudes qui rendent les conclusions et recommandations discutables. D'ailleurs, les acteurs socio-économiques utilisent ces failles pour élaborer leurs arguments. Et c'est pourquoi nous souhaitons prendre du recul par rapport aux conclusions issues des différents plans de rétablissement sur le caribou forestier pour élaborer des recommandations qui permettraient mieux, selon nous, de naviguer avec l'incertitude et d'actualiser un raisonnement éthique complexe.

2. Paradigme scientifique et éthique dans les raisonnements

Nos interrogations sur la problématique du caribou forestier présentée dans sa complexité légale, biologique, économique et sociale trouvent leurs fondements dans les paradigmes scientifiques et les raisonnements éthiques qui sous-tendent les connaissances et les décisions à propos de cet écotype à statut précaire.

En se fiant uniquement à la « science faite » sur le caribou, c'est-à-dire aux résultats des chercheurs et à leurs interprétations de spécialiste, on a tendance à occulter le processus de sa construction, ses présupposés et paradigmes et à oublier que les connaissances humaines, même si elles relèvent des sciences de la nature, constituent des vérités situées dans un univers social, économique, technique et éthique lié au temps (Latour, 2005). Nous n'oublions jamais non plus que « décrire n'est pas prescrire et n'en dispense pas » selon l'expression de Comte-Sponville (2000). La prescription s'appuie sur un raisonnement éthique qui tente de démêler ce qui est plutôt « bien », le meilleur dans les circonstances, et ce qui est plutôt « mal » pour l'époque (Camerini, 2003).

Nous avons montré que sans avoir l'intention de le faire, les acteurs d'une controverse socio-environnementale polarisée amalgament leur « vrai » avec leur « bien », sans le raisonner explicitement, sans savoir qu'ils font ainsi un choix parmi les « vrai » et les « bien » possibles (Huybens, 2010).

2.1. Le discours scientifique et le vrai situé

Les scientifiques énoncent dans un discours articulé des « vérités-correspondances ». Le caractère vrai ou faux du discours scientifique concerne la *représentation* de la réalité or elle ne peut être « vraie » ou « fausse ». Les scientifiques élaborent des questions, des hypothèses, s'appuient sur des méthodes reconnues et rigoureuses et élaborent des représentations cohérentes du monde dans le cadre d'un paradigme (Kuhn, 1983). Les paradigmes sont des principes fondamentaux qui commandent une vision du monde alimentée par les informations qui permettent de le confirmer. Un paradigme n'est pas formulé comme tel, il n'est pas inscrit explicitement dans une théorie : « Comme il est invisible, celui qui lui est soumis croit obéir aux faits, à l'expérience, à la logique, alors qu'il lui obéit en premier » (Morin, 1991).

Notre raisonnement est plutôt de l'ordre de l'induction : dans un écosystème, nous étudions de manière préférentielle des « anomalies », des exceptions, ces situations qui se laissent, selon nous, mal expliquer par les modèles généraux existants. Nous n'essayons donc pas *a priori* de réfuter ou de confirmer un modèle (méthode déductive). Nous construisons des modèles pour rendre compte de nos interprétations *a posteriori* et une fois le nouveau modèle établi nous procédons de manière déductive pour évaluer sa robustesse. Nos interprétations sont fondées sur l'idée vérifiée (Gagnon et Morin, 2001 ; Jasinsky et Payette, 2005, par exemple) d'une variabilité pas toujours prévisible des processus qui permettent à la vie de se perpétuer malgré les aléas des perturbations naturelles. Notre paradigme interprétatif est donc systémique stochastique (Huybens, 2011).

En ce qui concerne le caribou, nous reconnaissons dans la littérature consultée un paradigme systémique finaliste (Huybens, 2010) : la nature, sans intervention humaine, s'autorégule en fonction d'une fin immuable, souvent énoncée comme un état d'équilibre parfois dynamique. Pour la forêt, il s'agit du climax (« aboutissement d'une succession réussie »). Pour le caribou, il peut s'agir, par exemple, d'un équilibre au niveau du taux de recrutement qui lui permet de se maintenir à travers le temps[5]. Il existerait aussi une sorte d'équilibre, un état stable ou à stabiliser, par exemple un maximum de 35% de perturbation de son habitat par le feu ou les coupes relativement récentes pour que le taux de survie des faons atteigne cette cible. Pourtant, au nord de la limite nordique des forêts attribuables, on retrouve des hardes de caribou qui occupent des territoires où les perturbations naturelles récentes affectent à elles seules plus de 35% de la superficie. Donc, face aux perturbations naturelles, le caribou s'adapte (c'est le côté systémique) mais face aux perturbations anthropiques, il ne le pourrait pas : les processus naturels sont rompus et le système ne s'autorégule plus en fonction de sa finalité (l'équilibre).

Nos questions scientifiques ne portent donc pas nécessairement sur les processus naturels qui permettent l'équilibre, mais plutôt sur les processus qui permettent au caribou de se perpétuer, y compris dans les zones où caribou forestier et activités humaines doivent cohabiter. Nous avons ainsi des questions sur les grandes fluctuations de population observées notamment chez le caribou toundrique (qui vit bien au-delà de la limite d'attribution des forêts commerciales et dont certaines populations sont dramatiquement en déclin aussi). Nous en avons d'autres sur le fait qu'en Norvège, le caribou est semi-domestiqué et profite de la présence humaine. Le déclin du caribou a aussi été identifié comme circumpolaire (Vors et Boyce, 2009).

---

[5] 27,5 faons par 100 femelles seraient requis pour stabiliser une population de caribou (Crête et Desrosiers, 1995).

2.2. Le raisonnement éthique et le « bien » explicite

Un raisonnement éthique permet de savoir ce qu'il convient de faire ou de ne pas faire, ou au moins de déterminer le « meilleur dans les circonstances » en lien avec des finalités éthiques explicites (valeurs). Comme le paradigme en science donne de la cohérence à la représentation du monde, les finalités éthiques donnent du sens et de la cohérence aux décisions.

Nous jouons notre rôle d'aide à la décision en nous présentant comme des acteurs impartiaux et non neutres en même temps : nous avons choisi des finalités explicites complexes et interreliées : un monde plus libre, plus juste, plus vert et plus responsable en même temps.

Plus libre : signifie qu'il faut, « pour bien faire », renouveler la démocratie par un meilleur arrimage entre démocratie représentative et démocratie participative. La pensée unique, les dogmes et la dictature sont exclus d'un monde « plus libre ». La multidisciplinarité, la complexité, la conscience et le dialogue en sont par contre les pierres angulaires.

Plus juste : porte sur la création et le partage des richesses. L'économie est un moyen pour assurer le bien-être des humains, pas une fin en soi. Un souci d'équité doit favoriser une répartition qui bénéficie d'abord aux plus démunis d'ici et d'ailleurs.

Plus vert : nous constatons que dans l'anthropocène[6], l'humain copilote avec la nature le destin de la vie sur la seule planète connue de nous qui l'abrite. La « bonne » relation à la nature se définit pour nous dans le cadre d'un partenariat (Serres, 1990 ; Morin, 2004 ; Huybens, 2010). Les finalités éthiques ne se trouvent pas dans la nature, sauf si nous les y mettons. La vie s'autorégule sans conscience, sans vengeance, sans récompense, sans autre finalité que de se maintenir sous toutes les formes que le hasard et les mécanismes de l'évolution des espèces permettent. La nature partenaire ne peut s'exprimer qu'à travers les discours des humains qui la représentent. Le partenariat peut se concrétiser par un contre don pour ce qui est pris (planter un nouvel arbre pour l'arbre coupé), par une exploitation d'un écosystème dans le respect de sa capacité à se régénérer (gestion écosystémique) ou à l'aider dans ce sens (scarifier pour favoriser la germination) ou encore en compensant d'une manière ou d'une autre des dégâts qui paraissent irréversibles (compensation par des plantations pour les gaz à effet de serre

---

[6] Terme introduit par Paul Crutzen pour désigner cette ère géologique qui suivrait l'holocène et où l'influence de l'espèce humaine sur la terre devient déterminante. Cette nouvelle ère aurait débuté au début de l'ère industrielle (fin du 18ème siècle).

émis). La bienveillance et le respect pour la nature permettent de considérer comme « mal » une destruction gratuite (ou pour des besoins futiles) d'un écosystème, d'une espèce ou d'un individu. Dans un monde plus vert, on vise la coexistence de toutes les formes de vie et on s'empêche de décider de la disparition d'une espèce ou du suicide de notre propre espèce. La nature ne fait pas cela : les espèces ne traversent pas le temps, mais l'éthique du partenariat n'implique pas nécessairement d'imiter la nature.

Plus responsable : les humains d'aujourd'hui portent avec ceux d'hier la responsabilité du monde qui sera laissé aux générations de demain, humaines et non-humaines. Nous sommes collectivement responsables de réparer les erreurs du passé, autant que faire se peut, parce que nous bénéficions des avantages, comme des inconvénients, des choix de nos prédécesseurs. Et nous sommes éthiquement responsables, face aux générations futures, des décisions que nous prenons aujourd'hui (Jonas, 1998).

La conscience de ces finalités et la capacité à les invoquer explicitement pour jouer notre rôle d'aide à la décision enlèvent toute neutralité à nos recommandations. En même temps, la bonne décision résulte d'un dialogue dans un « monde plus libre » : nous devons donc être impartiaux. Les finalités éthiques déterminent autant les questions scientifiques que nous nous posons que les recommandations que nous faisons. Comme les finalités éthiques d'autres chercheurs orientent aussi les questions qu'ils se posent et les recommandations qu'ils élaborent.

Dans la littérature consultée et le plan de rétablissement, nous constatons des raisonnements éthiques non explicites que nous pouvons facilement reconnaître. Ils se basent sur l'idée que la nature fait bien les choses et que pour bien faire, il s'agit de faire comme elle. Ainsi, dans les informations à notre disposition concernant l'écologie du caribou forestier, les chercheurs se posent la question de savoir comment « atténuer l'empreinte anthropique dans l'aire de répartition du caribou forestier » pour lui permettre de se rétablir. C'est la nature sans l'homme qui fait bien les choses. Et bien évidemment en disant cela, nous ne remettons en question ni le caractère scientifique des recherches, ni la cohérence et la compétence des chercheurs. Nous tentons de décrire en quoi la construction de leurs vérités-correspondances et de leur « bien » diffère du nôtre.

L'éthique de l'environnement qui sous-tend les recommandations de ceux qui ont rédigé les plans de rétablissement est écocentrique[7] : en faisant au

---

[7] Trois raisonnements éthiques traversent les recommandations des acteurs des sociétés occidentales contemporaines. Une éthique anthropocentrique place l'homme dans une posture

plus près ce que fait la nature, il n'y a pas de risque de se tromper. Le vrai vaut le bien. Pour « bien » perturber un écosystème, il convient de connaître son fonctionnement en dehors de la présence humaine, car les activités anthropiques déstabilisent un écosystème qui ne peut plus s'autoréguler selon sa nature propre. Les traces pérennes associées aux coupes forestières n'imitent pas la nature, elles ne peuvent donc être « bonnes ». Elles favorisent l'orignal et ses prédateurs qui perturbent les processus favorables au caribou. Parallèlement avec cette représentation de l'éthique et en cohérence avec elle, les chercheurs tentent de « Comprendre les impacts des perturbations anthropiques sur l'écologie du caribou forestier et de ses prédateurs »[8].

En conclusion, nous pensons que la nature bris-colle dans l'ordre et dans le désordre, que l'éthique n'est pas dans les lois de la nature et que notre responsabilité consiste plutôt à établir un partenariat avec elle. Notre interrogation fondamentale est donc : « comment organiser la coexistence entre les humains et les caribous dans la zone forestière sous aménagement au Québec ? ». Il n'existe pas encore de réponse satisfaisante à cette question parce que les recherches actuelles tentent de montrer le rôle des humains dans le défaut de recrutement des faons et par conséquent à inspirer des recommandations qui éloignent les humains des lieux où pourraient se maintenir les populations de caribou. Les changements climatiques, la génétique des populations, le déclin naturel d'espèces au fil des millénaires, la fluctuation naturelle parfois impressionnante de populations animales pourraient faire l'objet de connaissances supplémentaires qui permettraient d'élaborer des recommandations plus nuancées et selon nous plus pertinentes pour mieux protéger le caribou.

3. La forêt souhaitée : l'avenir comme point de départ

Les connaissances sur la nature en général et sur le caribou en particulier seront toujours incomplètes, incertaines ou manquantes ; et toujours elles ne seront que celles du moment présent. De plus, nous ne pensons pas que nous pourrons savoir un jour ce qu'aurait fait la nature sans la présence humaine sur la Terre. Nous sommes donc « condamnés » à faire avec nous ! Et nous ne pensons pas non plus qu'imiter la nature au plus près soit l'injonction

---

d'intendance d'une nature instrumentalisée à ses besoins. Une éthique biocentrique qui met l'accent sur l'importance à accorder à toute vie comme ayant une valeur intrinsèque. Les individus non-humains prennent une importance considérable. Et enfin, une éthique écocentrique qui calque le bien sur le fonctionnement des écosystèmes. L'accent est mis sur les espèces non-humaines. Elle s'appuie très fortement sur la science (Huybens, 2010).

[8] Titre de la conférence donnée par Martin-Hugues St-Laurent le 4 septembre 2013 à l'UQAC et présentant les résultats de nombreuses recherches sur le caribou.

éthique exclusive à mettre en œuvre. Étant donné le niveau d'incertitude qui accompagne nos connaissances sur la nature, nous préférons nous poser la question de savoir ce que l'on veut pour l'avenir. Autrement dit, nous proposons de remplacer la nostalgie d'un passé « idéal » (la forêt pré-industrielle, par exemple) par l'idée d'un futur élaboré dans le dialogue. Cette façon d'aborder une problématique est également relayée par d'autres chercheurs (p.ex., Choi, 2007). L'idée de « forêt souhaitée » permet ainsi tant que faire se peut d'imaginer le présent de l'aménagement forestier en fonction d'un futur qui actualiserait un partenariat avec la nature tel que nous l'avons défini plus haut. Se tourner résolument vers l'avenir permet selon nous de porter la responsabilité de décisions qui doivent favoriser la coexistence de toutes les formes de vie, la bienveillance pour tout ce qui est non-humain et la nécessité éthique de ne participer volontairement, et quels que soient les bénéfices attendus, au déclin d'aucune espèce animale ou végétale, fût-ce un écotype et même sur une partie seulement de son aire de répartition. Cette vision n'est pas anthropocentrique : nous ne voulons pas aménager la forêt en fonction des seuls besoins humains en y incluant les générations futures. Elle n'est pas écocentrique non plus : elle n'induit pas que la nature sans les humains fait nécessairement bien les choses et qu'il faut l'imiter. Le partenariat avec la nature est multicentrique : la nature dans tout ce qu'elle est par nature et les humains dans tout ce qu'ils sont par nature et par culture sont la base de connaissances et de réflexions éthiques pour prendre les décisions d'aujourd'hui.

Quelques balises encadrent nos recommandations pour la forêt souhaitée : la science a toute sa place à sa juste place, aimer ce que nous sommes et lutter contre notre barbarie, organiser aujourd'hui le partenariat avec la nature, la non-acceptabilité sociale est une opportunité et pas un fléau à éradiquer, se mettre d'accord est un choix laborieux.

- ***La science a toute sa place à sa juste place***

La science occupe aujourd'hui une place privilégiée et heureusement. Mais elle ne peut pas répondre à toutes les questions : elle ne remplace ni l'éthique, ni l'esthétique, ni l'imaginaire qui ne sont pas des incongruités à faire disparaître. De plus, l'interprétation de mêmes résultats issus de la science peut varier d'un scientifique à l'autre, compliquant ainsi la tâche des décideurs. L'enjeu caribou forestier au Québec et au Canada illustre bien cette situation. Quand les acteurs font prendre toute la place au discours scientifique, ils l'instrumentalisent pour défendre leurs intérêts. Pour établir une forme de partenariat avec la nature, la science peut la « faire parler ». Comme chercheurs, nous élaborons des questions et des réponses qui permettent de remettre des recommandations pour favoriser un « monde plus vert ».

- ***Aimer ce que nous sommes et lutter contre notre propre barbarie***

L'artificiel du monde n'est pas sa laideur ni sa fausseté. Nous sommes autant une espèce étrange, destructrice et barbare que nous sommes capables de bienveillance pour ce qui n'est pas nous. « Aussi étrange que cela sonne, il faut aimer les sciences, les techniques, les marchés, bref l'artificiel d'une Terre dont il faut apprendre à renouveler la face. Prométhée nous sommes, Prométhée nous devons continuer à être. » (Latour, 2008). Pour aimer ce que nous sommes, il importe de penser et d'actualiser, dans des conduites individuelles et collectives, une éthique qui fait de notre espèce la véritable conscience du monde et porte la responsabilité du co-pilotage du destin planétaire avec la nature et tous ses processus stochastiques. Aimer ce que nous sommes, c'est en résumé accepter d'humaniser l'humanité dans ses relations tant avec elle-même qu'avec les non-humains. La régression de l'aire de répartition du caribou forestier depuis 1850 est sans aucun doute liée à la présence humaine accrue sur un territoire de plus en plus grand, mais nous devons penser sa protection avec nous.

- ***Organiser aujourd'hui le partenariat avec la nature***

Nous ne pensons pas que la création d'espaces protégés de toute activité humaine soit la seule réponse souhaitable pour aider le caribou à maintenir ses populations. Organiser la coexistence exige sans doute des interventions plus fines : protection des mères et des faons pendant les quelques semaines où ils sont vulnérables par exemple. Par ailleurs, les informations scientifiques les plus crédibles nous permettent de croire que les changements climatiques vont avoir un effet majeur sur la répartition spatiale des espèces dans le prochain siècle (Berteaux, 2014). De plus, des résultats publiés récemment montrent que la réponse des espèces à ces changements ne va pas toujours dans le sens attendu (Harsch et Hille Ris Lambers, 2014). C'est donc aussi avec ce futur qu'il faut penser la forêt souhaitée et la protection du caribou forestier. On pourrait, par exemple, s'assurer qu'en remontant vers le nord, les caribous ne rencontrent pas d'obstacles infranchissables et qu'ils trouvent des écosystèmes dans lesquels ils pourront vivre, même si pour cela nous devons y planter des arbres. Et cette proposition n'enlève évidemment rien au fait que diminuer nos émissions de gaz à effet de serre doit être une priorité.

- ***La non-acceptabilité sociale est une opportunité et pas un fléau à éradiquer***

La non-acceptabilité sociale associée à beaucoup de projets de développement semble avoir deux composantes principales : l'économie devenue une finalité qui permet d'éluder le dialogue sur les finalités éthiques de tout développement et la remise en question majeure d'une représentation de la relation de l'homme à la nature qui ne convient pas à notre monde de technologies très sophistiquées et de démographie galopante. Nous interprétons la polarisation des débats autour de la problématique caribou dans ce cadre. Les controverses socio-environnementales sont selon nous une opportunité pour changer de cap et métamorphoser le monde que nous connaissons (Morin, 2007). Recourir aux solutions d'hier, imiter et laisser faire la nature, nous exclure des processus naturels, continuer sur la lancée d'un développement économique qui montre ses limites empêche de faire de la non-acceptabilité sociale une opportunité pour métamorphoser le monde que nous connaissons. Les questions de recherche doivent fournir des réponses qui soutiennent la créativité de solutions inédites.

- ***Se mettre d'accord est un choix laborieux***

Saisir l'opportunité de la non-acceptabilité sociale pour apprendre la complexité du monde représenté par les humains est un travail ardu. Avec l'objectif de se mettre d'accord, l'Autre est une opportunité pour plus de conscience, moins de dogmatisme et d'autojustification et plus de bienveillance. Cependant, dans les controverses socio-environnementales et dans les situations de non-acceptabilité sociale, nous avons tendance à plus combattre que débattre. La polarisation des points de vue et la moraline[9] laissent quelques gagnants et surtout, beaucoup de perdants, dans des combats dont les acteurs sortent épuisés et amers. Dès lors, se mettre d'accord doit s'apprendre.

CONCLUSION

Passer de la recherche à l'aide à la décision nous a engagés dans un questionnement praxéologique sur la construction des discours scientifiques et sur l'éthique qui préside aux recommandations. Nous envisageons les problématiques socio-environnementales de manière à la fois pragmatique et centrée sur l'aide à la décision et à la fois théorique et centrée sur des résultats de recherche. Ce qui fait notre spécificité est sans doute notre capacité à distinguer ces deux rôles pour ne pas les amalgamer : nous savons que décrire (les résultats scientifiques) n'est pas prescrire (les recommandations) et n'en dispense pas. Et nous savons en même temps que nous devons les relier pour remplir notre rôle d'aide à la décision. Cette petite distinction a des effets insoupçonnés et nous fait regarder les

---

[9] « La moraline (j'emprunte ce terme à Nietzsche) est la simplification et la rigidification éthique qui conduisent au manichéisme, et qui ignorent compréhension, magnanimité et pardon. Nous pouvons reconnaître deux types de moraline : la moraline d'indignation et la moraline de réduction qui, du reste, s'entre nourrissent » (Morin, 2004).

recommandations liées au rétablissement du caribou forestier avec un œil critique loin des sentiers battus des deux courants dominants de pensée : le caribou d'abord dans des aires protégées ou l'homme et ses besoins socio-économiques d'abord. Il nous apparaît urgent de mettre la créativité humaine au service de la coexistence du couple aménagement forestier durable – maintien du caribou forestier dans la zone de la forêt boréale sous aménagement pour le bénéfice tant du caribou que des humains et de ne pas s'en tenir là : dans la forêt souhaitée, toutes les espèces coexistent.

BIBLIOGRAPHIE

Bachelard, G., 1967. La formation de l'esprit scientifique. Contribution à une psychanalyse de la connaissance objective. Librairie philosophique J. Vrin, Paris.

Berteaux, D., 2014. Changements climatiques et biodiversité au Québec, vers un nouveau patrimoine naturel. Presses de l'Université du Québec, Québec.

Camerini, C., 2003. Les fondements épistémologiques du développement durable : entre physique, philosophie et éthique. L'Harmattan, Paris.

Choi, Y.D., 2007. Restoration ecology to the future : a call for new paradigm. Restoration Ecology, 15, 351-353.

Comte-Sponville, A., 2000. Présentations de la philosophie. Le livre de poche, Albin Michel, Paris.

Courtois, R., Ouellet, J.P., Gingras, A., Dussault, C., Breton, L., Maltais, J., 2003. Historical changes and current distribution of caribou in Quebec. Canadian Field-Naturalist, 117, 399-414.

Crête, M., Desrosiers, A., 1995. Range expansion of coyotes, *Canis latrans*, threatens a remnant herd of caribou, *Rangifer tarandus*, in southeastern Quebec. Canadian Field-Naturalist, 109, 227-235.

Dussault, C., 2013. Inventaire du caribou forestier à l'hiver 2012 au Saguenay–Lac-Saint-Jean. Société de la faune et des parcs du Québec, Direction de l'aménagement de la faune du Saguenay–Lac-Saint-Jean, Québec.

Environnement Canada, 2012. Programme de rétablissement du caribou des bois (*Rangifer tarandus caribou*), population boréale, au Canada. Série de programmes de rétablissement de la Loi sur les espèces en péril, Environnement Canada, Ottawa.

ÉRCFQ (Équipe de Rétablissement du Caribou forestier du Québec), 2013a. Plan de rétablissement du caribou forestier (*Rangifer tarandus caribou*) au Québec – 2013-2023. Produit pour le compte du Ministère du Développement durable, de l'Environnement, de la Faune et des Parcs, Québec.

ÉRCFQ (Équipe de Rétablissement du Caribou forestier du Québec), 2013b. Lignes directrices pour l'aménagement de l'habitat du caribou forestier (*Rangifer tarandus caribou*). Produit pour le compte du Ministère du Développement durable, de l'Environnement, de la Faune et des Parcs, Québec.

Fortin, D., Courtois, R., Etcheverry, P., Dussault, C., Gingras, A., 2008. Winter selection of landscapes by woodland caribou : behavioural response to geographical gradients in habitat attributes. Journal of Applied Ecology, 45, 1392-1400.

Gagnon, R., Morin, H., 2001. Les forêts d'épinette noire du Québec : dynamique, perturbations et biodiversité. Le naturaliste canadien, 125, 3, 26-35.

Harsch, M.A., Hille Ris Lambers, J., 2014. Species distributions shift downward across western North America. Global Change Biology, doi : 10.1111/gcb.12697.

Huybens, N., 2007. Inscrire la recherche scientifique dans le laboratoire de la vie : deux exemples. Le consortium de recherche sur la forêt boréale commerciale et la chaire en Éco-conseil. In : Anadon, M., (Éd.), La recherche participative. Presses de l'Université du Québec, Québec.

Huybens, N., 2010. La forêt boréale, l'éco-conseil et la pensée complexe. Comprendre les humains et leurs natures pour agir dans la complexité. Éditions universitaires européennes, Saarbrücken.

Huybens, N., 2011. Comprendre les aspects éthiques et symboliques de la controverse socio-environnementale sur la forêt boréale du Québec. Vertigo, 11, 2, [En ligne].

Jasinski, J.-P., Payette, S., 2005. The creation of alternative stable states in the southern boreal forest. Ecological Society of America, Quebec, 75, 4, 561-583.

Jonas, H., 1998. Pour une éthique du futur. Payot et Rivages, Paris.

Kuhn, T.S., 1983. La structure des révolutions scientifiques. Flammarion, Paris.

Latour, B., 2005. La science en action. Introduction à la sociologie des sciences. La Découverte-poche, Sciences humaines et sociales, Paris.

Latour, B., 2008. Si tu viens à perdre la Terre, à quoi te sers d'avoir sauvé ton âme ? In : Eschatologie et Morale, Conférence inaugurale, Institut Catholique de Paris, [En ligne], http://www.bruno-latour.fr/sites/default/files/109-ECOTHEO-FR.pdf

Morin, E., 1977, 1980, 1986, 1991, 2000, 2001, 2004. La Méthode. Tomes I à VI, Éditions du Seuil, Paris.

Morin, E., 2007. Vers l'abîme ? L'Herne, Paris.

Provencher, J., 2012. La disparition du caribou. Les quatre saisons. [En ligne], http://jeanprovencher.com/2012/02/15/la-disparition-du-caribou/#comments

Schön, D.A., 1994. Le praticien réflexif : à la recherche du savoir caché dans l'agir professionnel. Logiques, Montréal.

Serres, M., 1990. Le contrat naturel. F. Bourin, Paris.

Sleep, D.J.H., Loehle, C., 2010. Validation of a demographic model for woodland caribou. J. Wildlife Management, 72, 900-905.

Vors, L.S., Boyce, M.S., 2009. Global declines of caribou and reindeer. Global Change Biology, 15, 2626-2633.

Conclusion

HUYBENS Nicole
Université du Québec à Chicoutimi, Canada

En relisant aujourd'hui l'ensemble des conférences prononcées à Mons en 2013 lors du colloque de l'ASRDLF, il est frappant de constater à quel point les forêts sont devenues, tant dans nos connaissances scientifiques que dans nos représentations sociales, bien autre chose qu'une collection d'arbres, ressources renouvelables pour nos besoins insatiables de produits du bois. Les connaissances multidisciplinaires sont nécessaires dès lors pour gérer les forêts en tant que systèmes éco-techno-symboliques[1]. Expliciter et articuler les savoirs théoriques, experts, profanes, éthiques et culturels à propos des forêts est une tâche bien amorcée mais inachevée qu'il faudra poursuivre pour faire de l'aménagement forestier un exemple de prise en compte moderne de la nature et des humains dans leurs essences et spécificités.

Plusieurs textes dans ce recueil montrent combien les différentes représentations sociales et motivations des acteurs sont importantes pour bien comprendre l'évolution de la relation entre les humains et les forêts. Finger Stich et Shannon par exemple montrent qu'une gestion forestière impliquant les communautés locales est plus apte à intégrer les motivations des acteurs des territoires. Zahid, à travers une analyse genrée des savoirs forestiers, illustre comment la disparition des ressources naturelles déstructure une culture et enlève des points de repère cruciaux aux acteurs. Amand et Granet mettent plutôt l'accent sur les tensions existantes entre ceux qui veulent retirer un revenu de leurs forêts et ceux qui ressentent un attachement plus sentimental ou mettent en exergue la force symbolique de la forêt. Pour de Morogues, il y a une pluralité de motivations des acteurs forestiers : elles sont patrimoniales, ou hédonistes, les forêts deviennent un milieu naturel à protéger et permettent une quête identitaire tout en restant parfois une source de revenus. D'ailleurs bien des propriétaires forestiers en France ne sont plus des sylviculteurs : Corvol rappelle que leurs propriétés sont trop petites et qu'ils ne vivent pas de leurs forêts.

Le constat des différents besoins humains contemporains liés aux forêts et l'importance que prennent les écosystèmes forestiers et leur biodiversité entraînent la nécessité de repenser la gestion des territoires. Leclerc montre à ce propos que les enjeux et besoins des acteurs peuvent être contradictoires,

---

[1] Berque, A. 2010. Des fondements ontologiques de la crise et de l'être qui pourrait la dépasser. Vertigo , 10, 1, [En ligne].

et que les niveaux de prise de décision, aux frontières pas toujours très claires, se multiplient.

Les processus participatifs permettent d'envisager et même de créer avec la nature des aménagements forestiers complexes. Lardon et coll. estiment qu'une meilleure intégration de l'ensemble des savoirs scientifiques et profanes permet plus sûrement de changer les pratiques de gestion forestière. Alors que Valenzini et coll. se sont penchés sur la motivation des acteurs pour la biodiversité, notamment dans des territoires issus d'un boisement récent de landes et de terres agricoles car il faut bien constater que la sylviculture à des fins d'accroissement de la production forestière ne fait plus consensus social même pour des forêts plantées.

La biodiversité discutée par des acteurs aux intérêts divergents permet de générer des consensus là où les intérêts paraissaient surtout contradictoires et les situations bloquées : la gestion durable de la biodiversité forestière repose sur des compromis entre production et protection (Blondet). Et dans ce contexte, il se pourrait que les *community forests* (Nail) anglaises apparaissent comme des solutions de foresterie urbaine et sociale compatibles avec des enjeux forestiers économiques plus classiques.

Il s'ensuit de toutes ces études que manifestement, on ne gère plus aujourd'hui les forêts avec des informations purement scientifiques ou purement économiques. La formation des gestionnaires ne peut alors se limiter à l'acquisition de savoirs scientifiques, techniques et juridiques sur les écosystèmes forestiers, d'autant que même ceux-là perdent leur aura de vérité objective détachée de tout paradigme et de toute forme d'éthique (Huybens et Lord). L'animateur forestier doit disposer d'un « bouquet » de compétences (Trognon et Bouchaud) parce qu'il réalise un travail aussi technique que social. La nécessité de décisions multicritères complique certes sa tâche mais il existe des outils sophistiqués qui aident à la décision (Lahssini et coll.). Enfin, Larbi montre que la prise en compte des savoirs profanes locaux passe par leur explicitation et comme ils ont permis à certains écosystèmes de perdurer à travers le temps, on voit en même temps tout ce qu'ils peuvent apporter à une gestion contemporaine des forêts. La négociation et la gestion des conflits dans une perspective intégrative fait dire à Lahssini et coll., qu'il convient de penser le maintien de massifs forestiers en gérant l'accès à la forêt de manière systémique pour assurer la durabilité des services qu'elle rend.

Dans le monde contemporain, certaines activités humaines pratiquées parfois très loin des écosystèmes forestiers les affectent pourtant de manière intense et sans doute irréversible. Les changements climatiques rendent folle la forêt des Pygmées et Bantous au Cameroun (Wilmart et Farcy) mais aussi déstructurent leurs savoirs, leur mode de vie et entraînent une perte de repères, un sentiment d'incertitude et beaucoup d'incompréhension. Van Gameren met l'accent sur l'indispensable mise en place de politiques publiques pour favoriser l'adaptation aux changements climatiques sans occulter pourtant l'importance des actions déployées directement par les acteurs de terrain.

La foresterie d'aujourd'hui et on l'espère celle de demain s'appuieront autant sur les savoirs pris dans leur sens large, incluant les sciences de la nature et les sciences humaines que sur les motivations, besoins, valeurs et symboliques des acteurs devenus décideurs, au moins en partie, de l'avenir des écosystèmes forestiers de la planète. La description pure des écosystèmes forestiers « naturels » ne peut plus se penser sans les enjeux sociaux, symboliques et culturels des humains. L'humanité s'urbanise et dans les faits, elle s'éloigne des forêts. Cependant les représentations sociales en lien avec la nature démontrent à quel point les humains gardent avec la forêt un lien radical (de racine). Les peuples qui ont gardé un lien plus symbolique à la forêt nous le rappellent probablement le mieux, même si individuellement dans les sociétés occidentalisées la forêt fait de plus en plus l'objet d'une spiritualité contemporaine qui se cherche.

Plus de deux ans après la tenue du colloque de Mons, il nous apparaît que ce recueil pourrait s'enrichir de perspectives nouvelles. Le concept de l'anthropocène[2] pourrait par exemple donner au domaine forestier un cadre global permettant de faciliter les recherches et le transfert de connaissances entre savants, profanes et experts de toutes les cultures. Depuis la révolution industrielle au moins, les impacts globaux des humains sur l'écosphère sont devenus si manifestes qu'un tel concept permet d'éclairer l'importance que prennent et vont prendre dans le futur l'aménagement de l'écosystème social, économique et culturel que sont devenues les forêts du monde pour les humains du 21ème siècle.

Si le concept d'anthropocène ne fait pas encore consensus chez les géologues, il offre des repères philosophiques et éthiques pour mieux comprendre le monde contemporain et les sens que les humains donnent à la vie et à la nature. À l'anthropocène, partout où l'on a affaire à un phénomène naturel, on rencontre « l'anthropos », dira Bruno Latour[3].

---

[2] Steffen, W., Broadgate, W., Deutsch, L., Gaffney, O., Ludwig, C., 2015. The trajectory of the Anthropocene: the great acceleration. The Anthropocene Review, 2, 1, 81-98. Le concept d'anthropocène traduit l'idée que l'humanité à l'instar des cycles biogéophysiques est devenue une force produisant des transformations majeures dans l'écosphère.

[3] Latour., B., 2014. In : Hache, E., (Éd.), De l'univers clos au monde infini. Dehors, Paris.

En situant l'influence de l'humanité à l'instar d'autres phénomènes naturels transformateurs de la planète, la géohistoire prend forme. Et la responsabilité humaine prend surtout une autre forme ! L'éthique de la relation à la nature change : d'anthropocentrique (être les gardiens de la nature pour les besoins humains y compris pour les générations futures) et d'écocentrique parfois (imiter les processus naturels pour maintenir l'intégrité des écosystèmes en se basant sur les meilleures connaissances scientifiques), elle s'inscrit de plus en plus plus dans les idées de co-création et de partenariat : l'homme et la nature ensemble influencent le destin planétaire. Et seuls les premiers peuvent le faire dans le cadre d'un partenariat assumé. La nature réagira certes à notre agir mais elle ne pourra pas choisir un avenir souhaité, ni pour elle, ni pour l'humanité. Elle s'adaptera.

Si nous prenions plus conscience encore du fait que nous sommes devenus les co-créateurs du destin planétaire, une éthique basée sur un dialogue entre les sagesses des cultures diversifiées paraîtra de plus en plus indispensable : savoirs scientifiques et savoirs profanes, pratiques de gestion et liens sacrés à la nature permettront mieux d'inscrire une humanité responsable dans les forêts de l'anthropocène. Car « quel groupe, culture ou société peut prétendre posséder une connaissance si approfondie de toutes choses qu'elle leur permette d'agir comme gardiens de toute vie ? »[4]

Une réflexion plus approfondie sur les forêts de l'anthropocène, via un colloque ou un ouvrage collectif, pourrait porter sur ce que *sont* ces forêts, par exemple en comparant la biodiversité des forêts plantées ou des superficies (re)boisées avec celle des forêts naturelles. Mais aussi sur ce que ces forêts *font* : les services qu'elles rendent aux humains et à la nature, notamment en lien avec les changements climatiques, et surtout sur ce que les humains d'aujourd'hui voudraient que soient les forêts, après avoir pris conscience que l'homme et la nature co-construisent le destin de la vie sur la planète Terre.

Un horizon d'intelligibilité qui fera la place à la complexité de la présence humaine dans l'écosphère terrestre pourrait se co-construire et permettre peut-être de prendre des décisions qui devraient participer à une prospérité plus responsable et à une meilleure reconnaissance de ce que chaque culture, chaque enjeu social peut apporter à l'aménagement forestier. Trouver ce terrain d'entente entre écologie scientifique, éthique environnementale et enjeux socio-économiques pourrait passer par un dialogue où chaque apport serait considéré avec attention et participerait à l'élaboration de décisions plus riches de notre humanité commune.

---

[4] Raine, P. 2005. Le chaman et l'écologiste. L'Harmattan, Paris.

Table des auteurs

AL KARKOURI Jamal Université Ibn Toufail Faculté des Lettres et des Sciences Humaines BP 1074 Kenitra MAROC Courriel : alkarkourij@yahoo.fr	***AMAND Rudy*** Université de Caen Basse-Normandie Esplanade de la Paix 14032 Caen Cedex FRANCE Courriel : rudy.amand@unicaen.fr
AZIZ Larbi École Nationale d'Agriculture de Meknès BP S/40 50001 Meknès MAROC Courriel : laziz@enameknes.ac.ma	***BLONDET Marieke*** - UMR 7206 – HNS Muséum national d'Histoire naturelle 17, place du Trocadéro 75116 Paris - LEF INRA AgroParisTech Nancy 14, rue Girardet 54042 Nancy Cedex FRANCE Courriel : mblondet@nancy.inra.fr
BOUCHAUD Monique Irstea (UMR Métafort) 9, avenue Blaise Pascal CS 20085 63178 Aubière FRANCE Courriel : monique.bouchaud@gmail.com	***BRÉDIF Hervé*** Université Paris 1 Panthéon-Sorbonne 191, rue Saint-Jacques 75005 Paris FRANCE Courriel : hbredif@univ-paris1.fr
CORDONNIER Thomas Université Grenoble Alpes, Irstea, UR EMGR 2, rue de la papeterie, BP76 38402 Saint-Martin d'Hères Cedex FRANCE Courriel : thomas.cordonnier@irstea.fr	***CORVOL Andrée*** Groupe d'Histoire des Forêts Françaises École Normale Superieure, IHMC 45, rue d'Ulm 75005 Paris FRANCE Courriel : dessert.andree@orange.fr
de MOROGUES Francis Institut technologique FCBA Domaine Universitaire, CS 90251 38044 Grenoble Cedex 9 FRANCE Courriel : Francis.de.Morogues@fcba.fr	***DEVILLEZ Freddy*** Université de Louvain Earth and Life Institute (ELI-e) 2, Croix du Sud, bte L7.05.09 1348 Louvain-la-Neuve BELGIQUE Courriel : freddy.devillez@uclouvain.be
EL AÏDOUNI Mohammed Université Ibn Toufail Faculté des Lettres et des Sciences Humaines BP 1074 Kenitra MAROC Courriel : simo-ss@hotmail.com	***FARCY Christine*** Université de Louvain Earth and Life Institute (ELI-e) 2, Croix du Sud, bte L7.05.09 1348 Louvain-la-Neuve BELGIQUE Courriel : christine.farcy@uclouvain.be

FINGER-STICH Andréa Haute École du Paysage, d'Ingénierie et d'Architecture de Genève (hepia) 150, route de Presinge 1254 Jussy SUISSE Courriel : andrea.finger-stich@hesge.ch	***GRANET Anne-Marie*** Office National des Forêts 2, avenue de Saint-Mandé 75570 Paris Cedex 12 FRANCE Courriel : anne-marie.granet@onf.fr
HLAL El Aid École nationale forestière d'ingénieurs BP 511 Tabriquet Salé MAROC Courriel : janat.hlal@gmail.com	***HUYBENS Nicole*** Université du Québec à Chicoutimi 555, boulevard de l'Université Chicoutimi (Québec) CANADA, G7H 2B1 Courriel : nicole.huybens@uqac.ca
LAHSSINI Saïd École nationale forestière d'ingénieurs BP 511 Tabriquet Salé MAROC Courriel : marghadi@gmail.com	***LARDON Sylvie*** INRA & AgroParisTech (UMR Métafort) 9, avenue Blaise Pascal CS 20085 63178 Aubière FRANCE Courriel : sylvie.lardon@agroparistech.fr
LECLERC Édith Université d'Ottawa 120, rue Université, pièce 5056 Ottawa, Ontario CANADA, K1N 6N5 Courriel : eleclerc@uottawa.ca	***LORD Daniel*** Université du Québec à Chicoutimi 555, boulevard de l'Université Chicoutimi (Québec) CANADA, G7H 2B1 Courriel : daniel.lord@uqac.ca
MORMONT Marc Université de Liège, 185, avenue de Longwy 6700 Arlon BELGIQUE Courriel : mmormont@ulg.ac.be	***MOUKRIM Saïd*** Haut Commissariat aux Eaux et Forêts et à la Lutte Contre la Désertification 3, Rue Haroune Rachid Agdal Rabat MAROC Courriel : said_moukrim@hotmail.com
NAGGAR Mustapha Haut Commissariat aux Eaux et Forêts et à la Lutte Contre la Désertification 3, Rue Haroune Rachid Agdal Rabat MAROC Courriel : munaggar@yahoo.com	***NAIL Sylvie*** Université de Nantes Ch. de la Censive du Tertre BP 81227 44312 NANTES Cedex 3 FRANCE Courriel : sylvie.nail@univ-nantes.fr
NKE NDIH Jean Université de Louvain Laboratoire d'anthropologie prospective Place Montesquieu, 1 bte L2.08.11 1348 Louvain-la-Neuve BELGIQUE Courriel : jean_nke@yahoo.com	***PONETTE Quentin*** Université de Louvain Earth and Life Institute (ELI-e) 2, Croix du Sud, bte L7.05.09 1348 Louvain-la-Neuve BELGIQUE Courriel : quentin.ponette@uclouvain.be
SABIR Mohammed École nationale forestière d'ingénieurs BP 511 Tabriquet Salé MAROC Courriel : miloudsaadia@hotmail.com	***SBAY Hassan*** Centre de la recherche forestière 1, rue Omar Ibn Alkhatab Agdal Rabat MAROC Courriel : hassansbay@gmail.com

SHANNON Margaret - Baldy Center for Law and Social Policy SUNY Buffalo Law School Buffalo, New York 14260-1100 USA - University of Freiburg Faculty of Environmental and Natural Resources 4, Tennenbacher str. 79106 Freiburg ALLEMAGNE Courriel : m.shannon@ife.uni-freiburg.de	***TROGNON Laurent*** AgroParisTech (UMR Métafort) 9, avenue Blaise Pascal CS 70054 63178 Aubière Cedex FRANCE Courriel : laurent.trognon@agroparistech.fr
VALENZISI Marc Institut Technologique FCBA Délégation Centre-Ouest Domaine des Vaseix 87430 Verneuil-sur-Vienne FRANCE Courriel : marc.valenzisi@wanadoo.fr	***VAN GAMEREN Valentine*** Université Libre de Bruxelles 50, avenue FD Roosevelt 1050 Bruxelles BELGIQUE Courriel : valentinevangameren@hotmail.com
VIGAN Martin École normale supérieure 15, parvis René Descartes BP 7000 69342 Lyon Cedex 07 FRANCE Courriel : martin.vigan@ens-lyon.fr	***WILMART Méline*** Université de Louvain Earth and Life Institute (ELI-e) 2, Croix du Sud, bte L7.05.09 1348 Louvain-la-Neuve BELGIQUE Courriel : wilmart.meline@gmail.com
ZAHID Fatima École Nationale d'Agriculture de Meknès BP S/40 50001 Meknès MAROC Courriel : fzahid@enameknes.ac.ma	

Environnement, Écologie et Développement aux éditions L'Harmattan

Dernières parutions

LE NOUVEAU MANUEL DE GESTION
des associations et ONG de développement (CD inclus)
Vincent Fernand
Ce manuel est un outil de travail et de gestion pour les dirigeants d'ONG/OP des pays du Sud. Il est composé d'un manuel de 320 pages et d'un CD permettant d'accéder à 200 outils de gestion et d'organisation d'ONG/OP ainsi qu'aux textes complets des cinq premiers manuels de gestion de l'auteur. Une mine d'exemples qui vous permettront d'améliorer la gestion, le développement et l'autonomie financière de votre organisation.
(35.00 euros, 316 p., Broché, Illustré en noir et blanc) ISBN : 978-2-343-05489-6, ISBN EBOOK : 978-2-336-37297-6

THÉORIE DU STOCK FROID
Développer rapidement les pays pauvres
Ducrocq François
Les pertes colossales en récoltes, parfois jusqu'à la moitié de ce qu'un paysan peut retirer de la terre, constituent le frein économique majeur pour les pays en développement. Cet ouvrage propose une approche nouvelle du stockage de produits alimentaires frais dans la théorie microéconomique, laquelle perçoit traditionnellement le stock comme un résidu. Tout au contraire, le stock a un impact déterminant dans l'accumulation primitive du capital des pays les plus pauvres.
(Coll. Rue des écoles, série Essais, 26.00 euros, 250 p.) ISBN : 978-2-343-04660-0, ISBN EBOOK : 978-2-336-37278-5

COMMENT ENTREPRENDRE EN AFRIQUE ?
Balises du porteur de projet de création d'entreprise
Lam Ibrahima Théo
Préface de Dr. Alain Capo Chichi – Postface de Cheikh Ahmed Tidiane Ba
Ce précis, basé sur une étude de cas d'entreprise durable et inclusive, donne le ton pour la valorisation des ressources locales, la promotion de l'entrepeneuriat chez les jeunes, l'*empowerment* surtout des femmes pour leur autonomisation continue, des solutions adaptées aux réalités africaines et surtout une création de valeur collective sûre. Sur tout le continent, des jeunes courageux, des femmes infatigables s'organisent, représentant une force économique indéniable.
(14.50 euros, 142 p.) ISBN : 978-2-343-05783-5, ISBN EBOOK : 978-2-336-37293-8

PAYS (LES) ACP DANS LE COMMERCE MONDIAL
Foé Aristide
Depuis les années 2000, l'Union européenne négocie avec les pays ACP des Accords de Partenariat Économique (APE) en substitution aux anciens accords de Lomé et de Cotonou. Dans ce cadre, les pays du Sud concernés seraient amenés à ouvrir leurs marchés à la plupart des produits en provenance de l'Union européenne. Selon l'auteur, les pays africains n'ont rien à craindre des accords de partenariat économique. Il implore les gouvernements et autres autorités compétentes d'informer et sensibiliser leurs populations de la nécessité d'une relation nouvelle, gagnant/gagnant, avec les partenaires occidentaux.
(24.00 euros, 238 p.)
ISBN : 978-2-343-04638-9, ISBN EBOOK : 978-2-336-36097-3

UN EXEMPLE DE COOPÉRATION NORD-SUD
Margny-lès-Compiègne et Méhanna (France-Niger)
Hellal Dany - Préface de Jacques Arrignon
Par ce témoignage, l'auteur a souhaité évoquer les jalons d'un échange Nord-Sud, qui pourrait être l'histoire de n'importe quelle commune autre que Margny ou Méhanna, afin de donner à de nouvelles générations l'envie d'entreprendre des échanges et des projets à taille humaine, dans un monde où tout semble difficile. La coopération décentralisée permet de s'enrichir les uns les autres par les différents savoir-faire et fait ici découvrir un continent ou «solidarité» et «sens du bonheur» ont toute leur authenticité.
(10.50 euros, 70 p.)
ISBN : 978-2-343-03967-1, ISBN EBOOK : 978-2-336-36065-2

GUIDE DE L'ACCOMPAGNEMENT DES PORTEURS DE PROJETS D'AUTO-EMPLOI
Rosanvallon André
En Afrique, la crise de l'emploi constitue un défi majeur pour les politiques de développement. Il faut créer massivement des emplois dans le secteur moderne (privé, public ou semi-public) et dans le secteur informel (à condition qu'il s'agisse d'emplois décents). Ces opportunités sont limitées. Il reste alors la création d'emploi par l'auto-emploi au sein d'activités génératrices de revenus. Il convient aujourd'hui de renforcer les dispositifs, d'accompagner les porteurs de projets et de renforcer les compétences de leurs agents.
(Coll. La Librairie des Humanités, 18.00 euros, 174 p.)
ISBN : 978-2-343-00319-1, ISBN EBOOK : 978-2-296-53114-7

TERRES RARES : ENJEU GÉOPOLITIQUE DU XXIe SIÈCLE
Chine, Etats-Unis, Europe, Japon, Groenland
Degeorges Damien - Préface de Per Stig Moller, ancien ministre danois des Affaires étrangères (2001-2010) ; postface de Palle Christiansen, ministre groenlandais de l'Éducation, de la Recherche et de la Coopération nordique
Groupe de métaux aux caractéristiques indispensables pour de nombreuses applications civiles et militaires, les terres rares se retrouvent dans les technologies vertes ainsi que dans les technologies au coeur de notre société (téléphones portables, écrans plats). Elles revêtent une dimension géopolitique majeure depuis que la Chine, qui contrôle 97% de la production mondiale, a réduit ses exportations. États-Unis, Europe et économies de l'Asie-Pacifique se tournent désormais vers un des principaux eldorados en la matière : le Groenland.
(Coll. Un autre regard / Paris School of Business, 10.50 euros, 78 p.)
ISBN : 978-2-336-00222-4, ISBN EBOOK : 978-2-296-50837-8

DES EXTRÊMES DANS LE MONDE, DE DHAKA À DOHA
Le Quément Joël
Cet essai interpelle sur des réalités économiques et sociales fortement inégales dans le monde, en particulier en Asie et dans le golfe Persique. Le XXIe siècle se caractérise par une forte croissance de la population dans certaines régions du monde et par des flux migratoires puissants. Que dire des tensions nées de ces déséquilibres ? Comment répondre à l'explosion des besoins en alimentation, énergies, infrastructures ? Y a-t-il des formes nouvelles de partage des richesses possibles ?
(14.00 euros, 126 p.)
ISBN : 978-2-336-00313-9, ISBN EBOOK : 978-2-296-50933-7

DIMENSION (LA) SACRIFICIELLE DE LA GUERRE
Essai sur la martyrologie politique
Mashimango Abou-Bar Abelard
Préface de Pascal Hintermeyer
Voici une analyse polémologique fondée sur une approche multidisciplinaire et une culture de la sociologie politique dont les suggestions - comme la ritualisation de la guerre, la martyrologie, les mythes, la question de l'honneur et du prestige, et la dimension sacrificielle des stratégies

- conduisent, à la fois, à l'examen exploratoire de la dynamique guerrière et à une réflexion approfondie des conflits armés contemporains.
(Coll. Questions contemporaines, 22.50 euros, 226 p.)
ISBN : 978-2-336-00363-4, ISBN EBOOK : 978-2-296-50824-8

DIMENSIONS OF WAR
Understanding War as a Complex Adaptive System
Solvit Samuel
With today mutable identities and various kinds of warfare, how do we further our understanding of war? Reviewing influential war theories from Machiavelli to the present, this book analyses how they reduce war in terms of time, space, interaction, purpose, aim, and/or evolution. Considering war as a complex adaptive system allows us to increase our overall comprehension of contemporary wars.
(Coll. Diplomacy and Strategy, 15.50 euros, 152 p.)
ISBN : 978-2-296-99721-9, ISBN EBOOK : 978-2-296-50839-2

UN MONDE DE FEU
Réchauffement environnemental et surchauffe sociale
Berger Corinne, Roques Jean-Luc
Les phénomènes de surchauffe environnementaux et sociaux observés de nos jours semblent difficilement maîtrisables. Le monde est plus que jamais en feu. N'existe-t-il pas un certain parallélisme entre réchauffement environnemental et embrasement social ? Pour se protéger, on assiste à un retour au foyer que l'on retrouve dans des dynamiques de ségrégations territoriales. Ces comportements n'attisent-ils pas le feu ? Existe-t-il des solutions ?
(Coll. Sociologies et Environnement, 20.00 euros, 202 p.)
ISBN : 978-2-336-00453-2, ISBN EBOOK : 978-2-296-50940-5

SOLIDARITÉS (LES) À L'ÉPREUVE DES CRISES
Sous la direction de Béatrice Muller, Jean-Claude Barbier, Maryse Bresson
Notre système de protection sociale n'a pas échappé aux réformes engagées en Europe dans le contexte de crise. Il est perçu à la fois comme un rempart à la crise et comme un obstacle à une reprise économique. Les auteurs tentent donc de comprendre comment ces différentes idées pénètrent les réalités des solidarités publiques et privées.
(Coll. Institut de la Ville et du Développement, 25.00 euros, 246 p.)
ISBN : 978-2-336-00322-1, ISBN EBOOK : 978-2-296-50987-0

ÉVALUATION (L') DES POLITIQUES PUBLIQUES
Défi d'une société en tension
Sous la direction de Gaëlle Baron et Nicolas Matyjasik
L'évaluation des politiques publiques constitue un instrument à disposition des pouvoirs publics pour engager les mutations nécessaires de leur action. Elle doit accompagner et si possible précéder ces évolutions. L'implication des citoyens et la diffusion grand public sont par exemple des réponses aux attentes de participation à la décision publique. L'évaluation doit aussi adapter ses méthodologies et identifier les priorités d'intervention.
(Coll. La Librairie des Humanités, 29.00 euros, 282 p.)
ISBN : 978-2-336-00445-7, ISBN EBOOK : 978-2-296-50864-4

ÉDUQUER À LA BIODIVERSITÉ POUR UN DÉVELOPPEMENT DURABLE
Réflexions et expérimentations
Matagne Patrick
Il était utile d'aborder d'une autre façon ce champ où biodiversité et développement s'entrecroisent dans une perspective pédagogique et expérimentale. Ce livre croise les scènes de la nature avec les scènes de l'homme et de la société. Voici un manuel utile aux étudiants, enseignants, formateurs, chercheurs et éducateurs en environnement et développement durable.
(Coll. Biologie, écologie, agronomie, 13.00 euros, 112 p.)
ISBN : 978-2-296-99354-9, ISBN EBOOK : 978-2-296-50914-6

TERRE (LA), QUESTION VITALE AU XXIe SIÈCLE
Sous la direction de Belkacem Belmekki, Madhu Benoit, Michel Naumann, Joëlle Weeks
Comment l'Inde et l'Afrique ont-elles construit le rapport de l'homme à la terre ? C'est la quête d'une unité perdue et celle d'une possible reconquête de la terre que restitue cette étude. Elle se décline en trois mouvements : mythologies et religions offrent à la réflexion contemporaine un cadre intellectuel, spirituel et écologique. Le récit se clôture sur le thème d'une reconquête vitale qui allie spiritualité et développement durable, économie et écologie, richesse linguistique et patrimoniale.
(Coll. Discours identitaires dans la mondialisation, 23.00 euros, 230 p.)
ISBN : 978-2-336-00120-3, ISBN EBOOK : 978-2-296-50991-7

GENRE, CHANGEMENTS AGRAIRES ET ALIMENTATION
Sous la direction de Christine Verschuur
Cet ouvrage propose de donner matière à réfléchir sur les processus d'appauvrissement des paysannes et paysans. Près d'un milliard de personnes ont faim dans le monde et paradoxalement 70 % d'entre elles font partie de familles paysannes. Les ressources naturelles et techniques sont pourtant suffisantes pour assurer une alimentation correcte de l'humanité. Cet éclairage nouveau prétend contribuer à expliquer les inégalités d'accès à l'alimentation dans le développement rural.
(Coll. Cahier du genre et développement, 47.00 euros, 480 p.)
ISBN : 978-2-296-99303-7, ISBN EBOOK : 978-2-296-50608-4

ÉCOLOGIE ET ÉVOLUTION DU MONDE VIVANT (Volume 1)
Le vie est une transmission d'information
Godron Michel
Comment résoudre les problèmes écologiques mondiaux qui se posent aujourd'hui ? Quels changements de nos mentalités et quelles innovations techniques seront nécessaires ? Ce volume répond à la question «Qu'est-ce que la vie ?» Depuis qu'elle est apparue sur terre, l'évolution des êtres vivants a suivi un «modèle» écologique et cybernétique très général, qui a conduit à la biodiversité actuelle, qui dépend elle-même des climats et des sols.
(Coll. Biologie, écologie, agronomie, 54.50 euros, 612 p.)
ISBN : 978-2-296-55870-0

ÉCOLOGIE ET ÉVOLUTION DU MONDE VIVANT (Volume 2)
L'échelle crée le phénomène
Godron Michel
Comment résoudre les problèmes écologiques mondiaux qui se posent aujourd'hui ? Quels changements de nos mentalités et quelles innovations techniques seront nécessaires ? Ce volume présente l'étude statistique de la répartition écologique des plantes et des animaux à l'échelle biogéographique des continents et des étages de végétation ainsi qu'à l'échelle des communautés végétales et animales et des paysages.
(Coll. Biologie, écologie, agronomie, 38.00 euros, 388 p.)
ISBN : 978-2-296-55871-7

ÉCOLOGIE ET ÉVOLUTION DU MONDE VIVANT (Volume 3)
Les problèmes écologiques actuels
Godron Michel
Comment résoudre les problèmes écologiques mondiaux ? Quels changements de nos mentalités et quelles innovations techniques seront nécessaires ? Ce volume retrace l'arrivée discrète de l'Homme dans la biosphère, amorcée depuis deux millions d'années, et son emprise écologique du Paléolithique à nos jours. Il se termine par l'analyse des problèmes écologiques actuels, qui sont surtout le fruit délétère de notre société de surconsommation.
(Coll. Biologie, écologie, agronomie, 61.00 euros, 750 p.)
ISBN : 978-2-296-55872-4

L'Harmattan Italia
Via Degli Artisti 15; 10124 Torino
harmattan.italia@gmail.com

L'Harmattan Hongrie
Könyvesbolt ; Kossuth L. u. 14-16
1053 Budapest

L'Harmattan Kinshasa
185, avenue Nyangwe
Commune de Lingwala
Kinshasa, R.D. Congo
(00243) 998697603 ou (00243) 999229662

L'Harmattan Congo
67, av. E. P. Lumumba
Bât. – Congo Pharmacie (Bib. Nat.)
BP2874 Brazzaville
harmattan.congo@yahoo.fr

L'Harmattan Guinée
Almamya Rue KA 028, en face
du restaurant Le Cèdre
OKB agency BP 3470 Conakry
(00224) 657 20 85 08 / 664 28 91 96
harmattanguinee@yahoo.fr

L'Harmattan Mali
Rue 73, Porte 536, Niamakoro,
Cité Unicef, Bamako
Tél. 00 (223) 20205724 / +(223) 76378082
poudiougopaul@yahoo.fr
pp.harmattan@gmail.com

L'Harmattan Cameroun
BP 11486
Face à la SNI, immeuble Don Bosco
Yaoundé
(00237) 99 76 61 66
harmattancam@yahoo.fr

L'Harmattan Côte d'Ivoire
Résidence Karl / cité des arts
Abidjan-Cocody 03 BP 1588 Abidjan 03
(00225) 05 77 87 31
etien_nda@yahoo.fr

L'Harmattan Burkina
Penou Achille Some
Ouagadougou
(+226) 70 26 88 27

L'Harmattan Sénégal
10 VDN en face Mermoz, après le pont de Fann
BP 45034 Dakar Fann
33 825 98 58 / 33 860 9858
senharmattan@gmail.com / senlibraire@gmail.com
www.harmattansenegal.com

L'Harmattan Bénin
ISOR-BENIN
01 BP 359 COTONOU-RP
Quartier Gbèdjromèdé,
Rue Agbélenco, Lot 1247 I
Tél : 00 229 21 32 53 79
christian_dablaka123@yahoo.fr

Achevé d'imprimer par Corlet Numérique - 14110 Condé-sur-Noireau
N° d'Imprimeur : 131742 - Dépôt légal : septembre 2016 - *Imprimé en France*

www.ingramcontent.com/pod-product-compliance
Lightning Source LLC
LaVergne TN
LVHW011155061026
849535LV00003B/739